普通高等教育“十一五”国家级规划教材

中国轻工业“十三五”规划教材

高等学校食品质量与安全专业适用教材

食品加工中的安全控制

（第三版）

夏延斌　钱　和　易有金　主　编

唐书泽　主　审

中国轻工业出版社

图书在版编目（CIP）数据

食品加工中的安全控制/夏延斌，钱和，易有金主编．--3版．--北京：中国轻工业出版社，2025.1

中国轻工业“十三五”规划教材　普通高等教育“十一五”国家级规划教材　高等学校食品质量与安全专业适用教材

ISBN 978-7-5184-3141-0

Ⅰ．①食…　Ⅱ．①夏…　②钱…　③易…　Ⅲ．①食品加工—食品安全—高等学校—教材　Ⅳ．①TS201.6

中国版本图书馆CIP数据核字（2020）第153067号

责任编辑：马　妍　　责任终审：张乃柬　　整体设计：锋尚设计
策划编辑：马　妍　　责任校对：朱燕春　　责任监印：张　可

出版发行：中国轻工业出版社（北京鲁谷东街5号，邮编：100040）
印　　刷：三河市国英印务有限公司
经　　销：各地新华书店
版　　次：2025年1月第3版第3次印刷
开　　本：787×1092　1/16　印张：22.5
字　　数：500千字
书　　号：ISBN 978-7-5184-3141-0　　定价：55.00元
邮购电话：010-85119873
发行电话：010-85119832　010-85119912
网　　址：http://www.chlip.com.cn
Email：club@chlip.com.cn

242623J1C303ZBQ

高等学校食品质量与安全专业教材
编审委员会

本书编写人员

主　　编　夏延斌（湖南农业大学）

　　　　　钱　和（江南大学）

　　　　　易有金（湖南农业大学）

副 主 编　蒋爱民（华南农业大学）

　　　　　李巧玲（河北科技大学）

　　　　　徐　伟（哈尔滨商业大学）

　　　　　夏　菠（湖南农业大学）

参编人员　（以下按姓氏笔画排序）

　　　　　吴彩娥（南京林业大学）

　　　　　曾晓房（仲恺农业工程学院）

　　　　　马兆瑞（杨凌职业技术学院）

　　　　　牟光庆（大连工业大学）

主　　审　唐书泽（暨南大学）

第三版前言 Preface

食品安全是社会大众关注的焦点,更是食品工业的命脉。为了加强食品安全管理，近年来，很多高校纷纷设立了“食品质量与安全专业”。中国轻工业出版社为了配合教育事业的发展，组织编写了全国第一套高等学校食品质量与安全专业系列教材，本书被列入其中。

本书按照现代食品企业质量与安全管理的基本要求，从微观到宏观，从理论到实践介绍了食品加工中的安全控制问题。主要内容有：卫生标准操作与卫生控制程序、良好操作规范（GMP）简介、各类食品加工企业（肉制品、乳制品、速冻食品、保健食品等）的良好操作规范、危害分析与关键控制点（HACCP）简介、各类食品加工（畜禽肉、乳、速冻食品、水产品等）的 HACCP 体系。根据国际、国内最新的食品质量控制体系与标准，本书可作为食品质量与安全专业和食品科学与工程专业的教学用书。

本书第一版于 2005 年出版，出版后受到各个使用单位的好评，并于 2006 年被确定为“普通高等教育‘十一五’国家级教材规划”。2009 年的第二版增加了 ISO22000，调整掉 ISO9000：2000 及 ISO14000。本书在第二版的基础上，根据国家现行法律法规、国家标准进行了修订。例如：第八章，以 2016 年 4 月 1 日起实施新的国家标准 GB/T 10789—2015《饮料通则》代替了 GB 10789—2007《饮料通则》，新国标中主要对饮料分类的名称和顺序进行了调整，删除或者调整了部分饮料类别下属分类和定义；GB 19298—2014《食品安全国家标准　包装饮用水》中则将包装饮用水分为饮用纯净水和其他包装饮用水两大类，而将饮用天然矿泉水排除在外；新的国家标准 GB/T 10789—2015《饮料通则》中将包装饮用水从原来的 6 类变更为 3 大类，分别是：饮用天然矿泉水、饮用纯净水和其他包装饮用水，从而避免各种概念水的炒作，回归饮用水的本质。本书中以 GB/T 10789—2015《饮料通则》中的分类为准，将包装饮用水的种类仍分为 3 大类来进行讲述。第九章水产品加工的良好操作规范（GMP）要素部分，根据 GB 20941—2016《食品安全国家标准　水产制品生产卫生规范》增加了生产过程中的食品安全控制等内容。

本书由夏延斌、钱和、易有金主编，唐书泽主审。编写分工如下：夏延斌编写第一章，易有金编写第四、八章，钱和编写第十章，蒋爱民编写第三、五章，李巧玲编写第九、十一章，徐伟编写第六、十三章，夏菠编写第十二章，吴彩娥编写第十五章，马兆瑞编写第二章，牟光庆编写第十六章，曾晓房编写第七、十四章。

本书虽然根据国家最新标准和行业发展情况进行了 3 次修订，但仍难免存在不足之处，欢迎广大读者、使用本书的师生批评指正。

编　者

2020 年 1 月

目录 Contents

第一章 绪论

CHAPTER 1

食品是人类赖以生存的基本要素，但是在漫长的历史进程中，人类多是以自采、自种、自养、自烹的方式供食，真正意义上的食品工业历史不过200余年。西方社会19世纪初开始发展食品工业：英国1820年有了以蒸汽机为动力的面粉厂；法国1829年建成世界上第一个罐头厂；美国1872年发明了喷雾式乳粉生产工艺，1885年乳品全面工业化生产。我国真正的食品工业诞生于19世纪末至20世纪初，比西方晚近100年，1906上海泰丰食品公司开创我国罐头食品工业的先河，1942年建立的浙江瑞安宁康乳品厂是我国第一家乳品厂。目前我国食品工业已经进入高速发展期，其特征是：全面工业化，更多的传统食品已经开始工业化生产；产量规模化，企业为了创效益、创品牌都尽可能增大产量；品质标准化，异地贸易与国际贸易都需要产品的一致性、相容性，因此需要有统一的标准体系。食品工业的发展促进了食品贸易的快速发展，使得商品化的食品具有高度的流通性，在一些国际化都市人们可以购买到来自世界各地的食品。多样化的食品为人们的生活带来了方便，但也带来危险，一些传染性、地方性疾病有可能随着食品的流通而传播。因此，食品的质量与安全成为食品工业的核心问题。

一、 食品质量与安全的基本概念

（1）食品质量　食品质量的构成有两类品质特性，其一，消费者容易知晓的食品质量特性称为直观性品质特性，又称感官质量特性，这些特性用技术术语讲有：色泽、风味、质构，用俗语来讲是：色、香、味、形；其二，消费者难于知晓的质量特性称为非直观性品质特性，如食品的安全、营养及功能特性。某种食品如能在上述各方面满足消费者的需求，就是一种高质量的食品。在食品的质量要素中，食品安全是第一位的。

（2）食品的安全性　从广义上来说食品的安全性是“食品在食用时完全无有害物质和无微生物的污染”；从狭义上来讲，是“在规定的使用方式和用量的条件下长期食用，对食用者不产生可观察到的不良反应”。不良反应包括一般毒性和特异性毒性，也包括由于偶然摄入所导致的急性毒性和长期微量摄入所导致的慢性毒性，例如致癌和致畸性等。狭义上的“食品安全性”一般称为安全性的操作定义，该定义在使用时对不同食品有特别的操作要求，如对低酸度的肉类罐头要重点检查肉毒梭菌是否存在，对花生类制品则要强调有无霉变。

（3）食品安全与食品卫生　一般在实际工作中往往把“食品安全”与“食品卫生”视为同一概念，其实这两个概念是有区别的，1996年，世界卫生组织（WHO）在其发表的《加强国家级食品安全计划指南》中，把食品安全与食品卫生明确区分为两个不同的概念。食品安全是对最终产品而言，而食品卫生是对食品的生产过程而言，其基本定义是：“为确保食品安全性，在食物链的所有阶段必须采取的一切条件和措施”。

二、 食品的安全性问题

据统计，我国近几年报告的食物中毒人数每年都为2万~4万人，而专家估计这个数字尚不到实际发生数的1/10，因此实际上我国每年食物中毒人数可能高达20万~40万人。不合格食品对人的影响有急性中毒和慢性中毒之分，上述的数字只是急性中毒的部分，如果考虑微量不良食物成分对人的慢性毒性，可能每个人每天都要遇到这类问题，长此下去，会严重影响我国人民的身体素质，抓好食品质量与安全已经成为当务之急。

“病从口入”，用这句话提醒当今的消费者、生产者、经销商是再恰当不过。广大人民群众一日三餐在摄入营养素与能量的同时，不可避免地会摄入很多对人体不利的物质，食源性疾病的广泛分布和不断增长已经成为全球的公共卫生问题。导致食源性疾病的原因主要来自以下几方面。

（1）植物源性食品的农药残留　农药是用于农作物治虫、治病，保证农业丰收的重要商品。我国农村中已使用各种农药几十年，由于长期以来，农业经营管理水平低，目前普遍产生了用药量与病虫害相互递增的恶性循环。不少农民往往不按规定使用农药，如：选用毒性大、药效期长的农药，用药量超过标准，不遵守施药期与收获期的规定等。由于大多数农药都是脂溶性的，在植物外表附着性能好，因此造成农产品携带过量的未分解的农药，一般称为农药残留或农残。植物可食部分的农残不易洗净，一般的加工方法也不能将其破坏，防止农残带给人的不良影响只有不用、少用和按科学方法使用农药。但目前大多数农民做不到这一点，因此农残超标现象十分严重。

（2）动物源性食品的兽药残留　随着畜牧业的发展，兽药的使用范围及其用量不断地增加，从而提高了畜牧业的产量，但同时也造成了对人类健康的威胁。兽药可分为抗生素、激素与普通兽药。动物在用药后，药物的原形或其代谢产物可能蓄积或贮存在动物的肌体、器官或其他可食性产品（如蛋、乳）中，称为兽药残留。目前非法使用违禁药物、滥用抗生素和药物添加剂、不遵守休药期规定等不道德或无知的行为，是造成我国动物源性食品的兽药残留超标的主要原因。

（3）食品的微生物污染　大部分食源性疾病来自于为数不多的致病菌，如：肉、蛋、乳中常见的沙门氏菌，肉制品中的肉毒梭菌，对各种食品都可能污染的螺旋杆菌及金黄色葡萄球菌，粮油制品中的黄曲霉等。饮食导致的微生物中毒，除了中毒者个人不注意食品卫生外，一个很重要的原因是食品生产厂家是否严格按照有关卫生标准组织生产。食品加工的环境卫生条件达不到要求，使用不合格的加工原料、加工工艺不合理、贮运条件不合要求等都会导致食品微生物超标。目前我国的食品生产厂家大多为中小型企业，投资不够，技术力量薄弱，因此导致很多达不到质量安全要求的产品在市场流通。

（4）食品添加剂超量使用、超范围使用、违规使用　食品添加剂是一类为了改善食品品质和色、香、味，以及为防腐和加工工艺的需要而添加到食品中的物质。食品添加剂中既有天然化合物，也有人工合成的化合物。由于大多数食品添加剂都不是人类食物的正常成分，或多或少都会产生对人体健康的危害，其中一些有致癌危险，如肉制品中添加的亚硝酸盐，在肉中可转化为一种强致癌物质。食品添加剂生产都需要经过严格的评价和毒理试验，通过每日允许摄入量（Acceptable Daily Intake ADI）值评价，确定没有安全隐患才被允许使用。食品添加剂在标准规定范围内的使用是安全的，正确合理地使用食品添加剂不但不会对食品造成安全隐患，还能够对食品的安全起到保障作用。我国对于食品添加剂有严格定义和管理规定，制定了GB 2760—2014《食品安全国家标准　食品添加剂使用标准》，对每一种食品添加剂都有明确的标准，规定了最大使用量与使用范围，也规定了每人每天允许的摄入量（ADI）。但由于很多的食品厂家只追求食品的外观品质与保质期，往往过量使用、滥用食品添加剂。食品中违法添加的非食品原料大都属于工业用添加剂，或者为非食品用的化学物质或工业级化工产品，对人体有很大的危害，使用未列入国家批准食品添加剂清单中的食品添加剂属于严重的违法犯罪行为，如海带中的化工染料"碱性绿 "、辣椒制品中的"苏丹红"、乳粉中的"三聚氰胺""孔雀石绿""吊白块"等。

（5）环境毒素的生物积累　近几十年来我国的工业污染已经到了很严重的程度，特别是水体与土壤的污染，与水体和大气污染相比，土壤污染具有隐蔽性、滞后性和难可逆性。工矿业、农业生产等人类活动的污染造成或加剧了土壤中镉、铅、汞和砷等重金属的基底值明显增高，这些重金属会影响到粮食和蔬菜等主食，而集约化农业下的土壤退化使得重金属更易于从土壤中迁移进入作物，由此引发的食品安全问题备受关注。如水体中的有毒元素汞，可通过有机汞的形式在鱼体内积累，从而把该毒物带进食物链。又如：塑料的分解物二噁英，在土壤中可通过植物吸收，再被草食动物采食而富集，达到危害人体健康的浓度。因此来源于污染区域的食品原料也是导致食源性疾病的重要原因。

（6）非法加工与经营造成的食品安全问题　从大量的新闻报道可知，目前仍有极少数为了谋求利益，在食品加工中掺杂使假，以假充真，以非食品原料、发霉变质原料、病死禽畜等加工食品，造成了严重的食物中毒和极坏得社会影响。

三、　保障食品的质量与安全，全社会共同的责任

食品的质量与安全问题已经成为一大难题，新食品安全法、国家市场监督管理总局是国家在顶层设计层面针对我国食品安全这一"毒瘤"开的一剂猛药，抓住了问题的根本所在，强调企业作为食品生产经营者，是食品安全的第一责任人，同时严肃行政监管纪律，加强社会大众的舆论监督，使得食品供应整个链条公开、透明，在法律层面上为确保各级政府机关、相关执法单位、食品生产企业和相关从业人员各司其职、各尽其责提供了明确的制度保障。为了尽快提高人民群众的生活质量，既急需食品科技工作者解决食品安全与质量的关键技术，产品质量监督人员解决食品质量的控制问题，更需要广大人民群众具有食品安全意识。

（1）政府责任　食品安全是生产出来的，也是监管出来的。近年来，我国为促进食品安全采取了一系列重大举措：2009 年专门颁布《食品安全法》，2010 年成立国务院食品安全委员会，2011 年建立国家食品安全风险评估中心，2013 年 3 月组建国家食品药品监督管理总局（China Food and Drug Administration，CFDA）。2015 年 10 月 1 日修订施行新《食品安全法》，2018 年组建国家市场监督管理总局。目的是进一步推进市场监管综合执法、加强产品质量安全监管，让人民群众买得放心、用得放心、吃得放心，将国家工商行政管理总局的职责、国家质量监督检验检疫总局的职责、国家食品药品监督管理总局的职责等相关部门职责整合。其中主要职责之一是，负责市场综合监督管理，组织市场监管综合执法工作，负责食品安全、检验检测、认证认可工作等。新《食品安全法》的修订思路为：①突出预防为主、风险防范，进一步完善食品安全风险监测、风险评估和食品安全标准等基础性制度，增设生产经营者自查、

责任约谈、风险分级管理等重点制度，重在消除隐患和防患于未然。②建立最严格的全过程监管制度。对食品生产、销售等各个环节及食品生产经营过程中涉及的食品添加剂、食品相关产品等各有关事项，针对性地补充、强化相关制度，提高标准、全程监管。③建立最严格的各方法律责任制度。综合运用民事、行政、刑事等手段，对违法生产经营者实行最严厉的处罚，对失职渎职的地方政府和监管部门实行最严肃的问责，对违法作业的检验机构等实行最严格的追责。④实行食品安全社会共治，充分发挥消费者、行业协会、新闻媒体等方面的监督作用，引导各方有序参与治理，形成食品安全社会共治格局。完善食品追溯制度和食品安全监管体制，加大了行政处罚力度，细化并加重了对失职的地方政府负责人和食品安全监管人员的处分，规定食品安全有奖举报制度，规范了食品安全信息发布，并增设食品安全责任保险制度。食品生产经营企业应当建立健全本单位的食品安全管理制度，加强对职工食品安全知识的培训，配备专职或兼职食品安全管理人员；鼓励食品生产经营企业符合良好生产规范要求，实施危害分析与关键控制点体系；食用农产品生产者应当依照食品安全标准和国家有关规定使用农药、肥料、兽药、饲料和饲料添加剂等农业投入品。食用农产品的生产企业和农民专业合作经济组织应当建立食用农产品生产记录制度；建立食品召回制度；建立食品安全统计调查制度；建立统一的食品安全信息平台，实行食品安全信息统一公布制度等。

（2）企业生产者的责任　食品生产者从广义上来说应包括食品原料的生产者和食品的制造或加工者，他们在食品的质量与安全方面承担主要责任。对原料的生产者来说，确保农产品安全在生产上要抓好四个环节：一是农业生产的条件，产地必须是安全的，特别是土壤、灌溉用水和空气要符合质量标准；二是农业投入品、农业生产资料必须是安全的；三是生产过程要符合安全生产原则，要正确使用化肥和防治病虫害；四是产品收获、包装、运输，都要符合安全规定。对食品加工者来说，要确保食品的安全首先要按高标准选择食品原料；其二是要按合理的生产工艺组织加工，严格执行食品添加剂的使用标准；其三是搞好产品质量的控制体系，如危险性分析与关键控制点（HACCP）或良好操作规范（GMP）；其四是要有科学的贮运、营销管理办法。另一方面，责任与经济利益也是密切相关的，可以说质量就是效益，越是优质的食品越有经济效益。食品与其他的商品比较具有产品寿命长的特点，这是因为大多数人具有味觉惯性，喜欢选择习惯了口味的食品，所以只要是被市场接受了的食品，其市场就会经久不衰，因此在食品质量方面下功夫，可获得较高经济回报率。

（3）经销商的责任　食品是一类易腐性商品，只有极少数食品的保质期在一年以上，大多数食品的保质期只有3~6个月，不少食品保质期只有几天。因此由于营销管理不善，常出现过期产品的现象。食品的营销者要确保食品的安全，一是不要经销伪劣产品；二是要掌握好各类食品保鲜贮藏的知识；三是要加强营销管理，防止出现过期产品，不能销售过期产品。

（4）消费者的责任　不同的消费者对食品的选择取决于各自的消费能力，但如果每一位消费者都有良好的自我保护意识，伪劣产品的市场就会越来越小。因此具有良好保护意识的消费者越多，对社会越有利。消费者的对不良企业和产品的举报不是吹毛求疵，而是承担了一种社会责任，是向不负责任的生产者、经销商施加一种压力，社会需要这种氛围。社会大众通过社会公布、网络查询、微信公众号、手机App等方式，及时了解食品安全信用信息，积极参与到食品安全问题的解决中来，群策群力，发挥好问题反馈和舆论监督的作用，并能够充分利用法律武器来捍卫自己的合法权益。通过大家的努力并借助法制管理和道德约束的力量，共同建设出一个安全健康的食品生产消费氛围，有利于自己，更有利于社会。早在2500年前，孔子就曾对他的学生讲授过著名的“五不食”原则：“鱼馁而肉败，不食。色恶，不食。臭恶，不食。失饪，不食。不时，不食。”此语按现代食品科学的术语来解释则为：食品的质地、结构不正常，色泽不正常，气味不正常不能食用；季节性的食物，非食用时节不能食用。古人在取食时尚有如此警惕之心，在现代社会中学做一个具有自我保护意识的消费者同样也是十分必要的。

对食品质量安全从田间、牧场到餐桌进行全程监控，需要政府的努力，更需要广大人民群众的重视，因为很多人都是食品危险性因素的制造者，同时也是受害的消费者，因此只有大家高度关注与人类生死攸关的食物链的纯洁，才能保证大家天天享用放心食品。

四、 食品企业应用的质量控制体系

企业形象是每一个企业家十分重视的问题，企业的品牌、企业的知名度都与企业的管理密切相关。随着科学技术的发展，管理也变得越来越复杂，对食品企业来说，要解决食品方面的安全性问题，要考虑食品的贸易问题，要考虑环境污染问题，仅凭几个领导者的传统管理方式已经明显不适应。首先，企业要取得公众信任就必须有公众认可的管理模式及可信的证明材料，这就产生了各种认证；其次，在一个庞大的生产加工体系中，实现精确管理，实现零缺陷产品，如果没有科学的管理方法是不可能实现的。因此，从20世纪90年代以来，在很多国际组织的努力下，形成了一些国际公认的质量控制体系，与食品工业相关的质量控制体系如下。

（1）卫生标准操作程序（Sanitation Standard Operation Procedure，SSOP） 卫生标准操作程序是企业为了使其所加工的食品符合卫生要求，而制定的在食品加工过程中如何具体实施清洗、消毒和卫生保持的作业指导文件，把每一种卫生操作具体化，程序化，对某人执行的任务提供足够详细的规范，并在实施过程中进行严格的检查和记录，实施不力必须及时纠正。

（2）良好操作规范（Good Manufacturing Practices，GMP） 良好操作规范是保证食品具有高度安全性的良好生产管理系统。它运用化学、物理学、生物学、微生物学、毒理学和食品工程原理等学科的基础知识和专门知识，来解决食品生产加工全过程中有关安全卫生问题和食品品质问题。它要求食品企业应具备合理的生产过程、良好的生产设备、正确的生产知识、完善的质量控制和严格的管理体系。因此，GMP是食品工业实现生产工艺合理化、科学化和现代化的必备条件。

（3）危险性分析与关键控制点（Hazard Analysis Critical Control Point，HACCP） 在该体系中用到的CP为控制点（Control Point），CCP为关键控制点（Critical Control Point）。该体系强调在食品加工的全过程中，对各种危害因素进行系统和全面的分析，然后确定关键控制点（CCP），进而确定控制、检测、纠正方案，是目前食品行业有效预防食品质量与安全事故最先进的管理方案。

（4）ISO质量管理体系 ISO是国际标准化组织（International Organization For Standardization）的简称。ISO9000不是一个标准，而是一族标准的统称，是指由ISO/TC176制定的所有国际标准。ISO/TC176是国际标准化组织中的质量管理和质量保证技术委员会，负责制定世界通用的质量管理和质量保证标准。ISO9000系列标准是ISO成立以来第一次向全世界发布的第一项管理标准。这套标准的发布，使不同国家、不同企业之间在经贸往来与质量管理方面有了共同的语言、统一的认识和共同遵守的规范。目前已有90多个国家将其直接采用为国家标准，作为制定质量管理和质量保证方案的依据。

（5）ISO14000 环境系列标准　ISO14000 环境系列标准是国际标准化组织继 ISO9000 系列标准后推出的一套环境管理系列标准，用于规范各类组织的环境管理的行为。该标准的核心就是从加强环境管理入手，建立污染预防（清洁生产）的新观念；最大限度地合理配置和节约资源，减少人类活动对环境的影响，维持和持续改善人类生存与发展的环境。

五、不同质量控制体系的差别

以上不同管理体系组成了一个食品企业从宏观到微观的一套管理方案，它们既有相同之处，更有明显区别。相同之处是它们都是可用于组织或企业运行的质量管理体系，任何一个体系的应用都能为企业带来管理上的进步。这些体系的差别在于：

（1）ISO9000　ISO900 是把组织和企业作为全球经济活动基本单位来定位的。一个企业在社会活动中的表现可以从多种不同的角度来衡量，而全球经济化一体化的趋势下，不允许有过多的标准，因此出现了 ISO9000 标准，用于衡量组织或企业质量管理工作的好坏。该类标准有许多大的原则与方向，重点关注企业与顾客的关系，要满足顾客需求，要持续改进，围绕着这些重点企业要制定相应的管理方案，同时第三方也以该标准来给企业打分，评价企业管理水平的高低。事实上 ISO9000 目前已经成为衡量组织或企业质量管理水平的国际统一标准，通过了 ISO9000 认证，说明企业质量管理达到了基本要求，该企业产品有可信度。

（2）ISO14000　如何看待环境污染，如何评价污染水平以及处置污染等问题，在认识上是有差别的。有差别就需要用标准来统一，ISO14000 集现代环境管理的经验，在全世界范围内规范环境管理中的诸多问题，是衡量国家、地区、组织、企业环境管理水平的标准。一个食品企业在环境保护方面的良好行为，是政府对企业的基本要求，也是树立基本企业形象不可缺少的要素。

（3）GMP　GMP 即良好操作规范，是以企业本身为核心来考虑问题的，从建厂开始，到产品设计、产品加工、产品销售、产品回收等，以质量与卫生为主线，全面细致地确定各种管理方案，是政府强制性的食品生产、贮存卫生法规。不同类的企业有不同的良好操作规范，食品生产企业必须根据 GMP 要求制定并执行相关控制计划，这些计划应包括 HACCP 和 SSOP 体系的建立。

（4）HACCP　HACCP 即危险性分析与关键控制点，是以一种产品或一类产品的生产流程为核心来考虑问题的，该生产流程可以从原料生产、加工到餐桌，也可以只考虑加工过程。该体系的主线是危险性分析，通过危险性分析找出影响食品质量的关键步骤，提出防范与控制危险的方案，建立合适的管理办法。这是一种预防性的过程管理办法，可最大限度地确保产品质量。国家标准 GB/T 15091—1994《食品工业基本术语》对 HACCP 的定义为：生产（加工）安全食品的一种控制手段；对原料、关键生产工序及影响产品安全的人为因素进行分析，确定加工过程中的关键环节，建立、完善监控程序和监控标准，采取规范的纠正措施。HACCP 体系建立在以 GMP 为基础的 SSOP 上，SSOP 可以减少 HACCP 计划中的关键控制点（CCP）数量。

（5）SSOP　SSOP 即卫生标准操作程序，这是针对食品生产过程中设置的系列清洁卫生程序。因为食品卫生问题并没有常人想象的那么简单，加之现代企业生产设备的复杂性，如果没有科学的操作过程，就会达不到基本的卫生要求。应该讲 SSOP 是针对工作班、生产小组及个人制定的操作规范。SSOP 具体列出了卫生控制的各项指标，包括食品加工过程及环境卫生和为达到 GMP 要求所采取的行动。

（6）ISO22000：2005 该标准可理解为HACCP升级版，2005年9月1日正式发布了ISO22000：2005《食品安全管理体系食品链中各类组织的要求》（以下简称“《食品安全管理体系要求》”）。

（7）ISO22000：2018 它与ISO22000：2005比较有明显的不同。①风险方法：特别强调通过风险评估的运用，来进行危害识别和管理。强调应在组织层面和运行层面进行系统的风险管理。②PDCA循环（计划、执行、检查、处理）：强调PDCA过程管理方法的运用，覆盖食品安全管理全过程。清晰描述关键控制点（CCP）、前期方案（PRP）和操作性前提方案（OPRP）的区别和联系。工作环境强调人为因素和物理因素。③强调外包管理（OUTSOURCE）：关注外部组织的管理体系对组织自身食品安全的影响。包括对外部提供过程、产品和服务的控制。④新增28个术语：包括可接受水平、措施标准、审核、能力、符合性、污染、持续改进、文件化信息、有效性、饲料、食品、食品安全管理体系、利益相关、批次、测量、不符合、目标、组织、动物食品、外包管理、绩效、流程、产品、要求、风险。显著食品安全危害、最高管理者、追溯性。⑤修订12个术语：控制措施、纠正措施、关键控制点、关键限值、食品安全方针、监视、操作性前提方案、食品供应链、食品安全、食品安全危害、前提方案、确认。⑥保持不变术语5个：纠正、终产品、流程图、更新、验证。强调对应急准备和响应程序的验证。对原料、辅料和产品接触材料描述增加来源的说明。强调操作性前提方案OPRP和HACCP计划均属于危害控制计划。产品撤回调整为产品撤回加召回。强调领导在食品安全管理方面的重要性。正如食品安全法在第四条强调，食品生产经营者对其生产经营食品的安全负责。

综上所述，ISO9000质量管理体系适用于各类组织实施质量管理，但只涉及管理要求，不涉及具体的管理方法和手段，是食品管理的“面”。而GMP、SSOP涉及食品生产的实际，以食品卫生管理为主线，提出了针对食品企业的许多管理方法和具体的手段，适用于所有食品企业，并为HACCP体系提供基础支持，是生产管理的“线”。至于HACCP体系则强调到食品控制的核心——安全，对关键控制点提供科学系统的管理方法，充分发挥其控制食品安全的高效性和经济性，是食品安全的“点”。

六、学习提示

本书是食品质量与安全专业的核心课程，建议在学生学完《食品安全导论》《食品原料安全控制》《食品安全性评价》《食品工艺概论》《安全食品卫生原理》等课程后开设。本书按现代食品企业质量与安全管理的基本要求，从微观到宏观，从实践到理论介绍了食品加工中的安全控制问题。主要涉及的内容有：卫生标准操作程序（SSOP）、良好操作规范（GMP）简介、各类食品加工企业的GMP要素（肉制品、乳制品、速冻食品、保健食品等）、危险性分析与关键控制点（HACCP）简介、各类食品加工的HACCP（畜禽肉、乳、速冻食品、水产品等）及ISO22000介绍。

（1）SSOP是以食品生产环境中污染的存在、污染的传播、污染的处理为核心，要充分理解空气、水、食品接触面、小动物及人的活动对上述要素的影响。通过学习应能自己编制合理的SSOP实施计划。

（2）与GMP相关的有7章，尽管在结构上大同小异，但每章都体现了一些特色和重点，相同之处是为了规范的完整性，不同之处是不同加工业的特点所在，学习时应完整掌握一章的具体内容，其他章一般了解规范的基本结构、基本要求，重点了解其特殊要求。

（3）与HACCP相关的章节有5章，简介及另外一章应系统学习，其他章可只以基本工艺、危险性分析与检测、控制方案等为重点学习内容。

（4）本书是一本理论性、应用性很强的教材，应更多地联系生产实际来学习，但是目前大多数食品生产企业与本书提出的质量管理要求还有一定距离，因此学生应能够根据企业的实际情况，提出企业改造的合理化建议并制订出可行的质量管理方案，只有这样才能真正掌握好本书的知识要点。

思考题

1. 为什么要加强食品质量与安全的管理？
2. 如何强化食品的安全管理？
3. 为了确保食品的安全，食品企业应该实行哪些质量管理体系？
4. ISO9000、GMP、HACCP三者之间有何种联系和差别？
5. 简述国家市场监督管理总局的职责以及对食品安全管理的意义。

第二章

CHAPTER 2

卫生标准操作程序（SSOP）

卫生标准操作程序（Sanitation Standard Operation Procedure，SSOP）是食品生产企业为了使其所加工的食品符合卫生要求，而制定的指导食品加工过程中如何实施清洗、消毒和卫生保持的作业指导文件，一般它以 SSOP 文件的形式出现。SSOP 文件所列出的程序应依据本企业生产的具体情况，对操作者执行的任务提供足够详细的规范，并在实施过程中进行严格的检查和记录，执行不力必须及时纠正。

20 世纪 90 年代，美国频繁暴发食源性疾病，造成每年 700 万人次感染和 7000 人死亡。调查数据显示，其中有大半感染或死亡的原因与肉、禽产品有关。这一结果促使美国农业部重视肉、禽产品的生产状况，并决心建立一套涵盖生产、加工、运输、销售所有环节在内的肉禽产品生产安全措施，从而保障公众的健康。1995 年 2 月颁布的《美国肉禽产品 HACCP（Hazard Analysis and Critical Control Point）法规》中第一次提出了要求建立一种书面的常规可执行程序——卫生标准操作程序（SSOP），确保生产出安全、卫生的食品。同年 12 月，美国 FDA 颁布的《美国水产品 HACCP 法规》推荐食品生产企业至少按 8 个方面起草 SSOP 文件及相关验证程序，从而建立了 SSOP 的完整体系。从此，SSOP 一直作为 GMP（Good Manufacturing Practices）和 HACCP 的基础程序加以实施，成为完成 HACCP 体系的重要前提条件。

第一节　卫生标准操作程序内容

卫生标准操作程序（SSOP）主要包括以下 8 项基本内容。

（1）与食品接触或与食品接触物表面接触的水（冰）的安全。

（2）与食品接触表面的清洁。

（3）防止交叉污染。

（4）手清洗与消毒，卫生间设施维护与卫生保持。

（5）防止外来污染。

（6）有毒化学物质的标示、存贮和使用。

（7）食品加工人员的健康与卫生控制。

（8）昆虫与鼠类的扑灭及控制。

一、水（冰）的安全

食品加工中用水（冰）的卫生质量是影响食品卫生的关键因素，直接与食品和食品接触物表面接触的水（冰）的来源及其处理应符合有关规定，并要考虑非生产用水与生产用水的交叉污染以及污水处理问题。

（一）生产加工用水的要求

根据我国《食品安全法》第三十三条第九点要求食品加工用水应符合 GB 5749—2006《生活饮用水卫生标准》的规定，就安全卫生而言，应重点关注生产用水的细菌学指标。GB 5749—2006《生活饮用水卫生标准》规定了106项指标，其中细菌总数<100个/mL（37℃培养），总大肠菌群、耐热大肠菌群、大肠埃希氏菌不得检出，管网末梢水游离余氯不低于0.05mg/L。另外，申请国外注册的食品加工厂，生产用水应符合进口国规定。

（二）防止生产用水被污染的措施

城市公共用水是食品加工中最常用的水源，经过净化处理，具有安全、优质、可靠的优点。但当食品企业安装水管或改造管道不合理时，管道中生产用水与非生产用水混合会导致交叉污染；当生产用水体系与由于泵、蒸煮锅、压力蒸汽等原因而产生的高压操作体系相连接，可导致由压力回流、虹吸管回流等引起的回流污染。通常防止供水设施被污染的措施有：

（1）为便于日常对供水系统进行管理与维护，应建立和保存详细的供水网络图，并清楚标明出水口编号和管道区分标记。

（2）有蓄水池（塔）的工厂，水池要有完善的防尘、防虫和防鼠措施，与外界相对封闭，并制订定期清洗消毒计划。

（3）有两种供水系统并存的企业，应用不同颜色标记管道，防止饮用水与非饮用水混淆。

（4）水管离水面距离应为水管直径的2倍，水管管道有空气隔断，或使用真空排气阀。

（5）供水设施要完好，一旦损坏后应立即维修好。

如果企业自己打井，使用的是自供水，除以上措施外还应注意自供水的水质必须符合国家规定的生活饮用水标准，根据官方实验室的微生物检测报告决定是否使用化学消毒剂，如需使用，按照 GB 5749—2006《生活饮用水卫生标准》要求进行消毒处理。

直接与食品和食品接触物表面接触的海水应符合饮用水的微生物标准且无异物。作为自然水源，海水易受环境污染、微生物污染和某些天然毒素（如赤潮）的影响，因此用海水对水产品进行初加工时要注意对海水质量进行监测。

直接与产品接触的冰必须采用符合饮用水标准的水制造，制冰设备和盛装冰块的器具，必须保持良好的清洁卫生状况，冰的存放、粉碎、运输、盛装等都必须在卫生条件下进行，防止与地面接触造成污染。

（三）供水安全的监测

无论是城市公用水、自备水源还是海水都必须充分有效地加以监测，有合格的证明后方可使用。

对于城市公共用水，当地卫生防疫部门每年至少1次检验全项目，对自备水源监测频率要增加，一年至少2次。企业对水的微生物检验每月至少1次，企业用试纸或比色法对水的余氯每天检验1次。无论是使用城市公共用水还是自备水源水质都要符合国家饮用水标准。使用海水加工的，其水质应符合GB 3097—1997《海水水质标准》要求，检测的频率应比城市公共用水或自备水源更频繁。应定期对盛装冰的器具和冰进行微生物检测。

（四）纠正

监控时发现加工用水存在问题，应终止使用这种水源，直到问题得到解决。

（五）记录

水的监控、维护及其他问题处理都要记录并保存。

二、与食品接触表面的清洁

与食品接触表面一般包括加工过程中使用的所有设备、案台和工器具，加工人员的手套、工作服以及包装材料等。保持与食品接触表面的清洁度是为了防止污染食品。

（一）与食品接触表面的要求

1. 材料要求

与食品接触表面应选用耐腐蚀、不生锈、表面光滑、易清洗的无毒材料，如300系列的不锈钢材料，不能使用木制品、纤维制品、含铁金属、镀锌金属、黄铜等材料。对于手套、围裙、工作服应根据用途，采用耐用、易清洗和消毒的材料进行合理设计和制作。

2. 设计安装要求

与食品接触表面的制造和设计应本着便于清洗和消毒的原则，制作工艺精细，无粗糙焊缝、凹陷、破裂等，易排水并不积存污物。安装及维护方便，始终保持良好保养的状态。设计安全，在加工人员犯错误情况下不至造成严重后果。

（二）与食品接触表面的清洗、消毒

1. 加工设备与工器具

清洗消毒程序通常包括以下步骤。

（1）清扫首先用刷子、扫帚彻底清除设备、工器具表面的食品残渣和污物。

（2）预冲洗用清洁水冲洗设备和工器具表面，除去清扫后遗留的微小残渣。

（3）清洗根据清洁对象的不同，选用不同类型的清洗剂（表2－1）对设备和工器具进行清洗，常用的清洗剂有碱性清洗剂、酸性清洗剂、溶剂型清洗剂以及擦洗剂等。

（4）冲洗用流动的洁净水冲去与食品接触表面上清洁剂和污物，为消毒提供良好界面。

（5）消毒应用允许使用的消毒剂，杀死和清除物品上存在的病原微生物。常用的消毒剂有82℃热水、含氯消毒剂、碘化合物、溴化物、季铵化合物、酸杀菌剂和过氧化氢等。消毒的方法通常为喷洒、浸泡等。

（6）冲洗消毒结束后，应用符合卫生条件的水对被消毒对象进行清洗，尽可能减少消毒剂的残留。

（7）设有隔离的工器具洗涤消毒间，将不同清洁度的工器具分开。

2. 工作服和手套

应集中由专用洗衣房清洗消毒，洗衣设施应与生产能力相适应。不同清洁区域的工作服应分别清洗消毒，清洁区工作服与非清洁区工作服分别存放。存放工作服的房间设有臭氧、紫外线等消毒设备，且干燥清洁。

表 2－1　　常用清洗剂的组成及相对效能

组成	相对效能										
	乳化	皂化	润湿	分散	悬浮	水软化	矿物质沉积物的控制	漂洗	起泡性	非腐蚀性	非刺激
常用碱	C	A	C	C	C	C	D	D	C	D	D
苛性钠	B	B	C	B	C	C	C	B	C	B	D
硅酸钠	C	B	C	C	C	C	D	C	C	C	D
苏打粉	B	B	C	B	B	A	D	B	C	C	C
磷酸三钠											
复合磷酸盐	A	C	C	A	A	B	B	A	C	AA	A
四磷酸钠	A	C	C	A	A	A	B	A	C	AA	B
三聚磷酸钠	A	C	C	A	A	B	B	A	C	AA	A
六磷酸钠	B	B	C	B	B	A	B	A	C	AA	B
焦磷酸四钠											
有机物	C	C	C	C	C	AA	A	A	C	AA	A
螯合剂	AA	C	AA	A	B	C	C	AA	AAA	A	A
润滑剂	C	C	C	C	C	A	AA	B	C	A	A
有机试剂	C	C	C	C	C	A	AA	C	C	D	D
矿物质酸											

注：A＝很好；B＝较好；C＝好；D＝不好。

资料来源：Norman G. Marriott. 食品卫生原理．钱和，等译．北京：中国轻工业出版社，2001。

3. 空气消毒

（1）紫外线照射法每 10～15m^2安装一支 30W 紫外线灯，消毒时间不少于 30 min，当车间温度低于 20℃，高于 40℃，相对湿度大于 60% 时，要延长消毒时间，此方法适用于更衣室、卫生间。

（2）臭氧消毒法一般消毒 1h，此方法适用于加工车间。

（3）药物熏蒸法用过氧乙酸、甲醛，每 10mL/m^2进行熏蒸，此法适用于冷库、保温车。

4. 清洁频率

大型设备每班加工结束后进行清洁，工器具根据不同产品而定，工作服和手套被污染后立即进行清洁。

5. 常用消毒剂的使用方法

常用消毒剂的特性见表 2－2。

（1）氯与氯制剂常用的有漂白粉、次氯酸钠、二氧化氯，常用浓度（余氯）为洗手液 50mg/L、消毒工器具 100mg/L、消毒鞋靴 200～300mg/L。

（2）碘伏化合物常用于消毒工器具和设备，有效碘含量 25～50mg/L。

（3）季铵化合物如新洁尔灭等，不适用于与肥皂以及阴离子洗涤剂共用，使用浓度应不少于 200～1000mg/L。

（4）两性表面活性剂。

（5）65%～78%的酒精水溶液。

（6）强酸、强碱：注意对设备、地面腐蚀及对工作人员的灼伤。

表2-2 常用消毒剂特性

特性	蒸汽	碘伏	氯化物	酸	季铵化合物
杀菌效果					
杀灭细菌	好	营养细胞	好	好	选择好
杀灭酵母	好	好	好	好	好
杀灭霉菌	好	好	好	好	好
毒性					
使用稀释液	—	依赖于溶剂	无	依赖于溶剂	中等
缓释能力	—	是	是	是	是
稳定性					
贮藏	—	随温度变化	低	很好	很好
使用	—	随温度变化	随温度变化	很好	很好
其他					
速度	快	快	快	快	快
穿透性	差	好	差	好	很好
膜的形成	无	无到轻	无	无	有
有机物影响	无	中等	高	低	低
受水中其他因素影响	不	高 pH	低 pH 和铁	高 pH	是
测量难易	差	很好	很好	很好	很好
使用难易	差	很好	很好	泡沫多	泡沫多
气味	无	碘	氯	有一些	无
口味	无	碘	氯	无	无
对皮肤影响	烧伤	无	有一些	无	无
腐蚀性	无	不腐蚀不锈钢	广泛腐蚀低碳钢	对低碳钢较差	无
成本	高	中	低	中	中

资料来源：Norman G. Marriott 著．食品卫生原理、钱和，等译．北京：中国轻工业出版社，2001。

（三）与食品接触表面的监测

食品接触表面的设计、安装应便于卫生操作，维护和保养，并能及时、方便、充分地进行清洗和消毒。为了确保食品接触表面的卫生，有关监测工作是十分必要的。

1. 监测对象

与食品接触表面的状况（包括包装材料）是否达到卫生要求，设备和工器具是否进行了良好的清洁和消毒，使用消毒剂类型和浓度是可接受的，手套、工作服的清洁状况良好。

2. 监测方法和频率

用视觉检查与食品接触表面的清洁状况及保养状况，用化学方法检查消毒剂浓度等，如用试纸检查含氯消毒剂的浓度，用平皿计数、电阻法计数、生物发光计数等方法对与食品接触表面进行微生物检查。监测频率取决于监测对象和使用条件。

（四）纠正

在检查发现问题时应采取适当的方法及时纠正，如再清洁、消毒、重新调整消毒剂浓度、培训员工等。

（五）记录

卫生监控记录的目的是提供证据，证实企业 SSOP 计划的充分性，并且在顺利执行当中。对发现的问题也要记录，便于及时纠正，并为以后提供经验教训。记录包括设备和工器具清洗消毒记录、手套与工作服清洗消毒记录、与食品接触表面视觉检查和微生物检验结果。

三、防止交叉污染

交叉污染是通过生的食品、食品加工者或食品加工环境把生物性、化学性或物理性污染物转移到食品上的过程。当致病菌或毒素被转移到即食食品上时，通常意味着导致食源性疾病的发生。防止交叉污染时要重点防止：工厂设计造成的污染，生、熟食品混放而造成的污染和员工违规操作造成的污染。

（一）造成交叉污染的来源

1. 工厂选址、设计、车间工艺布局不合理

由于选址、设计上的失误，将食品厂建在有污染源（如化工厂、医院附近）的地方，或车间工艺布局不合理，使清洁区与非清洁区的界限不明确，造成产品交叉污染。

2. 交叉污染

生、熟产品未分开，原料和成品未隔离可能导致交叉污染。

3. 加工人员不良卫生习惯

事实上人类是食品污染的主要来源，经常通过手、呼吸、头发和汗液污染食品，不留神时咳嗽和打喷嚏也能传播致病性微生物。员工的不良卫生习惯如随地吐痰，在车间进食，进车间、如厕后不按规定程序洗手、消毒，接触生的产品的手又去摸熟的产品，清洁区与非清洁区的人员来回串岗等都可能对产品造成交叉污染。

（二）交叉污染的控制和预防

1. 工厂选址、设计和建筑要求

按照规定提前请有关部门审核设计图纸，食品厂应选择在环境卫生状况比较好的区域建厂，注意远离粉尘、有害气体、放射性物质和其他扩散性污染源，也不宜建在闹市区或人口稠密的居民区。厂区的道路应该为水泥或沥青铺设的硬质路面，路面平坦、不积水、无尘土飞扬，厂区要植树种草进行立体绿化。锅炉房设在厂区下风处，卫生间、垃圾箱远离车间。

生产车间地面一般为1°~1.5°的斜坡以便于废水排放。案台、下脚料盒和清洗消毒槽的废水直接排放入沟。废水应由清洁区向非清洁区流动，明地沟加不锈钢篦子，地沟与外界接口处应有水封防虫装置。排出的生产污水应符合国家环保部门和卫生防疫部门的要求，污水处理池地点的选择应远离生产车间。

2. 车间工艺流程布局

食品加工过程基本上都是从原料到半成品再到成品的过程，即从非清洁区到清洁区的过程，因此，加工车间的生产原则上应该按照产品的加工进程顺序进行布局，不允许在加工流程中出现交叉和倒流。清洁区与非清洁区之间要采取相应的隔离措施，以便控制彼此间的人流和物流混杂，从而避免产生交叉污染。加工品的传递通过传递窗或专用滑道进行，初加工、精加工、成品包装车间应分开，清洗、消毒与加工车间分开。

3. 个人卫生要求

（1）加工人员进入车间前要穿着专用的清洁工作服，更换工作鞋靴，戴好工作帽，头发不得外露。加工供直接食用产品的人员，尤其是在成品工段的工作人员，要戴口罩。

（2）与工作无关的个人物品不得带入车间，不得戴首饰和手表，并且不得化妆。

（3）加工人员进入车间前用消毒剂消毒手和鞋靴。

（4）小便、处理废料和其他污染材料、处理生肉制品、处理蛋制品或乳制品、接触货币、吸烟、咳嗽、打喷嚏后，离开车间再次开工前，都应该清洗消毒双手。

（5）禁止在加工场所吃东西、喝饮料、嚼口香糖、吸烟或打电话，工作期间不随意串岗。

（6）勤洗澡、洗头（建议每天至少洗一次），勤剪指甲、勤洗内衣和工作服。

（三）交叉污染的监测

监测交叉污染的目的是预防不卫生的物体污染食品、食品包装材料和食品接触面。

（1）定期请环保部门和卫生防疫部门对厂区环境进行监测，确保空气、水源无污染情况。

（2）生产过程中连续监控确保无人流、物流、水流和气流的交叉污染情况，包括从事生的产品的员工不得随意去或移动设备到加工熟制或即食食品的区域。

（3）在开工时、交班时、餐后继续加工时进入生产车间前，指定人员检查员工的卫生情况，包括衣着整洁、戴工作帽，严格手部和鞋靴的清洗消毒过程，不准穿工作服、工作鞋进出卫生间或离开生产加工场所等。

（4）每日检查产品贮存区域（如冷库）的卫生状况。

（四）纠正

如果发生交叉污染，要立即采取步骤防止污染再发生。必要时可停产，直到解决问题。如有必要对产品的安全性进行评估，根据评估结果，改用、再加工或弃用受影响的产品。并加强员工的培训。

（五）记录

包括每日卫生监控记录、工厂状况是否满意观察记录、消毒控制记录、纠正措施记录、培训员工纪录等。

四、手清洗与消毒，卫生间设施维护与卫生保持

食品加工人员手部清洗、消毒设施状况以及卫生间设施状况是确保卫生操作的基本条件。

（一）洗手、消毒和卫生间设施要求

1. 洗手、消毒设施

车间入口处要设置有与车间内人员数量相当的洗手消毒设施，一般每 10 人配置 1 个洗手龙头，200 人以上每 20 人增设 1 个。洗手龙头必须为非手动开关，洗手处须有皂液盒和指甲刷，并有温水供应；盛放手消毒液的容器，在数量上也要与使用人数相适应，并合理放置，以

方便使用；干手器具必须是不会导致交叉污染的物品，如一次性纸巾、烘手机等。车间内适当位置应设足够数量的洗手、消毒设施，以便工人在生产操作过程中定时洗手、消毒，或在弄脏手后能及时和方便的洗手和消毒。

2. 卫生间设施

为了便于生产卫生管理，与车间相连的卫生间，不应设在加工作业区内，可以设在更衣区内。卫生间的数量与加工人员相适应，卫生间的门窗不能直接朝向加工作业区。卫生间的墙面、地面和门窗应该用浅色、易清洗消毒、耐腐蚀、不渗水的材料建造，并配有冲水、洗手消毒设施，防虫蝇装置、通风装置齐备。

3. 卫生间要求

卫生间通风良好、地面干燥、清洁卫生、无任何异味，手纸和纸篓保持清洁卫生。员工在进入卫生间前要脱下工作服和换鞋，如厕之后进行洗手和消毒。

4. 设备的维护与卫生保持

洗手消毒和卫生间设备保持正常运转状态。

（二）洗手、消毒程序

1. 洗手、消毒程序

清水洗手→用皂液或无菌皂洗手→清水冲净皂液→于50mg/L（余氯）消毒液浸泡30s（或者喷洒75%酒精）→清水冲洗→干手（用纸巾或干手机）。

2. 频率

每次进入加工车间时，手接触了污染物后，如厕之后以及根据不同加工产品规定清洗、消毒频率。

（三）监测

卫生监控人员巡回监督员工进入车间、如厕后洗手消毒情况。生产区域、卫生间的洗手设备每天至少检查一次，确保处于正常使用状态，并配备有热水、皂液、一次性纸巾等设施。消毒液的浓度应每小时检测一次，上班高峰期每半小时检测一次。对于卫生间设施状况的检查，要求每天开工前至少检查一次，保证卫生间设施一直处于一种完好状态，并经常打扫保持清洁卫生，以免造成污染。化验室定期做产品表面样品检验，确定无交叉污染情况的发生。

（四）纠正

检查时发现问题应立即纠正。

（五）记录

记录包括洗手间或洗手池和卫生间设施的状况记录，消毒液温度和浓度记录，纠正措施记录。

五、防止外来污染

食品加工企业经常要使用一些化学物质，如清洁剂、润滑油、燃料、杀虫剂和灭鼠药等，生产过程中还会产生一些污物和废弃物，例如冷凝水和地板污物、下脚料等。在生产中要加以控制，保证食品、食品包装材料和与食品所有接触表面不被生物性、化学性及物理性污染物玷污。

（一）外部污染物的来源

1. 有毒化学物质的污染

例如由非食品级润滑剂、清洗剂、消毒剂、杀虫剂、燃料等化学制品残留造成的污染以及来自非食品区域或邻近加工区域的有毒烟雾和灰尘。

2. 不清洁水带来的污染

由不洁净的冷凝水滴入或不清洁水的飞溅而带来的污染。

3. 其他物质带来的污染

由无保护装置照明设备的破损和不卫生包装材料带来的污染。

（二）外部污染的防止与控制

1. 化学物质的正确使用和妥善保管

食品加工机械必须使用食品级润滑剂，要按照有关规定使用食品厂专用的清洗剂、消毒剂和杀虫剂，对工器具清洗消毒后要用清水冲洗干净，防止化学物质残留。车间内使用的清洗剂、消毒剂和杀虫剂要专柜存放，专人保管并做好标示。

2. 冷凝水控制

车间保持良好通风，车间温度稳定在0～4℃，在冬天应将送进车间的空气升温。车间的顶棚设计成圆弧形，各种管道、管线尽可能集中走向，冷水管不宜在生产线、设备和包装台上方通过。将热源如蒸柜、烫漂锅、杀菌器等单独设房间集中排气。如果天花板上有冷凝水，应该及时用真空装置或消毒过的海绵拖把加以消除。

3. 包装材料的控制

包装材料存放库要保持干燥清洁、通风、防霉，内外包装分别存放，上有盖布下有垫板，并设有防虫鼠设施。每批内包装进厂后要进行微生物检验，细菌数 <100 个$/cm^2$，致病菌未检出，必要时可进行消毒。

4. 食品的贮存库

食品的贮存库应保持卫生，不同产品、原料、成品分别存放，并设有防鼠设施。

5. 其他污染物的控制

车间对外要相对封闭，正压排气，车间内定期清除生产废弃物并擦洗地面，定期消毒，防止灰尘和不洁污染物对食品的污染。车间使用防爆灯，对外的门设挡鼠板，地面保持无积水，如果在准备生产时，清洗后的地板还没有干燥，就需要采用真空装置将其吸干或用拖把擦干。

（三）监测

建议在生产开始时及工作时间每4小时检查一次任何可能污染食品或食品接触面的外部污染物，如潜在的有毒化学物质、不卫生的水和不卫生表面凝结的冷凝水。

（四）纠正

如果外部污染物有可能对食品造成污染可采取以下措施。

（1）清洗化学物质残留，丢弃没有标签的化学物质，培训员工正确使用化学物质。

（2）除去不卫生表面的冷凝水，调节空气流通和车间温度以减少水的凝结，安装遮盖物以防止冷凝水落到食品、包装材料及食品接触面上。

（3）清除地面积水、污物。

（4）评估被污染的食品。

（五）记录

每日卫生控制记录。

六、 正确标示、贮存和使用有毒化学物质

食品加工企业不可避免使用各类化学物质，使用时必须小心谨慎，按照产品说明书使用，做到正确标记、安全贮存，否则会导致企业加工的食品被污染可能。

（一） 食品加工厂有毒化学物质的种类

大多数食品加工厂使用的可能存在毒性的化学物质包括清洁剂、消毒剂、空气清新剂、杀虫剂、灭鼠药、机械润滑剂、食品添加剂和化学实验室试剂等。

（二） 有毒化学物质的标识、 贮存和使用

企业应编写本厂使用的有毒有害化学物质一览表。所使用的有毒化学物质要有主管部门批准生产、销售的证明。原包装容器的标签应标明试剂名称、制造商、批准文号和使用说明。配制好的化学药品应正确加以标示，标示应注明主要成分、毒性、浓度、使用剂量、正确使用的方法和注意事项等，并标明有效期。

有毒化学物质应设单独的区域进行贮存，或者贮存于带锁的柜子里，并设有警告标示，由经过培训的专门人员管理、配制和使用。有毒化学物质在使用时应有使用登记记录。

（三） 监测

监测的目的是确保有毒化学物质的标记、贮存和使用能使食品免受污染。监测的范围包括与食品接触面、包装材料接触，用于加工过程和包含在成品内的化学物质。监测内容为有毒化学物质是否被正确标示、正确贮存和正确使用。企业要经常检查确保符合要求，建议一天至少检查一次，全天都应注意观察实施情况。

（四） 纠正

纠正措施包括：

（1）将标签不清楚的有毒化学物质拒收或退还给供货商。

（2）对于工作容器上不清晰的标示，应重新进行标记。

（3）转移存放错误的化学物质。

（4）对保管、使用人员进行培训。

（5）评估不正确使用有毒化学物质对食品造成影响，必要时要销毁食品。

（五） 记录和证明

设有进货、领用、配制记录以及有毒化学物质批准使用证明、产品合格证。

七、 食品加工人员的健康与卫生控制

食品企业的生产人员（包括检验人员）是直接接触食品的人，其身体健康及卫生状况直接影响食品卫生质量。因此食品加工企业必须严格对生产人员，包括从事质量检验工作人员的卫生管理，尤其要管理好患病或有外伤或其他身体不适的员工，他们可能成为食品的微生物污染源。

（一） 食品加工人员的健康卫生要求

我国《食品安全法》规定食品生产经营者应当建立并执行从业人员健康管理制度。患有痢疾、伤寒、病毒性肝炎等消化道传染病的人员以及患有活动性肺结核、化脓性或者渗出性皮肤病等有碍食品安全疾病的人员，不得从事接触直接入口食品的工作。食品生产经营人员每年应当进行健康检查，取得健康证明后方可参加工作。因此要遵循以下规定。

（1）食品加工人员上岗前要进行健康检查，经检查身体健康人员才能上岗。以后定期进行健康检查，每年至少进行一次体检。

（2）食品生产企业应制定有体检计划，并设有体检档案，凡患有有碍食品卫生的疾病，例如：病毒性肝炎、活动性肺结核、肠伤寒及其带菌者、细菌性痢疾及其带菌者、化脓性或渗出性脱屑皮肤病患者、手外伤未愈合者，不得参加直接接触食品加工，痊愈后经体检合格后可重新上岗。

（3）生产人员要养成良好的个人卫生习惯，按照卫生规定从事食品加工，进入加工车间更换清洁的工作服、帽、口罩、鞋等，不得化妆、戴首饰、手表等。

（4）食品生产企业应制定有卫生培训计划，定期对加工人员进行培训，并记录存档。

（二）纠正

患病人员调离生产岗位直至痊愈。

（三）记录

包括食品加工人员的健康检查记录，每日卫生检查记录和出现不满意状况时的相应纠正措施。

八、昆虫与鼠类的扑灭及控制

苍蝇、蟑螂、鸟类和啮齿类动物带一定种类的病源菌，例如沙门氏菌、葡萄球菌、肉毒梭菌、李斯特菌和寄生虫等。通过害虫、老鼠传播的食源性疾病数量巨大，因此虫、鼠害的防治对食品加工厂至关重要，食品加工厂内不允许有害虫、老鼠的存在。

（一）防治计划

企业要制定详细的厂区环境清扫消毒计划，定期对厂区环境卫生进行清扫，特别注意不留卫生死角。并制定灭鼠分布图，在厂区范围甚至包括生活区范围进行防治。防治重点为卫生间、下脚料出口、垃圾箱周围和食堂。

（二）防治措施

清除害虫、老鼠滋生地。采用风幕、水幕、纱窗、黄色门帘、暗道、挡鼠板、翻水弯等防止害虫、老鼠进入车间。厂区用杀虫剂，车间入口用灭蝇灯杀灭害虫。用黏鼠胶、鼠笼、灭鼠药杀灭老鼠。

（三）监测

监测频率根据情况而定，严格时需列入 HACCP 计划中。

（四）纠正

发现问题，立即消除或杀灭。

（五）记录

包括虫害、鼠害检查记录和纠正记录。

第二节　卫生监控与记录

建立标准卫生操作程序必须设定监控程序，实施检查、纠正措施和记录。企业必须指定由何人、何时及如何完成监控。并对所有的监控行动、检查结果和纠正措施都要记录，通过这些记录说明企业不仅遵守了 SSOP，而且实施了适当的卫生控制。

食品加工企业日常的卫生监控记录是工厂重要的质量记录和管理资料，应使用统一的表格，并归档保存，一般记录审核后存档，保留两年。卫生监控记录表格基本要求为：①被监控的某具体操作程序状况或结果；②以预先确定的监测频率来记录监控状况；③记录必要的纠正措施。

一、 水（冰）的监控记录

生产用水应具备的记录和证明：①每年 1 ~ 2 次由当地卫生部门进行水质检验的报告正本。②自备水源的水池、水塔、贮水罐等的清洗消毒计划和监控记录。采用城市饮用水应有水费单记录。③食品加工企业每月一次对生产用水进行细菌总数、大肠菌群检验的记录。④每日对生产用水的余氯验证记录。⑤自行生产用于直接接触食品冰的企业，应具有冰生产用水和工器具卫生状况的记录。如果向冰厂购买冰，应具备冰生产厂家的卫生证明。⑥申请向国外出口的食品加工企业需根据注册国家要求项目进行监控检测并加以记录。⑦工厂供水网络图（不同用途供水系统用不同颜色表示）和管道检查记录。

二、 与食品接触表面的清洗、消毒记录

与食品接触表面的清洗、消毒记录证明卫生控制的实施情况，以防止食品污染发生。本记录包括：①开工前、休息间隙、每天收工后与食品接触表面的清洗消毒记录。②工作服、手套、靴鞋清洗和消毒记录。③消毒剂种类及消毒水的浓度、温度检测记录。

三、 与食品接触表面的卫生检测记录

与食品接触表面检测记录包括：①加工人员的手（手套）、鞋靴和工作服。②加工用台案、桌面、刀、筐和案板。③加工设备如去皮机、单冻机等。④加工车间的地面、墙面；⑤加工车间、更衣室的空气。⑥内包装材料等的卫生检测记录。

与食品接触表面卫生检测项目通常为细菌总数、沙门氏菌及金黄色葡萄球菌。经过清洁消毒的设备和工器具等与食品接触表面的细菌总数应低于 100 个/cm^2 为宜，对卫生要求严格的工序，应低于 10 个/cm^2，沙门氏菌及金黄色葡萄球菌等致病菌不得检出。

对于车间空气的洁净程度，可通过空气暴露法进行检验。表 2 – 3 是采用普通肉汤琼脂，用直径为 9cm 平板在空气中暴露 5min 后，经 37℃ 培养的方法进行检测，对室内空气污染程度进行分级的参考数据。

表 2 – 3　　空气暴露法的检验依据

菌落数/平板	空气污染程度	评价
30 以下	清洁	安全
30 ~ 50	低等污染	应加注意
50 ~ 70	中等污染	对空气要进行消毒
70 ~ 100	高度污染	对空气要进行消毒
100 以上	严重污染	禁止加工

资料来源：李怀林．食品安全控制体系（HACCP）通用教程．北京：中国标准出版社，2002。

四、员工健康与卫生检查记录

食品加工企业必须严格检查生产人员，包括从事质量检验工作人员的卫生，并进行记录。

（1）生产人员进入车间前的卫生检查记录。涵盖生产人员工作服、鞋帽是否穿戴正确，是否化妆、头发外露、手指甲是否修剪等，个人卫生是否清洁、有无外伤、是否患病，是否按程序进行洗手消毒等项目。

（2）食品加工企业生产人员健康检查的合格证明及档案。

（3）食品加工企业员工卫生培训计划及培训记录。

五、卫生执行与检查、纠正记录

食品加工企业应为生产创造一个良好的卫生环境，才能保证产品在适合食品生产卫生条件下生产。食品加工企业应保持工厂道路的清洁，经常打扫和清洗路面，有效减少厂区内尘土飞扬。清除厂区内一切可能聚集、滋生蚊蝇的场所，生产废料、垃圾要用密封的容器运送，做到当日废料、垃圾当日及时清除出厂。绘制灭鼠分布图，实施有效的灭鼠措施。

食品加工企业的卫生执行与检查、纠正记录包括工厂（包括生活区）清扫、检查、纠正记录，车间、更衣室、消毒间、卫生间等清扫、消毒、检查及纠正记录，工厂（包括生活区）灭虫灭鼠执行、检查、纠正记录，灭鼠分布图。

六、化学药品的购置、存贮和使用记录

使用化学药品必须具备以下证明及记录：卫生部门批准购置和使用化学药品的证明，存贮保管登记记录，领用记录，配制使用记录，监控及纠正记录。

第三节　卫生标准操作程序文件的编制

一、卫生标准操作程序文件的编制

（一）卫生标准操作程序文件的含义

程序是指为进行某项活动或过程所规定的途径。当程序形成文件时，通常称为“书面程序”或“形成文件的程序”。含有卫生标准操作程序的文件可称为卫生标准操作程序文件。例如“与食品接触或与食品接触物表面的水（冰）的安全操作程序”“与食品接触的表面（包括设备、手套、工作服）的清洁、卫生和安全操作程序”等。

（二）卫生标准操作程序文件的特点

卫生标准操作程序文件（SSOP 文件）是由食品生产企业自己编写的卫生作业指导文件，编写 SSOP 文件的关键在于易于使用和遵守，而无所谓统一的格式，一个不能执行或不好执行的 SSOP 文件对企业是无益处的。具体的 SSOP 文件能够紧扣本企业的生产情况，所列出的程序准确反映了正在执行的行动，而且对操作人员的任务提供足够详细的内容。

（三）卫生标准操作程序文件编制原则及要求

企业在编写自己的SSOP文件时，应注意以法律为依据，与本企业的质量控制体系保持一致，通过SSOP文件的实施，达到产品安全卫生的要求。SSOP文件应当符合以下几项具体要求。

（1）指令性　卫生标准操作程序文件应由负责卫生标准操作活动主管领导批准后发布实施。

（2）目的性　卫生标准操作程序文件应确定卫生标准操作活动的目标。

（3）符合性　卫生标准操作程序文件的编制应符合HACCP体系的应用准则，GMP和国家及行业发布的各项法规、法令、标准的规定。

（4）协调性　卫生标准操作程序文件应与HACCP相关的管理文件保持一致，并做到协调统一，不能存在不一致和相互矛盾的现象。

（5）系统性　卫生标准操作程序文件是保证HACCP体系、GMP，是对所有影响卫生质量的操作活动进行作业指导的文件，应对活动实施的具体程序做出规定，操作人员的职责应明确清楚，各项实施程序应做到连续有序。

（6）可行性　卫生标准操作程序文件的编制应立足于本企业的实际情况，切实可行。

（7）可操作性　卫生标准操作程序文件中每个环节的各项活动内容及要求等都应做出详细而明确的规定，要能指导实践，便于责任人员进行操作，应力求写清如下5W和1H：

WHY　　为什么做（目的、范围）（何故）

WHAT　　做什么（何事）

WHO　　谁做（何人）

WHEN　　什么时间做（何时）

WHERE　　什么地方做（何地）

HOW　　怎么做（何为）

除此以外，还应包括所依据的文件、标准，所需资源，纠正措施和应做的记录表格。程序文件应做到术语规范，词句正确，语言简练，结构严谨，内容重点突出。

（四）卫生标准操作程序的编写内容

卫生标准操作程序文件的编写一般包括的内容为：标题、目的、范围、依据、职责、实施的措施、程序文件的审批栏、记录等。具体分述如下。

1. 标题

由管理对象和业务特征两部分组成。例如《洗手消毒程序》中“洗手消毒”是管理对象的名称，“程序”是管理业务的特征。

2. 目的、范围

简要说明文件中的主题内容，目的、范围（即WHY，WHERE）。例如“与食品和食品接触物表面接触水（冰）的安全操作程序”的目的和范围可以这样描述：“对与食品接触或与接触食品的加工设备的表面接触的水（冰）的质量进行控制，确保食品配料用水、加工用水或作为清洗设备用水的安全性。”

3. 依据（或引用文件）

必要时应明确所定程序的依据或引用文件。例如加工用水（冰）的卫生操作程序中引用文件可以是《生活饮用水卫生标准》。

4. 职责

应明确责任部门以及有关责任人员的职责（即WHO）。例如“确保食品免受交叉污染操作程序”中，根据操作内容的不同，其责任者可能是质量监督员、车间清洁员、维修人员及生产操作人员。

5. 实施的程序（措施）

实施程序应针对某一事项，按工作先后的顺序规定具体的工作内容。

6. 记录

在程序文件正文后面，附上记录表、卡式样。

7. 程序文件的审批

根据卫生标准操作程序文件指令性要求，该程序文件必须由负责卫生标准操作活动的主管领导批准签字方可生效。

二、 卫生标准操作记录的编制

（一） 卫生标准操作记录的概念

记录是阐明所取得的结果或提供所完成活动的证据文件。记录可用作追溯性文件，并提供验证、纠正和预防措施的证据和依据。

（二） 记录编制的要求

记录应当清楚并准确反映实际情况，记录应清晰，要求准确填写。对记录进行改动时要清晰保持原记录，如用单线划掉错误内容，在表上改正或更换新的内容。记录中的相应栏目应由责任人签名和标注日期。重要记录都应以适宜的频率进行复核。记录应容易查到和检索，并妥善保管，以防丢失、损坏和毁灭。记录应按产品的保质期限规定一定的保存期限。

第四节 卫生标准操作程序与记录示例

企业应结合具体产品和生产工艺，实际建立和实施一套成文的，即文件化的卫生标准操作程序，并辅以相应的记录。由于各企业产品不同，生产工艺及设备不同，其程序的内容也不尽相同。如前所述，卫生标准操作程序应至少包括8个方面，本节以苹果汁加工厂的SSOP文件为例具体说明卫生标准操作程序与记录的编制。值得注意的是，各企业应根据其产品和生产的特点和实际编写自己切实可行的SSOP文件。

一、 苹果汁加工厂的SSOP任务概述

制定苹果汁加工厂SSOP时，要以本企业的HACCP质量控制体系为基础，依据GB 14881—2013《食品企业通用卫生规范》和GB 12695—2016《饮料厂卫生规范》，建立切实可行的清洗、消毒和卫生保持作业指导文件。

在实施SSOP时要求注意与产品接触或与产品接触物表面接触水的安全。

对于移动式或集中高压或就地清洗系统，应该根据厂方提供的说明书和介绍选择清洗剂。工人进行清洗工作时，卫生主管应该巡视所有区域。如果发现没有清洗干净的区域，必须在有

关职责部门进行早间巡视前重新清洗完毕。清洗用水的水温应控制在55℃左右。

所有员工都应该保持良好的个人卫生，穿戴整洁，患病人员应该远离苹果和苹果汁加工设备。

所有的清洗剂和清洁剂必须集中保存，只有卫生主管、经理以及高级经理有权接触这些试剂，只有卫生主管有权调度这些试剂。因为滥用这些试剂不但导致清洗成本提高，清洗效果降低，而且还能导致人员伤害和设备损伤。如果没有自动监测设备，应该采用氯检测试纸来检验消毒试剂的浓度。这类试纸呈条状，每瓶包装有100张，并附有使用说明。企业可向销售清洗剂、消毒剂和检测系统的厂商咨询有关如何使用清洗剂、消毒剂和检测系统的详细资料。

SSOP要求所有工作人员相互协作，保证SSOP顺利进行。苹果汁加工厂经理将监督SSOP实施，其责任包括生产和清洁区的可视检查及微生物实验室检查，经理的其他责任还包括督促员工具体实施SSOP。员工将参与日常卫生清洁和消毒、苹果汁生产情况的记录；董事长也参与SSOP日常操作，他的任务包括检查和指导经理进行原料采购、日常生产和实施SSOP。

以下是参与苹果汁生产加工人员的名单，苹果汁加工厂的工作人员要阅读SSOP文件，按照SSOP指导进行操作，阅读和理解了SSOP文件后，需要在其名字旁签名。

董事长　　　　签名

经　理　　　　签名

操作者　　　　签名

二、生产用水（冰）的安全操作程序

（一）控制和监测措施

（1）整个工厂的水源必须是符合城市饮用水标准的自来水或深井水，目前公司所有的生产用水由××县自来水厂供应。县卫生防疫站按国家饮用水标准至少每年2次对厂区的水质进行全项目指标的检测，质量监督员及时索取检测报告。检测时间定为每年的二月和八月。监测频率：每年2次。

（2）自建贮水池应密封、安全，保证水源不受污染。对自建贮水池每年榨季开工前或每年不少于2次清洗、消毒。清洗程序为：

清除杂物→水冲洗→200mg/L次氯酸钠溶液喷洒→水冲洗。

监测频率：每年两次。

（3）本厂质控部门根据工程部提供的供水网络图，各出口水龙头统一编号，用比色法每天对不同的自来水龙头取样进行余氯检测，余氯须保持在0.03～0.05mg/L。每周进行一次细菌总数、大肠菌群等微生物检测。监测频率：每天1次或每周1次。

（4）加工厂的水系统应由被认可的承包商设计、安装和改装，不同用途的水管用标示加以区分，备有完备的供水网络图和污水排放管道分布图，以表明管道系统的安装正确性，并且对加工车间水龙头进行编号。监测频率：水管系统进行安装或改装时。

（二）纠正措施

城市供水系统、自备水系统发生故障、自建贮水池损坏或受污染时，企业应停止生产，判断何时发生故障或损坏，将本段时间内生产的产品进行安全评估，以保证产品的安全性，只有当水质符合国家饮用水标准时，才可重新生产。

水质检验结果不合格，质控部门应立即制定消毒处理方案，并进行连续监控，如有必要，应对输水管道系统采取纠正措施，只有当水质符合国家饮用水标准时，才可重新生产。

（三）记录

（1）每年2次由当地卫生部门提供水质检验（全项目指标）的报告，一年2份。

（2）自建贮水池检查报告和定期的卫生纪录。

（3）每周1次对生产用水进行微生物检验的记录。

（4）每日对生产用水的余氯检验记录。

（5）工厂供水网络图（不同用途供水系统用不同颜色表示）和管道检查记录。

三、苹果汁接触面的清洁消毒操作程序

与苹果汁接触的表面可以是设备、工器具、操作人员的手套、鞋靴和工作服。车间内所有生产设备、管道及工器具均应采用不锈钢材料或食品级聚乙烯材料制造，完好无损且表面光滑无死角，车间地面、墙壁、果池内表面应平滑。下面针对各接触表面制订清洁消毒程序。

（一）一般设备、工器具生产后清洁消毒程序

（1）每班结束后，从操作区和设备上清理所有的碎片和杂物。

（2）遵守规定的切断电源次序切断设备电源，必要时保护设备与电连接处敏感部分，使之与水隔离。

（3）根据设备说明书拆卸可清洗零件。

（4）用50～55℃热水冲洗设备，去除残留固体，不能直接冲洗发动机、接线口和电线。

（5）利用轻便式或集成式清洗系统和强酸性清洗剂清洗设备。轻便式清洗系统较适用于小型企业，集成式清洗系统适用于大型企业。对重污垢区域，如果利用轻便式或集成式高压清洗设备，清洗剂的效率将得到提高。如果清洗非不锈钢金属表面，应该用强碱性清洗剂代替强酸性清洗剂。去除泡沫清洗后残留的污垢沉积物可能需要进行手工刷洗。清洗剂必须与所有框架结构、操作台下面的区域以及其他难以触及表面发生直接接触。清洗剂的浸泡时间应该控制在10～20min。洗涤溶液的温度控制在50～60℃，洗涤溶液的配制应参照洗涤剂使用说明书。

（6）使用清洗剂后的20min内，用50～60℃的热水冲掉洗涤溶液和尘土。

（7）检查清洗的有效程度，如果必要重新清洗。

（8）利用轻便式或集成式清洗设备和含氯消毒剂清洗设备，将浓度为100mg/L的含氯消毒液喷淋于待清洗设备上，停留3min。

（9）用清水冲洗，并请卫生监督员检查，每周对重要设备的表面进行1次微生物检验。

（10）有必要时，利用白色食用油保护设备表面，以避免其腐蚀或生锈。由于油保护膜上易沉积微生物，因此不能用得太多。

监测频率：每班开工前。

（二）苹果清洗机上湿刷子的清洁消毒程序

以下步骤适用于生产结束后、休息2～3d后和午饭后重新开工前清洗和消毒湿刷子设备，这个步骤需要大约10min。

（1）清扫周围区域，用手从湿刷子内、外部去除所有碎片、杂物（小枝、果渣、树叶等）。

（2）用高压喷水枪冲洗湿刷子外部。将高压喷水枪的喷嘴插入湿刷子内部，彻底冲洗内部表面、喷水嘴和刷子。

（3）用手（不要试着用高压喷水枪）去除残留的碎片和其他有机物，清理后刷子上应没有任何可见碎片。

（4）操作者准备20kg的含有洗涤剂溶液，用适用于与食品接触表面的刷子，彻底刷洗内表面和外表面。

（5）用高压喷水枪，冲洗内外表面去除洗涤剂。

（6）用肉眼检查机器内外表面，确保所有污物都被除去，从机器上滴下的应是干净的水。

（7）用次氯酸钠配制5kg消毒剂，用石蕊试纸检查游离氯气含量必须达到100～200mg/L，并装入有泵的喷洒壶中。用手动喷洒壶喷洒机器所有表面使消毒水从机器上滴下。

（8）用温水冲掉消毒剂，在空气中使其自然干燥。

（9）填写检查记录，并请卫生监督员检查。

监测频率：每班开工前。

（三）榨汁机清洁消毒程序

以下步骤在生产结束后或间隔2d后开机前使用，这个步骤需要25min，使用喷淋消毒法。

（1）清理榨汁工作区，清理设备上的小枝、树叶、果渣和其他杂物。

（2）用温水（50～55℃）冲洗设备。

（3）每个操作人员准备1只白色塑料桶大约5kg重、含有洗涤剂、温度为50～60℃的清洗溶液。

（4）用与食品接触表面的专用清洗刷和清洗溶液洗刷榨汁机、齿条、框架和料盘，并注意用刷子将设备底部清洗干净。

（5）用热或温水冲洗设备，去除洗涤剂。用肉眼检查，保证所有颗粒、有机物去除，如果有杂物没有去除，重复步骤（3）～（5）。

（6）在10kg水中放入适量次氯酸钠，使游离氯含量达到100～200mg/L，装入手持喷洒壶中。

（7）喷洒消毒剂在设备的表面，并停留3min。

（8）用可饮用水冲洗净设备表面的消毒剂。

（9）填写检查记录，请卫生监督员检查。

监测频率：每班开工前。

（四）过滤器清洁消毒程序

每一次完成生产后过滤器应该被拆卸开，进行手工清洗和手工消毒。以下程序大约需要30min，采用喷淋消毒法。

（1）检查过滤器工作区，从地板上清理掉树叶、小枝和果渣。

（2）遵守推荐给操作员的方法，覆盖所有马达和配电板。

（3）用温水（50～55℃）冲洗过滤器及其关联设备。

（4）遵守推荐给操作员的方法拆卸开过滤器，用温水冲洗所有零件，清除残留物。

（5）每个操作者配制5kg含有洗涤剂的溶液，用清洗与食品接触表面的专用刷子和清洗剂，刷洗过滤器。

（6）用热水或温水（50～60℃）冲洗掉洗涤剂溶液。检查清洗区域，确保所有暴露面被清洗过。

（7）在5kg水中放入适量次氯酸钠，使游离氯含量达到100～200mg/L，装入手持喷洒壶中，用消毒剂喷洒过滤器碗的内部和外部，使溶液从设备上滴下。

（8）洗涤剂和消毒剂的配制，要遵从操作指导要求，清洗溶液，冲洗用热水和消毒溶液要用3只不同容器盛装。

（9）用专用于与食品接触表面的刷子刷洗过滤器零件，并用温水冲洗它们。用肉眼检查确保所有残渣被去除掉，如果有任何残留物，将此零件重新清洗。

（10）填写检查记录，请卫生监督员检查。

监测频率：每班开工前。

（五）酶解罐清洁消毒程序

酶解罐一旦排空，要立刻进行清洗和消毒，整个清洗消毒程序大约需要20min。

（1）清理酶解工作区，使之无任何杂物。

（2）用高压喷水枪冲洗罐外表面，使它外表面干净无可见异物。

（3）用高压喷水枪冲洗罐内表面，使它内表面干净无可见异物。

（4）然后进行消毒，在10kg水中放入次氯酸钠，使游离氯含量达到100～200mg/L，装入手持喷壶中，用这种消毒液喷洒罐内所有表面，并停留3min。

（5）3min后用80℃热水冲洗净内表面，自然晾干。

（6）填写检查记录，并请卫生监督员检查。

监测频率：每班开工前。

（六）包装产品贮存区域的清洁消毒程序

贮存加工产品的区域至少每周清洗一次，大规模操作区域的清洗频率应该更高。原料贮存区域必须每天清洗。

（1）将大体积碎片捡起来并置于垃圾箱中。

（2）只要条件许可，采用机械清扫机或擦洗机进行清扫擦洗。如果使用机械擦洗机，可以按照生产厂商提供的说明书选择清洗剂。

（3）采用轻便式或集成式清洗系统以及50℃水可有效清洗重污垢区域，具体清洗方法与一般设备的清洗方法相同。

（4）适时拿开、清洗和更换排水沟盖。

（5）更换水管或其他设备。

（6）每次使用后及时清洗、消毒苹果箱。用容易消毒的金属支架代替木质支架。

（7）填写检查记录，并请卫生监督员检查。

监测频率：每周1次或每天1次。

（七）地面和墙壁的清洁消毒程序

休息间隙，应用水冲洗地面、墙壁。每周对地面和墙壁进行一次清洗消毒。清洗消毒步骤如下。

（1）用清洁水冲洗地面和墙壁。

（2）用含氯400mg/L的漂白粉溶液擦洗地面和墙壁。

（3）用85℃热水清洗干净，并用海面拖布擦干。

（4）填写检查记录，并请卫生监督员检查。

监测频率：每班开工前或每4小时一次。

（八）工作服和其他要求

（1）员工应穿戴干净工作服和工作鞋。

（2）捡果工序的工作人员还应穿戴干净的手套和防水围裙。

（3）企业管理人员在加工区也应穿戴干净的工作服和工作鞋。

（4）卫生监督员应监督员工手套的使用和工作服的清洁度。

（九）制定“苹果汁接触面清洁消毒程序”时应说明的问题

（1）每个“清洁消毒程序”应能独成一体，雇员读了此程序，应能够独立完成任务。

（2）如果加工工艺改变，清洗消毒程序也应更新。

（3）当使用新机器时，SSOP 必须进行更新。

（4）地面排水管道应每天甚至更频繁地清洁，不适当的陷阱式排水口是污染和不良气味的来源。

（5）天花板要定期冲洗，避免污物、微生物、霉菌的积累，防止斑点和不良气味的产生。

（6）传送带必须用刷子和含有洗涤剂的水溶液洗净，在清洗前所有的树叶、小枝、苹果碎片、污物必须除去，刷洗完后用清水冲净并用消毒剂进行消毒，传送带经过上述处理后应无任何有机物质残留。

（7）高压喷水枪对清洗射程达不到区域效果不好，清洗这类设备最有效方法是用洗涤剂溶液和刷子手工清洗。清洗前必须将设备拆卸开，SSOP 应详细说明设备的哪些零件需要拆卸开、如何拆卸。

（8）果汁加工厂中的各种污物都很容易清洗，小型企业通常采用轻便式清洗系统，而大型加工企业可利用集成式清洗系统或 CIP（就地清洗系统）清洗管道、热交换器、均质器、大体积贮存罐等。

（十）纠正措施

（1）彻底清洗与苹果汁接触的设备和管道表面。

（2）重新调整清洗消毒液浓度、温度和时间，对不干净的苹果汁接触面进行清洗消毒。

（3）对可能成为苹果汁潜在污染源的手套、工作服应进行清洗消毒和更换。

（十一）记录

（1）定期卫生检查记录。

（2）每日卫生检查记录。

（3）各种设备和工器具的清洗消毒检查记录。

四、防止交叉污染的操作程序

（一）适用于所有工作人员的操作程序

（1）如有下列情况之一者，请将手用皂液和清水彻底洗净并干燥。

①进行工作前；

②咳嗽、打喷嚏、用手捂嘴之后；

③擤鼻涕，摸鼻子、嘴、耳朵、眼睛和头发之后；

④抽烟、吃饭、饮水、休息之后；

⑤使用完卫生间设备后；

⑥接触了除产品及与产品生产区域以外的东西（这些东西有可能对手造成污染）。

清洗时在有肥皂泡的情况下，用清洗工具有力搓手和臂表面20s，随后用清水冲净，注意指甲下、指缝部分，用一次性干纸巾或烘干机干燥手。

（2）当接触榨汁用苹果、果浆，没有罐装的果汁及包装材料时，正确地带上发束（帽子或发网）。

（3）每天开始工作前要穿干净的工作服，工作服在工作期间尽可能保持清洁，在果汁加工区不得穿着有灰尘的工作服。

（4）在加工区域使用的胶鞋、防水靴必须保持清洁。工作人员在进入加工车间前，应在盛有含氯200mg/L次氯酸钠消毒液的消毒池中对其工作鞋进行消毒。

（5）在苹果汁加工区禁止吃、喝、抽烟、装扮，要划出特别区域作为午饭区域。

（6）在榨汁车间禁止戴首饰和手表。

（7）各工序工作人员不得串岗。

（8）患有脓肿、开放性化脓、割伤、烧伤及皮肤病和呼吸道、消化道传染病，不允许从事水果原料处理、包装材料处理、榨汁及苹果汁加工工作。

（9）卫生监督员应及时认真地监督每位工作人员的操作。

监测频率：每班开工前或每4小时一次。

（二）生产前预清洁消毒程序

苹果汁加工厂员工生产前必须遵守以下预清洁消毒程序，以保证工厂设施和设备在生产前是清洁卫生的，并处于良好的工作状态。

（1）保证工厂、设备及与食品接触表面清洁干净，填写检查单，确认遵守了SSOP指导里描述的清洁步骤。

（2）消毒和冲洗与食品接触表面，填写检查单，在检查单上注明：

①遵从了SSOP指导里描述的消毒和冲洗步骤；

②遵守了化学药品使用指导；

③设备的每个零件都使用同一步骤清洗消毒。

（3）设备装配好后，试运行一遍。

（4）员工认真填写检查记录，作为责任人签名。

（5）在开始操作之前，卫生监督员将检查生产区的卫生状况。如果卫生状况达到要求就在检查记录上签字。如果不可接受将与具体责任人联系，采取纠正措施并在检查记录上注明需要采取的措施。卫生监督员负责完成所有检查记录。

（6）经理每周将检查记录回顾一遍。

监测频率：每班开工前。

（三）日常清洁消毒操作程序

（1）在传送带上检查苹果，剔除腐烂果、严重损伤果、虫害果。

（2）及时清扫加工区域和贮藏间，使这些区域无苹果枝、叶和垃圾。

（3）泵和生产线在使用前要进行彻底地清洗和消毒。

（4）注意苹果清洗水槽中水的质量，及时从过滤帘上将树叶等杂物除去，以避免过多废物积累；当需要时，及时更换贮槽中水；每小时用石蕊试纸测试一次贮槽中水的氯气含量，贮槽中水的氯气浓度应该是100～200mg/L游离氯，如果贮槽中水低于此标准，需要及时加氯并重新测试；忙季每天应将贮槽排干，清洗一次贮槽和水道，淡季每压榨两天清洗一次贮槽和水道，将清洁情况记录在检查记录表上。

（5）果渣应及时从生产区域清理出去，防止有利于害虫的条件形成。

（6）使用完果汁过滤布应及时清洗，搭在架子上晾干，不允许用其抹擦地面和其他污染后的表面。

（7）在每日生产结束时，倾倒空废料斗，废料斗用水冲洗后，再用200mg/L的次氯酸钠溶液消毒后方可再次带入车间使用。保持废料斗清洁并盖上盖子，以免吸引害虫和老鼠。

（8）包装材料应放在原始包装里远离地面处，使用时再打开。灌装生产线上的雇员应严格遵守操作程序。

监测频率：每班开工前或每4小时一次。

（四）其他操作程序

（1）原料苹果不能夹杂大量泥土和异物，烂果率控制在5%以下。原料苹果的装运工具应卫生。原料验收人员负责检查原料苹果及其装运工具的卫生。

监测频率：每次接受原料苹果时。

（2）车间建筑设施完好，设备布局合理并保持良好。粗加工间、精加工间和包装间应相互隔离，不同作业区所用工器具，应有明显不同的标示，不能混用。原料、辅料、半成品、成品在加工、贮存过程中要严格分开，防止交叉污染。

监测频率：每班开工前或生产、贮存过程中。

（3）卫生监督员和工作人员应接受安全卫生知识培训，企业管理人员应对新招聘的工作人员进行上岗前的食品安全卫生知识和操作培训。

监测频率：雇佣新的工作人员上岗前。

（4）厂区排污系统应畅通、无积淤，并设有污水处理系统，污水排放符合环保要求。车间内地面应有一定的坡度并设明沟以利排水，明沟的侧面和地面应平滑且有一定弧度。车间内污水应从清洁度高的区域流向清洁度低的区域，工作台面的污水应集中收集通过管道直接排入下水道，防止溢溅，并有防止污水倒流的装置。卫生监督员检查污水排放情况。

监测频率：每班开工前。

（五）纠正措施

（1）拒收带有过多泥土、异物及腐烂严重的原料苹果。

（2）卫生监督员应对可能造成污染的情况加以纠正，并要评估苹果汁的质量。

（3）新上岗的卫生监督员及员工应接受安全卫生知识培训和操作指导。

（4）工作人员在工作衣帽穿戴、首饰佩戴、手套使用、手的清洗、个人物品带入车间、工作鞋的消毒方面存在问题时，应对其及时予以纠正。

（5）清除残渣、腐烂果及杂质，重新清洗消毒容器。

（6）请维修人员对排水问题加以解决。

（六）记录

（1）原料验收记录。

（2）每日卫生记录。

（3）定期的卫生控制记录。

（4）日常清洁消毒操作检查记录。

（5）员工培训记录。

五、手的清洗、消毒及卫生间设施的维护

（一）控制和监测措施

（1）与车间相连的卫生间，不应设在加工作业区内，可以设在更衣区内；卫生间的数量与加工人员相适应，卫生间的门窗不能直接朝向加工作业区；卫生间的墙面、地面和门窗应该用浅色、易清洗消毒、耐腐蚀、不渗水的材料建造，并配有冲水、洗手消毒设施；防虫、蝇装置、通风装置齐备。卫生间应通风良好，地面干燥，清洁卫生，无任何异味；手纸和纸篓保持清洁卫生；每天需进行清洗和消毒。员工在进入卫生间前要脱下工作服和换鞋，如厕之后进行洗手和消毒。卫生监督员负责检查卫生间设施及卫生状况。

监测频率：每班开工前或生产过程每4小时一次。

（2）车间入口处、卫生间内及车间内须有洗手消毒设施。洗手设施包括：非手动式水龙头、皂液分配器、50mg/L次氯酸钠消毒液和一次性干手巾（或烘手机）等，并有明显的标示。应在开工前、每次离开工作台后或被污染时清洗和消毒手，清洗和消毒手的程序为：

清水洗手→用皂液或无菌皂洗手→清水冲净皂液→于50mg/L（余氯）消毒液浸泡30s→清水冲洗→干手（用纸巾或干手机）。

卫生监督员负责检查洗手消毒设施、消毒液的更换和浓度。

监测频率：每班开工前或生产过程每4小时一次。

（二）纠正措施

（1）重新清洗消毒卫生间，必要时进行修补。

（2）卫生监督员负责更换洗手消毒设施和更换、调配消毒剂。

（三）记录

每日卫生控制记录。

六、防止污染物的危害

（一）控制和监测措施

（1）要按照有关规定使用食品厂专用的清洗剂、消毒剂、杀虫剂和润滑剂，并附有供货方的使用说明及质量合格证明，其质量应符合国家卫生标准，并须经质检部门验收合格后方可入库。卫生监督员负责检查与验收工作。

监测频率：每批清洁剂、消毒剂、杀虫剂和润滑剂。

（2）与产品直接接触的包装材料必须提供供货方的质量合格证明，其质量应符合国家卫生标准，并需经质检部门验收合格后方可入库。每批内包装进厂后要进行微生物检验，细菌数 <100 个/cm^2，致病菌未检出，必要时可进行消毒。卫生监督员负责检查包装物料验收情况。

监测频率：每批包装材料。

（3）包装材料和清洁剂等应分别存放于加工包装区外的卫生清洁、干燥的库房内。内包装材料应上架存放，外包装材料存放应下有垫板、上有无毒盖布，离墙堆放。卫生监督员负责检查。

监测频率：每天一次/每 4 小时一次。

（4）生产用燃料（煤、柴油等）应存放在远离原料和成品苹果汁场所，卫生监督员检查。

监测频率：每天一次。

（5）应在灌装室内安装空气净化系统，必要时安装臭氧发生器，于每次灌装前进行不低于半小时的灭菌。灌装间应通风良好，防止冷凝物污染产品及其包装材料。加工车间应使用安全性光照设备。卫生监督员负责检查。

监测频率：每班开工前。

（6）果汁灌装结束，应按不同品种、规格、批次加以标示，并尽快存放于 0 ~ 5℃ 的冷藏库内。冷藏库配有温度自动控制仪和记录仪，应保持清洁，定期进行消毒、除霜、除异味。卫生监督员负责检查冷藏库的温度及卫生情况。

（7）车间应通风良好不得有冷凝水，卫生监督员检查。

监测频率：生产中每 4 小时一次。

（二）纠正措施

（1）无合格证明的清洁剂、消毒剂、润滑剂和包装材料拒收。

（2）存放不当的包装材料和清洁剂等应正确存放。

（3）生产用燃料（煤、柴油等）接近原料和成品苹果汁时应及时纠正。

（4）灌装时，对可能造成的产品污染的情况加以纠正并评估产品质量。

（5）对不安全的光照设备进行维修。

（6）对违反冷库管理及消毒规定的情况，应及时加以纠正。

（7）车间通风不畅，集结有冷凝水时应加大排风换气。

（三）记录

（1）清洁剂、消毒剂、润滑剂和包装材料验收记录。

（2）每日卫生控制记录。

七、有毒化合物的标记、贮存和使用

（一）控制和监测措施

（1）企业应编写本厂使用的有毒有害化学物质一览表，包括生产加工中（清洗用的强酸强碱、生产中和实验室检测用有关试剂等）使用的所有有毒化合物。有毒化学物质在使用时应有使用登记记录。

监测频率：每批有毒化合物。

（2）所有有毒化合物应在明显位置正确标记并注明生产厂商名、使用说明，贮存于加工和包装区外的单独库房内，须由专人保管。并不得与食品级的化学物品、润滑剂和包装材料共存于同一库房内。卫生监督员应检查其标签和库房中的存放情况。

监测频率：每天一次。

（3）须严格按照说明及建议使用有毒化合物。由专人进行分装配制操作，应在分装瓶的明显位置正确标明本化学物的常用名，并不得将有毒化学物存放于可能污染原料、苹果汁或包装材料的场所。卫生监督员负责检查标示和分装、配制情况。

监测频率：每次分装、配制、使用时。

（二）纠正措施

（1）无产品合格证明等资料的有毒化合物拒收，资料不全的应先单独存放，直到获得所需资料方可接受。

（2）有毒化合物标记或存放不当的应纠正。

（3）未合理使用有毒化合物的工作人员应接受纪律处分或再培训，可能受到污染的苹果汁应销毁，分装瓶标示不明显时应予以更正。

（三）记录

（1）定期的卫生控制记录。

（2）每日卫生控制记录。

（3）润滑剂添加记录表。

（4）清洁剂、消毒剂领用记录表。

（5）消毒剂配制记录表。

八、员工的健康

（一）控制和监测措施

（1）从事苹果汁加工、检验及生产管理的人员，每年至少进行一次健康检查，必要时做临时健康检查，新招聘人员必须体检合格后方可上岗，企业应建立员工健康档案。

监测频率：每年一次或新招聘员工上岗前。

（2）发现工作人员因健康问题可能导致苹果汁污染时，应及时汇报给企业管理人员。卫生监督员应检查工作人员有无可能污染苹果汁的受感染伤口。

监测频率：每天开工前或生产中每4小时一次。

（二）纠正措施

（1）未及时体检的员工应进行体检，体检不合格的，调离原工作岗位或不许上岗。

（2）应将可能污染苹果汁的患病工作人员调离原工作岗位或重新分配其不接触果汁加工的工作。受伤者应调离原工作岗位或重新分配给其不接触果汁加工的工作。

（三）记录

（1）每日卫生控制记录。

（2）定期卫生控制记录。

（3）员工卫生培训记录表。

（4）员工病假记录表。

九、害虫、害兽控制程序

（一）控制和监测措施

苹果汁不能允许被害虫、老鼠或它们的排泄物污染，加工车间和贮藏室不允许有害虫、老鼠和鸟出没，以下条款是如何最大限度控制害虫、老鼠和鸟的措施。

（1）卫生监督员将负责制定害虫、老鼠和鸟控制计划。

（2）地面不能有积水、高草、苹果草垫、苹果渣和废弃设备，保持工厂内外环境清洁卫生，才能使害虫的存在减少到最低。

（3）加工车间、贮存库、物料库入口应安装塑料胶帘或风幕；车间下水管道须装水封式地漏；排水沟须备有不锈钢防护罩并在与外界相通的污水管道接口处安装铁丝网；车间的窗户、通（排）风口应安装铁丝网。

（4）加工车间、贮存库、物料库入口和通（排）风口应安装捕鼠设备。

（5）要及时补好墙上的洞、墙地板接合处裂缝。当不用开启车间外门时，必须立刻关闭。

（6）捣毁在厂区内存在的鸟巢，任何想要接近厂房的鸟，要立即驱赶走，如果用物理方法无法捣毁鸟巢，就要使用化学方法。

（7）要清理厂房周围吸引老鼠和鸟的食物源。

（8）老鼠的投饵处，每月要检查两次，有老鼠活动的投饵处要及时清理并布下新的饵料。每个月填写一次、一年总结一次鼠害控制检查记录。

（9）被害虫、害兽侵扰过的原材料必须做上记号。

（10）只能使用食品厂专用杀虫剂进行室内杀虫，并在说明书指导下使用杀虫剂。用于控制害虫、害兽的化学药品的标签要清楚注明，被允许在食品加工厂范围内使用。

（二）纠正措施

（1）完善防鼠、虫和鸟的设施。

（2）及时清理招引鼠、虫和鸟的污物。

（3）定期捕灭鼠、虫和鸟。

（三）记录

（1）每日卫生控制记录。

（2）定期卫生控制记录。

（3）鼠害控制检查记录。

十、化验室检验卫生控制程序

（一）控制和监测措施

（1）各生产工序的检查监督人员所使用的采样器具、检测用具应干净卫生。

监测频率：每次。

（2）化验室应干净卫生，无污染源，不得存放与检验无关的物品。

监测频率：每天一次。

（二）纠正措施

（1）使用前后及时发现及时清洗消毒。

（2）及时清理。

（三）记录

每日卫生控制记录。

十一、苹果汁加工厂 SSOP 记录

苹果汁加工厂 SSOP 记录表格式如表 2-4 至表 2-17 所示。

表2－4　　每日卫生控制记录

公司名称：　　日期：　　班次：

<table>
<tr><th colspan="2" rowspan="2">控制内容</th><th>开工前</th><th>生产中</th><th>收工后</th><th rowspan="2">纠正措施</th></tr>
<tr><th>合格/不合格</th><th>合格/不合格</th><th>合格/不合格</th></tr>
<tr><td>一、加工用水的安全</td><td>水质余氯检测报告</td><td></td><td></td><td></td><td></td></tr>
<tr><td rowspan="5">二、食品接触面状况</td><td>洗涤剂浓度/设备能达到清洁的状况</td><td></td><td></td><td></td><td></td></tr>
<tr><td>消毒液浓度/设备能达到消毒的状况</td><td></td><td></td><td></td><td></td></tr>
<tr><td>包装产品贮存区域的清洁消毒状况</td><td></td><td></td><td></td><td></td></tr>
<tr><td>地面、墙壁、天花板的清洁程度</td><td></td><td></td><td></td><td></td></tr>
<tr><td>手套、工作服、围裙、鞋等的清洁状况</td><td></td><td></td><td></td><td></td></tr>
<tr><td rowspan="10">三、预防交叉污染</td><td>工人的操作不能导致交叉污染（穿戴工作服、帽和鞋、使用手套、手的清洁，个人物品的存放、吃喝、串岗、鞋消毒、工作服的清洗消毒等）</td><td></td><td></td><td></td><td></td></tr>
<tr><td>生产前所有设备经过预清洁消毒状况</td><td></td><td></td><td></td><td></td></tr>
<tr><td>果渣、腐烂果及杂质的清除</td><td></td><td></td><td></td><td></td></tr>
<tr><td>苹果清洗槽中水的质量</td><td></td><td></td><td></td><td></td></tr>
<tr><td>废料盛装容器的卫生</td><td></td><td></td><td></td><td></td></tr>
<tr><td>工厂建筑物设施维修状况</td><td></td><td></td><td></td><td></td></tr>
<tr><td>原料、辅料、半成品、成品严格分开</td><td></td><td></td><td></td><td></td></tr>
<tr><td>各作业区工器具标示明显，无混用</td><td></td><td></td><td></td><td></td></tr>
<tr><td>厂区排污顺畅、无积水车间地面排水充分、无溢溅、无倒流</td><td></td><td></td><td></td><td></td></tr>
<tr><td>厂区无污染源、杂物，地面平整无积水，车间、库房、果棚干净卫生</td><td></td><td></td><td></td><td></td></tr>
</table>

续表

控制内容		开工前	生产中	收工后	纠正措施
		合格/不合格	合格/不合格	合格/不合格	
四、手的清洗消毒和卫生间设施维护	卫生间设施、卫生状况良好				
	手清洗和消毒设施状况				
	洗手用消毒溶液浓度/（mg/L）				
五、防止污染物的危害	包装材料、清洁剂等的存放				
	生产用燃料（煤、柴油等）的存放				
	灌装间的空气卫生状况				
	加工车间光照设备安全，无冷凝水				
	设备状况良好，无松动、无破损				
	冷藏库的温度、卫生状况				
六、有毒化合物标记	有毒化合物的标示、存放				
	分装容器标签和分装操作程序				
七、员工健康	职工健康状况良好				
	职工无感染的伤口				
八、鼠、虫的灭除	加工车间防鼠、防虫设施良好				
	工厂内无害鼠、虫危害				
九、检验检测卫生	各生产工序的检查监督人员所使用的采样工具、检测用具应干净卫生				
	化验室应干净卫生，无污染源，不得存放与检验无关的物品				

卫生监督员：　　　　　　　　　　　　审核：

表2－5　　定期卫生控制记录

公司名称：　　　　　　　　　　　　日期：

	项目	合格	不合格	纠正措施
一、加工水的安全	水质监测报告（每年两次）			
	自建贮水池检查报告（每年两次）			
	水质微生物检测报告（每周一次）			
	供排水管道系统检查报告（安装、调整管道时）			
二、食品接触面的状况和清洁	车间生产设备、管道、工器具、地面、墙壁和果池内表面等食品接触面的状况（每周一次）			

续表

	项目	合格	不合格	纠正措施
三、防止交叉污染	包装材料需要有质量合格证明方可接受（接收时）			
	内包装材料的微生物检测报告（接收时）			
	卫生监督员、工人上岗前进行基本的卫生培训（雇用时）			
四、防止污染物的危害	清洁剂、消毒剂、润滑剂需要有质量合格证明方可接收（接收时）			
五、有害化合物的标记	有害化合物需要有产品合格证明或其他必要的信息文件方可接收（接收时）			
六、员工健康	从事加工、检验和生产管理人员的健康检查（上岗前/每年一次）			
七、害虫去除	害虫检查和捕杀报告（每月两次）			
八、环境卫生	清理打扫厂区环境卫生和清除厂区杂草（每周一次）			

卫生监督员：　　　　　　　　　　　　审核：

表2-6　　　湿刷子清洁和消毒检查记录

今日日期：　　　　　　　　　　　　负责雇员：

序号	项　目	是	否	签名
1	周围区域没有杂物			
2	冲洗湿刷子顶部、内部、外部			
3	用手去除残留物			
4	用洗涤剂刷洗湿刷子顶部、内部、外部			
5	用水冲洗湿刷子顶部、内部、外部			
6	可视检查（如果有颗粒、碎屑，重新清洗）			
7	检查消毒溶液浓度/(kg/L)			
8	用消毒溶液喷洒设备，使消毒溶液在设备上停留3min			
9	用水冲淋设备，流下的水已干净			

纠正措施：

监督人签名：

表 2-7　榨汁机清洁和消毒检查记录

今日日期:　　　　　　　　　　　　　　负责雇员:

序号	项　目	是	否	签名
1	周围区域没有杂物			
2	用温水冲洗设备			
3	用洗涤剂搓擦设备内外			
4	用水冲洗设备（冲净洗涤剂）			
5	可视检查（如果有颗粒、碎屑，重新清洗）			
6	检查消毒溶液浓度/(kg/L)			
7	用消毒溶液喷洒设备，使消毒溶液在设备上停留 3min			
8	用水冲淋设备，流下的水已干净			

纠正措施:

监督人签名:

表 2-8　过滤器清洗和消毒检查记录

今日日期:　　　　　　　　　　　　　　负责雇员:

序号	项　目	是	否	签名
1	周围区域没有杂物			
2	覆盖电机、配电板			
3	用温水冲洗设备			
4	拆开过滤器			
5	用洗涤剂刷洗过滤器的内外表面			
6	用温水冲洗过滤器			
7	可视检查（如果有颗粒、碎屑，重新清洗）			
8	检查消毒溶液浓度（mg/L）			
9	用消毒溶液喷洒设备，使消毒溶液在设备上停留 3min			
10	检查浸泡用具的消毒液浓度（mg/L）			
11	零件的清洗、冲洗、消毒及在空气中干燥			

纠正措施:

监督人签名:

表 2-9　酶解罐清洗消毒检查记录

今日日期:　　　　　　　　　　　　　　负责雇员:

序号	项　目	是	否	签名
1	清扫酶解工作区，使之无任何杂物			
2	用温水冲洗罐外表面，使之干净无可见异物			
3	用温水冲洗罐内表面，使它内表面干净无可见异物			

续表

序号	项　目	是	否	签名
4	可视检查（如果有颗粒、碎屑，重新清洗）			
5	检查消毒溶液浓度/(mg/L)			
6	用消毒溶液喷洒罐内所有表面，并停留3min			
7	用80℃热水冲洗净罐内表面			
8	自然晾干			

纠正措施：

监督人签名：

表2－10　预清洁消毒程序检查记录

今日日期：　　负责雇员：

昨日产品：

序号	项　目	是	否	签名
1	设备可视检查			
2	设备要求重新清洗或消毒			
3	重新清洗或消毒的执行情况			
4	是否试运行重新安装设备			
5	应用消毒剂浓度（mg/L）			

纠正措施：

监督人签名：

表2－11　日常清洁消毒操作检查记录

今日日期：　　负责雇员：

序号	项　目	是	否	签名
1	苹果是否经过可视检查			
2	加工车间，贮藏间是否打扫			
3	垃圾桶是否倾倒、清洗、消毒			
4	与食品接触面是否清洁			
5	包装材料远离地板			
6	每次榨汁后果渣倾倒掉			
7	每一小时检查水槽和水道中消毒剂浓度			

纠正措施：

监督人签名：

表2－12　员工卫生培训记录

员工工号	员工姓名	入职培训日期	卫生法律法规培训日期	操作程序培训日期	卫生操作日期

填表日期：　　填表人：　　审查人：

表 2-13 消毒剂领用记录表

领用日期/时间	消毒剂名称	领用消毒剂的生产批号	领用数量/mL	领用人签名	发放人签名

填表日期： 填表人： 审查人：

表 2-14 消毒剂配制计划表

	配制时间/浓度	配制时间/浓度	配制时间/浓度	配制时间/浓度	配制时间/浓度	配制人签名
手消毒池（前门）						
手消毒池（后门）						
手消毒池（1号线前端）						
手消毒池（1号线末端）						
手消毒池（2号线前端）						
手消毒池（2号线末端）						
脚踏消毒池（前门）						
脚踏消毒池（后门）						
脚踏消毒池（1号线前端）						
脚踏消毒池（1号线末端）						
脚踏消毒池（2号线前端）						
脚踏消毒池（2号线末端）						
工器具消毒池（1号流水线）						

续表

	配制时间/浓度	配制时间/浓度	配制时间/浓度	配制时间/浓度	配制时间/浓度	配制人签名
工器具消毒池（2号流水线）						
流动消毒车（1号流水线）						
流动消毒车（2号流水线）						
设备消毒水						

填表日期：　　　　填表人：　　　　审查人：

表2－15　润滑剂添加记录表

添加日期/时间	设备名称	添加量	润滑剂名称/批号	添加人签名

填表日期：　　　　填表人：　　　　审查人：

表2－16　员工病假记录表

员工姓名	员工工号	操作岗位	健康证编号	病假日期	病假原因

填表日期：　　　　填表人：　　　　审查人：

表 2－17 鼠害控制检查记录

今日日期： 负责雇员：

序号	项目	是	否	签名
1	清理厂房周围吸引老鼠的食物源			
2	清理堆放在室外的苹果草垫			
3	安装自动关闭车间外门装置			
4	给被害虫害兽侵扰过的原材料做上记号			
5	补好墙上的洞和墙地板接合处的裂缝			
6	每月检查两次给老鼠投饵处			
7	清理有老鼠活动的投饵处，布下新饵料			

纠正措施：

监督人签名：

思考题

1. 卫生标准操作程序（SSOP）的内容包括哪八项，具体有什么要求？
2. 什么是卫生标准操作程序（SSOP）文件？
3. 卫生标准操作程序（SSOP）文件有什么特点？
4. 卫生标准操作程序（SSOP）文件的编写原则和要求是什么？
5. 如何编制卫生标准操作记录？
6. 结合实际情况，试编写一套乳制品加工厂的卫生标准操作程序（SSOP）文件。
7. 结合实际情况，试编写一套肉加工厂的卫生标准操作程序（SSOP）文件。
8. 结合实际情况，试编写一套饮料厂的卫生标准操作程序（SSOP）文件。
9. 结合实际情况，试编写一套海产品加工厂的卫生标准操作程序（SSOP）文件。
10. 到食品企业和餐饮企业参观，了解食品企业和餐饮业的 SSOP 文件制定及其执行情况。

CHAPTER 3

第三章

良好操作规范（GMP）简介

第一节　GMP 简史

一、GMP 的概念及分类

（一）GMP 的概念

GMP 最早用于药品工业，是英文 Good Manufacturing Practices for Drugs 或者 Good Practices in the Manufacturing and Quality Control of Drugs 的缩写，可直译为“优良的生产实践”。现在 GMP 被广泛应用于食品、化妆品生产。应用于食品时 GMP 即为 Good Manufacturing Practices for Foods。在食品加工企业中实施 GMP，可以确保食品加工企业具备良好的生产设备、合理的生产过程、完善的质量管理和严格的检测系统。目前，所有 GMP 法规仍在不断完善，最新版本的 GMP 被称为通用良好操作规范（CGMP Current Good Manufacturing Practice）。

（二）GMP 的分类

（1）从 GMP 适用范围看　现行的 GMP 可分为 3 类：①具有国际性质的 GMP，这一类 GMP 包括 WHO 制定的 GMP、北欧七国自由贸易联盟制定的 PIC - GMP（Pharmaceutical Inspection Convention）及其东南亚国家联盟制定的 GMP 等；②国家权力机构颁布的 GMP：例如中华人民共和国卫生部及其随后的国家药品监督管理局、美国食品药品监督管理局（FDA）、英国卫生和社会保险、日本厚生省等政府机构制定的 GMP；③工业组织制定的 GMP：例如美国制药工业联合会制定的、标准不低于美国政府制定的 GMP，中国医药工业公司制定的 GMP 实施指南，甚至还包括公司自己制定的 GMP。

（2）从制度的性质看　GMP 又可分为 2 类：①将 GMP 作为法典规定，例如美国、中国和日本的 GMP；②将 GMP 作为建议性的规定，例如联合国的 GMP。

二、GMP 的发展简史

（一）药品 GMP 的发展简史

20 世纪医药科技的发展带来了许多具有划时代有意义的医药发明，例如阿司匹林、青霉素等新药对治疗人类疾病、保证人类身体健康方面发挥了重大作用，但人类也为认识药物的不良反应付出了巨大代价。

磺酰胺（SN）是第一个现代化学疗法化合物，但在1937年美国田纳西州的一位药剂师配制的磺胺药剂引起300多人急性肾功能衰竭，107人死亡。为此，美国于1938年修改了《联邦食品、药品和化妆品法案》（Federal Food，Drug，Cosmetic Act）。

20世纪50年代后期德国生产了一种声称治疗妊娠反应的镇静药Thalidomide，但实际上这是一种100%的致畸胎药。该药售出的6年中，先后在原联邦德国、加拿大、日本、拉丁美洲、非洲共28个国家，发现畸形胎儿12000余例，其原因一是该药未经过严格的临床前药理试验，二是生产该药的药厂虽已收到有关反应100多例报告，但却隐瞒未报，导致更大的危害，被称为“20世纪最大的药物灾难”。

美国、法国等少数国家幸免此难。当时的美国食品药品监督管理局（FDA）官员在审查该药时发现缺乏足够的临床试验数据，吸取了1938年磺胺药剂的教训而没有批准进口该药。但此次事件的严重后果在美国引起了公众的不安及对药品监督和药品法规的普遍兴趣，并逐渐认识到以成品抽样分析检验结果为依据的质量控制方法存在一定缺陷，无法保证药品安全。因此最终导致了1962年美国国会对《食品、药品和化妆品法案》的重大修改。1962年的修改案明显加强药品法的作用，主要反映在以下三个方面：①要求制药企业不仅要证明药品是有效的，而且要证明药品是安全的；②要求制药企业要向FDA报告药品的不良反应；③要求制药企业实施药品生产和质量管理规范。

按照修正案的要求，由美国坦普尔大学6名专业技术人员编写制定初稿，经FDA官员多次讨论修改后，美国国会于1963年颁布了世界上第一部GMP。GMP经过几年的实施，收效甚好。因此，1967年世界卫生组织在出版《国际药典》时，将GMP收载到其附录中。在1969年第22届世界卫生大会上，世界卫生组织建议各成员国的药品生产采用GMP，以确保药品质量和参加“国际贸易药品质量签证体制”（Certification Scheme on the Quality of Pharmaceutical Products Moving in International Commerce，简称签证体制）。

1973年日本制药协会提出了自己的GMP。1977年第28届世界卫生大会，WHO再次向成员国推荐GMP，并确定为WHO的法规。GMP经过修订后，收载于《世界卫生组织正式记录》第226号附件12中。WHO提出的GMP制度是药品生产全面质量管理的一个重要组成部分，是保证药品质量，把生产事故发生的可能性降低到最低程度所规定的必要条件和可靠的办法。1978年美国再次颁布修订的GMP。1980年日本决定正式实施GMP。随后，欧洲共同体委员会颁布了欧洲共同体的GMP。到1980年有63个国家颁布了GMP，目前已有100多个国家实施了GMP制度。

20世纪70年代末随着对外开放和出口药品的需求，GMP在我国受到重视，并在一些企业和产品生产中得到应用。1990年卫生部组织起草了GMP《实施细则》，随后又加以修订，并于1992年12月28日以卫生部第27号令颁布了《药品生产质量管理规范》（1992年）修订本。1998年国家药品监督管理局成立后，吸取WHO、FDA、欧盟、日本等实施GMP的经验和教训，结合我国实施药品GMP的实际情况，在充分调研的基础上，对1992年版GMP进行了修订，于1999年6月18日，以国家药品监督管理局第9号令颁布，1999年8月1日正式施行，同时发布了《药品生产质量管理规范》（1998年修订）附录，2010年的新版GMP对不少制药企业而言既是机遇又是挑战。

（二）食品 GMP 的发展简史

1. 国际食品 GMP 的发展概况

1969 年美国 FDA 将 GMP 的理念引用到食品生产的法规中，制定并颁发了《食品良好生产工艺通则》（Current Good Manufacturing Practice），简称 CGMP，从此开创了食品 GMP 的新纪元。1969 年，世界卫生组织（WHO）在第 22 界世界卫生大会上向各成员国首次推荐了 GMP。

1981 年国际食品法典委员会（Codex Alimentations Commission，CAC）制定了《食品卫生通则》[（Codex General Principle of Food Hygiene）CAC/RCPI—1981] 及 30 多种“食品卫生实施法则”，《食品卫生通则》于 2003 年进行了第 4 版的修订。1985 年 CAC 制定了《食品卫生通用 GMP》。

20 世纪 70 年代初期，为了加强、改善对食品的监管，美国 FDA 以 CGMP 为依据制定了一系列食品 GMP。根据美国《食品药品和化妆品法案》第 402（a）的规定：凡在不卫生的条件下生产、包装或贮存的食品或不符合食品生产条件下生产的食品视为不卫生、不安全的食品。为此，制定了食品生产的良好操作规范（21 CFR part 110），并于 2011 年进行了新一版的修订。该规范作为基本指导性文件，对食品生产加工、包装贮存、企业的厂房、建筑物与设施、加工设备用具和人员的卫生要求和培训均做了详细的规定。同时还对仓贮与分销、环境与设备的卫生管理和加工过程管理均做了详细的规定。

该法规适用于一切食品的加工生产和贮存。随后，FDA 相继制定了各类食品的操作规范，例如：

21 CFR part 106，适用于婴儿食品的营养控制。

21 CFR part 113，适用于低酸罐头食品加工企业。

21 CFR part 114，适用于酸化食品加工企业。

21 CFR part 129，适用于瓶装饮料。

到目前为止，美国联邦政府在 21 CFR part 110 的基础上，对可可、糕点等食品也制定了相应的 GMP 法规。美国低酸性罐头食品的 GMP 是针对 20 世纪 60 年代后期美国相继发生市售罐头食品肉毒杆菌中毒事件而制定的罐头制造法规，其内容包括一般事项、机械器具、内容物、罐头容器、卷边、生产过程管理、记录和报告等，其中特别是对罐头生产中的重点工序杀菌和卷边，包括杀菌釜结构、温度管理、卷边部分的检查方法等。加拿大卫生部（HPB）按照《食品和药物法》制定了《食品良好制造法规》（GMRF），描述了加拿大食品加工企业最低健康标准。

欧盟的食品卫生规范和要求包括六类：①对疾病实施控制的规定；②对农、兽残药实施控制的规定；③对食品生产、投放市场的卫生规定；④对检验实施控制的规定；⑤对第三国食品准入的控制规定；⑥对出口国当局卫生证书的规定。

由此看来，食品 GMP 既是食品制造规范，又是制造食品所必须遵循的技术标准。GMP 是发达国家食品质量管理的先进方法和成功经验，也是保证食品卫生质量的关键。

目前，世界各国的食品规格或食品卫生法规是大不相同的。联合国粮农组织（FAO）和 WHO 成立了国际食品规格委员会，致力于食品规格的统一和食品卫生法规的协调，以促进国际食品贸易。预计，食品及其制造和加工技术、食品添加剂和其他食品卫生方面的规格标准，将会逐步实现国际化。

2. 我国食品 GMP 的发展概况

我国的食品企业卫生规范，相当于国外广泛应用的 GMP 管理方法。1984 年由原国家商检局首先制定了类似GMP的卫生法规《出口食品厂、库最低卫生要求（试行）》，对出口食品生产企业提出了强制性的卫生规范。到20世纪90年代初，在“安全食品工程研究”中，对八种出口食品制订了GMP。

1994年公布了GB 14881—1994《食品企业通用卫生规范》，其基本卫生要求只要包括以下内容：①原材料采购、运输的卫生要求；②工厂设计与设施的卫生要求；③工厂的卫生管理；④生产过程的卫生要求；⑤卫生和质量检验的管理；⑥成品贮存、运输的卫生要求；⑦个人卫生与健康的要求。2013年，修订版的GB 14881—2013《食品企业通用卫生规范》发布，主要有以下8点修订：①修改标准名称为GB 14881—2013《食品安全国家标准　食品生产通用卫生规范》；②修改了标准结构；③增加了术语和定义强调了对原料、加工、产品贮存和运输等食品生产全过程的食品安全控制要求，并制定了控制生物、化学、物理污染的主要措施；④修改了生产设备有关内容，从防止生物、化学、物理污染的角度对生产设备布局、材质和设计提出了要求；⑤增加了原料采购、验收、运输和贮存的相关要求；⑥增加了产品追溯与召回的具体要求；⑦增加了记录和文件的管理要求；⑧增加了附录A“食品加工环境微生物监控程序指南”。

根据食品贸易全球化的发展以及对食品安全卫生要求的提高，1984年版的《出口食品厂、库最低卫生要求》已经不能适应形势的要求。原国家进出口商品检验局于1994年11月颁布了经修改的《出口食品厂、库卫生要求》（国检监［1994］79号）。随后国家质监总局认证认可监督委员会于2002年公布的《出口食品生产企业卫生要求》规定了出口食品生产企业的卫生质量体系，共有十一个基本要求，如：卫生质量方针目标、组织机构职责、人员、环境卫生、车间设施卫生、原辅料卫生、生产加工卫生、包装贮运卫生、有毒有害物品控制、抽检、质量体系、有效运行等。在此基础上，国家质监总局认监委又陆续发布了9个专业卫生规范：①《出口畜禽肉及其制品加工企业注册卫生规范》；②《出口罐头加工企业注册卫生规范》；③《出口水产品加工企业注册卫生规范》；④《出口饮料加工企业注册卫生规范》；⑤《出口茶叶加工企业注册卫生规范》；⑥《出口糖类加工企业注册卫生规范》；⑦《出口面糖制品加工企业注册卫生规范》；⑧《出口速冻方便食品加工企业注册卫生规范》；⑨《出口肠衣加工企业注册卫生规范》。

1988年和1991年，我国颁布了15个食品加工企业卫生规范，卫生部法监司于2002年，对现行的《乳品厂卫生规范》《肉类加工厂卫生规范》《饮料厂卫生规范》和《蜜饯厂卫生规范》进行了首次修订，国家卫生和计划生育委员会于2010年起陆续对这些规范进行了第二次修订，其中，GB 12696—1990《葡萄酒厂卫生规范》、GB 12697—1990《果酒厂卫生规范》和GB 12698—1990《黄酒厂卫生规范》整合成为一个规范标准，即GB 12696—2016《食品安全国家标准　发酵酒及其配制酒生产卫生规范》。

2010年第二次修订后，我国食品加工企业卫生规范包括：

①GB 8950—2016《食品安全国家标准　罐头食品生产卫生规范》；

②GB 8951—2016《食品安全国家标准　蒸馏酒及其配制酒生产卫生规范》；

③GB 8952—2016《食品安全国家标准　啤酒生产卫生规范》；

④GB 8953—2018《食品安全国家标准　酱油生产卫生规范》；

⑤GB 8954—2016《食品安全国家标准　食醋生产卫生规范》；

⑥GB 8955—2016《食品安全国家标准　食用植物油及其制品生产卫生规范》；

⑦GB 8956—2016《食品安全国家标准　蜜饯生产卫生规范》；
⑧GB 8957—2016《食品安全国家标准　糕点、面包卫生规范》；
⑨GB 12693—2010《食品安全国家标准　乳制品良好生产规范》；
⑩GB 12694—2016《食品安全国家标准　畜禽屠宰加工卫生规范》；
⑪GB 12695—2016《食品安全国家标准　饮料生产卫生规范》；
⑫GB 12696—2016《食品安全国家标准　发酵酒及其配制酒生产卫生规范》；
⑬GB 13122—2016《食品安全国家标准　谷物加工卫生规范》；
1999 年又颁布了 SC/T 3009—1999《水产品加工质量管理规范》。

我国 1997 年公布了 GB 16740—1997《保健（功能）食品通用标准》，并于 2014 年进行修订为 GB 16740—2014《食品安全国家标准　保健食品》。1998 年卫生部发布了 GB 17405—1998《保健食品良好生产规范》，并于 1999 年 1 月 1 日起正式实施，属强制性技术标准。2002 年 8 月，卫生部下发了“卫生部关于审查《保健食品 GMP》贯彻执行情况的通知”。2003 年 4 月发布了《保健食品良好生产规范审查方法和评价准则》，并组织起草了《益生菌类保健食品厂良好生产规范》。

自《食品安全法》实施之后，我国原卫生部对原食品标准体系中的标准进行了清理、整合、修订，逐步形成了现阶段的食品安全国家标准体系。

我国 GMP 的颁布和实施，对食品卫生法的进一步贯彻执行，保证食品安全卫生，加快改善食品厂的卫生面貌，实现卫生管理标准化和规范化，保障人民健康，起到积极的重要作用。

第二节　食品 GMP 的内容、要素和基本原则

一、食品 GMP 的内容和要素

（一）食品 GMP 的主要内容

食品 GMP 是对食品生产过程中的各个环节、各个方面实施全面质量控制的具体技术要求。世界各国 GMP 的管理内容基本相似，包括硬件和软件 2 部分。硬件是食品企业的厂房、设备、卫生设施等方面的技术要求，而软件是指可靠的生产工艺、规范的生产行为、完善的管理组织和严格的管理制度等。

食品 GMP 包括以下内容：①环境卫生控制：老鼠、苍蝇、蚊子、蟑螂和粉尘可以携带和传播大量的致病菌，因此，它们是厂区环境中威胁食品安全卫生的主要危害因素，应最大限度地消除和减少这些危害因素；②厂房的设计要求：科学合理的厂房设计对减少食品生产环境中微生物的进入、繁殖、传播，防止或降低产品和原料之间的交叉污染至关重要。对选址、总体布局、厂房设计、厂房布局，一般生产区、洁净区应根据相关国家标准的要求执行；③生产工具、设备的要求：食品生产厂选择工具、设备时，不仅要考虑生产性能和价格，还必须考虑能否保证食品的安全性，例如设备是否易于清洗消毒，与食品直接接触的工具及设备的材料不与食品发生理化反应。另外，建立设备档案及其零部件管理制度；④加工过程的要求：主要包括对生产工艺规程与岗位操作规程、工艺卫生与人员卫生、生产过程管理、卷标与标识管理等要

求。食品的加工、包装或贮存必须在卫生的条件下生产。加工过程中的原辅料必须符合食品标准，加工过程要严格控制，研究关键控制点，对关键工序的监控必须有记录（监控记录，纠正记录），制订检验项目、检验标准、抽样及其检验方法，防止出现交叉污染。食品包装材料不能造成对食品的污染，更不能混入到产品中。加工产品应在适宜条件下贮藏；⑤厂房设备的清洗消毒：车间地面和墙裙应定期清洁，车间的空气进行消毒杀菌。加工设备和工器具定时进行清洗、消毒；⑥产品的贮存与销售：定期对贮存食品仓库进行清洁，库内产品要堆放整齐，批次清楚，堆垛与地面的距离应符合要求。食品的运输车、船必须保持良好的清洁卫生状况，并有相应的温湿度要求；⑦人员的要求：包括对有关人员学历、专业、能力的要求。人员培训、健康、个人卫生的要求；⑧文件：所有的 GMP 程序、文件都应有文件档案，并且记录执行过程中的维持情况。

（二） 食品 GMP 的要素

食品 GMP 的要素包括降低食品生产过程中人为的错误、防止食品在生产过程中遭到污染或品质劣变和建立健全的自主性品质保证体系 3 大要素。食品 GMP 的管理要素包括人员（Man）、原料（Material）、设备（Machine）和方法（Method）。人员是指要由适合的人员来生产与管理，原料是指要选用良好的原材料，设备是指要采用合适的厂房和机器设备，而方法是指要采用适当的工艺来生产食品。

（1）降低食品生产过程中人为的错误　为了将人为差错、混淆控制到最低限度，必须采取有效措施，例如：足够的仓库容量，与生产规模、品种、规格相适应的厂房面积，厂房布局合理、生产操作不互相妨碍，投料复核，状态标志，工艺查证，物料平衡，投产前清场复核等。

（2）防止食品在生产过程中遭到污染或品质劣变　主要为防止异物、有毒、有害物质及微生物对食品造成污染，要求洁净区空气净化、密封、内表面的光滑和应有捕尘设施；要求所用物料安全卫生，如工艺用水、消毒剂、杀虫剂管理；要求人员的清洁卫生等。

（3）建立健全的自主性品质保证体系　为了保证质量管理体系的高效运行，对食品生产实行全过程质量监控和管理，要严格执行机构与人员素质的规定；物料供货商的评估、采购、物料贮运、生产过程、成品贮运、销售、售后服务、检验等生产全过程的品质管制；实行如培训、建立文件系统、定期对生产和质量进行全面检查等事前管理体制。

二、 食品 GMP 的基本原则

GMP 的中心指导思想是任何高质量食品的形成是设计和生产出来的，而不是检验出来的。因此，必须强调预防为主，在生产过程中建立质量保证体系，实行全面质量管理。

第三节　GMP 的实施和认证案例

一、 我国食品良好操作规范

（一） 环境卫生控制

防止老鼠、苍蝇、蚊子、蟑螂和粉尘，最大限度地消除和减少这些危害因素对产品卫生质量的威胁。保持工厂道路的清洁，消除厂区内的一切可能聚集、滋生蚊蝇的场所，并经常在这些地方喷洒杀虫药剂。对灭鼠工作制定出切实可行的工作程序和计划，不宜采用药物灭鼠的方法来进行灭鼠，可以采用捕鼠器、黏鼠胶等方法。保证相应的措施得到落实并做好记录。

（二）生产用水（冰）的卫生控制

生产用水（冰）必须符合国家规定的生活饮用水卫生标准。某些食品，如啤酒、饮料等，水质理化指标还要符合 GB 19298—2014《食品安全国家标准　包装饮用水标准》。水产品加工过程使用的海水必须符合国家 GB 3097—1997《海水水质标准》。对达不到卫生质量要求的水源，工厂要采取相应的消毒处理措施。厂内饮用水的供水管路和非饮用水供水管路必须严格分开，生产现场的各个供水口应按顺序编号。工厂应保存供水网络图，以便日常对生产供水系统的管理和维护。有蓄水池的工厂，水池要有完善的防尘、防虫、防鼠措施，并定期对水池进行清洗、消毒。

工厂的检验部门应每天监测生产用水的余氯含量及 pH，并应对微生物指标进行每月至少一次的化验，每年至少要对 GB 5749—2016《生活饮用水卫生标准》所规定的水质指标进行两次全项目分析。制冰用水的水质必须符合饮用水卫生要求，制冰设备和盛装冰块的器具必须保持良好的清洁卫生状况。

（三）原、辅料的卫生控制

对原、辅料进行卫生控制，分析可能存在危害，制定控制方法。生产过程中使用的添加剂必须符合食品安全国家标准，由具有合法注册资格生产厂家生产的产品。对向不同国家出口产品还要符合进口国的规定。

（四）防止交叉污染

在加工区内划定清洁区和非清洁区，限制区域间人员和物品的交叉流动，通过传递窗进行工序间的半成品传递等。对加工过程使用的工器具，与产品接触的容器不得直接与地面接触；不同工序、不同用途的器具用不同的颜色加以区别，以免混用。

（五）车间、设备及工器具的卫生控制

对生产车间、加工设备和工器具的清洗、消毒工作应严格管理。一般每天每个工班前和工班后按规定清洗、消毒；对接触易腐易变质食品的工器具在加工过程中要定时清洗、消毒，如禽肉加工车间宰杀用的刀每使用 3min 就要清洗、消毒一次。生产期间，车间的地面和墙裙应每天都要进行清洁，车间的顶面、门窗、通风排气（汽）孔道上的网罩等应定期进行清洁。

车间的空气消毒可采用不同方法。紫外线与臭氧都能有效杀菌，但用臭氧发生器进行车间空气消毒，具有不受遮挡物和潮湿环境影响，杀菌彻底，不留死角的优点。并能以空气为媒体对车间器具的表面进行消毒杀菌；药物熏蒸法常用的药品有过氧乙酸、甲醛等。在车间内进行上述几种形式的消毒应在车间无人的情况下进行。

车间要设置专用化学药品存贮柜，即洗涤剂、消毒剂等的存贮柜，并制定出相应的管理制度，由专人负责保管，领用必须登记。药品要用明显的标志加以标识。

（六）贮存与运输卫生控制

定期对贮存食品的仓库进行清洁，保持仓库卫生，必要时进行消毒处理。相互串味的产品、原料与成品不得同库存放。库内产品要堆放整齐，批次清楚，堆垛与地面的距离应不少于 10cm，与墙面、顶面之间要留有 30～50cm 的距离。为便于仓贮货物的识别，各堆垛应挂牌标明本堆产品的品名/规格、产期、批号、数量等情况。存放产品较多的仓库，管理人员可借助

仓贮平面图来帮助管理。

成品库内的产品要按产品品种、规格、生产时间分垛堆放，并加挂相应的标识牌，在牌上将垛内产品的品名/规格、批次和数量等情况加以标明，从而使整个仓库、堆垛整齐，批次清楚，管理有序。

存放出口冷冻水产、肉类食品的冷库要安装有自动温度记录仪，自动温度记录仪在库内的探头，应安放在库内温度最高和最易波动的位置，如库门旁侧。同时要在库内安装有经校准的水银温度计，以便与自动温度记录仪进行校对，确保对库内温度监测的准确，冷库管理人员要定时对库内温度进行观测记录。

食品的运输车、船必须保持良好的清洁卫生状况，冷冻产品要用制冷或保温条件符合要求的车、船运输。为运输工具的清洗、消毒配备必要的场地、设施和设备。

装运过有碍食品安全卫生的货物，如化肥、农药和各种有毒化工产品的运输工具，在装运出口食品前必须经过严格的清洗，必要时需经过检验检疫部门的检验合格后方可装运出口食品。

（七）人员的卫生控制

（1）生产、检验人员必须经过必要的培训，经考核合格后方可上岗。食品厂的加工和检验人员每年至少要进行一次健康检查，必要时还要做临时健康检查，新进厂的人员必须经过体检合格后方可上岗。

生产、检验人员必须保持个人卫生，凡患有碍食品卫生疾病者，必须调离加工、检验岗位、痊愈后经体检合格方可重新上岗，有碍食品卫生的疾病主要有霍乱、细菌性和阿米巴性痢疾、伤寒和副伤寒、病毒性肝炎（甲型、戊型）、活动性肺结核、化脓性或者渗出性皮肤病和手有开放性创伤尚未愈合者。

（2）加工人员进入车间前，应将个人物品妥善贮存，保证不携带任何与生产无关的物品进入车间。要穿着专用的清洁工作服，更换工作鞋靴，戴好工作帽，头发不得外露。加工即食产品的人员，尤其是在成品工段的工作人员，要戴口罩。为防止杂物混入产品中，工作服应该无明扣，并且前胸无口袋。工作服帽不得由工人自行保管，要由工厂统一清洗消毒，统一发放。

（3）工作前要认真地洗手、消毒。

我国出口食品 GMP 的主要特点表现在以下几个方面：①采用了世界上先进的管理理论和方法；②强调建立体系，突出“体系化”管理思想；③突出机构和人员的保证作用；④硬件设施达到规定要求；⑤关键要素的“有效控制”原则；⑥有毒有害物品的严格控制原则；⑦保证卫生质量体系有效运行的要求。

二、美国的食品良好操作规范

美国已将“良好操作规范”批准为法规，代号为 21 CFR part 110，此法规适用于所有食品，作为食品的生产、包装、贮藏卫生品质管理体制的技术基础，具有法律上的强制性。21 CFR part 110 的内容要点如下。

（一）人员

（1）疾病控制　经体检或监督人员观察发现，凡患有或可能患有有碍食品生产卫生的人员不得进入车间。

（2）清洁卫生　加工人员讲究卫生；穿着清洁、卫生的工作服、发网、帽子等；进入车间或手弄脏后要洗手、消毒；不将私人用品存放在加工区；不佩戴不稳固的饰物、不化妆；禁止在加工区内吃东西、吸烟、喝饮料等。

（3）接受食品卫生、安全培训。

（二）厂房与场地

（1）场地　食品厂四周的场地必须保持良好的状态，防止食品受污染。例如场地清扫，杂草、害虫滋生地清除，垃圾处理，排水畅通。

（2）厂房结构与设计　①面积与生产能力相适应；②能够采取适当的预防措施防止外来污染物的潜在危害；③结构合理，地板、墙面、天花板易于清扫，保持清洁和维修良好状况；④人员卫生区、加工区照明充足，采用安全灯具；⑤车间装有足够通风或控制设备，防止冷凝水污染食品；⑥必要之处设置虫害防治设施。

（三）卫生操作

（1）一般保养　工厂建筑物、固定装置及其他有形设施必须在卫生条件下进行保养，并保持良好状态，防止食品污染。用于清洁消毒杀灭虫害的有毒物质应有供应商担保或证明书，必须遵守地方政府机构制定的有关使用或存放这些物品的一切有关法规。

（2）虫害控制　食品厂的任何区域均不得存在任何动物或害虫。

（3）食品接触面的卫生　所有食品接触面都必须尽可能经常地进行清洁。使用消毒剂必须量足有效而且安全。经清洗干净的可移动设备及工器具存放适当地方，防止受到污染。

（四）卫生设施及管理

（1）供水　供水满足预期的作业使用要求，水源充足，水质安全、卫生。

（2）输水设施　输水设施的尺寸、设计及安装得当，维护良好，能将充足的水送到全厂需要用水的地方。确保排放废水或污水和管道系统不回流，不造成交叉污染。厂里污水、废水排放畅通。

（3）污水处理　排污系统适当。

（4）卫生间设施　足够的、方便进出的卫生设施，设有自动关闭的门，门不能开向食品车间，设施处于良好状况下。

（5）洗手设施　洗手设施充足而方便，厂内的每个地方都提供洗手和消毒设施，非手动水龙头，并提供适当温度的流动水，且设有标示牌。

（五）设备及用具

工厂的所有设备和用具，其设计、采用的材料和制作工艺，必须便于充分的清洗和适当的维护。使用时不会造成润滑剂、燃料、金属碎片、污水或其他等污染。

接触食品表面的接缝必须平滑，维护得当。

凡是用来贮存和放置食品的冷藏、冷冻库都必须安装能准确表明室内温度的温度计，自动测量装置及温度自动记录仪和自动报警系统。

（六）加工及控制

食品的进料、检查、运输、分选、预制、加工、包装及贮存等所有作业都必须严格按照卫生要求进行，确保食品适合人们食用。

（七）仓贮与销售

食品成品的贮存、运输应防止污染，食品和包装材料均在保质期内。

三、 CAC有关食品卫生实施法规

食品法典委员会（CAC），隶属于联合国粮农组织（FAO）和世界卫生组织（WHO）。CAC一直致力于制定一系列的食品卫生规范、标准，以促进国际食品贸易的发展。这些规范或标准是推荐性的，一旦被进口国采纳，那么这些国家就会要求出口国的产品达到此规范要求或标准规定。

CAC现已制定有食品卫生通则（CAC/RCP 2 1985）等78个卫生和操作规范，其中包括鲜鱼、冻鱼、贝类、蟹类、龙虾、水果、蔬菜、蛋类、鲜肉、低酸罐头食品、禽肉、饮料、食用油脂等食品生产的卫生规范。《食品卫生通则》［CAC/RCP 1—1969，Rev.4（2003）］适用于全部食品加工的卫生要求，作为推荐性的标准提供给各国。本文件是按食品由最初生产到最终消费的食品链，说明每个环节的关键控制措施。总则中所述的控制措施是保证食品食用的安全性和适宜性的国际公认的重要方法。可用于政府、企业（包括个体初级食品生产者、加工和制作者、食品服务者和零售商）和消费者。总则包括十部分，重点介绍如下。

（1）目标　明确可用于整个食品链的必要卫生原则，以达到保证食品安全和适宜消费的目的；推荐采用HACCP体系提高食品的安全性。

（2）范围　由最初生产到最终消费者的食品链制定食品生产必要的卫生条件。政府可参考执行以达到确保企业生产食品适于人类食用、保护消费者健康，维护国际贸易食品的信誉。

（3）初级生产　该部分目标是最初生产的管理应根据食品的用途保证食品的安全性和适宜性。此处，要求食品加工应避免在潜在有害物的场所进行，要实行避免由空气、泥土、水、饮料、化肥、农兽药等的污染，防护不受粪便或其他污染。在搬运、贮藏和运输期间保护食品及配料免受化学、物理及微生物等污染物的污染，并注意温度、湿度控制，防止食品变质、腐败。设备清洁和养护工作能有效进行，个人卫生能保持。

（4）加工厂（设计与设施）　加工厂设计目标是使污染降到最低；厂库设备及时清洁和消毒；保证与食品接触表面无毒；必要时配备有温度湿度等控制仪器；防止害虫。具体要求主要包括：选址远离污染区；厂房和车间设计布局满足良好食品卫生操作要求；设备保证在需要时可以进行充分的清理、消毒及养护；废弃物、不可食用品及危险物容器标志醒目、结构合理、不渗漏；供水达到WHO“饮用水质量指南”标准。供水系统易识别；排水和废物处理避免污染食品；清洁设备完善；配有个人卫生设施，保证个人卫生，避免污染食品，有完善的更衣设施和满足卫生要求的卫生间；温度控制满足要求，通风（自然和机械）保证空气质量；照明色彩不应产生误导；贮藏设施设计与建造可避免害虫侵入，易于清洁，保护食品免受污染。

（5）生产控制目标　生产控制目标是通过食品危害的控制、卫生控制生产出安全的和适宜人们消费的食品。危害的控制采用HACCP体系，卫生控制体系关键是时间和温度。为防止微生物交叉感染，原料、未加工食品与即食食品要有效地分离；加工区域人员与物料进出的控制，人员卫生保持，工器具的清洁消毒要求等；要防止物理和化学污染，必要时要配备探测仪，扫描仪等；包装设计和材料能为产品提供可靠的保护，以尽量减少污染，并提供适当的标识；在食品加工和处理中都应采用饮用水，生产蒸汽、消防及其他不与食品直接接触的用水除外。

管理与监督工作应有效进行，文件与记录应当保留超过产品保持期；建立撤回产品程序，以便处理食品安全问题，并在发现问题时能完全、迅速地从市场将该批食品撤回。

（6）工厂（养护与卫生）　本部分目标是通过建立有效程序达到适当养护和清洁；控制害虫；管理废弃物；监测养护和卫生有效性。包括清洁程序和方法；清洁计划；害虫控制（防止进入、栖身和出没、消除隐患、监测）；废弃物管理等。

（7）工厂（个人卫生）　本部分目标是通过保持适当水平的个人清洁及适当的工作方法，保证生产人员不污染食品。

①人员健康状况，不携带通过食品将疾病传给他人的疾病。

②患疾病与受伤者调离食品加工岗位（黄疸、腹泻、呕吐、发烧、耳眼或鼻中有流出物、外伤等。）

③个人清洁。应保持良好的个人清洁卫生，在食品处理开始，去卫生间后、接触污染材料后均要洗手。

④个人行为。生产时抑制可能导致食品污染的行为，例如吸烟、吐痰、吃东西、在无保护食品前咳嗽等；不佩戴饰物进入食品加工区。

⑤参观者进入食品加工区按食品生产人员要求办。

（8）运输部分　目标是为食品提供一个良好环境，保护食品不受潜在污染危害、不受损伤，有效控制食品病原菌及其毒素产生。运输工具的设计和制造达到不对食品和包装造成污染，可进行有效消毒，有效保护食品避免污染；有效保持食品温度、湿度等。

（9）产品信息和消费者的意识　产品应提供适当的信息以保证为食品链中的下一个经营者充分了解产品情况，以使他们能够安全、正确地对食品进行处理、贮存、加工、制作和展示；对同一批或同一宗产品应易于辨认或者必要时易于撤回；消费者应对食品有足够的了解，使其认识到产品信息的重要性，做出适合消费者的明智选择，通过食品的正确存放、烹饪和使用，防止食品污染和变质，或者防止食源性致病微生物的残存或滋生。产品信息包括不同批产品的特性（正确对食品进行处理）、标识（预包装食品）、对消费者的教育（健康教育、食品卫生常识等）。

（10）培训

①目标：对于从事食品生产与经营，并直接或间接与食品接触的人员应进行食品卫生知识培训和（或者）指导，以使他们达到其职责范围内的食品卫生标准要求。

②意识与责任：每个人都应该认识到自己在防止食品污染和变质中的任务和责任。食品加工处理者应有必要的知识和技能，以保证食品的加工处理符合卫生要求。

③培训计划：要求达到的培训水平包括食品的性质，病原微生物和致病微生物滋生的条件；食品加工处理和包装的方式，包括造成食品污染的可能性；加工的程度和产品性质；食品贮存的条件；食品的保持期限等。

④指导与监督：做好日常的监督和检查工作，以保证卫生程序得以有效的贯彻和执行；食品加工厂的管理人员和监督人员应具有必要的食品卫生原则和规范知识。

⑤回顾性培训：对培训计划应进行常规性复查，必要时可作修订，培训制度应正常运作以保证食品操作者在工作中始终注意保证食品的安全性和适宜性所必需的操作程序。

四、　欧盟食品卫生规范和要求

欧盟理事会、委员会发布了一系列管理食品生产进口和投放市场的卫生规范和要求。从内容上可以划分为以下六类。

（1）对疾病实施控制的规定。

（2）对农、兽残药实施控制的规定。

（3）对食品生产、投放市场的卫生规定。

（4）对检验实施控制的规定。

（5）对第三国食品准入的控制规定。

（6）对出口国当局卫生证书的规定。

91/493/EEC 欧盟指令中水产品生产和投放市场的卫生条件的第Ⅲ节：陆上生产企业一般条件要点介绍如下。

（1）厂库和设备的一般条件　设计和布局不使产品受污染，污染区与清洁区分离；足够的面积；地面易清洁、消毒，便于排水；墙面光滑易清洁，耐用，不透水；顶面使用易清洁材料；门、窗材料易清洁；通风良好；照明充足；数量充足非手动洗手水龙、消毒手设备及一次性使用毛巾；具有清洁厂区、设备、工器具的设施；冷库地面、墙面、顶面、照明符合上述规定；具有防虫害的设施；水的供应压力和水量充足，符合 80/778/EEC 水质要求；具有废水处理系统；有足够的更衣室，内设洗手盆和水冲厕所，洗手用品和一次性手巾，厕所门不得直接对着加工车间；供有检验专用的设备。

（2）卫生条件　车间必须保持清洁，维护良好，不造成污染产品；系统地清除厂库内虫害；洗涤剂、消毒剂等各类物质必须经主管当局批准后使用，并存放在上锁的房屋小柜内，不会造成对生产的污染；工作区的加工设备、工器具专用。

（3）工作人员卫生条件　工作人员穿戴合适、洁净的工作服、帽等；加工人员每次工作恢复前洗手；加工和贮存库内禁止吸烟、吐痰、吃喝东西；雇员必须提供一份健康证明书，证明可从事食品加工。

（4）加工卫生要求　规定了新鲜产品、冷冻产品、鲜冻产品、加工产品、罐藏、烟熏、熟甲壳和软体贝类等产品必须达到的条件。

包装须在良好卫生条件下进行，包装材料符合所有卫生规定，包装材料不得重复使用。包装物存放于加工区以外的库房内，并予以防尘、防污染的保护。

发送产品标记清晰；贮存和运输期间符合规定温度，冷冻品在 -18℃及以下，不允许超过3℃的短时升温；产品不能与可能将其污染或影响卫生的其他产品共同贮存运输；运输工具可被彻底清洁和消毒。

（5）生产条件的卫生监控　主管当局必须对卫生监控做出安排，确定本指令是否被遵守。

（6）水产品的卫生标准

①感官检查：符合供人类食用。

②寄生虫检查：明显感染了寄生虫，不得投放市场。

③化学检验：TVB-N 和 TMA-N；组胺；重金属与有机氯化合物。

④微生物分析。

五、加拿大的食品基础计划

加拿大的食品基础计划内容相当于 GMP 的内容，其定义为一个食品加工企业为维持良好的环境条件所采取的基本控制步骤或程序。在一个企业实施 HACCP 时，第一步是检查和验证现有的程序是否符合基础计划的所有要求，是否制定所有必需的控制管理措施和制度文件（如文本性的计划、负责的人员和监控记录）所要求的记录是否有适度保持。评估基础计划是否符合要求，计划的有效性是否得到有效监控。

基础计划包括六个方面。

（1）厂房　厂房设计、建造和维护要避免造成对食品的污染；周围环境要求地面无污染及垃圾、远离污染源；道路有适当坡度、坚固、硬化、排水良好；建筑要求设计容易清洗，防止害虫进入和匿藏，防止环境污染物进入。光线合适、照明不能改变食物的颜色。良好的通风设施，生产用水、冷凝水及排水不存在交叉污染，安装合适的返水弯，盛废物容器防渗漏。有清楚标识，防止人流、物流交叉污染；卫生设施要求充足的水龙、非手动开关、有热水供应，有消毒设施。厕所自动关闭门，并不直接开向加工区域与更衣室分离。有“洗手”警示牌；水/冰/气质量计划要求设有水控制程序和计划。市政供水每半年检测一次细菌，自备水源每月一次，每天两次测余氯，建立对不合格水的处理程序。

（2）运输和贮存　保证食品的各种成分、包装材料和原辅料在运输、贮存、搬运过程中免受污染。运输工具要适于运输食品，有验证清洗消毒效果的程序，保持一定温度，防止微生物、物理、化学的污染。

成品原辅料贮存和处理要防止腐败；产品标识清楚；包装材料在处理、贮存过程中防止损坏和污染；化学物质贮存在指定的干燥、通风良好的地方，防止污染食品及食品接触面，标记正确、清楚，授权经过训练的人员完成。

（3）设备　设计安装和维护避免对食品造成污染，所用材料具有加拿大卫生部的《准用许可证》。设备的校准和预防性维护保持记录。

（4）人员　人员要经过生产技能和卫生培训，建立验证培训计划有效性程序；对人员的个人卫生管理和传染病、外伤控制；生产入口处对人员控制。

（5）卫生和虫害控制　有书面的卫生计划，实行监控，并保持适当的记录；书面卫生计划应包括的内容举例如下（不仅限于此）：①车间/生产线、设备的清洗及频率和责任人；②对各种设备清洗的特别说明和责任人；③清洗消毒设备应按操作说明书的要求进行（如：压力、体积等）；④所用的清洗剂/消毒剂。包括商业名和俗名、稀释要求、水温等；⑤溶液的使用方法、消毒时间、清洗剂的要求、是否刷洗、压力高/低等；⑥冲洗说明和水温等；⑦清洗剂说明、商业名和俗名、稀释要求、水温、接触时间；⑧任何危险品的安全说明（如需要）。

卫生计划的有效性需要进行监控和验证（如：检查微生物、对车间/设备的常规感官检查，或通过指定的人员观察卫生程序任务完成情况）。在需要的地方，卫生计划要做相应调整。只有当要求的卫生程序完成后才准予开工。要能提供监控记录、纠正措施和验证结果。

有适当的害虫控制计划，实行监控，并保持适当的记录。书面的害虫控制计划应包括：

①企业负责害虫控制的联系人姓名；

②外部虫害防治公司的名称或该计划的责任人姓名；

③列出所用的化学物质和使用方法；

④诱饵放置图（防鼠分布图）；

⑤检查频率；

⑥害虫调查和控制报告。

化学物质的使用应遵照生产者的说明，名单列在加拿大农业及农业食品部发布的《可接受的建筑材料、包装材料和非食用性化学物质产品目录》中。虫害控制所使用的化学物质要防止对食品造成污染。

害虫控制计划的有效性可以通过检查区域内该位置昆虫和啮类动物活动的迹象得到验证。要能提供所有的监控结果、建议和采取的措施。

（6）回收计划　书面的信息收集程序描述了公司在有回收要求时应执行的程序，其目的是保证公司标志的产品在任何时候从市场回收时都能尽可能有效、快速和完全地进入调查程序。企业要定期验证回收计划的有效性。

①回收系统包括：产品编码系统有关文件，如生产日期、批号；产品去向记录的保存时间；建立健康和安全投诉档案；列出回收工作组人员联系电话；实施回收的程序；以适当方式通知受影响消费者，注明危害类型；对退回食品的控制措施计划；定期对回收效率进行评估。

②实施回收：生产者准备实施食品回收时要立即通报当地官方机构，内容为回收原因、回收产品类别、回收数量（包括当初拥有量、分布情况、剩余数量）和回收产品区域任何可能受同种危害影响的其他产品的信息。

思考题

1. 为什么食品企业要施行 GMP 规范？
2. GMP 包括哪些主要内容？
3. 我国分别有哪些强制性 GMP 规范和推荐性 GMP 规范？
4. GMP 与 SSOP 体系的原则和要求有何异同？
5. 国外 GMP 规范与我国 GMP 规范有哪些差别？

第四章

保健食品良好操作规范（GMP）要素

根据《保健食品管理办法》的规定，保健食品的定义为“表明具有特定保健功能的食品。即适宜于特定人群食用，具有调节机体功能，不以治疗疾病为目的的食品”。由于保健食品功效成分的特殊性，保健食品具有药品的部分特点，是一类介于药品和食品之间的食品。因此，国家对保健食品加工企业的监督管理手段也不一样。

随着我国经济持续稳定地发展和人民群众生活水平的提高，带动了保健食品行业的迅速发展。然而，由于以往对保健食品的监督管理缺乏具体的法律依据，导致保健食品市场出现了多、杂、滥的混乱现象，对我国保健食品的健康发展带来了很大损失，这其中的一个关键原因是因为过去没有对保健食品生产企业生产过程管理的具体规定。因此，根据保健食品的特点，制定并实施《保健食品良好生产规范》是解决上述管理问题的最佳手段。

《保健食品良好生产规范》的目的是保证保健食品质量所需的必要条件和管理措施，是保健食品生产全过程的质量管理制度。但应当认识到，保健食品的质量不仅取决于生产过程的质量管理，还包括产品配方的合理性、工艺设计的科学性，原料供应商和产品销售商的积极参与及主动承担的义务等内容。因此，同所有的 GMP 一样，《保健食品良好生产规范》也只是保健食品质量保证过程的重要内容之一，并不是质量保证的全部内容。

《保健食品良好生产规范》对生产许可和日常生产提出了相关要求。主要分为人员管理、卫生管理、原料、贮存与运输、设计与设施、生产过程、品质管理等 7 个部分共 140 项审查条款，但因标准修改完善工作滞后，很多技术审查项目已不能满足当前保健食品生产监管实际需要。基于以上原因，国家食品药品监督管理总局在公开征求和广泛听取食品生产经营企业、地方食品药品监管部门、相关专家及行业组织等多方面意见的基础上，经多次研讨论证，组织制定了《保健食品生产许可审查细则》，其根据《食品安全法》新的监管要求和企业发展现状，增加了 32 项审查条款，主要涉及生产批次管理、委托生产管理、原料提取物与复配营养素管理等问题，强化了技术标准的可操作性。

第一节　保健食品 GMP 涉及范围

保健食品 GMP 是为保障保健食品安全、质量而制定的贯穿食品生产全过程的一系列措施、方法和技术要求。它要求保健食品生产企业应具备良好的生产设备，合理的生产过程，完善的质量管理和严格的检测系统，以确保终产品的质量符合标准。保健食品 GMP 对保健产品的生产许可和日常生产提出了相关要求。主要分为设计与设施、原料、生产过程、人员管理、卫生管理、品质管理等。

（1）设计与设施　工厂的选址，周围的环境，生产区与生活区的布局等；厂房及车间配置，厂房建筑，地面与排水，屋顶及天花板，墙壁与门窗，采光、照明设施，通风设施，供水设施，污水排放设施，废弃物处理设施等。

（2）原料和成品　原料的采购、运输、购进、贮存等；半成品和成品的贮存和运输等。

（3）生产过程　生产操作规程的制定与执行，原、辅料处理，配料与加工包装容器的洗涤、灭菌和保洁、产品杀菌、产品灌装或装填、包装标识。生产作业的卫生要求等。

（4）人员　机构的设置，人员的资格，教育培训的开展等。

（5）产品贮存与运输　贮存与运输卫生要求、冷藏、保温、仓库收发货制度等。

（6）品质管理　包括质量管理手册的制定与执行，原材料的品质管理，专业检验设备管理，加工中的品质管理，包装材料和标志的管理，成品的品质管理，售后意见处理及成品回收以及记录的处理程序等。

（7）卫生管理　包括卫生制度，环境卫生，厂房卫生，生产设备卫生，辅助设施卫生，人员卫生及健康管理等。

第二节　保健食品企业厂区及基本设施要求

一、加工环境

（一）厂址选择

保健食品生产企业需要有整洁的生产环境，厂区的地面、道路及运输等都会对保健食品的生产造成污染。因此，以洁净室（区）为主的保健食品生产企业其厂址的选择除要考虑一般食品工厂建设所应考虑的环境条件，包括地形、气象、水文地质、工程地质、交通运输、给排水、电力和动力供应及生产协作等因素外，还须按洁净厂房所具有的特殊性，对周围的环境也有相应的要求，对厂址环境污染程度进行调查研究。

洁净厂房位置选择应符合下列规定，并经技术经济方案比较后确定。

（1）应在大气含尘和有害气体浓度较低、自然环境较好的区域。

（2）应远离铁路、码头、飞机场、交通要道以及散发大量粉尘和有害气体的工厂、贮仓、堆场等有严重空气污染、振动或噪声干扰的区域。当不能远离严重空气污染源时，应位于最大频率风向上风侧，或全年最小频率风向下风侧。

（3）应布置在厂区内环境清洁，人流、物流不穿越或少穿越的地段。

（4）洁净厂房新风口与交通干道边沿的最近距离宜大于 50m。

（5）洁净厂房周围宜设置环形消防车道，也可沿厂房的两个长边设置消防车道。

（6）洁净厂房周围的道路面层应选用整体性能好、发尘少的材料。

（7）洁净厂房周围应进行绿化。可铺植草坪，不应种植对生产有害的植物，并不得妨碍消防作业。

同时还应保证，目前和可预见的将来市政规划不会使工厂四周环境发生上述变化；水、电、动力（蒸汽）、燃料、排污及废水处理在目前和今后发展时容易妥善解决。

（二）总平面布局

厂址选定以后，需对厂区进行总平面布置。其原则如下。

（1）功能分区　厂区应按生产、行政、生活和辅助等功能合理布局，不得互相妨碍，总体布局应考虑近期与远期规划相结合，留有发展余地。

（2）风向　总体规划须考虑风向，洁净厂房应避免污染，严重空气污染源应处于主导风向的下风侧。

（3）道路

①厂区主要道路应贯彻人流与物流分开的原则。人流、物流分开对保持厂区清洁卫生有一定影响。这主要是因为保健食品企业生产用的原料、燃料及包装材料很多，成品、废渣还要运出厂外，运输相当频繁。如人流、物流不清，会加重生产车间清洁的负荷，不利于保持良好的卫生状态。

②洁净厂房周围道路面层应选用整体性好的材料铺设。

③厂区道路应通畅，宜设置环形消防车道（可利用交通道路），如有困难，可沿厂房的两个长边设置消防车道。

④洁净厂房与市政交通干道之间距离宜大于50m。

（4）绿化　保持厂区清洁卫生最重要的一个方面是厂区内应尽可能减少露土地面，这主要通过绿化及其他一些手段来实现的。绿化有三个作用，即滞尘、吸收有害气体、美化环境。但是对绿化选用的树种要注意，不要过多种植观赏花草及高大乔木，而应以种植草坪为主。草坪可以吸附空气中灰尘，避免地面尘土飞扬。铺植草皮的上空，含尘量可减少2/3～5/6。草坪吸收空气中CO_2量为1.5g/(m^2·h)。

（5）厂区内布置

①洁净厂房应布置在厂区内环境整洁，人流、货流不穿越或少穿越的地方，并考虑产品的工艺特点和防止生产时的交叉污染，合理布局，间距恰当。

②三废处理及锅炉房等有严重污染的区域应置于厂区全年最大频率风向的下风侧。

③兼有原料和成品生产的保健食品企业，其原料生产区应置于成品生产区全年最大频率风向的下风侧。

④动物房的设置应符合国家《实验动物管理条例》的有关规定，并有专用的排污和空调设备，与其他区域严格分开。

⑤危险品库应设于厂区安全位置，并有防冻、降温、消防措施。麻醉物品和剧毒物品应设专用仓库，并有防范措施。

⑥洁净厂房周围不宜设置排水明沟。

（三）洁净室的内装修

1. 基本要求

（1）洁净厂房的主体应在温度变化和震动的情况下，不易产生裂纹和缝隙。主体应使用发尘量小、不易黏附尘粒、隔热性能好、吸湿性小的材料。洁净厂房建筑的围护结构和室内装修也都应选气密性良好，且在温湿度变化下变形小的材料。

（2）墙壁和顶棚表面应光洁、平整、不起尘、不落灰、耐腐蚀、耐冲击、易清洗。壁面色彩要和谐雅致，有美学意义，并便于识别污染物。

（3）地面应光滑、平整、无缝隙、耐磨、耐腐蚀、耐冲击、不积聚静电，易除尘清洗。墙壁与地面相接处宜做成半径为50mm的圆弧。

（4）技术夹层的墙面、顶棚应抹灰。需要在技术夹层内换高效过滤器的，技术夹层的墙面及顶棚也应刷涂料饰面，以减少灰尘。

（5）送风道、回风道、回风地沟的表面装修应与整个送风、回风系统相适应，并易于除尘。

（6）洁净等级高于10000级的洁净室最好采用无窗形式，如需设窗时应设计成固定密封窗，并尽量少留窗扇，不留窗台，把窗口面积限制到最小限度。门窗要密封，与墙面保持平整。充分考虑对空气和水的密封，防止污染粒子从外部渗入。避免由于室内外温差而结露。门窗造型要简单，不易积尘，清扫方便。门框不得设门槛。

2. 装修材料和建筑构件

装修材料要求耐清洗、无孔隙裂缝、表面平整光滑、不得有颗粒性物质脱落。对选用的材料要考虑到该材料的发尘性、耐磨性、耐水性、防霉性、防电性、使用寿命、施工简便与否、价格、来源等因素。

（1）地面　无溶剂环氧自流平涂洁净地面具有耐水性、耐磨性和防尘性，是目前洁净厂房使用最广的一种方式。应认真解决洁净车间的潮湿问题，在湿度较大、地下水位较高的地区，应设置防水层。

（2）墙面和墙体　墙面和地面、天花板一样，应选用表面光滑易于清洗的材料。中空墙可为空气的返回、电器接线、管道安装和其他附属工程提供所需空间。

墙面分为以下几种。

①油漆墙面：这种墙面常用于有洁净要求的房间，表面光滑，能清洗，且无颗粒性物质脱落。缺点是施工时若墙基层不干燥，涂上油漆后易起皮。普通房间可用调和漆，洁净度高的房间可用环氧漆，其牢固性好，强度高。另外，还可用苯丙涂料和仿搪瓷漆。修补所采用的油漆腻子要与面层料相适应。乳胶漆不能用水洗，这种漆可涂于未干透的基层上，不仅透气，而且无颗粒性物质脱落，可用于包装间等无洁净度要求但又要求清洁的区域。

②不锈钢板或铝合金材料墙面：耐腐蚀、耐火、无静电、光滑、易清洗，但价格高，用于垂直层流室。

③白瓷砖、抹灰刷白浆不适用于洁净区墙面。

常见的墙体材料为砖墙及轻质隔断。轻质隔断是在薄壁钢骨架上用自攻螺丝固定石膏板，外表再涂油漆而成。这种隔断自重轻，对结构布置影响较少。常见的轻质隔断有轻钢龙骨泥面石膏板墙和彩钢板墙两种，彩钢板墙又有不同的夹芯材料及构造体系。在洁净厂房建造中，彩钢板的使用越来越广泛。

3. 吊顶

吊顶分硬吊顶和软吊顶两大类。

硬吊顶即钢筋混凝土吊顶，其优点是管道安装和检修方便，缺点是结构自重大，以后无法因改变隔间而变动风口。

软吊顶即悬挂式吊顶，主要有两种形式：型钢骨架－钢丝抹灰吊顶和彩钢板吊顶。前一种吊顶强度高、结构处理好，可上人，但施工质量不好时容易出现收缩缝。彩钢板吊顶无需加保温材料，但防火性能要征得消防部门认可。

4. 门窗

（1）门 洁净室用的门要求平整、光洁、易清洁、不变形。常用材料有铝合金、钢板、不锈钢板、彩钢板。

（2）窗 常用材料有铝合金、塑钢及不锈钢板，形式有单层及双层的固定窗。洁净室窗户应为固定窗，严密性好并与室内墙齐平。必要时，窗台应陡峭向下倾斜，窗台应内高外低，且外窗台应有不低于30°的角度向下倾斜，以便清洗和减少积尘，并且避免向内渗水。窗户尽量用大玻璃窗，不仅为操作工人提供敞亮愉快的环境，也便于管理人员通过窗户观察操作情况。

二、工艺布局

（一）工艺布局应符合下列规则

（1）工艺平面布置应合理、紧凑。洁净室或洁净区内应只布置必要的工艺设备，以及有空气洁净度等级要求的工序和工作室。

（2）在满足生产工艺和噪声要求的前提下，对空气洁净度要求严格的洁净室或洁净区宜靠近空气调节机房，空气洁净度等级相同的工序和工作室宜集中布置。

（3）洁净室内对空气洁净度要求严格的工序应布置在上风侧，易产生污染的工艺设备应布置在靠近同风口位置。

（4）应考虑大型设备安装和维修的运输路线，并预留设备安装口和检修口。

（5）不同空气洁净度等级房间之间联系频繁时，宜设有防止污染的措施，如气闸室、传递窗等。

（6）应设置单独的物料入口，物料传递路线应最短，物料进入洁净室（区）之前应进行清洁处理。

（二）工艺生产用房布置

1. 工艺布局要防止人流、物流交叉混杂

（1）人员和物料进出生产区域的出入口应分别设置，极易造成污染的物料（如部分原辅料、生产中废弃物等）宜设置专用的入口或采取适当措施、洁净厂房内的物料传递线尽量要短。

（2）人员和物料进入洁净室（区）应有各自的净化用室和设施。净化用室的设置要求与生产区的空气洁净度等级相适应。

（3）洁净室（区）内应只设置必要的工艺设备和设施。用于生产、贮存的区域不得用作非本区域内工作人员的通道。

（4）电梯不宜设在洁净室（区）内，需要设置时，电梯前应设气闸室或有其他确保洁净室（区）空气洁净度等级的措施。

2. 尽量提高净化效果

在满足工艺条件的前提下，为提高净化效果，节约能源，有空气洁净度等级要求房间按下列要求布置。

（1）空气洁净度等级高的洁净室（区）宜布置在人员最少到达的地方，并宜靠近空调机房。

（2）不同空气洁净度等级的洁净室（区）宜按空气洁净等级的高低由里及外布置。

（3）空气洁净度等级相同的洁净室（区）宜相对集中。

（4）室内易产生污染的工序、设备应安排至回、排风口附近。

（5）不同空气洁净度等级房间之间相互联系应有防止污染措施，如气闸室或传递窗等。

3. 洁净厂房存放区域的设置

洁净厂房内应设置与生产规模相适应的原辅材料、半成品、成品存放区域，且尽可能靠近与其相联系的生产区域，以减少传递过程中的混杂与污染。存放区域内宜设置待检区、合格品区或采取能有效控制物料待检、合格状态的措施。不合格品必须设置专区存放。

4. 下列生产区域必须严格分开

动、植物性原料的前处理、提取、浓缩必须与其产品生产严格分开；动物脏器、组织的洗涤或处理必须与其产品生产严格分开。

（三）生产辅助用房的布置

1. 品质管理（QC）实验室

品质管理部门为根据需要设置的检验、动植物原料标本、留样观察以及其他各类实验室，应与保健食品生产区分开。QC 实验室应当有自己的更衣室。

微生物相关试验室宜与一般理化检验室分开。无菌检查、微生物限度检查、灭菌间、培养基配制等宜相对集中，以形成环境条件便于控制的区域。

品质管理部门下属的实验室应有各功能室：送检样品的接受与处理间、试剂及标准品的贮存间、普通试剂间、洗涤间、留样观察室（包括加速稳定性实验室）、分析实验区（仪器分析、化学分析、生物分析）、质量标准及技术资料室、质量评价室、休息室等。

有特殊要求的仪器、仪表，应安放在专门的仪器室内，并有防止静电、震动、潮湿或其他外界因素影响的设施。

2. 取样间

仓库可设原辅料取样区，取样环境的空气洁净度与生产要求一致，并配有取样所需的所有设施。例如：

（1）清洁容器的真空系统。

（2）清洁的、必要时经灭菌的取样器具。

（3）说明某一容器已经取过样的标志或封签。

（4）开启和再行封闭容器的工具等。

取样间的空气洁净度级别一般有 10000 级、100000 级和 300000 级，这是因为不管采用何种取样技术，在取样时，原料均要或多或少地暴露在空气之中；为了避免因取样而造成原料污染，有必要使取样区与生产的投料区具有同样的空气洁净度等级。

3. 称量室与备料室

称量室是防止出现差错的首要地方，稍有疏忽就酿成大错。设置固定的称量室是防止差错的有效途径。称量室可以分散设置，也可以集中设置，称为中心称量区。

国外及一些合资企业都将中心称量室设在仓库附近或仓库内，使全厂使用的原辅料集中加工（如打粉）、称量，然后按批号分别存放，有利于 GMP 管理。

洁净室（区）内设置的中心称量室通常由器具清洁、备料、称量间组成，空气洁净度级别应与生产要求一致，并有捕尘和防止交叉污染的设施。

称量和前处理如原辅料的加工和处置都是粉尘散发较严重的场所，通常设专门的除尘系统。粉尘量小或需称量的料特别少时，称量室可设置成自净循环式，它的优点是创造洁净环境，并可以省去专门的除尘系统。

4. 设备及容器具清洗室

需要在洁净室（区）内清洗的设备及容器具，其清洗室的空气洁净度等级应与本区域相同。10000 级洁净区的设备及容器具可在本区或在本区域外清洗，在本区外清洁时，其洁净库不应低于 100000 级。洗涤后应干燥，进入万级无菌控制洁净室的容器具应消毒或灭菌。

5. 清洗工具洗涤、存放室

洁净区内的洁具室通常设在本区/室内，并有防止污染的措施（如排风，拖把不用时有墙钩，可将其挂起，避免长菌等）。

6. 洁净工作服洗涤、干燥室

100000 级以上区域的洁净工作服洗涤、干燥、整理及必要时灭菌的房间应设在洁净室（区）内，其空气洁净度等级不应低于 300000 级。无菌工作服的整理、灭菌室，其洁净度等级可按 10000 级来设置。

7. 维修保养室

维修保养室主要用于机电、仪器设备的简易维修保养工作，不宜设在洁净室（区）内。

8. 空调机、冷冻机、空压机房

根据需要可分可合、集中设置于洁净室（区）外。

（四） 人员净化用室和设施的布置

人员净化用室包括雨具存放室、换鞋室、存外衣室、更换洁净工作服室、气闸室或风淋室等。生活用室包括卫生间、淋浴、休息室等。生活用室可根据需要布置，但不得对洁净室（区）造成污染。

根据不同的空气洁净度等级和工作人员数量，洁净厂房内人员净化用室的建筑面积应合理确定。一般宜按洁净区设计人数平均每人 $2 \sim 4m^2$ 计算。

一般人员净化设施的布置应按以下要求进行。

（1）洁净厂房入口处通常应设换鞋设施。

（2）人员净化用室中，外衣存衣柜和洁净工作服柜应分别设置。外衣存衣柜应按设计人数每人一柜。

（3）盥洗室应设洗手和消毒设施，宜装手烘干器。

（4）10000 级区（室）通常不设卫生间和淋浴；洁净度要求较低的更衣室如设卫生间，应有防止污染的措施，如有强的抽风、洗手、消毒设施等。

（5）洁净区域入口处设置气闸室，必要时可设风淋，保持洁净区域的空气洁净度和正压。

人员净化用室和生活用室的布置应避免往复交叉。防止已清洁的部分被再次污染。为了强化洁净区的管理，许多企业在进入生产大楼时即换鞋，进入各自的操作区时，须再经过各个区的更衣室。

保健食品生产企业，进入低于万级要求洁净室/区常见程序如下：

换鞋→脱外衣→洗手→穿洁净工作服→手消毒→气闸→进入无菌洁净室/区

进入万级无菌控制洁净室/区时，工作服须灭菌，通常的程序如下：

换鞋→脱外衣→洗手→穿洁净工作服（灭菌）→手消毒→气闸→进入无菌洁净室/区

（五）物料净化设置

各种物料在送入洁净区前必须经过净化处理，简称“物净”。平面上的“物净”布置包括脱包、传递和传输过程中的净化设置。

1. 脱包

（1）洁净厂房应设置原辅料外包装清洁室、包装材料清洁室，供进入洁净室（区）的原辅料和包装材料清洁之用。

（2）生产保健食品有无菌要求的特殊品种时，应设置消毒灭菌室/消毒灭菌设施，供进入生产区物料消毒和灭菌使用。

（3）仓贮区的托板不能进入洁净生产区，应在物料气闸间换洁净区中转专用托板。

2. 传递

（1）原辅料、包装材料及其他物品在清洁室或灭菌室与洁净室（区）之间的传递主要靠物料缓冲间及传递窗。只有物料比较小、轻、少及必要时才使用传递窗，大生产时一般都采用物料缓冲间。

（2）传递窗两边的传递门应有防止同时被打开的措施，能密封并易于清洁。传送至无菌洁净室的传递窗宜有必要的防污染设施。

3. 传输

（1）与传递不同，传输主要是指物料在洁净室之间长时间连续的传送。传输主要靠传送带和物料电梯。

（2）传送带造成污染或交叉污染主要是因为传送带自身的“黏尘带菌”和带动空气造成的空气污染。不同洁净要求的室（区）使用的传输设备不得穿越。

（3）如果物料用电梯传输，电梯通常应设在非洁净区。设在洁净区的电梯，一般有两种形式：建成洁净电梯或在电梯口设缓冲间。

（六）防止鼠、虫进入设施及布置

保健食品企业的仓库和生产区，应有防止鼠及昆虫进入的措施。常见的防鼠手段有设置防鼠挡板、改善门的密封性能、在室外适当布点，投放鼠药或安装电子猫等。防止昆虫进入的主要手段是在门口设灭虫灯。

（七）安全疏散设施及布置

由于洁净厂房是一个相对密闭的空间，其本身的特点使得它不利于防火，所以对洁净厂房的设施和结构有一定的要求，以达到防火和加快疏散的作用。

（1）耐火性能要求　保健食品洁净厂房的耐火等级不应低于二级，吊顶材料应为非燃烧体，其耐火极限不宜小于0.4h。

（2）防爆性要求　洁净厂房内的甲、乙类（GB 50016—2014《建筑设计防火规范》火灾危险性特征分类）生产区域，应采用防爆墙和防爆门斗与其他区域分离，并应设置足够的泄压面积。

（3）安全出口要求　应分散布置，且易于寻找。洁净厂房每一生产层、每一防火分区或每一洁净区的安全出口数目不应少于2个，但符合下列要求的可设1个。

对甲、乙类生产厂房每层的洁净区总面积不超过50m^2，且同一时间内的生产人数不超过5人。

对丙、丁、戊类生产厂房应按 GB 50016—2014《建筑设计防火规范》的规定设置。

（4）疏散距离 厂房内由最远工作地点至安全出口的最大距离即疏散距离。安全出口的设置应满足疏散距离的要求：从生产地点到安全出口不得经过曲折的人员净化路线。人员净化入口不应做安全出口使用。

（5）消防口 无窗厂房应在适当位置设门或窗，作为消防人员进入的消防口。当门窗间距大于 80m 时，则也应在这段外墙的适当位置设消防口，其宽度不小于 750mm，高度不小于 1200mm，并有明显标志。

（6）门的开启方向 按 GB 50073—2013《洁净厂房设计规范》规定，除去洁净区内洁净室的门应向洁净度高或压力高的一侧开，即一般均向内开启外，洁净区与非洁净区的门或通向室外的门（含安全门）均应向外即疏散方向开启。

三、空气净化

保健食品生产工厂对空气净化的目的之一在于防止、减少空气中的粉尘、微生物等对产品的污染，保证保健食品的质量；之二在于为操作人员提供适当的环境条件，使他们能按保健食品良好生产规范的要求从事各种生产操作。

洁净区域的有害物质主要有：空气中的尘埃粒子、保健食品生产中使用的一些原辅料、溶剂等产生的有害气体以及生产工艺过程中散发出的热湿负荷。

《保健食品良好生产规范》与《保健食品良好生产规范审查方法与评价准则》规定厂房必须按照生产工艺和卫生、质量要求，划分洁净级别。原则上为一般生产区 300000 级和 100000 级区。实际上，益生菌、热灌装和无菌罐装保健饮料的生产还需要更高的级别。因此，空气洁净度与药品生产一样，可分为四个级别：100 级、10000 级、100000 级和 300000 级。

保健食品洁净厂房的空气净化系统，可根据生产品种、规模采用集中式净化空调系统或分散系统，也可在一个生产区域内采用单个或多个净化空调系统。净化设施设计合理与否，都会直接对保健食品的生产与产品质量产生影响，尤其对产品的生产成本影响大，必须认真对待。

净化空调系统包括空气过滤及空气的热、湿处理。

（一）保健食品生产对净化空调系统基本要求

（1）进入洁净区域的空气需进行过滤处理，使达到符合生产工艺要求的空气洁净级别。

（2）调节进入洁净区域空气的湿度和相对湿度。

（3）在满足生产工艺条件的前提下，利用循环回风，调节新风比例，合理节省能源，减轻过滤器负荷，确保排除洁净区域内生产过程中发生的余热、余湿和少量的尘埃粒子。

（二）净化空调系统的分类

（1）按送风方式分类 有集中式、半集中式和分散式三种。

在确定集中式或分散式净化空气调节系统时，应综合考虑生产工艺特点和洁净室空气洁净度等级、面积、位置等因素。凡生产工艺连续、洁净室面积较大时，位置集中以及噪声控制和振动控制要求严格的洁净室，宜采用集中式净化空气调节系统。

（2）按空气来源分类 可分为直流式和回风式两种。

直流式净化空调系统使用的空气全部来自室外，经热湿处理、洁净处理后的空气在洁净室区域吸收处理热、湿、尘粒、毒害气体负荷后，全部排出室外，并在排出过程中处理到符合排放标准，以免污染大气环境。

回风式净化空调系统使用的空气一部分是新风，一部分是室内回风。

净化空气调节系统除直流式系统和设置值班风机的系统外，还应有防止室外污染空气倒灌进入洁净室的措施。

净化空气调节系统设计应合理利用回风，凡工艺过程产生大量有害物质且局部处理不能防止交叉污染，或对其他工序有危害时，则不应利用回风。

保健食品生产企业如洁净厂房面较大，而其工艺要求比药品低时，可选用集中式空调。如果生产工艺允许此类净化空调系统中可利用部分循环回风，以节省能源。

产生大量粉尘，有毒害粉尘，有毒害的气、汽和大量湿、热气体的洁净室，一般采用局部排风或全排风的净化空调系统，此外，还应当考虑排风的处理是否符合环保的要求。

（三）净化空调系统的区域划分

保健食品生产使用的现代化洁净厂房，由于不同剂型或品种的生产对洁净区域有不同的要求，为防止不同操作区域之间粉尘的污染，并考虑到加工过程往往发生在不同的时间段，因此通常采用多个净化系统的设置方式。净化空调系统设置及划分的基本原则如下。

（1）按主生产区域、辅助性区域划分。

（2）按不同剂型的工艺区域划分，因为不同剂型的生产工艺对净化空调系统有不同的要求。

（3）按防火、防爆、产生剧毒有害物质区域划分。

（4）按照不同的洁净度等级划分，不同洁净等级的洁净区域对空调参数有不同的要求。

（5）按照厂房楼层或工艺平面分区划分。

（6）高效净化系统与中效净化系统分开设置。

此外，还要根据保健食品生产工艺以及洁净室（区）的洁净度等级和洁净区域其他性质来决定洁净区域内气流组织（所采用的净化空气流动状态和分布状态）、送风量和换气次数、洁净室正压值、洁净室内的噪音级别等净化空调系统参数。这些参数的大小决定后应采用合适的途径来使净化空调系统达到并保持相应的参数水平。

（四）净化空调系统中若干应注意的问题

（1）洁净室内产生粉尘量大和有毒害气体的设备应设局部排风和防尘装置，还应采取相对负压措施。

（2）排风系统要有防倒灌措施，如安置中效过滤器、单向阀等。

（3）净化空调系统如经处理仍不能避免产生交叉污染时，则不应利用回风；如固体物粉碎、称量、配料、混合、制粒、压片、包衣、分装等工序，使用有机溶媒的工序。

（4）为100000级及要求更高洁净区配制的空气净化系统，应采用初效、中效、高效过滤器。300000级区也可用亚高效空气过滤器代替高效过滤器。

（5）高效、亚高效空气过滤器宜设在净化空气调节系统末端，洁净室的送风口上。

（6）洁净室送风口与连接体的接缝要密封。

（7）为防止室外空气对室内洁净环境造成污染，保健食品生产用洁净厂房内对外排风时，需要设置防止室外空气倒灌的设施。

（8）口服固体保健食品洁净厂房由于固体颗粒较大，应特别注意由空气所致的交叉污染。口服固体保健食品生产用洁净厂房可采用下述措施。

①产粉尘的洁净厂房，应在产尘点（例如称量、粉碎、过筛、压片、胶囊充填、制粒干

燥、混合等工序）设有捕尘设施。除尘器应设置在产尘房间附近的小机房内，小机房的门开向洁净区域时，机房应符合洁净区域要求；

②多品种保健食品生产的产尘工序应不利用回风。若需利用回风时，应有防止交叉污染的措施；

③设置正确的气流方向和有效的压力监测手段；

④洁净房间内的送、回风方式应采用顶送下侧回，对部分不产生粉尘的房间（例如洁净走廊、中间品暂存等）可以采用顶送顶回；

⑤对产生湿气、异味或有防爆要求的房间应设置排风（例如清洗、配料、铝塑包装、使用有机溶剂的包衣等）。

四、给水排水

洁净厂房对给水系统的要求比较严格，应根据不同的要求设置系统，以便重点保证要求严格的系统，也利于管理和降低运转费用。保健食品厂用水分为三大类：生活用水、生产用水和消防用水。

生活生产用水水质应符合 GB 5749—2006《生活饮用水水质卫生标准》和原卫生部修订的《生活饮用水卫生规范》要求。

（一）给水系统

（1）生活、生产及消防给水系统　生活、生产及消防给水系统的选择应根据具体情况确定，可采用生产、生活及消防联合给水系统，也可采用生产、生活及消防分制的两个给水系统；系统的供水方式可以采用水泵-高位水箱联合供水，也可以采用变频调速恒压供水等方式。

生活水管应采用镀锌钢管，管道的配件应采用与管道相应的材料。洁净厂房周围宜设置洒水设施。

（2）纯化水　纯化水是指用蒸馏法、离子交换法、反渗透法或其他适当的方法制得的供生产保健食品的水，不含任何附加剂。

（二）排水系统

洁净室（区）内的排水设备以及与重力回水管道相连接的设备，必须在其排除口以下部位设水封装置。排水系统应设有完善的透气装置。排水竖管不宜穿过洁净室（区），如必须穿过时，竖管上不得设置检查口。

洁净室（区）内重力排水系统的水封及透气装置对于维持洁净室（区）内各项技术指标是极其重要的。除了对于一般厂房防止臭气进入外，对于洁净室（区）若不能保持水封会产生室内外空气对流。在正常工作时，室内洁净空气会通过排水管向外渗漏；当通风系统停止工作时，室外非洁净空气会向室内倒灌，影响洁净室的洁净度、温湿度，并消耗洁净室的冷量。

洁净室（区）内的地漏等排水设施的设置应符合下列要求：无菌操作 100 级到 10000 级洁净室内不宜设置地漏，10000 级辅助区及 100000 级区内设置地漏时，应注意其材质不易腐蚀，盖碗有足够深度以形成水封，开启方便，便于清洁消毒等。此外，排水管直径应有足够大，地漏标高应低于地坪，确保排水流畅。

五、工艺管道

保健食品生产中，卫生占有十分重要的地位，工艺管路与卫生息息相关，尤其是饮用水系统、纯化水系统及比较复杂的保健饮料生产线。现将工艺管路设置应注意的共性问题作简要阐述。

（一）水系统

一般说来，一定规模的保健食品企业需设蓄水池并设增压泵站，以保证生产的正常供水。为了保证供水的质量，一些企业将工艺用水及纯化水通盘考虑，设立水站。从增压泵站起，设二路管线，一路供生活用水及生产中一般要求的工艺过程使用，如瓶子初洗、地面清洁、洗衣房等，直接将蓄水池的水送往使用点；另一路则通往纯化水系统，作为纯化水系统的源水。

第一路管线不要求设成循环管路，但应注意避免管路过长，避免管路长期积水不用，导致严重污染。此外，必要时应在水站设加氯装置，对水进行消毒。必要的过滤器可设在工艺用水的使用点。第二路管路设置的基本原则是尽可能设成循环系统，不仅所有的使用点应构成循环回路，在水处理段也应充分考虑此项基本原则。如图4－1所示，纯化水系统分成了三个循环回路：预处理回路、处理回路及使用回路。系统的设计，体现防止微生物污染的基本思想。

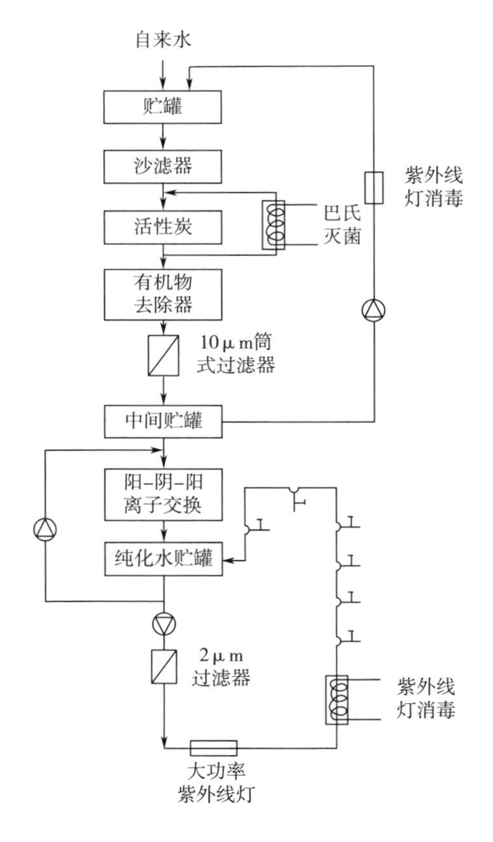

图4－1　纯化水系统示意图

保健食品工艺管路设置的一个重要问题是考虑必要的消毒措施。纯化水系统中的活性炭床是个容易长菌的地方，通常采用巴氏消毒法。纯化水的使用回路的微生物控制手段，一般有两种选择，或是用纯蒸汽灭菌，或是采用巴氏消毒法。如纯化水使用回路用纯蒸汽法灭菌，贮罐须是耐压容器，如设备不具备此条件时，采用巴氏消毒与紫外线消毒相结合的方法也是可行的。

纯化水系统中离子交换树脂、反渗透、电渗析等不宜采用高温消毒，否则会老化、破碎或损坏，可采用紫外线消毒及循环回流法。保健饮料、保健口服液的生产线通常包括配液、灌装、灭菌等过程。为方便清洁和灭菌，这类保健食品的生产线也需要设置在线清洁、在线灭菌的管路。

（二）安装注意事项

系统的安装非常重要。根据管路图进行安装时，对GMP要求的不理解往往会带来一些后遗症。

（1）水系统管路必要时可以进行塑料焊接，但焊接的内表面要求光滑均匀，力求避免造成微生物污染的风险因素，这类管路通常只在给水系统的预处理及处理段采用。

（2）应避免使用黏合剂，因为它可能形成空隙或同其他物质起化学反应。

（3）阀门安装的位置应有利于水靠其重力排放并应考虑好排空阀（必要时，用于全部排空用的阀门）的位置。

（4）要事先考虑好取样点的位置，以便日后对系统的各功能段分别进行监控。

（5）工艺管道支架应使管道有适当的倾斜度以利排水。

（6）工艺管路的安装还应考虑温度变化带来的影响，避免日后在连接处出现渗漏。

（7）工艺管路安装还需要确保系统的独立性。不同性质的管路间应避免共享管路，以确保无交叉污染的风险。

（8）配液罐由两路供水：初洗的清洁用水为一般饮用水，最后用纯化水淋洗；配液时用纯化水。

（9）不锈钢焊接应接合可靠，内部光滑，耐腐蚀。为确保合格的焊接质量，应使用低碳不锈钢、兼容性好的金属焊接材料，必要时在惰性气体保护下用自动焊接机焊接，应由持证人员进行焊接并做好检查及记录。

（10）焊接后的清洁工作和对焊接表面做钝化处理是非常重要的，因为它可以去除污染物质和腐蚀性物质并在焊接表面建立起一层氧化铬防腐表面层。

（11）对与水接触表面进行电抛光以防止生物膜形成及表面腐蚀。

（12）机械连接应注意避免错位、裂缝、渗漏和空隙。控制措施有：恰当定位、选用大小适当的垫圈、留的间距要适当、密封时要注意平衡并避免使用螺纹接头。

六、电气设施

（一）电气设计和安装

洁净室（区）电气设计和安装必须考虑对工艺、设备甚至产品变动的灵活性，便于维修，且保持厂房的地面、墙面、吊灯的整体性和易清洁性。总体要求有以下几点。

（1）电源进线应设置切断装置，并宜设在非洁净区便于操作管理的地点。

（2）消防用电负荷应由变电所采用专线供电。

（3）配电设备，应选择不易积尘、便于擦拭、外壳不易锈蚀的小型暗装配电箱及插座箱，功率较大的设备宜由配电室直接供电。

（4）不宜直接设置大型落地安装的配电设备。

（5）配电线路应按照不同空气洁净度等级划分的区域设施不同配电回路。分设在不同空气洁净度等级区域内的设备一般不宜由同一配电回路供电。

（6）每一配电线路均应设置切断装置，并应设在洁净区内便于操作管理的地方。如切断装置设在非洁净区，则其操作应采用遥控方式，遥控装置应设在洁净区内。

（7）电气管线宜暗铺，管材应采用非燃烧材料。

（8）电气管线管口，安装于墙上的各种电器设备与墙体接缝处均应有可靠密封。

（二）照明设计和安装

保健食品生产企业有相当数量的洁净室（区）处于无窗的环境中，它们需要人工照明。同时由于厂房密闭不利防火，增加了对照明的要求。

1. 光源和灯具的选择

（1）洁净厂房的照明应由变电所专线供电。

（2）洁净室（区）的照明光源宜采用荧光灯。

（3）洁净室（区）内应选用外部造型简单、不易积尘、便于擦拭的照明灯具，不应采用格栅型灯具。

（4）洁净室（区）内的一般照明灯具宜明装，但不宜悬吊。采用吸顶安装时，灯具与顶棚接缝处应采用可靠密封措施，如需要嵌入顶棚暗装时，安装缝隙应可靠密封，防止顶棚内非洁净空气漏入室内，其灯具结构必须便于清扫，便于在顶棚下更换灯管及检修。

（5）有防爆要求的洁净室，照明灯具的选用和安装应符合国家有关规定。

2. 照度标准

室内照明应根据不同工作室的要求，提供足够的照度值。主要工作室一般不宜低于300lx。辅助工作室、走廊、气闸事、人员净化和物料净化用室可低于300lx，但不宜低于150lx。对照度要求高的部位可增加局部照明。

洁净室（区）内一般照明的照度均匀度不应小于0.7lx。

3. 事故照明处理方法

（1）设置备用电源，接至所有照明器。断电时，备用电源自动接通。

（2）设置专用事故照明电源，接至专用应急照明灯。同时，在安全出口和疏散通道转角处设置信号灯，专用消防口处设置红色应急照明灯。

（3）设置带蓄电池的应急灯，平时由正常电源持续充电，事故时蓄电池电源自动接通。此灯宜装在疏散通道上。

4. 紫外线杀菌灯的应用与设计

洁净室（区）可以安装紫外线杀菌灯，但须注意安装高度、安装方法和灯具数量。

（三）其他要求

洁净室（区）内应设置与外联系的通讯装置，尤其是无菌室人数很少，而且穿着特殊的无菌衣不便出来，最好能安装无菌型的对讲机或电话机。

洁净室（区）内应设置火灾报警系统，火灾报警系统应符合《火灾报警系统设计规范》的要求。报警器应设在有人值班的地方。

七、设　备

保健食品企业设备种类繁多，在设备设计、选用和安装方面应遵循以下原则。

（1）设计制造应符合生产工艺要求，其容量（生产能力）应与批量相适应。设备管道的材质应无毒、耐腐蚀、不与物料起化学反应或吸附所生产的保健食品。设备外表不得采用易脱落的涂层。设备内壁必须光洁、平整、不存在凹陷结构，所有转角用圆弧过渡。避免死角，砂眼，并能耐腐蚀。

（2）设备结构应尽量简化，便于操作与维修，易于拆装清洗、消毒，备件应通用化、标准化、便于更换。应防止外界异物及杂菌的流入，要经常清洗。要求洁净的工序，其所用设备均需配备在线清洗、在线灭菌设施。设备管道应注意不积存原料液。能保证灭菌蒸汽的流通。

（3）设备应驱动平稳，无明显震动，噪声符合国家有关规定，超过标准应增加减震、消音装置，改善操作环境。设备自身密闭性要好，确保设备零部件在传动过程中因摩擦而产生的微量异物（色点、油点等）不带入保健食品中。所有润滑剂和冷却剂应避免与原料、半成品、成品或包装材料相接触。

（4）所有产生粉尘的设备，如称量、配料、粉碎、过筛、混合、制粒、干燥压片、包衣生产设备及设施应安装有效的捕尘、吸粉装置或防治污染的隔离措施。干燥设备进风口应有有效的过滤装置，禁止使用易脱落纤维及含有石棉的过滤器，不得使用吸附保健食品组分和释放异物的过滤装置。

（5）应设计使用轻便、灵巧的物料传送工具，如传送带、小车等，洁净区与非洁净区传送工具不得混用。产品灭菌器应设计为双扉式。设计应满足验证的有关要求，合理安置有关参数的测试点。

（6）与保健食品直接接触的干燥用空气、压缩空气、惰性气体均应设置净化装置。经净化处理后，气体所含微粒和微生物应符合规定的空气洁净度要求。干燥设备出风口应有防止空气倒灌的装置，洁净区内的设备除特殊要求外，一般不宜设地脚螺栓。

（7）设备或机械上的仪表计量装置要准确，精确度符合要求，调节控制稳定可靠。需要控制计数部位出现不合格或性能保障时应有调整或显示功能，设备保温层表面必须平整、光洁，不得有颗粒性物质脱落，表面不得用石棉水泥抹面，宜采用不锈蚀的金属外壳保护。

（8）当设备安装在跨越不同空气洁净度的洁净室时，除考虑固定外，还应采用可靠的密封隔断装置，以保证达到不同等级的洁净要求。当确实无法密封时应严格控制气压。10000 级洁净室使用的运输设备不得穿越洁净度较低级别的区域。

（9）设备布局要与工艺流程相适应，安装间距要便于生产操作、拆装、清洁和维护保养，并避免发生差错和交叉污染。管道要安装牢固，阀门排列整齐，易于开启、更换，对于固定管线应具有醒目标志，以指明其内容物与流向。工艺管道必须和动力设施的管道分开。灭菌室不设置排水口，管道坡度要确保消灭死角，易于管道的清洁。

（10）洁净室内配电设备除满足安全技术要求外，管线应暗装，进入室内的管线、套管应为不锈材料，管线应严格密封。电源插座宜采用嵌入式。厂房电器设备和易燃、易爆岗位的主要设备及管线应按规定接有防静电装置。

（11）去离子水、蒸馏水用贮罐和输送管道所用材料应无毒、耐腐蚀。阀门和配件应与管材管径相适应。

八、保健食品生产许可审查内容

（一）生产条件审查

保健食品生产厂区整洁卫生，洁净车间布局合理，符合《保健食品良好生产规范》要求。空气净化系统、水处理系统运转正常，生产设施设备安置有序，与生产工艺相适应，便于保健食品的生产加工操作。计量器具和仪器仪表定期检定校验，生产厂房和设施设备定期保养维修。

（二）品质管理审查

企业根据注册或备案的产品技术要求，制定保健食品企业标准，加强原辅料采购、生产过程控制、质量检验以及贮存管理。检验室的设置应与生产品种和规模相适应，每批保健食品按照企业标准要求进行出厂检验，并进行产品留样。

（三）生产过程审查

企业制定保健食品生产工艺操作规程，建立生产批次管理制度，留存批生产记录。企业按照批准或备案的生产工艺要求，组织保健食品生产试制，审查组跟踪关键生产流程，动态审查主要生产工序，复核生产工艺的完整连续以及生产设备的合理布局。

第三节　生产管理体系要求

一、机构与人员

（一）组织机构与职责

虽然不同的保健食品生产企业有其独特的管理体系和模式，企业要根据自己的需要，建立适合保健食品生产需要的组织机构，制定组织机构中各部门的职责，特别是关于保健食品卫生、质量的责任。不论企业的组织结构怎样设置，都必须要有生产管理部门和质量管理部门。生产管理部门负责人和质量管理部门负责人不能互相兼任，这是 GMP 在保健食品生产企业组织机构设置中的重要原则。

1. 企业负责人

企业负责人是保健食品生产和质量的负责人，对《保健食品良好生产规范》的实施及产品质量负责。其主要职能是指定企业政策和参与领导管理，同时为产品的生产和质量管理提供必要的条件。

2. 品质管理部门

保健食品生产企业必须建立相应的品质管理部门或品质管理组织，对产品的品质负责。品质管理部门负责生产全过程的质量监督管理。品质管理部门要贯彻预防为主的管理原则，把管理工作的重点从事后检验转移到事前设计和制造上，消除产生不合格产品的种种隐患。

3. 生产管理部门

生产管理部门负责原料处理、加工及成品包装等与生产有关的管理工作。并需配合品质管理部门做好质量管理工作，确保保健食品按 GMP 要求生产。

（二）人员及其培训

保健食品生产企业必须有足够的称职的人员来完成本企业所应承担的全部任务；每个人都应清楚自己的责任，知晓与本人有关的 GMP 原则，能够承担起生产卫生、安全的保健食品的任务。应有文件的形式记录人员的职责。

1. 人员要求

我国保健食品 GMP 在人员方面强调保健食品生产企业必须具有与所生产的保健食品相适应的，具有医药学（或生物学、食品科学）等相关专业知识的技术人员和具有生产及组织能力的管理人员。专职技术人员的比例应不低于职工总数的 5%。

GB 17405—1998《保健食品良好生产规范》对保健食品企业的技术负责人、生产和品管部门负责人、专职技术人员、质检人员和一般从业人员提出了不同的资格要求。

（1）主管技术的企业负责人　应有医药或相关专业大专以上或相应的学历，并具有保健食品生产及质量、卫生管理经验，对《保健食品良好生产规范》的实施及产品质量负责。

（2）生产部门和品质管理部门负责人　必须是专职人员，应具有与所从事专业相适应的大专以上或相当的学历，能够按《保健食品良好生产规范》的要求组织生产或进行品质管理，有能力对保健食品生产和品质管理中出现的实际问题做出正确的判断和处理。

（3）质量检验人员　必须是专职的质检人员，应具有中专以上学历，熟悉所从事的检验业务知识。

（4）采购人员　必须熟悉本企业所用的各种物料的品种、性质及其相关的卫生标准、卫生管理办法及其他相关法规，应掌握鉴别原料是否符合质量、卫生要求的知识和技能。

（5）仓贮人员　必须熟悉各种原辅料、半成品、成品的性能和仓贮要求（包括温度、湿度等）。

GMP 还对从事保健食品生产人员的职业道德方面有所要求，即从事保健食品生产的有关人员，必须有认真工作的态度和对人民健康负责的精神，不得从事生产和销售假冒伪劣保健食品的活动。

2. 人员的健康卫生管理

从业人员必须进行健康检查，取得健康证后方可上岗，以后每年须进行一次健康检查。从业人员必须按《食品企业通用卫生规范》的要求做好个人卫生。

3. 人员培训

保健食品生产企业要建立人员培训管理制度、业余学习管理制度、人员考核聘用制度等，制定企业职工教育及培训规划，并应建立培训和考核档案。

人员上岗前必须经过卫生法规教育及相应技术培训，其中包括与本岗位有关的 GMP 原则和知识。企业负责人及生产、品质管理部门负责人还应接受省级以上卫生监督部门有关保健食品的专业培训，并取得合格证书。企业还需定期和不定期的组织管理人员、技术人员、质量管理人员、生产人员等参加相关培训，培训内容可包括相关法律法规、专项知识和技能、GMP 知识、HACCP 知识等。

二、 原辅材料管理

保健食品生产所需要原辅材料的购入、使用等应制定验收、检验、贮存、使用等制度，并由专人负责。它涉及企业生产和品质管理的所有部门。对原辅材料管理关键在于：①建立原辅材料管理系统，使原辅材料流向衔接明晰；②制定原辅材料管理制度，使原辅材料的验收、检验、存放、使用有章可循；③加强仓贮管理，确保原辅材料质量。具有可追溯性。

不同的保健食品生产企业因其产品类型不同，因此所使用的原辅材料也不同，这使得企业所采用的原辅材料的管理方法和管理手段不同。但总的来说，原辅材料的管理体系有一定的共性。

建立原辅材料管理系统是指从原辅材料采购、入库，到投产、回收、报废过程，将所有原辅材料的流转纳入统一的管理系统，从而确保对产品质量的控制。原辅材料管理系统及其流程见图4－2。

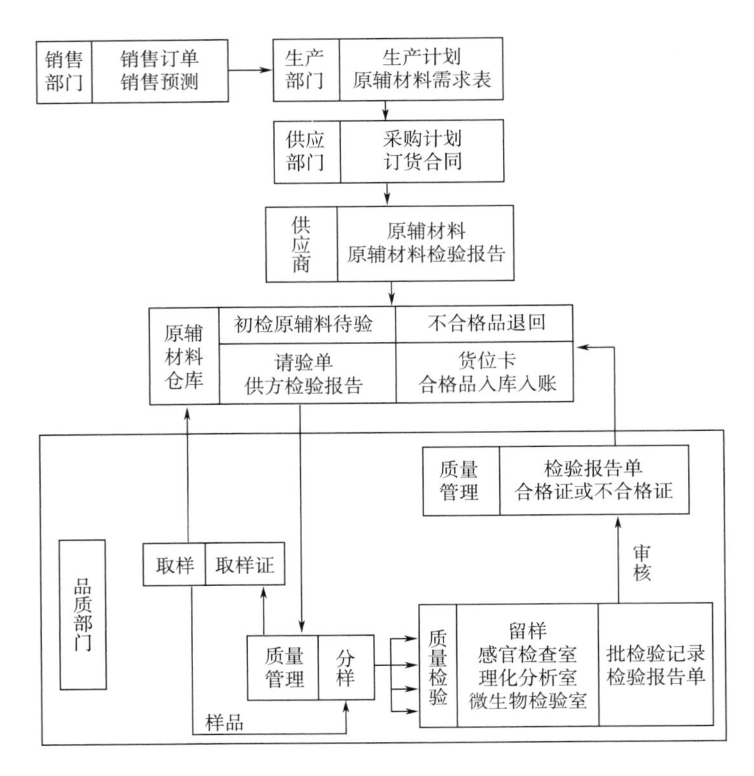

图4－2　原辅材料管理系统——原辅材料进厂入库流程

1. 采购

（1）保健食品生产所需要的原料的购入、使用等应制定验收、贮存、使用、检验等制度，并由专人负责。

（2）原料必须符合食品卫生要求。原料的品种、来源、规格、质量应与批准的配方及产品企业标准相一致。

（3）采购原料必须按有关规定索取有效的检验报告单；属于新食品原料的需索取卫生部批准证书（复印件）。

（4）以菌类经人工发酵制得的菌丝体或菌丝体与发酵产物的混合物及微生态类原料必须索取菌株鉴定报告、稳定性报告及菌株不含耐药因子的证明资料。

（5）以藻类、动物及动物组织器官等为原料的，必须索取品种鉴定报告。从动、植物中提取的单一有效物质或以生物、化学合成物为原料的，应索取该物质的理化性质及含量的检测报告。

（6）含有兴奋剂或激素的原料，应索取其含量检测报告；经放射性辐射的原料，应索取辐照剂量的有关资料。

2. 运输

原料的运输工具等应符合卫生要求。应根据原料特点，配备相应的保温、冷藏、保鲜、防雨防尘等设施，以保证质量和卫生需要。运输过程不得与有毒、有害物品同车或同一容器混装。

3. 验收

原料购进后对来源、规格、包装情况进行初步检查，按验收制度的规定填写入库账、卡，入库后应向质检部门申请取样检验。

4. 贮存

（1）各种原料应按待检、合格、不合格分区离地存放，并有明显标志；合格备用的还应按不同批次分开存放，同一库内不得贮存相互影响风味的原料。

（2）对有温度、湿度及特殊要求的原料应按规定条件贮存；一般原料的贮存场所或仓库，应地面平整，便于通风换气，有防鼠、防虫设施。

（3）应制定原料的贮存期，采用先进先出的原则。对不合格或过期原料应加注标志并及早处理。

（4）以菌类经人工发酵制得的菌丝体或以微生态类为原料的应严格控制菌株保存条件，菌种应定期筛选、纯化，必要时进行鉴定，防止杂菌污染、菌种退化和变异产毒。

三、生产管理

（一）生产管理文件的制定

1. 产品生产工艺规程

产品生产工艺规程是指为生产一定数量成品所需起始原料和包装材料的数量，以及工艺加工说明和注意事项，包括生产过程中各个环节的制作方法和控制条件等内容的一个或一套文件，是产品生产管理和质量监控的基准性文件。生产工艺规程需符合保健食品加工过程中功效成分不损失、不破坏、不转化和不产生有害中间体的工艺要求，其内容应包括产品配方、各组分的制备、成品加工过程的主要技术条件及关键工序的质量和卫生监控点，物料平衡计算方法和标准等。如：成品加工过程中的温度、压力、时间、pH、中间产品的质量指标等。

生产工艺规程一般由企业生产部门组织编写，由品质管理部门组织专业会审，由企业负责人批准后颁布执行。

2. 生产岗位操作规程

生产岗位操作规程是指经标准化并批准用以指示某岗位操作的通用性文件或管理方法。一般是由生产车间技术主任或工艺员编写，由企业生产部门技术负责人审核批准，报企业品质管理部门备案后执行。

3. 生产记录

生产记录是生产过程中各项生产操作过程、生产操作条件和生产操作结果等的原始记录，是产品生产过程中各方面情况的原始凭证，是追索复核产品质量的原始依据。产品生产记录包括批生产记录、批包装记录和岗位操作记录。

生产记录要及时如实填写，并保持整洁，不得撕毁和任意涂改。若发现填写错误，应按规程更改。生产记录要按代号、批号归档，保存至产品有效期后一年。

（二）生产指令的发放与批号管理

生产指令是由企业生产部门根据生产计划下达。生产部门在下达生产指令时，应将生产指令副联同时报送企业品质管理部门，以便品质管理部门及时检查和监督生产。

批号原则上是由企业生产部门随制剂生产指令一并下达确定。常用编制方法为“年－月－流水号”。若同一批混合产品使用不同装填或灭菌设备，可在原批号后加两位数字，形成亚批号以示区别。

（三）原辅料备料

（1）生产车间、班组或岗位在接到上级生产指令后，应充分做好生产前准备和原辅料备料工作。

（2）根据生产指令编制领料单，经复核批准后向仓库限额领取物料。

（3）车间材料员或班组收料人检查已领物料的合格标志，并对照领料单核对物料种类、重量或数量，然后在“领料单”上签字。

（4）领取的原、辅料在指定地点（拆包间）除去外包装，通过传递窗或缓冲间送入车间备料间。

（四）加工过程的管理

1. 配料管理

产品配料必须准确执行配方和生产指令，并严格按“生产工艺规程”所规定的工艺条件、配料内容和数量、配料时间和方法进行操作。计算、称量和配料要有人复核，同时要有记录。

2. 生产工艺管理

（1）生产全过程必须严格执行工艺规程和岗位操作规程。

（2）应严格控制在规定生产周期内完成生产任务。生产周期若有变动，要按偏差管理程序处理。

（3）生产过程各岗位的操作及中间产品的流转都必须在质管员的严格监控下，各种监控凭证都要纳入批生产记录；无质量员签字发放的中间产品，不得往下一工序传递。

（4）车间工艺员、企业生产技术部门、质量监督员应定时对生产工艺执行情况进行查证，并记录查证结果。

3. 生产过程的灭菌管理

（1）应根据不同产品、不同生产设施及仓库等特点选择适宜的灭菌方法。

（2）产品灭菌必须制定严格灭菌工艺和灭菌岗位操作规程，并必须经过验证，确保灭菌效果安全有效。

（3）应对杀菌或灭菌装置内温度的均一性、可重复性等定期做可靠性验证，对温度、压力等检测仪器定期校验。在杀菌或灭菌操作中应准确记录温度、压力及时间等指标。

（4）料液从配制到灭菌开始，其间隔不得超过工艺规定的时间。

（5）灭菌应有温度、压力及升温时间、恒温时间、数量及全过程的温度压力曲线图或温度曲线图。

（6）按批号进行灭菌，不得混批。灭菌前后的中间产品应有可靠的防混淆措施。

（7）直接接触保健品的包装材料、设备和其他物品应规定从灭菌结束到使用的最长存放时间。

（8）采用辐照灭菌方法时，应严格按照《辐照食品卫生管理办法》的规定，严格控制辐照吸收剂量和时间。

（9）使用消毒剂消毒时，应有两个以上消毒剂轮换使用，以防产生耐药性菌株。

4. 不合格品的管理

凡不合格原辅料不准投入生产，不合格半成品不得流入下一工序，不合格成品不准出厂。当发现不合格原辅材料、半成品（中间产品）和成品时，应填写不合格处理报告单，分送有关部门；由品质管理部门会同技术、生产部门查明原因，提出书面处理意见；负责处理的部门必须限期处理。此过程必须有详细的记录。

5. 偏差处理

发生超限偏差时，须填写偏差处理单，交给生产部门管理人员。生产部门管理人员会同质量管理人员进行调查，根据调查结果提出处理意见。处理意见形成书面报告，并由生产部门负责人签字后连同偏差通知单报品质管理部门，由该部门负责人（必要时会同其他部门负责人）审核、批准。

（五）产品的包装与标签管理

1. 包装管理

（1）产品装盒、装箱、打码工序均应有现场质监员监督、复核，并记录。

（2）包装用的标签应由车间凭指令填写需料送料单，到仓库领取，并根据生产限额发送使用。

2. 标签管理

（1）产品包装、标签、使用说明书设计应特别注意其内容、式样、文字应与保健食品证书批准的内容相一致，其文字图案不得加入任何未经审批同意的内容。

（2）产品包装、标签、使用说明书的设计稿宜经品质管理部门审核批准。

（3）标签、使用说明书应登记版本，每一版本均应归档。

（4）标签及使用说明书应专库（或专柜）上锁存放，专人负责、专账管理。

（5）标签及使用说明书必须凭包装指令发放，按实际需要领取；车间设专人领取及保管。发放和领取情况应有记录。

（6）应严格控制标签的消耗定额，若发现消耗额超标，应马上寻找原因，按偏差管理办法处理。

（7）残损标签和已印刷批号等内容的剩余标签应由专门的负责人员同质管员一起记数并销毁，做好记录，并由相关人员签字。

（六）防止生产过程中的污染和交叉污染

（1）为了防止混淆和差错事故，各生产工序在生产结束，转换品种、规格或换批号前，应彻底清场及检查作业场所。

（2）原料的前处理不得与成品生产使用同一生产厂房，不同品种、规格的产品不得在同一生产操作间同时进行生产。

（3）有数条包装线同时进行包装时，应采取隔离或其他有效防止污染或混淆的措施。

（4）采用必要的防尘、清洗、隔离等措施防止生产中的交叉污染。

四、品质管理

保健食品生产企业应设置独立于生产部门并与生产能力相适应的品质管理部门，负责保健食品生产全过程的质量控制和检验，包括质量管理部门和质量检验部门。

（一）品质管理制度

（1）企业应建立完善的原辅料、中间产品、成品以及不合格品的管理制度。

（2）企业应对原辅料购入、验收、贮存、发放、使用以及中间产品转序制定相应的管理制度。该制度应确保不合格原辅料不投入使用，不合格中间产品不转序，不合格成品不出厂。同时企业还应制定不合格品管理制度，记录不合格品的处理。

（3）企业应建立原辅料、中间产品、成品的检验规程，主要包括质量标准、取样方法、检验方法等。

（4）品质管理机构应设置留样观察室，建立产品留样观察制度。

（5）品质管理部门应建立产品质量档案，并设专职或兼职管理人员。质量管理档案包括工艺规程、批生产记录、批检验记录、质量标准和检验规程等。品质管理部门应将与质量有关的各种记录汇总、分析，实现产品质量的动态管理。

（6）此外，品质管理部门还应制定清场管理制度、批档案管理制度、批档审核制度及所有需要的品管规程（如原料抽样计划、产品抽样计划、抽样方法、检验操作规程等）。

（二）质量标准

企业除了执行食品及保健食品的法定标准外，还应制定成品的企业标准、半成品（之间产品）的质量标准、原辅材料和包装材料的质量标准、工艺用水质量标准、标签及印刷包装材料标准等。

（三）质量检验

（1）企业必须设置对原料、半成品、成品进行检验所需的检验室、仪器、设备及器材，并定期鉴定，使其经常处于良好状态。并应配备与产品种类相适应的具有医药学、微生物学、生物化学、分析化学、食品科学等相关专业知识的质检人员。

（2）应严格按取样方法和检验操作规程进行操作，并做好相关记录。

（3）实验室管理

①检验、测量和实验设备和仪器须由专人负责验收、保管、使用、维护和定期校验，建立相应的规程和记录；

②实验所用试剂、菌种和培养基等应按规程配制，标准品和标准液还须专人负责。所有试剂均应贴有标签。标签内容包括品名、浓度、配制日期、配制人等，必要时署名有效期和存贮条件；

③实验室的洁净室应按洁净室的要求定期进行环境监测。灭菌设备、培养箱、烘真空烘箱要定期验证。

（四）质量控制

（1）企业必须设置品质管理部门及相关质检人员，逐批次对原辅料进行鉴别和质量检查，不合格者不得使用。同时还应制定物料的购入、贮存、发放、使用规程。

（2）加工过程的质量控制

①找出加工过程中的质量、卫生关键控制点，将各产品的关键控制点列表，明确控制点、控制限值、监控对象、方法、频率、人员以及纠偏措施。并进行监控，做好记录。若企业已通过 HACCP 认证，可执行已建立的 HACCP 计划，对质量卫生关键控制点进行监控，做好记录。若没有建立 HACCP 体系，企业必须找出质量、卫生关键控制点；

②应具备对生产环境进行监测的能力，包括人员和仪器设备等，并定期对关键工艺环境的温度、湿度和空气净化度进行监测，并出具报告；

③应定期对生产用水进行监测；

④生产过程中发现的异常情况要及时报告生产部门并同时报告品质管理部门，品质管理部门有权进行必要的调查和处理并记录；

⑤品质管理部门有权审核不合格中间产品、成品返工情况，决定物料和之间品的使用。

（3）成品的质量管理

①企业必须对成品进行感官、卫生和质量指标的检验，不合格者不得出厂。产品还必须进行稳定性试验，结果为确定产品有效期提供依据；

②每批产品均应有留样，存放于专设的留样库或区内，并做好记录；

③必须对产品的包装材料、标志、说明书进行检查，不合格者不得使用；

④检查和管理成品仓库存放条件，不符合存放条件的库房不得使用；

⑤应具备产品主要功效因子或功效成分的检测能力，并按每次投料所生产的产品的功效因子或主要功效成分进行检测，不合格者不得出厂。

（4）仓贮与运输的管理

①应根据保健食品的性质来确定合适的仓贮和运输条件，产品贮存和运输过程中应严格控制条件。定期检查仓库中的物品和仓库条件；

②含有生物活性物质的产品应采用相应的冷藏措施，并以冷链方式贮存和运输；

③物品的仓贮应有存量记录，成品出厂应做出货记录，以便发现问题时，可迅速收回；

④运输工具应符合无污染、无虫害、无异味等卫生要求；

⑤可能造成污染原料、半成品或成品的物品禁止与原料、半成品或成品一起运输；

⑥仓库出货顺序，应按先进先出的原则。

（五）投诉和产品收回处理

对顾客的投诉要做好调查处理工作，并做好记录备查。收回的成品，应做记录，内容包括收回产品名称、批号及生产日期、数量和收回日期、收回理由、处理日期和最终处理方法等。

（六）内部审核

企业应制定内审计划，定期组织内部质量审核，对保健食品生产和质量全过程实施 GMP 的状况进行检查。在内审中发现的问题应制定纠正措施，并追踪纠正措施的落实情况，使保健食品生产全过程始终在受控的条件下运行，从而保证产品质量。

五、卫生管理

（一）原料及工艺用水的卫生管理

保健食品企业应当根据国家有关规定，结合本企业的实际情况，制定 SSOP，对原料和工艺用水的微生物污染加以控制。

保健食品生产企业应有原料取样计划，规定取样的频率、数量、取样的操作要求、控制指标及检验结果超标时的处理措施，如清洁、消毒。对严重污染变质无法使用的原料应予拒收。

企业还可以参照相关标准制定本企业的 SSOP，对饮用水系统加以管理，如定期监测微生物及其他指标，定期清洗等。

（二）环境的卫生管理

由于保健食品生产的特殊性，卫生管理的跨度很大，卫生要求较低的品种如蜜饯类产品的生产，其要求与食品生产不相上下，而无菌灌装类产品的要求则与非最终杀菌的药品处在同一水平。

1. 环境的清洁与消毒

应制定生产车间的外部环境、一般管理区、洁净管理区和洁净级别区的清洁卫生规程。生产车间外部环境（厂区环境）、一般管理区的清洁卫生比较简单。企业应规定车辆停放处、货物临时堆放处，保证厂区内道路畅通、无积水、无污染源等。做好厂区绿化工作，定期修剪、除杂草、杀虫。定期组织全厂大扫除，清除垃圾、疏通下水道、灭蚊、灭蝇、灭鼠。生产车间、仓库要采取必要的防虫防鼠措施。

洁净级别区的SSOP内容因洁净级别不同而异，通常应规定所用的清洁设备、清洁用具的存放要求、清洁用具的清洁及消毒要求、所使用的消毒剂及清洁剂、清洁的方法及记录等内容。

2. 洁净区环境的监控

保健食品企业应根据本企业的情况，制订相关的环境监控计划，如：洁净区（室）中空气悬浮粒子监测规程，空气中浮游菌监测规程，洁净室内（区）沉降菌监测规程，表面微生物监测规程，操作人员手套和操作服表面微生物监测规程等。具体的要求视生产保健食品的品种和形式而定。

（三）生产过程的卫生管理

1. 人员卫生

在保健食品生产中，人员被认为是重要污染源，应采取有效措施，做好个人卫生工作，最大限度地消除人员对保健食品的污染。

应根据不同生产区域的不同要求，制定相应的人员卫生规程，应对工作服、工作鞋、工作帽、手的卫生等做出详细规定。对操作人员的监控主要通过手套和操作服表面的微生物监测来实现。

2. 设备清洁

不同保健食品生产的设备差别很大，应制定设备使用后的清洁卫生规程。一般说来，要求比较低的口服固体产品，如连续生产同一产品，批与批之间不需要特别的清洁。当生产品种需要更换时，应对生产设备进行必要的清洁、消毒，具体要求视品种而异。

在保健食品生产中，目检清洁方法最简单，也最实用。如目检都看到了不清洁的状况，则清洁显然没有达到要求。这种检查方法对蜜饯类产品尤其适用。对于其他一些产品来说，通过清洁验证来确定清洁方法。

3. 消毒、灭菌

《中华人民共和国药典》列出了5个灭菌法：湿热灭菌、干热灭菌、辐射灭菌、环氧乙烷灭菌和过滤灭菌法。它们可在保健食品生产的不同场合下使用。除过滤灭菌外，其他4个灭菌法达到的标准均是污染菌存活的概率小于百万分之一。热力灭菌在保健食品生产中应用极为广泛，灭菌方法有多种应用形式。

不管采用何种形式和何种设备灭菌，保健食品生产过程中采用的消毒、灭菌程序应予验证。

4. 产品密封的可靠性

小包装的灭菌产品可采用检漏法来检验密封的可靠性。大包装的产品或有色产品须通过验证，然后以严格控制工艺条件的形式来保证产品密封的可靠性。

第四节　典型剂型的基本生产工艺

一、胶囊剂、片剂、粉剂、茶剂和固体饮料

1. 生产特殊要求

（1）固体制剂的设备、工艺须经试运行生产三批次以上，并按各质量控制点进行监测，以确保产品中各成分的含量均一，质量稳定。

（2）合理布局，采取积极有效的措施，防止出现污染和差错。

（3）原辅料细度、水分、比重、浓度、温度，工艺条件及设备型号、性能等对产品质量有一定的影响，其中工艺条件的确定应体现有效性和重现性。

（4）属于非无菌制剂的，应符合 GB 16740—2014《食品安全国家标准　保健食品》的规定。

（5）制剂过程应在洁净区域内进行，空气洁净度级别应为 300000 级。

2. 生产工艺流程和洁净区域划分

胶囊剂、片剂以及粉剂、茶剂和固体饮料生产工艺流程及洁净区域划分示意图分别见图 4－3、图 4－4 和图 4－5。

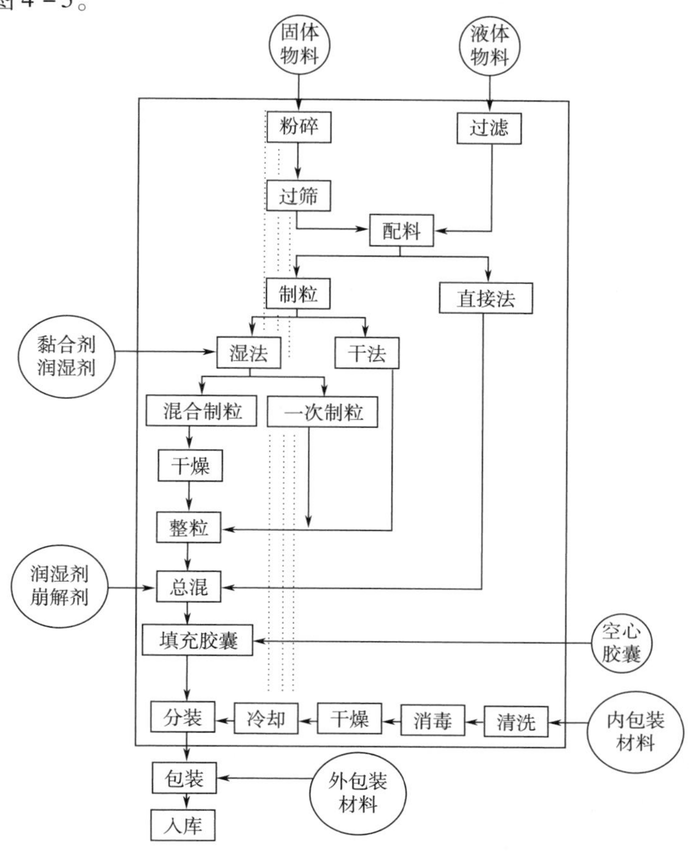

图 4－3　胶囊剂生产工艺流程及洁净区域划分示意图

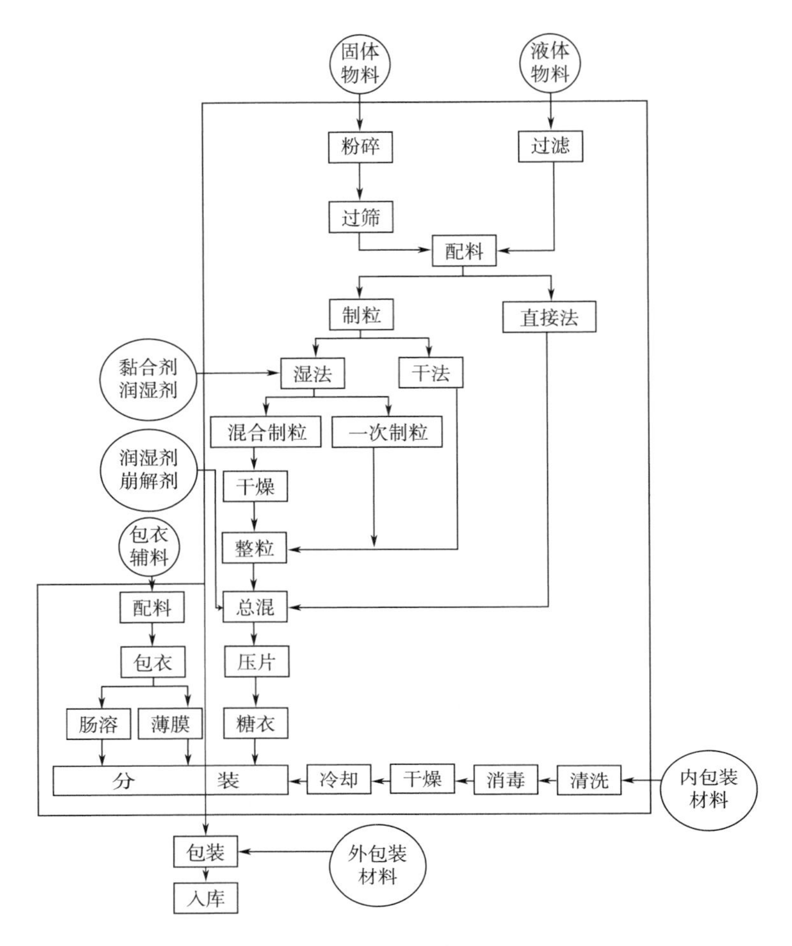

图4－4　片剂生产工艺流程及洁净区域划分示意图

□ 为300000级洁净区

二、软胶囊剂

1. 生产特殊要求

（1）软胶囊剂属于非无菌固体口服制剂，应符合 GB 16740—2014《食品安全国家标准 保健食品》中的卫生要求。

（2）软胶囊剂制备的工序一般分为溶胶、配料、压（滴）丸、定形、洗丸、干燥、灯检、内外包装等。

（3）软胶囊剂生产工序环境应按 GB 17405—1998《保健食品良好生产规范》的要求严格控制好空气洁净度，温度、湿度须达到工艺要求。

（4）软胶囊剂洗丸一般使用95%的食用级乙醇或其他的有机溶剂，洗丸间需经防爆处理，必须严格执行国家有关危险品运输、贮存和使用的安全管理规定。

2. 生产工艺流程和洁净区域划分

软胶囊剂的生产工艺流程、洁净区域划分见图4－6。

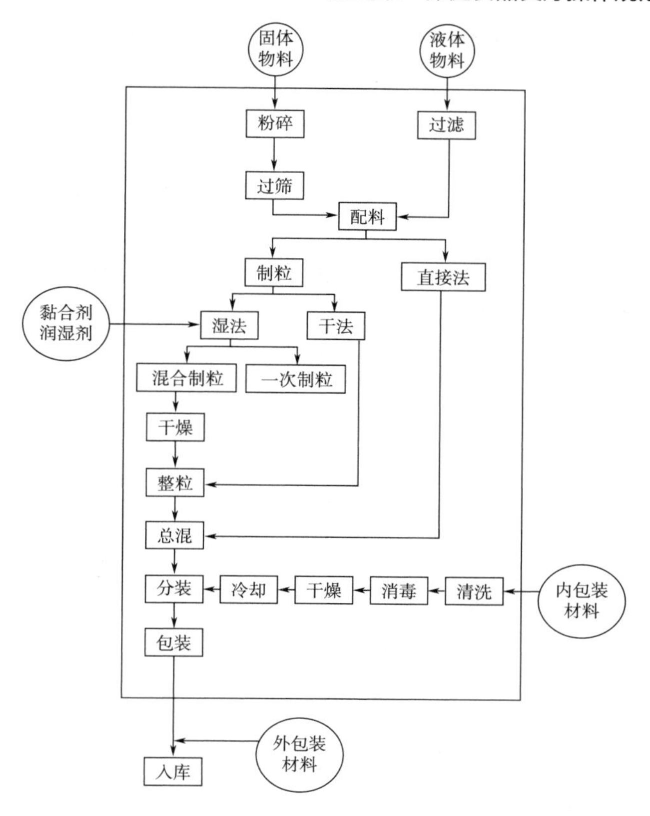

图4－5　粉剂、茶剂和固体饮料生产工艺流程及洁净区域划分示意图

为300000级洁净区

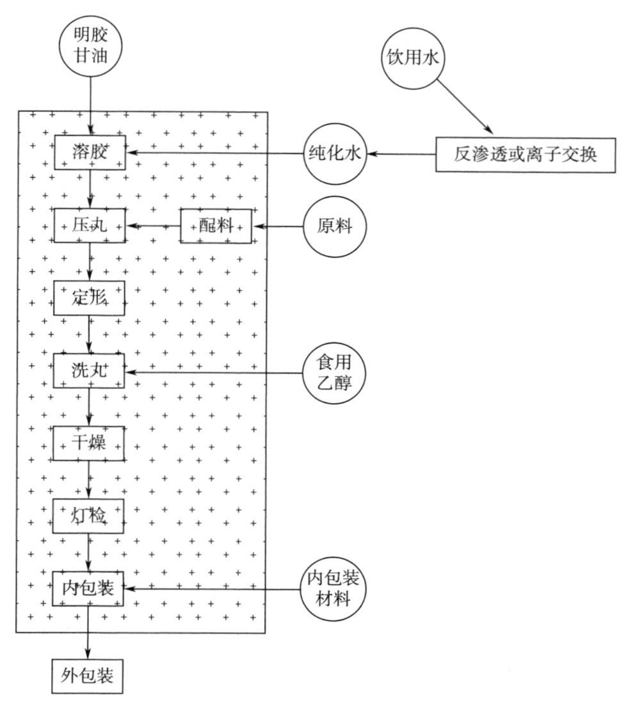

图4－6　软胶囊剂生产工艺流程、洁净区域划分示意图

为100000级洁净区

三、口服液

1. 生产特殊要求

（1）非最终灭菌口服液的物料暴露工序的操作应在100000级洁净区进行，最终灭菌口服液的物料暴露工序的操作应在300000级洁净区进行。

（2）依据口服液原料性质，经验证后确定工艺要求：应明确规定从配料至灌装、灭菌结束的完成时限；对温度敏感的物料，其配制、存放应在低温下进行。

（3）口服液的配制应使用纯化水。直接接触物料的容器、管道和内包装材料的最后一遍清洗应使用纯化水。

（4）直接接触物料的容器、管道和用具应使用不锈钢或其他易清洁、耐消毒并不产生污染的材质。

（5）容器、管道和用具使用后应及时清洁，并定期消毒，对消毒效果应做验证。清洗剂、消毒剂应符合食品卫生要求。

2. 生产工艺流程和洁净区域划分

口服液的生产工艺流程、洁净区域划分见图4－7。

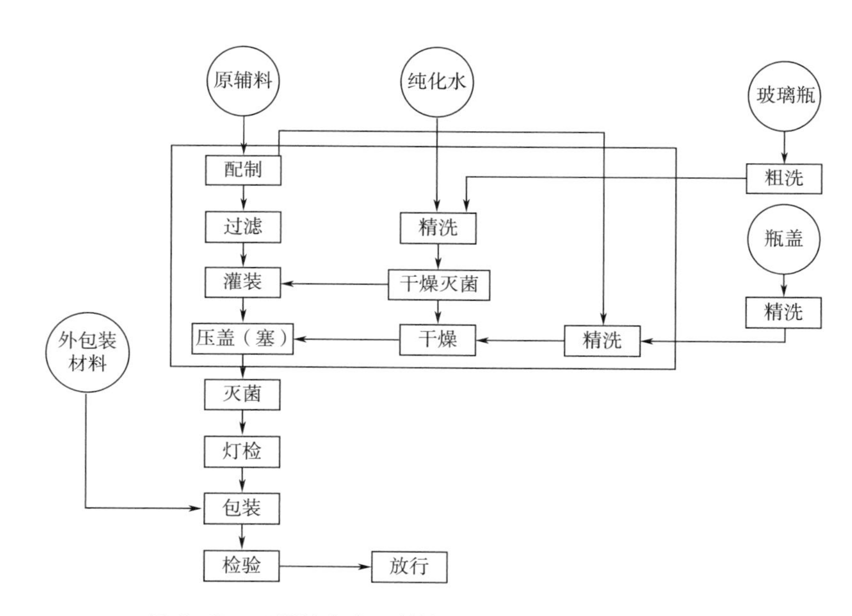

图4－7 口服液生产工艺流程、洁净区域划分示意图

四、保健饮料

1. 生产特殊要求

由于饮用者的随意性，保健饮料要充分保证其安全性，必要时要注明有关的饮用注意事项及指导性说明。保健饮料必须按GB 17405—1998《保健食品良好生产规范》的要求进行生产。

（1）原辅料应在适当的条件下贮存，保证使用时其质量符合有关要求。

（2）保健饮料必须严格按卫生行政部门批准的配方进行生产。

（3）产品生产工艺和设备性能需要进行验证，确认加工过程不会影响产品的功能效果，且在产品保质期内功能效果符合要求。

2. 生产工艺流程和洁净区域划分

保健饮料的罐装方式有先罐装后灭菌、PET 瓶热罐装和无菌罐装等形式，其产品的生产工艺流程和洁净区域划分图分别见图 4－8、图 4－9 和图 4－10。

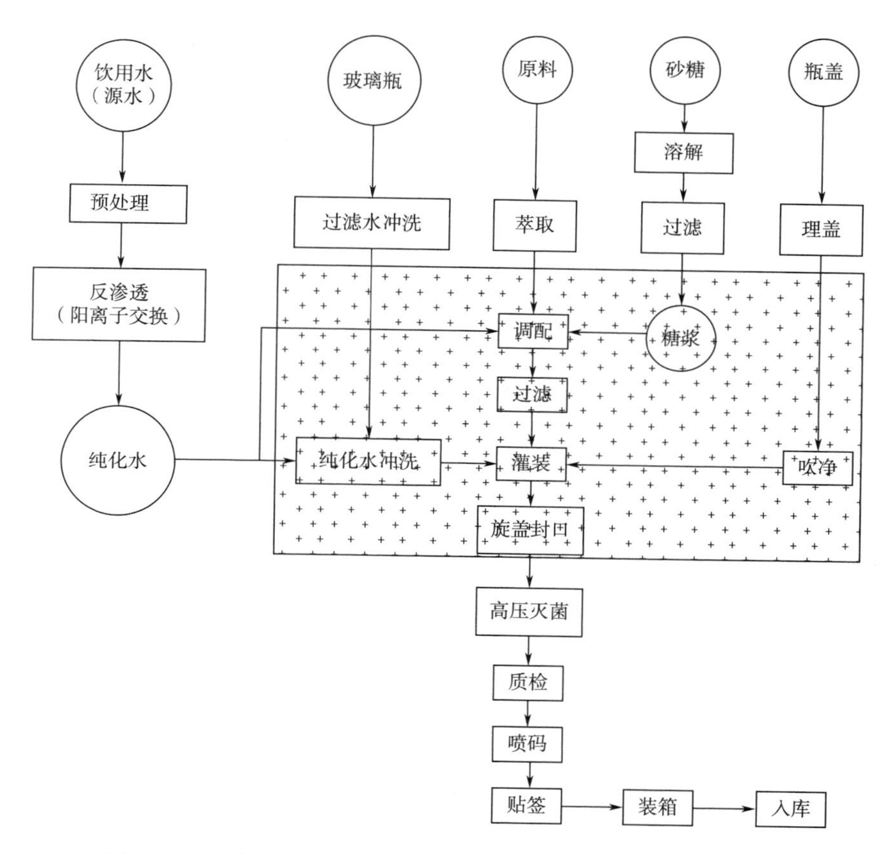

图 4－8 最终灭菌保健饮料生产工艺流程及洁净区域划分示意图

为100000级洁净区

五、保 健 酒

1. 生产特殊要求

（1）生产保健酒类产品的车间应具备良好的除湿、排风、除尘、降温等措施，人员和物料进出及生产操作应参照洁净室（区）管理。

（2）保健酒类的空气净化级别应能满足生产加工对空气净化的需要，终产品可进行灭菌的需达到 300000 级，终产品不进行灭菌的需达到 100000 级。洁净级别不同的厂房之间、厂房与通道之间应有缓冲设施。应分别设置与洁净级别相适应的人员和物料通道。

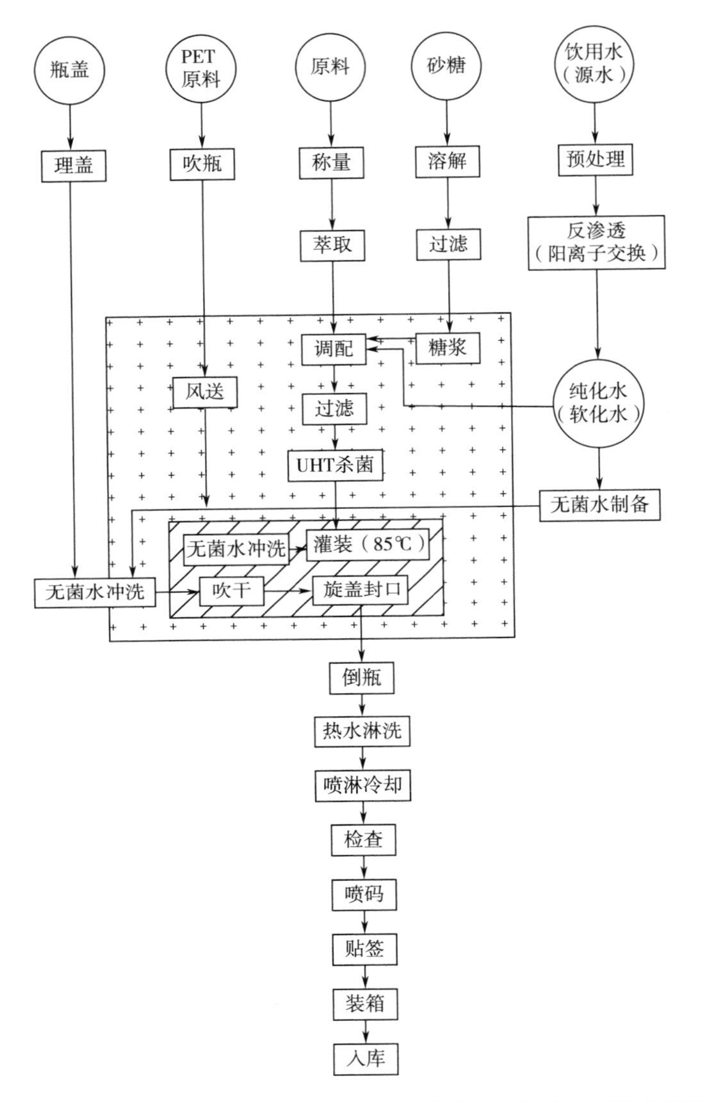

图4-9　PET瓶热灌装保健饮料的生产工艺流程及洁净区域划分示意图

为100000级洁净区　为10000级洁净区

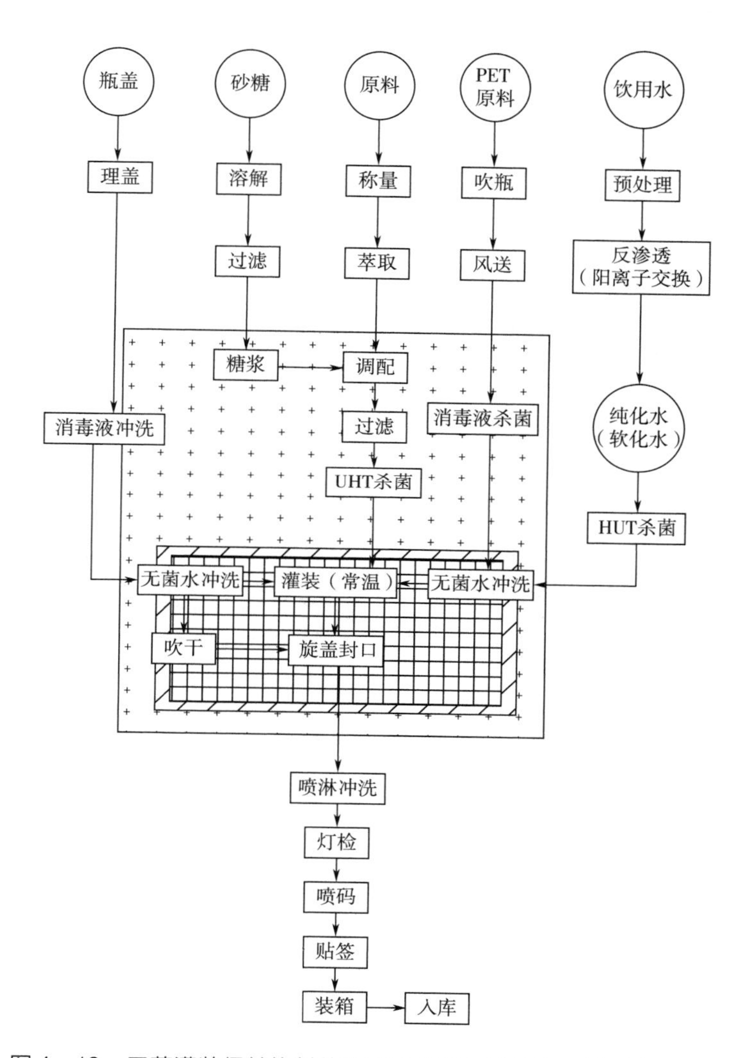

图4－10　无菌灌装保健饮料的生产工艺流程及洁净区域划分示意图

100000级洁净区　10000级洁净区　100级洁净区

（3）根据工艺规程和有关要求，洁净厂房内温度一般要求控制在18～26℃，湿度控制在45%～65%，并需随时进行检测和记录。

2. 生产工艺流程和洁净区域划分

保健酒分为露酒、黄酒和果酒，其生产工艺流程和洁净区域的划分示意图分别见图4－11、图4－12和图4－13。

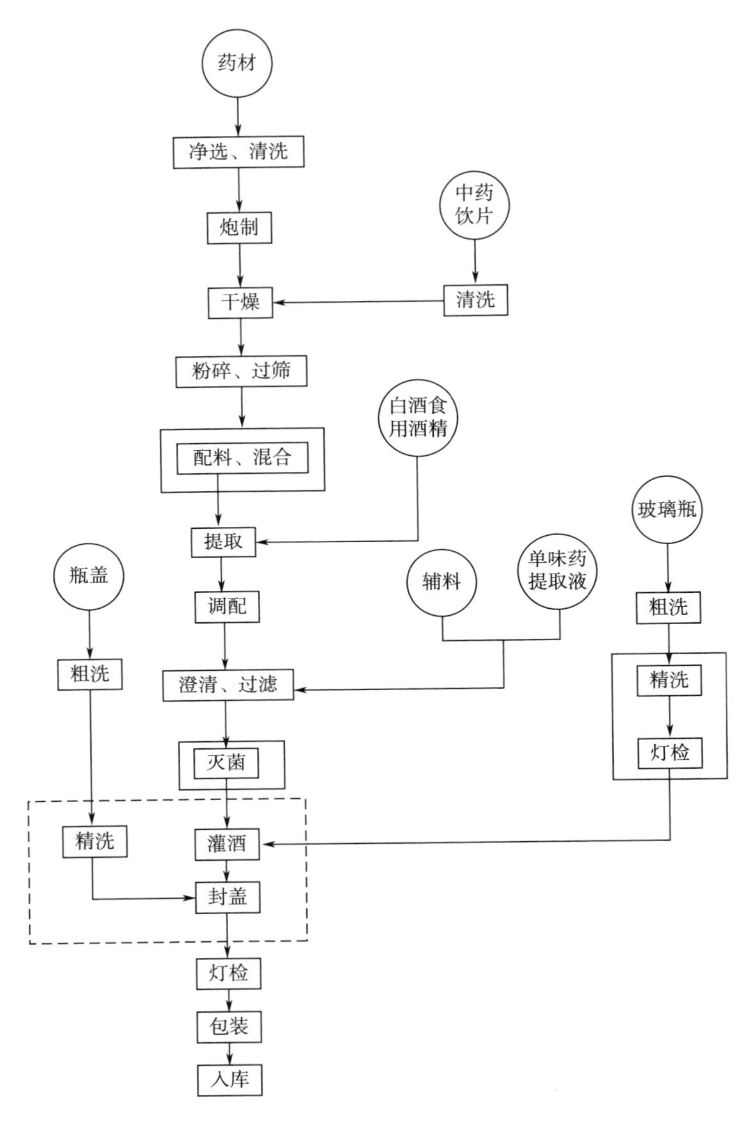

图4－11　露酒的生产工艺流程及洁净区域划分示意图

根据工艺要求选择工序　参照洁净区管理

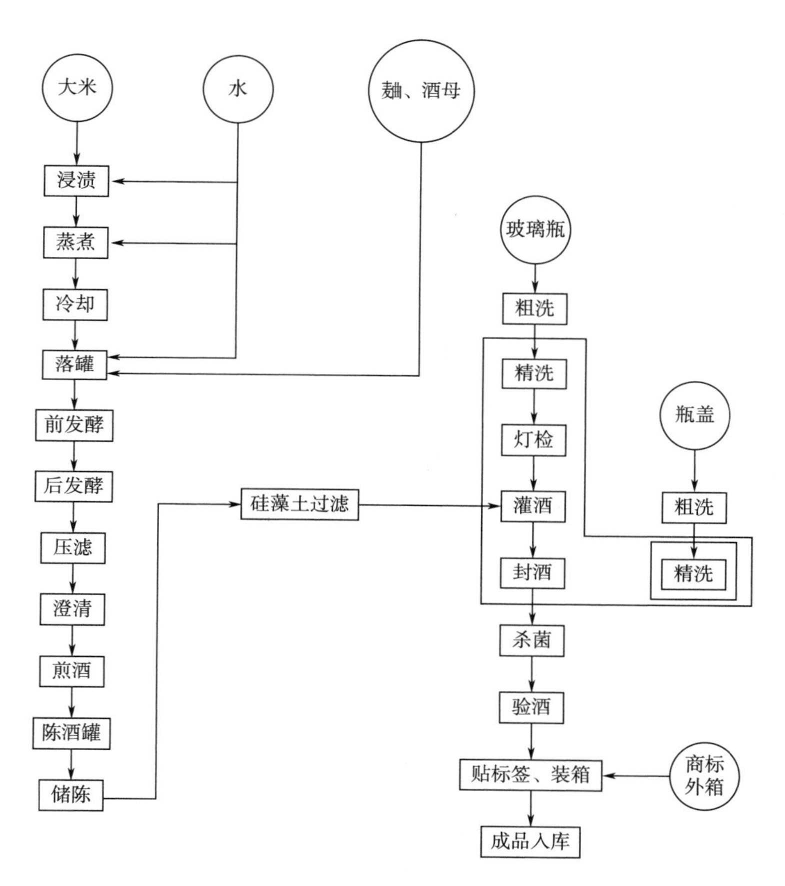

图4－12　黄酒生产工艺流程及洁净区域划分示意图

参照洁净区管理

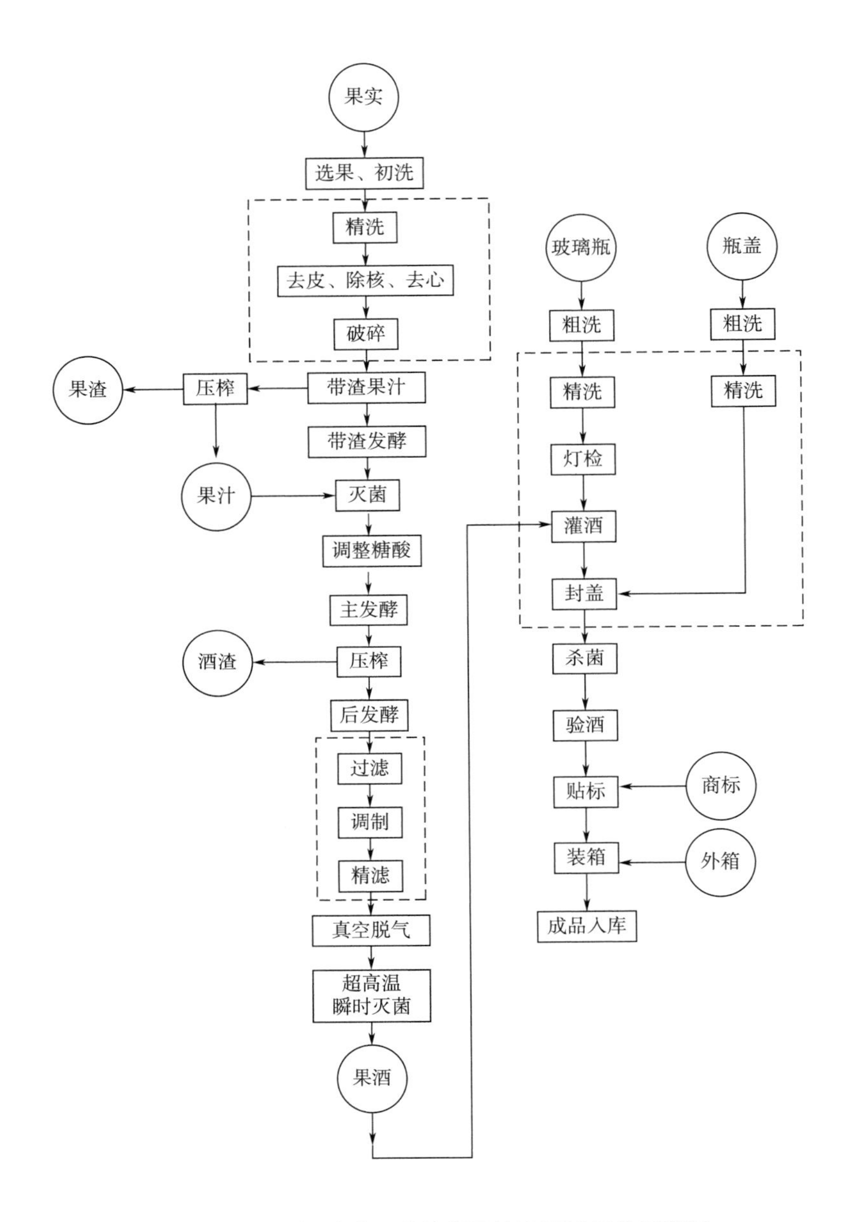

图 4－13　果酒生产工艺流程及洁净区域划分示意图

参照洁净区管理

六、 蜜饯类保健食品

1. 生产特殊要求

（1）原料必须按照生产规定进行分拣，根据不同的形状确定应归属的级别。剔除不符合生产要求的原料，经过分拣处理的每一级别原料应大小、重量均匀。

（2）原料清洗采用符合卫生要求的流动水源，清洗的次数应能确保去除原料表面杂质。

（3）浸制时使用的料液应严格按照工艺需要配制，依照原料浸泡量和浸泡时间使用，避免料液的重复使用。

（4）浸制工艺应确保料液在原料介质中的均匀分布。

2. 生产工艺流程和洁净区域划分

蜜饯类保健食品生产工艺流程及洁净区域划分示意图见图4－14，蜜饯企业各生产车间洁度的区分见表4－1。

表4－1 蜜饯企业各生产车间洁度的区分

生产车间	洁净度区分
验收场、原料仓库、原料处理场、泡渍池、日晒场、外包装室、成品仓库	一般作业区
加工调配场、干燥室	准清洁作业区、管制作业区
内包装室	清洁作业区

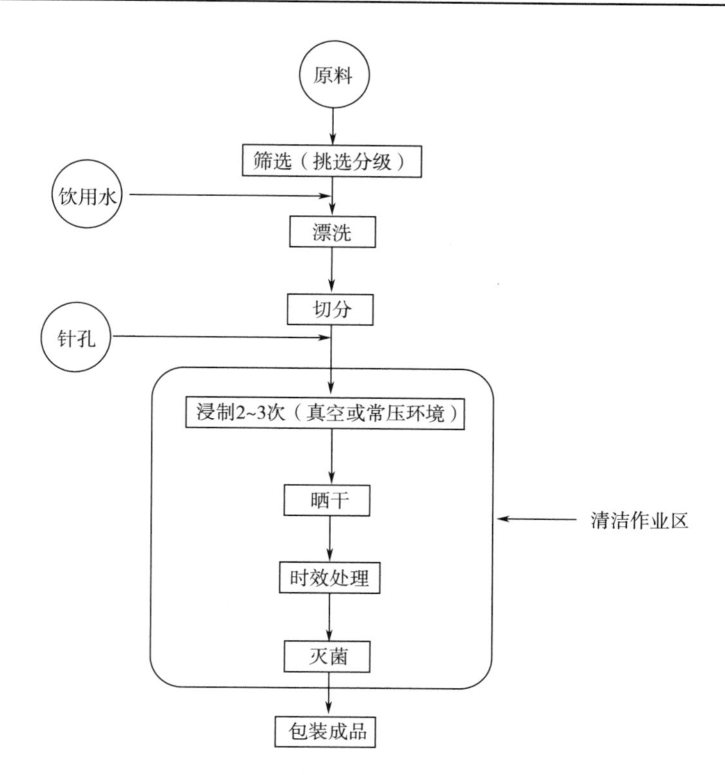

图4－14 蜜饯类保健食品生产工艺流程及洁净区域划分示意图

七、益生菌保健食品

1. 生产特殊要求

益生菌保健食品生产用水应符合国家饮用水标准，所用原料及辅料应符合食品及加工产品（卫生）标准、食品包装材料及容器标准、食品添加剂标准、《中国药典》或《中国生物制品主要原辅材料质控标准》的要求。

所用菌种应属国家卫生健康委员会允许用于益生菌保健食品的菌种。

2. 生产工艺流程和洁净区域划分

益生菌口服液和益生菌胶囊、干粉生产工艺流程及环境区域划分示意图分别见图 4－15 和图 4－16。

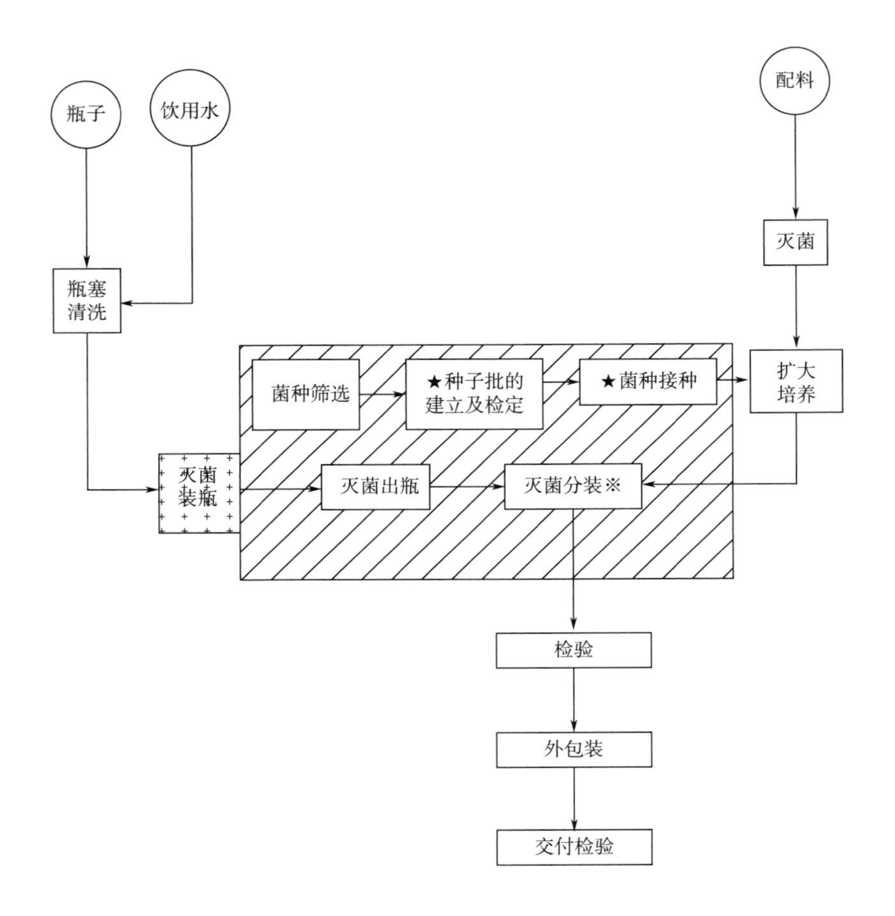

图 4－15 益生菌口服液生产工艺流程及环境区域划分示意图

为10000级洁净区　为100000级洁净区　★超净台为局部100级　※100级或局部100级

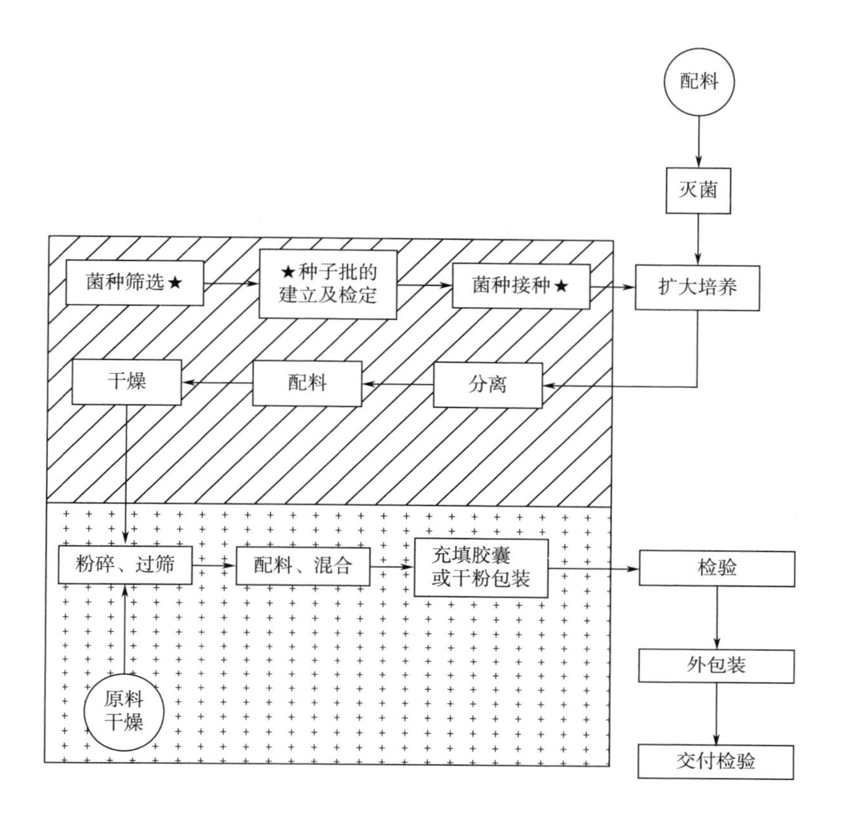

图4-16 益生菌胶囊、干粉生产工艺流程及环境区域划分示意图

为10000级洁净区 为100000级洁净区 ★超净台为局部100级

思考题

1. 保健食品GMP涉及哪些范围？
2. 保健食品厂址选择有什么要求？
3. 保健食品生产许可审查哪些内容？
4. GB 17405—1998《保健食品良好生产规范》对企业人员提出了哪些资格要求？
5. 保健食品加工过程管理如何进行？
6. 保健食品品质管理制度有哪些？
7. 软胶囊剂生产有什么特殊要求？
8. 品质管理（QC）实验室如何设计？
9. 保健饮料生产有什么特殊要求？
10. 保健食品生产对净化空调系统有什么要求？

第五章

CHAPTER 5

肉及肉制品厂良好操作规范（GMP）要素

肉及肉制品是营养质量高、口感特性好和商品价值高的一大类食品，但是这类食品也最易受到各类生物、物理和化学的污染，因此建立这类食品的良好生产规范十分重要。由动物变成食品，需经过屠宰、分割、冷藏和加工等多个步骤，每一步骤都要有良好操作规范。为了便于学习，本章将畜屠宰加工企业兽医卫生规范、GB 12694—2016《食品安全国家标准　畜禽屠宰加工卫生规范》、GB 8950—2016《食品安全国家标准　罐头食品生产卫生规范》总结成一归纳性材料，可结合学习。

第一节　肉及肉制品加工的基本术语

（1）屠体　指肉畜经屠宰、放血后的躯体。

（2）胴体　指放血、脱毛、剥皮或带皮、去头蹄（或爪）、去内脏后的动物躯体。

（3）肉类　供人类食用的，或已被判定为安全的、适合人类食用的畜禽的所有部分，包括畜禽胴体、分割肉和食用副产品。

（4）分割肉　胴体去骨后按规格要求，分割成带肥膘或不带肥膘各部位的净肉。

（5）肉制品　指以猪、牛、羊肉为主要原料，经酱、卤、熏、烤、腌、蒸煮等任何一种或多种加工方法而制成的生或熟肉制品。

（6）食用副产品　指畜禽屠宰、加工后所得内脏、脂、血液、骨、皮、头、蹄（或爪）、尾等可食用的产品。

（7）非食用副产品　畜禽屠宰、加工后所得毛皮、毛、角等不可食用的产品。

（8）有条件可食肉　指必须经过高温、冷冻或其他有效方法处理，达到卫生要求，人食无害的肉。

（9）化制　指将不符合卫生要求（不可食用）的屠体或其病变组织、器官、内脏等，经过干法或湿法处理，达到对人、畜无害的处理过程。

（10）高清洁区　指加工过程中为了避免造成污染所设立的有较高清洁要求的区域。

（11）次清洁区　指加工过程中食品对环境的卫生要求不高或环境不易对食品造成污染的区域。

（12）低清洁区　指食品本身带有一定的污染或对环境的清洁水平要求相对较低的区域。

第二节　屠宰场卫生要求

1. 场址选择条件

屠宰场应距离交通要道、公共场所、居民区、学校、医院、水源至少500m以上，位于居民区主要季风的下风处和水源的下游，地势较平坦，且具有一定的坡度。地下水位应低于地面0.5m以下。

2. 建筑布局

总体设计必须遵循病、健隔离，原料、产品、副产品和废弃物的转运互不交叉的原则。整个建筑群须划分为连贯又分离的三个区：宰前管理区、屠宰加工区、病畜禽隔离管理区，各区之间应有明确的分区标志，并用围墙隔开，设专门通道相连。

（1）宰前管理区　宰前管理区应设动物饲养圈、待宰圈和兽医工作室。饲养圈地面必须坚硬不透水，配备饮水、喂料和消毒设备，并具备适当的排水、排污系统；待宰圈地面必须坚硬、不透水，并备有宰前淋浴设备，适当的排水、排污系统和消毒设施；兽医工作室备有适合于宰前检查各种仪器设备。

（2）屠宰加工区

①屠宰间卫生要求：除满足GMP规范对厂房的一般要求外，屠宰车间必须有兽医卫生检验设施，包括同步检验、对号检验、旋毛虫检验、内脏检验和化验室等。

②传送装置：屠宰加工车间及其他内脏处理间、冷却间、冷藏库及其他加工车间应设置架空轨道和运转机，并附有防止油污装置，以利屠宰产品的转运，放血地段的传送轨道下应设置收集血液的表面光滑的金属或水泥斜槽，屠宰品的上下传递应采取金属滑筒，不同产品有不同筒道，一般屠宰场屠宰产品转送应设置滑竿。

③通风设备：北方可利用良好的自然通风，南方还应有降温设备，门窗的开设要利于空气对流，要有防蚊、防蝇和防尘装置，在车间入口处应设门斗，在大量发生水蒸气或大量散热的部位应装设排风罩或通风孔。空气每小时交换1~3次，交换的次数由悬挂的新鲜肉的数量和内部温度而定。

④生产设备和用具：包括运输工具、工作台、挂钩、容器器具等，应采用无毒、无味、不吸水和耐腐蚀，经得起反复清洗、消毒的材料制成，其表应平滑、无凹坑和裂缝，设备及其组成部件应易于拆洗，禁止用竹木工器具和容器。

（3）病畜隔离管理区　卫生要求与屠宰加工区相同。该区应设置病畜圈（舍）、急宰间、化制间和有条件食用肉加工间。化制应根据不同目的，分别设置干法化制、湿法化制和焚毁等设施。

3. 屠宰场卫生设施

（1）废弃物临时存放设施　在远离生产车间的下风的适当地方设置废弃物临时存放设施，其应采取便于清洗、消毒的材料制成，结构应严密，能防止害虫进入，并能避免废弃物污染厂区和道路。

（2）废水、废气（汽）处理系统　须保持良好的工作状态。

（3）更衣室、淋浴室、厕所　必须设有与职工人数相适应的更衣室、淋浴室和厕所。车间内的厕所应有走廊与操作间相连，厕所的门窗不得直接开向操作间，便池必须是冲水式，粪便排泄管不得与车间的污水排放管混用。

（4）洗手、清洗、消毒设施　车间的进口处及车间内部的适当位置，应设冷、热水洗手设施，并备有清洁剂和一次用纸巾。

（5）分割肉和熟肉制品车间及其成品库　必须设置非手动洗手设施，并备有一次性纸巾。

（6）车间内应设有器具、容器和固定设备的清洗、消毒设备，并备有充足的冷水、热水，这些设施应为无毒、耐腐蚀、易清洗的材料制作。

（7）车库、车棚内应设置车辆清洗、消毒设施。

（8）活畜禽进口处及病畜隔离间、急宰间、化制间的门口必须设有消毒池。

4. 屠宰场卫生管理制度

（1）车间内场地、工器具、操作台等定期清洗消毒制度。

（2）更衣室、淋浴室、厕所、工间休息室等公共场所定期清扫、清洗、消毒制度。

（3）废弃物定期处理、消毒制度。

（4）定期除虫、灭鼠制度。

（5）危险物保存和管理制度。

（6）个人卫生要求包括厂区工作人员每年必须进行一次健康检查，只有取得健康合格证方可上岗工作。凡患有下列病症之一者，不得从事屠宰和接触肉制品工作：①痢疾、伤寒、病毒性肝炎等；②活动性肺结核；③化脓性或渗出性皮肤病；④其他有碍食品卫生的疾病。工作人员进出车间及工作过程中的卫生要求同 GMP 规范对人员的要求。

第三节　屠宰过程中的卫生要求

一、宰前卫生要求

（1）待宰动物应来自非疫区，健康良好，并有兽医检疫合格证。

（2）经宰前检疫后，停食静养 12～24h，充分饮水，但送宰前 3h 停止饮水。

（3）将待宰畜喷洗干净，体表不得有灰尘、污泥、粪便等物。

（4）送宰时必须有兽医人员签发“送宰合格证”，送宰畜通过屠宰通道时，应按顺序赶送，不得脚踢、棒打。

二、屠宰操作卫生要求

（1）电麻致昏　致昏的强度以便待宰畜处于昏迷状态，失去攻击性，消除挣扎，保证放血良好为准，不能致死，废止锤击。操作人员应穿戴合格的绝缘鞋和绝缘手套。

（2）刺杀放血　刺杀由经过训练的熟练工人操作，采用垂直放血方式，除清真屠宰场外，一律采用切断颈动脉、颈静法或真空刀放血法，沥血时间不得少于 5min，废止心脏穿刺放血法，放血刀消毒后轮换使用。

（3）剥皮　手工或机械剥皮均可，剥皮力求仔细，避免损伤皮张和胴体，防止污物、皮毛、脏手玷污胴体，禁止皮下充气作为剥皮的辅助措施。

（4）烺毛　严格控制水温和浸烫时间，猪的浸烫水温以60～68℃为宜，浸烫时间为5～7min，防止烫生、烫老。刮毛力求干净，不应将毛根留在皮内，使用打毛机时，机内淋浴水温保持在30℃左右。禁止吹气、打气刮毛和用松香拔毛。烫池水每班更换1次；胴体降温与清洁操作取缔清水池，采用冷水喷淋降温净体。

（5）标记　在每头胴体的耳部和腿部外侧用毛笔编号，字迹应清晰，不得漏编、重编。

（6）开膛、净膛　剥皮或烺毛后立即开膛，开膛沿腹白线开腹腔和胸腔，切忌划破胃肠、膀胱和胆囊。摘除的脏器不准落地，心、肝、肺和胃、肠、胰、脾必须分别保持自然联系，并与胴体同步编号，由检疫人员按宰后检验要求进行卫生检疫。

（7）冲洗胸、腹腔　取出内脏后，应及时用足够压力的净水冲洗胸膛和腹腔，洗净腔内瘀血、浮毛、污物。

（8）劈半　将检疫合格的胴体去头、尾，沿脊柱中线将胴体劈成对称的两半，劈面要平整、正直，不应左右弯曲或劈断，劈碎脊柱。

（9）整修、复验　修割掉所有有碍卫生的组织，如暗伤、脓疱、伤斑、甲状腺病变淋巴结和肾上腺；整修后的片肉必须进复验，合格后剿除前后蹄，用甲基紫液加盖验记印章。

（10）整理副产品　整理副产品应在副产品整理间进行。分离心、肝、肺：切除肝韧带和肺门结缔组织，摘除胆囊时，不得使其损伤，猪心上不得带护心油，猪肝上不得带水疱，猪肺上端允许保留5cm气管；分离脾、胃：将胃底端脂肪切除，切断与十二指肠连接处和肝胃韧带，剥开网油，从网膜上切除脾脏。翻胃清洗时，一手抓住胃头冲洗胃部污物，用刀在胃大弯处戳开约10cm长小口，将胃翻转，用长流水将胃冲洗干净；扯大肠：将大肠摆正，从结肠末端将花油撕至离盲肠与小肠连接处约15～20cm，割断、打结。不得使盲肠受损。翻洗大肠，一手抓住肠的一端，另一手自上而下挤出粪污，并将肠子翻出一小部分，用一手二指撑开肠管，另一手向肠管翻转夹层内灌水，随水下坠，肠管自动翻转，经清洗，整理的大肠，不得带粪污，不得断肠。扯小肠：将小肠从割离胃的断端拉出，一手抓住花油，另一手将小肠断端挂于操作台边，断口向下，操作时不得扯断、扯乱。扯出的小肠应及时采用机械或人工方法排除粪污；摘胰脏：从肠系膜中将胰脏摘下，应少带脂肪；整理好脏器应及时发送或送冷却间，不得长时间堆放。

（11）皮张和鬃毛整理　皮张和鬃毛整理应在专用房间内进行。皮张和鬃毛应及时收集整理，皮张应抽去尾巴，刮除血污、皮肌和脂肪，及时送往加工处，不得堆压、日晒，鬃毛应及时摊干晾晒，不能堆放。

三、屠宰检疫要求

（一）宰前检查

（1）入场检查

①查证验物：检查有无免疫证、产地检疫证，这些证明是否有效。如果是外地动物，检查有无出县境检疫证、车辆消毒证等。证物是否相符，了解途中病、死情况。

②卸载后进行群体检查，挑出可疑病畜禽进行个体检查，必要时进行实验室检查。

（2）待宰检查　经过入场检查，将健康动物放入饲养圈，继续进行观察，送宰前再做一次群体检查，挑出可疑病畜后，转入待宰圈，停食、饮水、观察，确实证明为健康动物后，由兽医检查人员签发“送宰合格证”，然后才能进入屠宰间。

（3）宰前检查后处理　经宰前检查发现牛瘟、牛肺疫、马腺疫、非洲猪瘟、非洲马瘟及其他国内没有报道发生的传染病和疑似病畜时，按下列规定处理：①禁止屠宰，停止调运动物，采取紧急防疫措施，并立即向当地农牧部门主管机关报告疫情，按相关法令处理；②病畜和同群动物用密闭运输工具运至化制间或当地指定地点采取不放血的方式全部扑杀，尸体销毁；③宰前管理区施行严格消毒，并经农牧部门主管机关检查合格后，方可恢复生产。

经宰前检查发现口蹄疫、猪传染性水疱病、猪瘟、蓝舌病及疑似病畜时，按下列规定处理：①禁止屠宰、停止调运动物，采取紧急防疫措施，并立即向当地农牧部门主管机关报告疫情，按相关法令处理；②病畜用密闭运输工具送至化制间，或当地指定地点，采取不放血方式捕杀，尸体化制或销毁，化制可以根据不同情况进行湿化或干化；③同群畜送急宰间急宰，胴体内脏送有条件可食用肉车间按不同情况进行不同处理，处理方可出场（厂），皮、毛、血、骨，消毒后方可出场（厂）。

经宰前检查发现水肿、气肿疽、狂犬病、羊快疫、羊肠毒血症、马流行性淋巴管炎、马传染性贫血、急性钩端螺旋体病、李氏杆菌病、结核、羊痘、牛传染性鼻气管炎、黏膜病、急性猪丹毒、布鲁氏菌病、猪密螺旋体痢疾、马鼻腔肺炎时，按下列规定处理：①病畜用密闭工具送急宰间，采取不放血的方式扑杀，然后送化制间进行化制或销毁；②宰前管理区进行严格消毒后，方可恢复生产；③同群畜可继续送宰。

经宰前检查患有其他疾病的家畜，除患病畜送急宰间急宰外，其他同群畜正常送宰。急宰的病畜，根据具体情况，或送“有条件食用肉处理间”加工利用，或采取化制或销毁方法处理。

宰前检查后的处理过程均需作详细记录并归案。

（二）宰后检验

（1）头、蹄、内脏和胴体施行同步检验（皮张编号）　暂无同步检验条件的要统一编号，集中检验，综合判定，必要时进行实验室检验。

（2）头部检验　分别按下列要求进行检验：①猪头，剖检两侧颌下淋巴结和外咬肌，视检鼻盘、唇、齿龋、咽喉黏膜和扁桃体；②牛头，视检眼睑、鼻镜、盾、齿腿、口腔、舌面以及上下颌骨的状态，触查舌体，剖检两侧颌下淋巴结和咽后内侧淋巴结，视检咽喉黏膜和扁桃体，剖检舌肌（沿系带面纵向切开）和两侧内外咬肌；③羊头，视检皮肤，唇和口腔黏膜，④马、骡、驴和骆驼头部，剖检两侧颌下淋巴结、鼻甲、鼻中厢及咽头。

（3）内脏检验　分别按以下要求进行检验：①胃、肠，视检胃肠浆膜，剖检肠系膜淋巴结、牛、羊尚须检查食道，必要时剖检胃肠黏膜；②脾脏，视检外表、色泽、大小，触检弹性，必要时可检脾髓；③肝脏，视检外表、色泽、大小，触检弹性，剖检肝门淋巴结，必要时可检肝实质和胆囊；④肺脏，视检外表、色泽、大小，触检弹性，剖检支气管淋巴结，和纵隔后淋巴结（牛、羊），必要时剖检肺实质；⑤心脏，视检心包及心外膜，并确定肌僵程度，剖检心肌、心内膜及血液凝固状态，猪心，特别注意二尖瓣的病损；⑥肾脏，剥离肾包膜，视检外表、色泽、大小、触检弹性，必要时纵向剖检肾实质；⑦乳房（牛、羊），触检弹性，剖检淋巴结，必要时剖检实质；⑧必要时剖检子宫、睾丸和膀胱。

（4）胴体检验　检查以下各项内容：①首先判定放血程度；②视检皮肤、皮下组织、脂肪、肌肉、胸膜、腹膜等有无异状；③剖检颈浅（肩前）淋巴结，股前淋巴结、腹股沟浅淋巴结、腹股沟深（或髂内）淋巴结，必要时增检颈深淋巴结和腘淋巴结。

（5）寄生虫检验

①旋毛虫和住肉孢子虫，由每头猪左右横膈膜肌脚采取不少于30g肉样两块（编上与胴体同一编号），撕去肌膜，剪取24个肉粒（每块肉样12粒），制成肌肉压片，置低倍显微镜下或旋毛虫投影仪上检查，也可采取集样消化法检查，发现虫体或包囊，根据编号查对胴体、头和心脏；②囊尾蚴，主要检查部位为咬肌、深腰肌和膈肌，其他可检部位是心肌、肩胛外侧肌和股内侧肌（马、驴、骡不检验）。

（6）宰后检验后处理　宰前管理区所列的传染病在宰后发现，应按宰前处理要求执行。

宰后检验发现寄生虫病时，按下列规定处理：①在肉样压片中，发现旋毛虫包囊或钙化的旋毛虫虫体时，头、胴体和心脏作湿化处理或销毁；②在肉样压片中，如发现住肉孢子虫时，作湿化处理或销毁；③在规定检验部位40cm^{2}面积内发现囊尾蚴或钙化虫体时，全尸作湿化处理或销毁；④如发现弓形虫，全尸作湿化处理或销毁；

如发现肝片吸虫、弓形腹腔吸虫、棘球蚴、肝线虫、肺线虫、细颈囊尾蚴、肾虫、猪孟氏双槽蚴、华支睾吸虫、腭口线虫、猪浆膜线虫，按下列规定处理：①病变严重，且肌肉有退行性变化者，胴体和内脏作湿化处理或销毁，肌肉无变化者，剔除病变部分化制或销毁，其余部分高温处理后出厂；②病变轻微，剔除病变部分化制或销毁，其余部分不受限制出厂。

宰后发现肿瘤时，按下列规定处理：①在一个器官发现肿瘤病变，胴体不瘠瘦，并无其他明显病变者，病变脏器作化制或销毁，其余部分高温处理；如胴体瘠瘦，肌肉有病变者，全尸化制或销毁；②在两个或两个以上器官发现肿瘤病变者，全尸化制或销毁；③确诊为淋巴肉瘤，白血病鳞状上皮细胞癌者，全尸化制或销毁。

经宰后检验发现为普通病，中毒和局部病损时，按下述规定处理：①有脓毒症、尿毒症、黄疸、过度消瘦、大面积坏疽、急性中毒、全身肌肉和脂肪变性，全身性水肿和出血的病态之一者，全尸作化制或销毁；②局部有创伤、化脓、炎症、硬变、坏死、寄生虫损害、严重的淤血、出血、病理性肥大或萎缩、异色、异味及其他有碍卫生的病变之一者，割除病变部分化制或销毁，其余部分不受限制。

（三）鲜肉的卫生标记

不管胴体和内脏属于上述何种情况，均须盖上与判定结果相一致的统一印章，印章染料对人无害，盖后不流散，迅速干燥，附着牢固。鲜肉卫生标记图章及相关管理办法按有关管理部门的标准执行。

第四节　肉类分割厂的卫生要求

一、选址与建筑布局卫生要求

胴体分割厂的选址、建筑布局、道路、垃圾处理应符合食品加工厂的基本要求。该类工厂因相对污染程度小一些，经当地城市规划、卫生部门批准，可建在城镇的适当地点。

工厂应根据生产能力和工艺流程，设相应大小的盛放鲜肉的冷却间、肉品分割加工间、肉品包裹间、肉品包装间、贮藏间、废弃肉（不适合于食用）和查封肉（有碍卫生肉）存放间，以及兽医服务专用间、卫生检测室、更衣室、淋浴室、厕所等；冷却间、肉品分割加工间、贮藏间应备有温度调控装置，并配有温度表或电子温度记录仪；卫生检测室配备有用于各类检验项目的足够仪器设备及其他监督检查的必要兽医设施；对于分割后不适于食用的废弃肉或因有碍卫生的查封肉，应有特制的不透气、不漏水的容器盛放，并加盖，如果数量大，当日无法送去化制或销毁时，应放在专用的房间内，并加锁，防止非法转移。

二、鲜肉分割卫生要求

（1）选料　为了保证分割肉的卫生品质，分割肉的原料必须是经兽医进行宰前、宰后检验之后的新鲜胴体，即无病害、大小肥瘦适中、肌肉丰满、皮薄、臂圆、背宽、肉色红润的胴体。

（2）准备分割的鲜肉　经兽医检验合格后，放入冷却间，此间温度应一直保持在7℃以下。

（3）分割　分割间的温度不得超过8～12℃。

（4）加工规格　内、外销分割肉分割成四块：①猪颈背肌肉（编号为Ⅰ）不低于0.8kg（内销无重量限制）；②猪前腿肌肉（编号为Ⅱ）不低于1.35kg（内销无重量限制）；③猪大排肌肉（编号为Ⅲ）不低于0.55kg（内销无重量限制）；④猪后腿肌肉（编号为Ⅳ）不低于2.20kg（内销无重量限制）。

对港销分割肉分割成如下五块：①前腿精肉；②后腿精肉；③大排；④小排；⑤肋排。以上五块均无重量限制。

（5）品质规格　内、外销分割肉，每块均去皮、皮下脂肪及骨骼，保留肌膜及大排的腱膜（腱膜上前后瑞的肌肉允许存在），剔骨后暴露出的筋络，软骨膜允许存在（内销分割肉剔骨露出的部分脂肪可以不修）。

对港销分割肉，前腿精肉、后腿精肉除去皮、骨，尽量修净皮下脂肪，允许保留肌膜，腱肌及剔骨后暴露的脂肪、骨膜和筋络等，大排、小排和肋排带骨尽量除去脂肪，刀法尽量平整，不外露骨骼。

（6）部位分段　将原料放在平台上，背部朝前，剖面向上，看准部位，两手均匀推向电锯，按下述方法分段：①第一刀从第5、6肋骨（允许差一根肋骨）斩下，为颈背肌肉（Ⅰ）和前腿肌肉（Ⅱ）的原料；②第二刀从腰间椎连接处（允许带荐椎一节半）斩下，后腿部位为后腿肌肉（Ⅳ）原料，腰肌可连在后腿肌肉上；③第三刀，在脊椎骨下4～5cm将肋骨平行斩下，脊背部位为大排肌肉（Ⅲ）原料；④第四刀，将前腿腕关节斩去1～2cm；⑤第五刀，将后腿跗关节斩去2～3cm。

（7）去皮及皮下脂肪　剥前后腿皮下脂肪：前腿从桡骨、尺骨处开口，后腿从小腿骨处开口（即前腕、后跗两个关节头），脂肪向上，刀刃顺肌肉外侧走，注意保留肌膜和肌肉的完整。剥前腿皮下脂肪时，必须在Ⅰ、Ⅱ号肉分离后进行。剥大排皮下脂肪，顺大脊肌肉膜外侧将大排皮下脂肪割去，割去剩余的块状，片状脂肪。修割：修割时要求刀法平直、轻修薄削，保持肌膜、腱膜的完整。肌肉表面的脂肪要全部修净。

（8）剔骨　开胸肌：将颈背及前腿部位的整块肉平放在操作台上，用刀从颈背肌肉处与脂肪处割开，再从第4根肋骨下开割，割下有甲骨内侧肌肉，此即Ⅰ、Ⅱ号肉分离。

挖颈背：在颈背部的肋下，沿肋骨与胸椎骨，颈椎骨开割，削下颈背部肌肉，即为Ⅰ

号肉。

剔前腿骨：先剔肩胛骨（包括其软骨，应注意从肩胛骨和肱骨连接处割开），后剔肱骨，桡骨和尺骨。剔前腿骨时，应从肌肉之间肌膜处和靠近骨骼处下刀，刀头要紧贴骨膜，防止割破肌肉，保持肌肉完整，此即Ⅱ号肉。

剔大排骨：将刀贴脊椎骨的脊突和横突剔下脊椎骨，此即为大排肌肉，也即Ⅲ号肉。大排肌肉上的腱膜允许存在，前端紧贴腱膜上的肌肉也允许存在。

剔后腿骨：先剔除髋骨，再剔除第七腰椎荐椎和尾椎，股骨及小腿骨，最后剔除膝盖骨，此即后腿肌肉，即Ⅳ号肉。剔后腿骨时，着刀要从骨与肌肉之间的肌膜处和紧贴骨骼处剔开，以防止肌肉的外观受到破坏。

整修：要求把不同的肌肉间（表面部分）和剔骨后暴露出的部分脂肪、筋腱、硬、软骨、骨渣、骨刺都要修净，对于肌肉间要求修割的脂肪也要修净，经整修过的分割肉即为成品分割肉。

（9）检验　对于修整好的成品分割肉需经兽医卫检人员检验，将合格的成品分割肉转入冷却库，凡不符合规格和质量卫生要求的一律不能放行。分割时，肉的 pH 不得超过 6.1（即第 13 肋骨处背脊长肌的 pH）。

（10）成品分割肉的冷却　肉品进库之前库温应保持在 -2℃，相对湿度为 85% ~90%，肉品进库后，库温应保持在 0℃ 左右。冷却时间不超过 24h，冷却结束后肉的深层温度不得高于 4℃。

三、分割肉的卫生控制

分割前应该通知官方兽医，分割过程应该在官方兽医监督下进行，官方兽医的监督工作应包括：①对分割鲜肉的进入和成品肉的运出的登记和卫生监督；②对分割过程的卫生监督；③对厂房设施卫生条件的监督；④对工作人员卫生状况的监督；⑤对刀具、刀板、器械、工作台、传送带等消毒制度的监督；⑥对有害菌、有害添加剂和其他未经批准的化学物质的抽样检查，并进行记录和登记；⑦为了保证产品符合卫生要求，兽医人员认为必要采取的其他的监督工作。

分割肉的卫生标记：可用椭圆形的标签，在其上部，用大写字母标明出口国，或按国际惯例用大写缩写字母；在其中部，标明官方兽医批准的分割厂的编号；还应指明实施卫生检疫的官方兽医。字母和数字高应为 0.2cm。

四、分割肉的包装

成品分割肉的包裹：冷却的成品分割肉应立即（至少是在 24h 之内）进行包裹，包裹材料必须是透明、无色、无味、无毒的，并必须同时符合下列规定条件：①必须不改变鲜肉的感官特性；②必须无危害人体健康的物质；③必须有足够的强度，以便在运输和搬运中能有效地保护肉品。

成品分割肉的包装：根据出口或内销的需要，制作包装箱。也可以使用瓦楞纸箱，瓦楞纸箱的制作必须符合 GB/T 6543—2008《运输包装用单瓦楞纸箱和双瓦楞纸箱》规定，使用瓦楞纸箱包装时，只许一次性使用，不许反复使用。包装箱的材料必须符合相关的卫生要求。如果产品来自转基因动物或喂饲动物性蛋白的动物，应在包装箱上印上明显标志。

包装人员要严格按照卫生要求进行操作。按照装箱要求把肉品整齐摆好，防止污染或异物进入。纸箱外须用打包带捆扎结实。

五、鲜肉贮存和运输卫生要求

（一）鲜肉贮存

鲜肉入库时，要分清品种、级别，点清数量，并与发货单位及时核对清楚。入库肉品必须有兽医检验合格证，无血、无毛、无污染，不带头、蹄、尾，符合内外销要求，否则不得入库。库内吊轨悬挂重量不得超过设计负荷标准要求，每米轨道不准超过250kg，白条肉排列间隙要求均匀。肉品冷却、结冻应达到标准规定要求，冷却20h，肉温达到0～4℃，结冻20h，内销白条肉为－12℃，外销－15℃，方能转库，并设专人测温，做好记录。冷却、结冻间要及时清理冰霜，以提高制冷效能，使冷却间达－2℃，结冻间达－23℃。注意冷却，结冻间库房卫生，防止肉品污染。

（二）鲜肉的运输

鲜肉采用保温车，用挂式运输，装卸时，严禁脚踏、触地。分割肉采用保温车运输，温度保持冻结状态。运输车辆必须满足以下要求：①内表面以及可能与肉品接触的部分必须用防腐材料制成，从而不会改变肉品的理化特性，或危害人体健康。内表面必须光滑，易于清洗和消毒；②配备适当装置，防止肉品与昆虫、灰尘接触，且要防水；③对于运输的胴体（半个或1/4胴体），必须用防腐支架装置，以悬挂式运输，其高度以鲜肉不接触车箱底为宜。运输车辆在整个运输过程中必须保持一定的温度要求，并且凡运输肉品的车辆，不得用于运输活的动物或其他可能影响肉品质量或污染肉品的产品，不得同车运输其他产品，即使是头、蹄、胃，如果未经浸烫、剥皮、脱毛，也不得同车运输。肉品不得用不清洁或未经消毒的车辆运输。发货前，必须确定运输车辆及搬运条件是否符合卫生要求，并签发运输检疫证明。

第五节　冷藏厂卫生要求

按照要求，冷藏库的温度应为－18℃，一昼夜升降温度不得超过1℃。肉及肉制品在进入库时，必须有卫生检疫印章和其他质量检验证明。没有经过冷冻的肉品，不得直接入冷藏库．冻结温度必须降到不高于冷藏库温度3℃时才能入库，以便保证肉品品质。冷库要加强肉品保管和检疫工作，重视肉品养护，注意卫生，减少干耗损失，库内要求无污垢、无霉菌、无异味、无鼠害、无霜冻杂物，并有专职卫生检疫人员检查入出库的肉品。

肉品堆放要符合规定，堆垛要整齐，安全合理，努力提高库容利用率，要求严格掌握不同肉品分类堆垛，外销肉不能与内销肉混放，带皮肉不能与去皮肉混放，鱼类不能与肉类混放。要认真记载肉品的进出库时间和品种、数量、等级、质量、包装等情况，按堆挂牌，定期核对账目，严格管理冷库门，关闭严密，防止跑冷，库门风幕要求随门开启，关闭灵活可靠，以减少热冷空气对流。为了确保肉品质量，应保持库肉及搬运工具的清洁，严防库存有冰、霜、水、杂物等。库内肉品出清后，一定要进行排管冲霜，且进行库内消毒，库温应保持在－5℃以下。

库内贮存肉品应执行先进先出的原则，认真掌握贮存安全检查期，定期进行质量检查，如发现肉品变质、酸败、脂肪变黄等现象时，应迅速处理。肉品贮藏安全期参照数如表5－1所示。

表5－1　肉品贮藏安全期参照数

品名	库房温度	安全期
冻猪肉	－18℃～－15℃	7～10个月
冻牛肉	－18℃～－15℃	8～11个月

思考题

1. 从猪的屠宰到分割的工艺步骤中，如何进行清洁分区，不同清洁区应如何管理？
2. 根据规范，肉类加工厂的建设规划中应包括哪些基本用房？
3. 肉制品冷藏应注意哪些问题？
4. 熟肉制品企业和罐头生产企业的良好生产规范有哪些异同？

第六章

CHAPTER 6

乳制品加工的良好操作规范（GMP）要素

我国从20世纪80年代末开始实施GMP规范，卫生部1988—1998年先后制定实施了19种食品加工企业规范（GMP），其中GB 12693—1990《乳品厂卫生规范》于1991年10月1日起公布执行，标志着乳制品GMP认证认可制度正式建立并开始实施。在2010年3月26日，卫生部颁布了GB 12693—2010《食品安全国家标准　乳制品良好生产规范》，使乳品加工企业有法可依，有章可循。

（1）乳制品企业良好操作规范（Good Manufacturing for Dairy Product Factory）　乳制品规范规定了乳制品企业在原料采购、加工、包装及贮运工程中，关于人员、建筑、设施、设备的设置以及卫生、生产及品质等管理应达到的标准、良好条件或要求。

适用范围：乳制品规范适用于乳粉、消毒乳、灭菌乳、发酵乳、炼乳、干酪、再制乳、奶油、花色乳等乳制品生产企业。

引用标准：

GB 2760—2014《食品安全国家标准　食品添加剂使用卫生标准》

GB 5749—2006《生活饮用水卫生标准》

GB 7718—2011《食品安全国家标准　食品标签通用标准》

GB 8978—1996《污水综合排放标准》

GB 13271—2014《锅炉大气污染物排放标准》

GB 14881—2013《食品安全国家标准食品生产通用卫生规范》

GB/T 18204. 3—2013《公共场所卫生检验方法　第3部分：空气微生物》

（2）乳制品规范中有关定义

①乳制品（Dairy Product）：以牛乳、羊乳等为主要原料加工制成的各种制品。

②清洁作业区：指半成品贮存、充填及内包装车间等清洁度要求高的作业区域。

③准清洁作业区：指鲜乳处理车间等生产场所中清洁度要求次于清洁作业区的作业区域。

④一般作业区：指收乳间、原料仓库、材料仓库、外包装车间及成品仓库等清洁度次于准清洁作业区的作业区域。

⑤非食品处理处：指检验室、办公室、洗手消毒室、厕所等非直接处理食品的区域。

第一节　加工环境

乳制品工厂的加工环境直接影响到产品的卫生质量和产量，随时保持工厂环境的整齐、干净是保证产品质量的一个基本要求。

加工环境是产品形成过程中影响质量的直接要素，包括：生产区域中厂房的屋顶、墙壁、门窗、地面、空气、虫害控制、设备的卫生等几方面。

（一）屋顶

（1）加工包装贮存场所的室内屋顶应便于清扫，防止灰尘积聚，避免凝结露水、生长霉菌、脱落等现象发生。

（2）清洁作业区、准清洁作业区以及其他食品暴露场所（收乳车间除外）的屋顶，如果是易于纳垢的结构，应加设平滑的天花板；如果是钢筋混凝土结构，室内屋顶应平坦无缝隙，顶角要有适当的弧度，要配有排水道。

（3）平顶式屋顶或天花板应使用无毒、无异味的白色或浅色的防水材料构造，若喷涂油漆应使用防霉、不易脱落并且易于清洗的涂料。

（4）蒸汽、水、电等管路不得设置于食品暴露的正上方，如果确实需要，应安装防止灰尘及凝结水掉落的设施。

（二）墙壁与门窗

生产车间墙壁应采用无毒、无异味、平滑、不透水、易清洗的浅色防腐材料构造。

（1）墙角与柱角（墙壁与墙壁间、墙壁与柱与地面间、墙壁及柱与天花板间）应具有一定的弧度，曲率半径应在3cm以上，以便于清洗消毒。

（2）生产车间和贮存场所的门、窗应装配严密，并设有宜于拆下清洗，不生锈的纱窗、纱网。

（3）窗户不宜设窗台，若有窗台则应高于地面1m以上，且台面应向内侧倾斜45°。

（4）清洁作业区、准清洁作业区的对外出入口，应装设能自动关闭的门或空气幕。

（5）在生产车间和贮存场所设捕虫灯，防止或排除有害昆虫。

（三）地面与排水

地面应用无毒、无异味、不透水的材料建造，且需平坦防滑，无裂缝及易于清洗消毒。

（1）作业中有排水或废水流至地面，或水洗方式清洗作业等，区域的地面应能耐酸、耐碱，并应有一定的排水坡度（不小于1.5%）及排水系统，保持畅通、便于清洗。

（2）排水沟的侧面和底面接合处应有一定弧度，曲率半径应不小于3cm。

（3）排水系统入口应安装带水封的地漏，以防止固体废弃物流入及浊气逸出。

（4）排水系统内及下方不得有其他管路。

（5）排水出口应有防止有害动物侵入的装置。

（6）室内排水的流向应由高清洁区向一般清洁区，并有防止废水逆流的设计。废水应排至废水处理系统或经其他方式处理。

（四）车间环境

（1）空气产品生产车间应当保持空气的清洁，防止污染食品，按 GB/T 18204.3—2013《公共场所卫生检验方法　第3部分：空气微生物》中的自然沉降法判定，各生产作业区空气中的菌落总数应控制在表6-1规定的范围内。

表6-1　生产作业区菌落总数限值

作业区	每平皿菌落数/（CFU/皿）
清洁作业区	≤30
准清洁作业区	≤50
一般作业区	≤300

（2）生产车间环境按清洁要求不同而划分，在生产中严禁低清洁区域人员进入高洁净区。高洁净区入口处设有脚踏消毒池，每4小时更换一次消毒液。

（3）生产过程中避免大面积冲洗工作，减少水滴四溅，保持周围环境干燥。不应在生产过程中进行电焊、切割、打磨等工作，以免产生异味、碎屑污染。

（4）可重复使用或继续使用的物料应保存在干净可封闭的容器内，并在容器外有明显的标识。

（5）定期检查存放产品，及时去除破包产品。

（6）乳制品生产场所不得贮存或放置有毒物质；不得堆放非即将使用的原料、内包装材料或其他无关物品。

（7）所有原料及半成品避免放在管道或设备部件下方，有可能滴落冷凝水的地方，堆放时应保证货品与墙壁间有50cm以上的间隙。

（五）加工环境中的虫害控制

杜绝工厂中各种虫害的出现是减少微生物污染和传染病的一个必要手段。

（1）工厂中的每个出入口装防蝇帘，必要时安装纱窗。

（2）工厂中每个出入口装有捕蝇器，并安放鼠笼。

（3）厂区外围环境应保持干燥、堆放的垃圾废料及时销毁，以免蚊蝇虫鼠滋生，在厂区内产生异味。

（4）贮存货物包材定期挪动检查，以免虫鼠滋生。长期存放的原料、包材在进入生产区域内认真检查，以免虫鼠带入生产区。

（5）选用国家卫生防疫部门认可的允许在食品工厂中使用的杀虫灭鼠药，并在杀虫程序前确认所有的原料、包材、成品、半成品及暴露的设备容器均以被安全遮盖、隔离。

（6）厂区内一切设施（包括：卫生间、餐厅食堂、办公室、宿舍）定期杀虫灭鼠。

（六）设备卫生

清洁卫生的设备是生产优质乳制品的最基本的前提。以超高温灭菌乳的生产为例，所用重点设备的卫生环境。

（1）工厂内的生产设备、部件表面应保持干净、无尘土、无铁屑焊渣，每个设备有统一清晰明确的标签、用以标明设备的名称、编号等。

（2）工厂内所有物料贮存设备，如收乳罐、熔化缸均装有顶盖。

（3）有可能接触成品、原料、半成品及包材的压缩空气应经过滤处理，无油、无尘、无味、无水。

（4）生产完成后及时进行 CIP 清洗，可拆开管式热交换器，检查其内壁、弯头处是否还有污垢残留。

（5）对于没有 CIP 清洗程序的设备，也必须及时用 40 ~ 50℃ 热水和 0.8% ~ 1.0% 碱液进行手工清洗。

（6）对特定的设备部件，如无菌包装机的低位灌注管，在生产后及时清洗干净，并在再次使用前浸泡在 50% ~ 70% 酒精溶液或 15% 双氧水中。

（7）包装车间里应有紫外灭菌灯，并在停机无人工作时保持开启状态。

（8）设备备件应存放在生产和原料包材贮存区以外的指定的清洁、干燥的备件架上，标有相应的明确的标签说明。各种工具使用后及时放回指定的地方。

（9）所有的清扫工具、如扫帚等使用后应及时存放在生产和原料包材贮存区以外的单独区域内，并有明显的标志。

第二节　工厂布局

（一）厂区设计

（1）凡新建、扩建、改建的工程项目（乳制品厂、车间等）有关食品卫生部分均应按照本规范和 GB 14881—2013《食品安全国家标准　食品生产通用卫生规范》的规定进行设计和施工。

（2）要将选址情况及其他有关材料（总平面布置图、平面图、剖面图、立面图，原材料、半成品、成品的质量和卫生标准，生产工艺流程等）报本地区卫生行政部门审查、备案。

（3）乳品工厂应建在交通方便、有充足水源的地区。厂区不得设于受污染河流的下游；厂区周围不得有粉尘、有害气体、放射性物质和其他扩散性污染源；不得有昆虫大量滋生的潜在场所等易遭受污染的情形。

（4）厂区内任何设施、设备等应易于维护、清洁，不得成为周围环境的污染源；不得有有毒、有害气体、不良气味、粉尘及其他污染物泄漏，有碍卫生的情形发生。

（5）厂区及临近区域的空地、道路应铺设混凝土、沥青或其他硬质材料或绿化，防止尘土飞扬、积水。

（6）厂区应合理布局，各功能区域应划分明显，要有隔离措施；易产生污染的区域应设处于全年最小风向的上风侧。

（7）焚化炉、锅炉、废水处理站、污水处理场均应与生产车间、仓库、供水设施有一定的距离并采取防护措施。

（8）厂区内禁止饲养动物。

（9）厂区四周应有适当防范外来污染源、有害动物侵入的设施：如设置围墙，其距离地面至少 30cm 以下部分应采用坚固的密闭性材料建造。

（二）车间设置

车间设置应包括生产车间和辅助车间。生产车间包括：收乳间、原料预处理车间、加工制作车间、半成品贮存及成品包装车间等。辅助车间应包括：检验室、原料仓库、材料仓库、成品仓库、更衣室及洗手消毒室、厕所和其他为生产服务所设置的必须场所。

（1）车间设置应按生产工艺流程需要及卫生要求，有序而整齐地布局。

（2）更衣室及洗手消毒室应与加工车间相连接，并设置在员工进入加工车间的入口处。

（3）车间隔离。车间隔离应根据生产工艺流程、生产工作需要和生产操作区域清洁度的要求进行隔离，以防止相互污染。

（4）车间入口处设有无法跨越的消毒池，池内消毒剂用0.5%～1%的漂白粉水溶液。

（三）生产区域布局

［例］超高温灭菌乳生产车间布局规范

1. 地面和墙及门窗

（1）生产区域地面覆盖防水、防滑、防酸碱的涂料或地砖，使用地砖时砖缝尽可能窄，避免凹陷。

（2）墙角应采用漫弯形，以便于清洗。该夹角处也应完全覆盖防水、防酸碱涂料或瓷砖。暴露于强酸、强碱和热水区域内的地面、墙脚应定时检查、修理。

（3）墙面到顶均应覆盖有防水、防酸碱涂料或瓷砖。同时，屋顶或天花板应覆盖有防水涂料。所有地面、墙壁和天花板均应平滑，并为浅色。

（4）墙壁和天花板上安装的照明灯应为硬连接形式，并且配有防爆罩。生产区域内应无反光、无照明死角。

（5）窗户应为铝合金框镶嵌式。窗台内侧应尽可能窄，并呈下斜45°倾斜状，以避免尘土堆积并利于清洁。非全年使用空调的区域应安装有可拆洗的纱窗。

（6）生产区域内应使用铝合金门，并能自动关闭。外围出入口处应安装有可拆卸的门槛或档鼠板。

（7）地面与楼梯或其他固定设施形成的夹角应采用漫弯形设计，避免清洁死角出现。

2. 通风

生产区域内应设有通风换气系统。其外面的进风口应距地面2m以上，设有防护罩，并远离尘土、废气、排风口、污水等的污染。

通风系统内部出风口应贴墙设计，以保证过滤空气可沿墙壁均匀分散。无菌包装间内通风系统的进风口应设在无菌包装机背面，而出风口应设在其对面、邻近无菌包装机正面的墙壁的高处。通风系统的换气量为每小时换气10～15次。

3. 排水

在无菌包装间及其他生产区域内的排水系统应采取沿区域正面墙壁设置明渠的形式。明渠宽度约30cm，底部和两面均铺设防水、防酸碱瓷砖，漫弯形设计，以便于清洁刷洗。明渠在这些区域出口外直接与外围的加盖排水管道或下水道相连，下水道的入口处应安装有可拆卸的反漏碗。

明渠应具有与排水方向一致的倾斜角度，而生产区域内的地面也应具有朝向明渠的倾斜角度，以便于排水通畅。倾斜坡度建议在1/100～1/50。

外围的下水道在转弯处应设阴井，以便及时疏通。

4. 管道

（1）生产区域内的产品管道、蒸汽管道、热水管道、冷水管道、冰水管道等应标有不同的颜色，以示区别，并且在管道上还应有流向指示箭头。

（2）所有产品管道的直径应统一，并在管路设计上应避免出现难于清洗的死角和盲端。

（3）管道保温层选用的材料应符合食品卫生法规的要求，禁止使用石棉材料。无菌包装间的保温层应安装在天花板外面。

5. 区域划分规范

（1）生产区域内远离生产设备的地方应设有不同的专用生产用具贮存柜或贮存区，分别用于放置操作必需的工具、原料桶、废料桶等。这些贮柜或贮存区应贴有明显的标志，分别标明所放置用具的名称，提醒人员使用完毕后将其及时清洗干净放回原处。

（2）在生产和原料贮存区使用的叉车要分开专用，设有各自指定的停放区域，并标有明显的标志。机动叉车建议采用电动叉车。

（3）生产区域内的地面上应标有明显的标志线，用于确定和规范各个不同使用目的的区域。

6. 温度、湿度规范

（1）生产区域，至少无菌灌装间内应有温湿度表，并有明确的标准操作规程用于规定如何检查记录区域内的温湿度情况。同时这些区域内应设有空调。建议控制温度在15～30℃。相对湿度在30%～70%。但要保持稳定的温湿度。

（2）原乳收货区和预处理区应设在邻近生产区下风处的独立区域内，原料在区域内为单向流动。该区域相对其他生产区域呈负压状态，相对外界呈正压状态，压差应高于4.9Pa。

（3）无菌灌装间应是与其他生产区域完全分隔的独立区域，并且处于绝对的上风处。相对周围区域，无菌灌装间呈正压状态，压差大于19.6～39.2Pa，空气微生物检验中细菌总数少于30CFU/9cm平皿。生产区域应定期安排进行熏蒸，以保证空气卫生质量。

7. 设备设施

（1）收乳段和预处理段应安装不锈钢双联过滤器。用于低酸产品生产的乳罐应带有保温夹层，以便及时对原料和产品进行必要的控温。

（2）原料和产品贮罐上应装有可清晰、准确显示物料状态的温度表和液位计。

（3）用于贮存牛乳或其他乳制品的贮罐应安装机械搅拌器，但搅拌速度应保持在40～60r/min。搅拌桨应位于贮罐底部。罐内最低液位以不露出搅拌桨叶为准。

（4）原料和产品贮罐的物料入口设计应能保证物料可沿罐壁平滑的流入。贮罐顶端应为清洗介质的入口，应采用喷头式设计，并且清洗介质应能有效地喷洒到贮罐的内壁上。

（5）厂区内使用的所有计量仪器，如温度表、湿度计、流量表、流量计、压力表、液位计、磅秤、台秤、天平等应按计量法规的要求由地区的计量检测部门进行定期的校对检查。该项检查的所有记录应妥善保存，校对合格标志要贴在相应的计量器上，并良好地保存至下次检查。

（6）生产区域内应设立水处理站，并且与其他区域进行隔离。对生产用水的处理效果应能达到超高温灭菌产品生产用水的标准。

（7）生产设备的就地清洗站（CIP）应与生产区域隔离。

（四）个人活动区

（1）个人活动区，如更衣室、卫生间、休息室、餐厅等，应与生产区和原料贮存区完全隔离。在这些区域的出入口处有明显的标志，用于提醒出入厂区的人员及时更换衣服。洗手和经过工作靴消毒池。

（2）所有个人活动区域出口处的门应采用可自动关闭的形式。

（3）所有个人活动区均应保持干净和卫生。这些区域内应有良好的灯光和通风、并保持与生产和原料贮存区之间的负压。所有个人活动区使用的设备不应挪入生产和原料贮存区使用。

（4）更衣室应设在生产和原料贮存区的下风处，并紧靠这些区域人员的常规入口处，更衣室和常规入口可由封闭走廊连接，其间必须通过消毒池，走廊内可设气闸室，使用过滤除菌的空气。

（5）更衣室内应设有仅供工厂内人员使用的淋浴设备，浴室和更衣室区之间应有隔离墙。

（6）更衣室内配备更衣柜，但仅用于保管个人物品。更衣柜与地面保持20cm以上距离。

（7）更衣室出口处应安装更衣镜，并有明显标志，提醒所有人员在进入生产区域前检查着装是否符合规范要求。

（8）卫生间应使用独立、强有效的通风系统，随时保持干燥、无异味。

（五）仓库

工厂内设有完全分隔开的原料、包装材料和成品贮存仓库。

（1）原辅料、材料、半成品、成品等性质的不同分设贮存场所，必要时应设有冷藏、冷冻仓库。

（2）仓库构造应能使贮存保管中的原料、半成品、成品的品质劣化减低至最低程度，并有防止污染的构造，且应以无毒、坚固的材料建成，其大小应足以使作业顺畅进行。

（3）仓库应设置数量足够的栈板（物品存放架），并使贮藏物品距离墙壁、地面均在20cm以上，以利于物品的流通及物品的搬运。

（4）库房内的地面、墙壁和天花板应为浅色涂防尘漆。当库房面积不足时，可安装带有清晰标号系统的货架，以避免货物直接叠放。

（5）冷藏、冷冻库，应装设可正确指示温度的温度计、温度测定器或温度自动记录仪，并应装设自动控制器或可警示温度异常变动的自动报警器。

（6）库房内应保持照明情况良好，照明灯应安装防爆罩，库房的窗户应安装在背阴面，或进行刷漆处理以免阳光直接照射货物。

（7）库房内应分别设有质量问题的原料、包材、产品隔离贮存区和拒用报废的原料、包材、产品隔离贮存区，这些区域专区专用，并有明显的标志。

（8）原料库应设在邻近原料收货区和预处理区的下风处。库房内的温湿度控制依据具体的原料贮存的温湿度要求而定。同种原料的正常情况下，应存放在同一区域内，并在该区内有指示标志，标明名称、要求贮存温湿度的条件，以便检查。

（9）包材库和成品库应设在与包装区相近的下风处，建议包材库温度0~40℃，相对湿度30%~70%，成品库为常温、常湿库。

（10）无菌包装材料应贮存在包材库的特定的专用区间内。同时，应有一个无菌包装间相连的同温、同湿的独立的无菌包材备货间，用于提前存贮本班次需要用的无菌包材。生产过程中该备货间的包材入口应处于关闭状态（图6－1）。

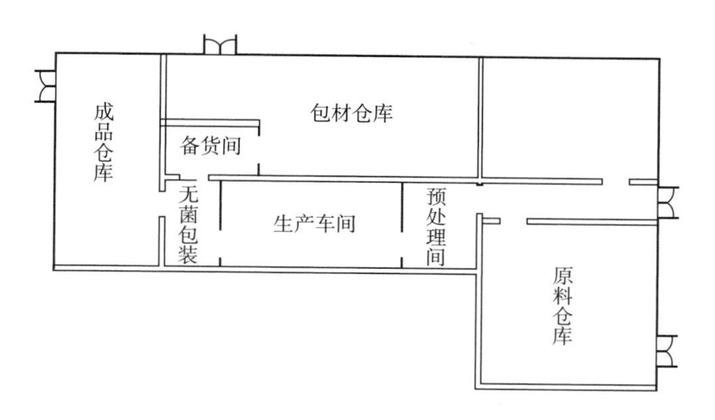

图6－1　生产区域、仓库布置图

（11）维修和备件存贮区应设在生产和原料贮存区域以外，下风处的独立区域内。

（六）化验室

（1）化验室应设在邻近生产和原料贮存的完全独立的区域。

（2）化验室和质量检查工作台应是浅色背景，并有很好的照明，这些区域内应使用不锈钢材料或其他防水、防烫、防酸碱表面的工作台。

（3）化验室相对于外界环境为正压状态，当与生产区域相接时，其空气压力相对于原料接受和预处理区为正压，相对于其他生产区域为负压。

（4）实验室地面、墙壁和天花板应符合生产区域内的相应标准。同时理化检验区域内应有工作状态良好的通风、冷热流动水和排水系统。

（5）微生物检验的无菌操作间，应与其他检验区间完全分隔，通过缓冲间相连，无菌操作间和缓冲间的通风系统应有无菌过滤系统。空气的细菌总数控制在4CFU/9cm 平皿。

（6）在生产和原料贮存区外，应设有样品保温室，配温度计和保温设施或空调。对于低酸产品保温室的温度一般设定在25～30℃，保温室内应安装货架，避免样品堆放和混放。

（7）成品库内应设有一个指定专用区域，用于存放进行产品保质期检查的样品。

第三节　基本设施与设备

有效合理安排设施是乳制品企业质量的保证。

（一）设施

1. 供水设施

（1）应能保证工厂各部使用水的水质、压力、水量等符合生产需要。贮水池（塔、槽）与水直接接触的供水管道、器具等应采用无毒、无异味、防腐的材料构造。

（2）供水设施出入口应增设安全卫生设施，防止有害动物及其他有害物质进入导致食品污染。

（3）自备水源选址应距污染源（化粪池、垃圾存放场所）30m以上，且应设置卫生防护带并有专人负责。使用自备水源，应根据当地水质特点增设水质净化设施（如沉淀、过滤、除铁、除锰、除氟、消毒等），保证水质符合GB 5749—2006《生活饮用水卫生标准》的规定。

（4）不与乳品接触的非饮用水（如冷却水，污水或废水等）的管道系统与乳品制造用水的管道系统之间，应以颜色明显区分，并以完全分离的管路输送，不得有逆流或相互交接现象。

2. 照明设施

（1）厂房内应有充足的自然采光或人工照明，车间照明系数不应低于标准Ⅳ级，质量监控场所工作面的混合照度不应低于540lx，加工场所工作面不应低于220lx，其他场所不应低于110lx。

（2）光源应不至于改变食品的颜色。

（3）照明设施不应安装在食品暴露的正上方，否则应使用安全型照明设施，以防止破裂时污染食品。

3. 通风设施

（1）清洁作业区应安装空气调节设施，以防止室内温度过高、蒸汽凝结并保持室内空气新鲜；一般生产车间应安装通风设施，及时排除潮湿和污浊的空气。

（2）厂房内的空气调节、进排气或使用风扇时，其空气流向应由高清洁区向低清洁区，防止乳品、生产设备及内包装材料遭受污染。

（3）在有臭味及气体（蒸汽及有毒有害气体）或粉尘产生而有可能污染乳品之处，应当有适当的排出、收集或控制装置。

（4）排气口应装有清洗、耐腐蚀的网罩，防止有害动物侵入；进气口必须距地面2m以上，远离污染源和排气口，并设有空气过滤设备。通风排气装置应易于拆卸清洗、维修或更换。

（5）工厂应有足够的供风设备，以保证干燥、输送、冷却和吹扫等工序的正常用风。关键工序和接触乳制品表面的压缩空气应采取措施滤除油分、水分、灰尘、微生物、昆虫和其他杂物。

4. 洗手设施

（1）应在适当而方便的地点（如车间对外总出入口、厕所、加工场所内）设置足够数目的洗手及干手设备。

（2）清洁作业区及准清洁作业区对外总出入口应设置独立的洗手消毒室。洗手消毒室内应设足够的洗手及干手设备，并应设置鞋靴消毒池或同等功能的清洁鞋底设施或其他有效的保洁措施（设置鞋靴消毒池时，若使用氯化物消毒剂，其余氯浓度应保持在200mg/kg以上），需保持干燥的清洁作业场所应设置换鞋设施。

（3）洗手设施的排水应具有防止逆流、有害动物侵入及臭味产生的装置。

（4）在洗手设施附近备有液体清洁消毒剂及简明易懂的洗手方法标示。

（5）洗手台应采用不锈钢或陶瓷等不透水材料制造，其设计和构造应不易藏污垢且易于清洗消毒。

（6）水龙头宜采用脚踏式、肘动式或感应式等非手动式开关。其附近应有足够数目的感应式干手设施。

5. 更衣室

（1）更衣室应设在车间入口处，并独立隔间。更衣室应男女分设，并与洗手消毒室相邻。

（2）更衣室内应有适当的照明且通风良好。更衣室应有足够大小的空间，以便员工更衣之用。应按员工人数设足更衣柜、鞋柜及可照全身的更衣镜。

6. 厕所

（1）为车间员工提供的厕所与车间主体相连接，且应设洗手消毒室，厕所与车间相隔离，其外门不得朝向清洁作业区、准清洁作业区。厕所的外门应能自动关闭（至少应采用常闭式弹簧自由门），且不得正对乳品加工区、存放区，例如有缓冲设施及排风设施（有效控制空气流向）能有效防止污染者不在此限。

（2）厕所地面、墙壁、便槽等应采用不透水、易清洗、不积垢且其表面可进行清洗消毒的材料构造。厕所应采用水冲式，其数量应足以供员工使用。

（3）厕所洗手设施的设置应设在其出口附近。厕所应设有效排气（臭）装置，并有适当照明，门窗应设置不锈钢或其他严密坚固、易于清洁的纱门及纱窗。厕所排污管道应与车间排水管道分设，且应有可靠的防臭气水封。

（4）易于维持清洁，并应有防止有害动物侵入的装置（如门口应设防鼠板或防鼠沟）。

7. 辅助设施卫生管理

（1）供水站　应由中专以上并经培训考核合格的专业人员进行专职管理。应制定详细的操作规程及管理制度，要有严格系统的水质捡检、系统维修与保养记录，主管人员应定期检查考核，至少每季度一次。

所有设备应经常维修保养，保持良好卫生状况，使用的工具必须符合卫生要求，消毒剂等必须妥善贮藏，严格登记使用，账物相符；其他与水质处理无关的杂物不得放置在站内。应对贮水槽（塔，池）定期（至少每季度一次）清洗、消毒；并随时检查水质，确保生产用水的水质应符合 GB 5749—2006《生活饮用水卫生标准》的规定。闲杂人员不得入内；平时各种检修口、门窗必须盖好、关好。

（2）锅炉房　锅炉操作人员上岗前必须经过培训，考核合格后上岗。必须严格按劳动部门的要求对锅炉进行安全操作与维修、保养。用于炉内水处理的药品应无毒并严格控制使用量，定期排污（有排污记录），以防止蒸汽品质劣化。必须对锅炉排烟监控，其排放应符合 GB 13271—2014《锅炉大气污染物排放标准》的规定。对排烟管道等定期进行清理，防止对厂区环境造成污染。锅炉用水若采用化学方法除氧、除硬，则应注意脱氧剂、清垢剂对蒸汽品质的影响，以防最终导致食品污染。

（二）设备

1. 设计

（1）所有机械设备的设计和构造应有利于保证乳品卫生，易于清洗消毒，并容易检查。应有使用时可避免润滑油、金属碎屑、污水或其他可能引起污染的物质混入乳品的构造。

（2）乳品接触面应平滑、无凹陷或裂缝，以减少乳品碎屑、污垢及有机物的聚积，使微生物的生长减至最低程度。

（3）设计应简单，且为易排水、易于保持干燥的构造。贮存、运输及加工系统（包括重力、气动、密闭及自动系统）的设计与制造应易于使其维持良好的卫生状况。

（4）在乳品加工或处理区，不与乳品接触的设备与用具，其构造也应能易于保持清洁状态。工厂内的所有物料贮存设备，如贮乳缸、配料缸等均应装有顶盖，生产和原料包装材料贮存区以外应有指定的存放设备备件的备品架，并易于保持清洁干燥，以便各种工具使用后能及时放回指定位置。清洗消毒设备和乳管路宜采用就地清洗（CIP）系统。

2. 材质

所有用于乳品处理区及可能接触乳品的设备与用具，应由无毒、无臭味或无异味、非吸收性、耐腐蚀且可承受重复清洗和消毒的材料制造，同时应避免使用会发生腐蚀的不当材料。产品接触面不可使用木质材料。

3. 生产设备

（1）排列应有序，使生产作业顺畅进行并避免引起交叉污染，而各个设备的能力应能相互配合。

（2）用于测定、控制或记录的测量器或记录仪，应能充分发挥其功能且必须准确，并定期校正。

（3）用于乳品、清洁乳品接触面或设备的压缩空气或其他气体应经过滤净化处理，以防止造成间接污染。

（4）收乳及贮乳设备应包括：计量设备、乳桶和乳槽车等贮乳设备及洗涤杀菌设备、过滤器或净乳机、冷却设备、有绝热层的贮乳罐、原料乳检验设备、制冷设备等。

（5）预处理设备应包括：混合调配设备（原料调配罐、标准化调配罐）、均质机、过滤器或净乳机、热交换器（杀菌器）等。

（6）鲜乳及再制乳加工设备应包括：预处理设备、乳液贮存设备、洗瓶机及装瓶机（限于玻璃瓶）或自动纸杯包装机，或塑料薄膜包装机、日期打（喷）印机、清洗设备、成品冷藏车等。

（7）发酵乳加工设备应包括：预处理设备、菌种培养设备、搅拌器（混合机）、发酵液贮存罐、发酵液稀释罐、洗瓶机（限于玻璃瓶）、灌装机、日期打（喷）印机、培养室、冷藏库等。

（8）炼乳加工设备应包括：预处理设备、浓缩设备、空罐清洗消毒设备、包装机、高压灭菌机、冷却设备、结晶设备（甜炼乳）等。

（9）乳粉加工设备应包括：预处理设备、浓缩设备，喷雾干燥系统、粉体冷却设备（流化床）、筛粉机、乳粉贮粉设备、添加物混合设备、空罐杀菌机、乳粉包装机等。

（10）奶油加工设备应包括：原料乳贮罐、奶油分离机、杀菌机、稀奶油贮罐、奶油泵、奶油包装机以及根据实际生产增加相应设备，如稀奶油成熟罐、连续奶油加工机等。

（11）干酪生产设备应包括：预处理设备，干酪槽或凝乳槽、干酪盐水槽、压滤槽车、干酪加热成形机、发酵室、熔化锅、切割机、包装机等。

（12）CTP 设备应包括：清洗液贮罐、喷洗头、清洗液输送泵及管路管件、程序控制装置等。

其他乳制品的加工应有必要的专业生产设备。

4. 品质管理设备

应依原材料、半成品及产品检验的需要配置适当检验仪器、设备。

（1）必要的基本设备包括：分析天平（精确度万分之一）、乳制品专用 pH 计、乳密度计、脂肪测定用离心分离机或脂肪测定仪、微生物检验设备、蛋白质测定设备、实验台及实验架、试剂柜、通风橱、供水及洗涤设备，电热、恒温及干燥设备，杂质过滤机、放大镜、显微镜，紫外灯（254nm）等。

（2）专业检验设备包括：用于乳粉、炼乳的灰化炉，用于炼乳的黏度计、用于乳粉的残存氧测定器、手持折光仪、分光光度计等。

（3）工厂应有足够的检验设备供例行的质量检验，以及原料、半成品、成品的卫生质量检验所需。必要时，对于本身无法检测的项目，可委托具权威性的研究和检验机构代为检验。

5. 设备的保养和维修

应加强设备的日常维护和保养，保持设备清洁、卫生；严格执行正确的操作程序；出现故障及时排除，防止影响产品卫生质量的情形发生。每次生产前应检查设备是否处于正常状态，能否进行正常运转；所有生产设备应进行定期的检修并做好记录。

第四节 基本工艺

随着科技的进步，乳制品加工的品种越来越多，加工工艺不胜枚举，但最基本的工艺总体来说可分为如下几个部分：原料的采购、运输贮存、加工过程、成品形成、检验包装、贮存销售。现以UHT（超高温灭菌乳）的生产流程为例，说明工艺过程中的规范（图6-2，图6-3）。

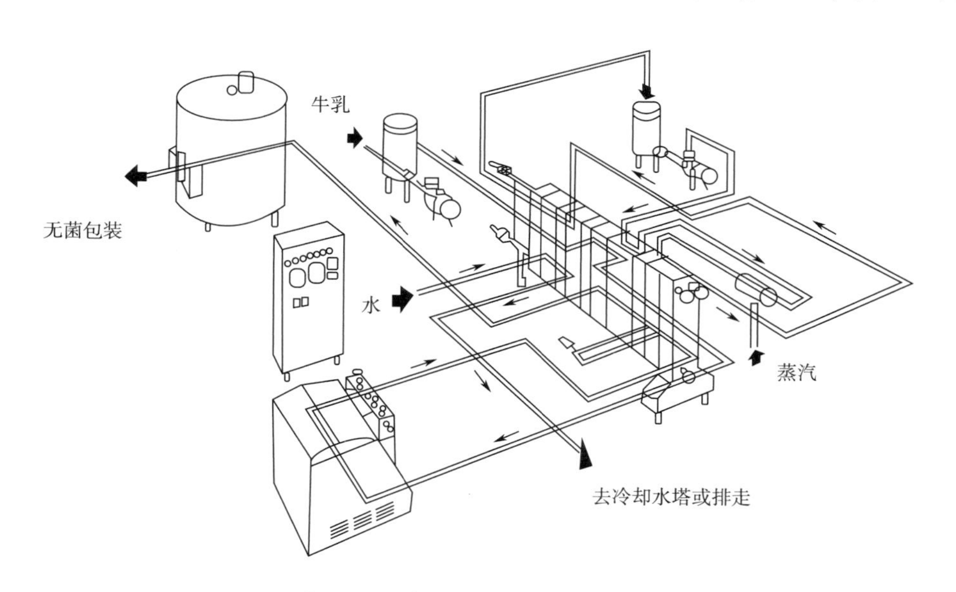

图6-2 间接加热的超高温设备

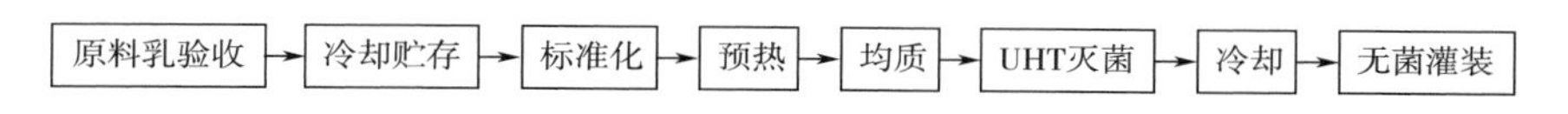

图6-3 超高温灭菌乳生产工艺流程图

（一）UHT（超高温灭菌）工艺流程

（1）工厂收乳员进行检验　酸度试验、酒精试验、玫瑰红试验、杂质度试验、理化检验、煮沸试验、抗生素试验，检测合格方可收入。

（2）冷却贮存　冷却温度4℃贮存。

（3）净乳、标准化　生乳中脂肪、蛋白质、非脂乳固体有任何一项不达标时，可适量添加乳粉，使其理化指标达到产品标准。

（4）冷却贮存　经过标准化的乳迅速冷却至4℃贮存。

（5）UHT 灭菌　UHT 灭菌工序包括原料乳的预热、均质、UHT 灭菌、冷却等操作，均在密闭操作系统中进行，温度135℃，1s。经超高温灭菌后的物料直接输送至灌装机。

（6）无菌灌装　灌装机灭菌、包材灭菌、无菌输送、无菌灌装。UHT 灭菌乳生产所用设备自生乳收购、贮存工序起，至无菌灌装封合工序止，均采用 CIP 方式进行清洗消毒。

（二）生产过程中的标准操作规程

（1）如何进行 CIP 清洗、开机、设定调整设备、换纸接纸、完成后停机、使用酸碱清洗液、标定酸碱浓度、校对酒精浓度等。

（2）生产线应有明确的质量控制检查系统。

（3）使用无菌罐，应有检查并记录产品的温度、贮存时间、系统的密闭性、无菌空气压力等标准规范。

（4）每种原料和成品都应有明确、具体的质量标准，包括颜色、气味、组织状态等外观标准，理化指标、微生物指标、贮存条件、保质期等，不符合质量标准的原料不应用于生产，不符合质量标准的成品不应出厂。

（5）生产区域内的设备、贮罐和容器都应有相应的 CIP 记录或清洗消毒记录。

（6）无菌包装机使用的双氧水的浓度和使用量有详细的记录。

（7）生产和原材料贮存区内应使用待检/通过的标签系统。

（8）生产线上的一切记录都至少有操作人员签字及主管签字或质检人员签字。

第五节　三废处理

与其他类型工厂的基本建设一样，“三废”处理的措施恰当与否，关系到产品质量和环境保护的问题，在建设过程和投产之后都不得有污染物排放。在乳品厂生产中，废水、废物、废气“三废”的排放中主要是废水的排放。

（一）废水管理

（1）污水排放应符合 GB 8978—1996《污水综合排放标准》的要求，不符合标准者应采取净化措施，达标后排放。污水处理应符合环保、防疫的要求，污水处理地点的选择应远离生产车间。

废水的水质污染指标：①生化需氧量（BOD）；②化学需氧量（COD）；③悬浮固体（SS）；④酸度、碱度，一般用 pH 表示。

（2）乳品厂废水主要来源于生产工艺废水和大量的冷却水，冷却水占总废水量的60%～90%。乳品厂的废水排放量与加工工艺和管理水平有很大的关系，以消毒乳为例，在包装工艺上采用软包装则废水排放量只有瓶装工艺的30%～43%。

乳品厂废水中含有大量的有机物，主要有乳脂肪、酪蛋白及其他乳蛋白、乳糖、无机盐类，在水中呈可溶性或胶体悬浮状态。不同乳品品种加工耗水量、废水排放量不同。平均pH接近中性，有的略带碱性，不同时间排放的废水pH变化很大，主要受清洗消毒时所使用的消毒剂、清洗剂的影响。

乳品厂废水的浊度一般在30～40mm。消毒乳、乳粉、酸奶、冰淇淋生产排放的废水COD和BOD基本上超过国家排放标准，目前国内对乳品厂废水的处理方法有活性污泥法、生物滤池法、生物接触氧化法、化学凝聚沉淀法、气浮法等。这些工艺由于污水浓度低，无回收产品，所以投资费用大。乳品厂废水污染负荷低，最好处理方法是灌溉农田。

为减少废水排放，乳品厂清洁生产要求：卸乳采用平台自流，净乳前尽量减少过渡槽和过渡泵，净化后靠净乳机的出口压力直接通过板式换热器降温后到贮乳缸。

采用高位水箱供水的，可采用大井泵直接提水至高位水箱的方式供水，避免二次提水。

双效蒸发器是乳品企业中耗水量最大的设备，要求时时保证冷却水供应，否则设备无法工作，由于高位水箱的容量有限，水多了会从溢流管道溢出，造成水电的浪费，采用水电自动控制系统技术，就能保证水的有效利用。经过计算，鲜乳的初步冷却水和冷冻机冷却水基本上可以满足双效降膜蒸发器冷却的需要。要解决生产衔接就能兼顾两者需要。冷却水重复利用可建一个积水槽和增加一台离心清水泵。

废水排放设置：地面处理坡度，一般为1.0%～1.5%斜坡，清洗废水排放直接排入下水管道，地漏加不锈篦子且有防嗅气装置。

操作时软水管使用不能拖在地面，对贮水池、贮水塔每年至少清洗消毒1次。

（二）污物排放管理

腐蚀性废料在倾倒前应经稀释中和处理。生产装置及辅助设施、作业场所、污水处理设施等排出的各种废渣（液），实行申报登记制度和设置专用贮存设施、场所，并根据其排放性质，进行无害化处理，固体废物贮存处置的设施、场所必须符合国家环境保护标准。

（三）废气排放管理

厂区大气环境质量应符合GB 3095—2012《环境空气质量标准》二类区的要求。大气污染物的排放应符合GB 16297—1996《大气污染物综合排放标准》二级标准的要求。

锅炉及其他排放烟尘装置，必须设有除尘净化设施，使烟囱出口的烟气排放量或排放浓度（包括烟气黑度）符合GB 13271—2014《锅炉大气污染物排放标准》的规定。

第六节　管理体系

管理体系是乳制品质量稳定的保障，生产过程中的某一点如：设备、工艺方法、原材料、操作人员、环境等出现波动，都将可能引起产品质量的波动。

（一）生产过程管理

1. 生产操作规程的制定与执行

（1）工厂应制定《生产操作规程》（以下简称《规程》），由生产部门负责，同时需征得品质管理部门及相关部门或组织的认可。

（2）《规程》中应详细制订（规定）标准生产操作程序、生产过程管理点控制方法与标准（至少应包括生产工艺流程，控制点或控制对象、控制项目。控制标准或控制目标、控制措施及注意事项）及机械设备操作与维护标准。

2. 原材料处理管理

（1）投入生产的原料乳及相关的原、辅材料应符合《质量管理手册》的规定和相应标准的要求。来自厂内外的半成品当作原料使用时，其原料、生产环境、生产过程及品质控制等仍应符合有关良好操作规范的要求。

（2）原料使用前应加以目视检查，必要时进行挑选，去除不符合要求的部分及外来杂物。合格与不合格原料应分别存放，并有明确醒目的标识。

（3）原料及配料的保管应避免污染及损坏，并将品质的劣化减至最低程度，需冷冻的应保持在－18℃以下，冷藏的宜在7℃以下。

（4）外包装有破损的原料应单独存放，标明原因并在检验通过后方可使用。可重复使用（如返工）或继续使用的物料应保存在清洁、可封闭的容器中，并在容器外标有明确的标识。

（5）冷冻原料解冻时应在能防止劣化的条件下进行。

3. 生产作业管理

（1）生产作业应符合安全卫生原则，并应在尽可能减低微生物的生长及乳品污染的控制条件下进行。达到此要求的途径之一是采取严格控制物理因子（如时间、温度、水分活度、pH、压力、流速等，其具体控制标准由品质管理部门制定）及操作过程（如冷冻、脱水、热处理、酸化及冷藏等）等控制措施，以确保不致因机械故障，时间延滞，温度变化及其他因素使乳制品腐败或遭受污染。

（2）易腐败变质的乳制品，应在符合《规程》或有关标准规定的条件下存放。

（3）冷藏乳制品中心温度应保持在7℃以下，冻结点以上。

（4）冷冻乳制品应保持适当的冻结状态，成品中心温度应保持在－18℃以下。

（5）酸性或酸化乳制品若在密闭容器中室温保存，一经适当加热，以杀灭中温微生物。

（6）用于杀灭或防止有害微生物的方法，如杀菌、照射、低温消毒，冷冻、冷藏、控制pH或水分活度等，应适当并足以保证乳制品在加工及贮运过程中的质量。

（7）应采取有效措施，以防止食品加工中或贮存中被原料或废料等污染。

（8）用于输送、装载或贮存原料、半成品、成品的设备、容器及用具，其操作、使用与维护，应避免对加工或贮存中的乳品造成污染。

（9）与原料或污染物接触过的设备，容器及用具，除非经彻底清洗和消毒，否则不可用于处理乳品成品。所有盛放加工中食品的容器不可直接放在地面或已被污染的潮湿表面上，以防溅水污染或由容器底外而污染所引起的间接污染。

（10）加工中与乳品直接接触的冰块，其用水应符合GB 5749—2006《生活饮用水卫生标准》的规定，并在卫生条件下制成。

（11）应采取有效措施（如筛网、捕集器、磁铁、电子金属检查器等）防止金属或其他外来杂物混入乳制品中。

（12）需做杀菌处理的乳品，应严格控制杀菌温度（尤其是设备进出口部位的温度）和时间并快速冷却，迅速移至下一工段，同时定期清洗该设备，防止耐热性细菌的生长与污染，使其污染降至最低程度，已杀菌乳品在装填前若需冷却，其冷却水应符合 GB 5749—2006《生活饮用水卫生标准》的规定。

（13）依赖控制水分活度来防止有害微生物生长的乳制品（如乳粉），应加工处理至安全水分含量之内（水活性控制标准）并保持。其有效控制措施如下：调整其水分活度；控制成品中可溶性固形物与水的比例；使用防水包装或其他方法，防止成品吸收水分，使水分活度不致超过控制标准。

（14）依赖控制 pH 防止有害微生物生长的乳制品，应调节并维持在 pH4.6 以下。

（15）内包装材料应是在正常贮运、销售中能适当保护乳品，不至于有害物质移入乳品，并符合卫生标准。使用过的不得再用，但玻璃瓶及不锈钢容器等不在此限制内，使用前应彻底清洗消毒、再洗净和检查。

（16）生产过程中应避免大面积冲洗工作，必要时也尽可能放低喷头近距离冲洗，以减少水滴四溅，保持周围环境干燥。

（17）不应在生产过程中进行电焊、切割、打磨等工作，以免产生异味、碎屑污染。

（二）机构与人员

1. 机构与职责

（1）生产管理、品质管理、卫生管理及其他各部门或组织均应设置负责人。生产负责人专门负责原料处理、加工及成品包装等与生产有关的管理工作。

（2）品质管理负责人专门负责原材料、包装材料、加工过程中及成品质量控制标准的制订、抽样检验及品质追踪等与品质管理有关的工作。

（3）卫生管理负责人负责各项卫生管理制度的制订、修订，厂内外环境及厂房设施卫生，生产及清洗等作业卫生、人员卫生，组织卫生培训与从业人员健康检查等。

（4）应建立直属企业最高领导的品质管理机构，对工厂监管，负责全面管理职责。品质管理部门应有充分权限以执行品质管理职责，其负责人应有停止生产或停止出货的权力。

（5）品质管理部门应设置乳品检验人员负责乳品一般质量与卫生质量的检验分析工作。应成立卫生管理组织，由卫生管理负责人及生产、品质管理等部门负责人组成，负责规划、审议、监督，考核全厂卫生事宜。

（6）卫生管理组织应配备经专业培训的专职或兼职的乳品卫生管理人员；宣传贯彻食品卫生法规及有关规章制度，负责督查执行的情况并做好有关记录。

（7）卫生管理组织及各部门负责人应忠于职守，以身作则并监督和教育员工严格按既定的作业程序与规定作业。

（8）生产负责人与品质管理负责人不得相互兼任。

2. 人员与资格

生产管理、品质管理、卫生管理负责人应具备大专以上，具有相关专业学历或中专相关专业学历并具备 4 年以上直接或相关管理经验。

生产负责人应具有相应的加工技术、经验与卫生知识。

负责品质管理的人员应具有发现、鉴别各生产环节、制品中不良状况发生的能力。

乳品检验人员应为大专以上相关专业学历，或者中专学校毕业从事乳品检验工作两年以上或经省级以上（包括省级）行政主管部门认可的权威技术部门专业培训后并取得相关专业检验资格者。

工厂应有足够的品质管理及检验人员，能做到每批产品严格检验。

专职卫生管理人员应具备卫生或相关专业大专以上学历或同等学力；兼职卫生管理人员应具备卫生或相关专业中专以上学历或同等学力。

3. 教育与培训

工厂应制定培训计划，组织各部门负责人和从业人员参加各种职前、在职培训和有关食品GMP及HACCP的学习，以增加员工的相关知识与技能。

（三）卫生管理

1. 卫生制度

（1）乳品工厂应制定卫生管理制度及考核标准，作为卫生管理与考评的依据，其内容应包括本章各节的规定。

（2）卫生管理应落实到人，实行岗位责任制。

（3）应制定卫生检查计划，规定检查时间、检查项目及考核标准。每次检查要求有完整的检查记录及考评结果记录并存档。

（4）对未能履行卫生职责的人员，应依据卫生管理岗位责任制进行处罚。

2. 人员卫生管理

（1）应对新参加工作及临时参加工作的人员进行卫生知识培训，取得培训合格证书后方可上岗工作。在职员工应定期（至少每年一次）进行个人卫生及乳制品加工卫生等方面的培训。

（2）应定期对全厂员工进行《中华人民共和国食品卫生法》、本规范及其他相关卫生法规的宣传教育。要有教育计划和考核标准，做到卫生教育培训制度化和规范化。

（3）乳制品加工人员必须保持良好的个人卫生、应勤理发、勤剪指甲、勤洗澡、勤换衣。

（4）进入生产车间前，必须穿戴好整洁的工作服、工作帽、工作鞋靴。工作服应盖住外衣，头发不得露出帽外，必要时需戴口罩。不得穿工作服、工作鞋进入厕所或离开生产加工场所。操作时手部应保持清洁，上岗前应洗手消毒，操作期间要勤洗手。

有下述情况之一时，必须洗手消毒，工厂应有监督措施：上厕所以后；处理被污染的原料、物品之后；从事与生产无关的其他活动之后。

（5）与乳制品直接接触的人员，不得涂指甲油，不得佩戴手表及饰物。

（6）有皮肤切口或伤口的工人，不得继续从事直接接触乳制品的工作。

（7）工作中不得吸烟、吃食物或做其他有碍乳制品卫生的活动。

（8）个人衣物应贮存在更衣室个人专用的更衣柜内，个人用其他物品不得带入生产车间。

（9）用于清扫、清洗和消毒的设备、用具应放置在专用场所妥善保管。

（10）无关人员不得进入生产场所。参观、采访者，应符合现场操作人员卫生要求。

（11）卫生设施管理按GB 14881—2013《食品安全国家标准　食品生产通用卫生规范》中6.2执行；健康管理按GB 14881—2013《食品安全国家标准　食品生产通用卫生规范》中6.3.1执行；除虫、灭害管理按GB 14881—2013《食品安全国家标准　食品生产通用卫生规范》中6.4执行；工作服管理按GB 14881—2013《食品安全国家标准　食品生产通用卫生规范》中6.11执行。

3. 环境卫生管理

（1）厂区内及邻近厂区的道路、庭院，应保持清洁。厂区内道路、地面应保持良好状态，无破损，不积水，不起尘埃。

（2）厂区内草木要定期修剪，保持环境整洁；禁止堆放杂物及不必要的器材，以防止有害动物滋生。

（3）排水系统应保持通畅，不得有污泥蓄积，废弃物应做妥善处理。

（4）应避免有害（有毒）气体、废水、废弃物、噪声等的产生，防止污染周围环境。

（5）应在远离乳制品加工间的适当地点设置废弃物临时存放设施，并依废弃物特性分类存放，易腐败的废弃物至少应每天清除一次，清除后的容器应及时清洗消毒。

（6）废弃物放置场所不得有不良气味或有害（有毒）气体溢出，应防止有害动物的滋生，防止污染食品、食品接触面、水源及地面。

4. 厂房设施卫生管理

（1）应建立厂房设施维修保养制度，并按规定对厂房设施进行维护与保养或检修，使其保持良好的卫生状况。

（2）厂房内各项设施应随时保持清洁和及时维修或更新，厂房屋顶、天花板及墙壁有破损时，应立即修补，地面不得有破损或积水。

（3）收乳间、原料预处理车间、加工车间、厕所等（包括地面、水沟、墙壁等），每天开工前及下班后应及时清洗，必要时予以消毒。

（4）灯具及配管等外表，应定期清扫或冲洗。工作人员应随时整理自己工作环境、保持整洁。

（5）冷藏冷冻库内应经常清理，保持清洁，避免地面积水，并定期进行消毒处理。应定时测量记录冷藏冷冻库内的温度或设自动记录装置。

厂房内若发现有害动物存在时，应追查和杜绝其来源。

（6）原料处理、加工、包装、贮存乳品等场所内，应在适当地点设有不透水、易清洗消毒厂房（一次性使用者除外）、可密盖（封）的存放废弃物的容器，并定时（至少每天一次）搬离厂房。

（7）反复使用的容器在丢弃内容物后，应立即清洗消毒。处理废弃物的设备应于停止运转时立即清洗消毒。

（8）加工作业场所不得堆置非即将使用的原料、内包装材料或其他不必要物品，严禁存放有毒、有害物品。

5. 机械设备卫生管理

（1）用于加工、包装、贮运等的设备及工器具、生产用管道，应定期清洗消毒。消毒方式宜采用 CIP 方法。清洗消毒作业时应注意防止污染乳品。

（2）乳品接触面及内包装材料。所有乳品接触面，包括：用具及设备与乳品接触的表面，应尽可能时常予以消毒，消毒后要彻底清洗（热力消毒除外），以免残留的消毒剂污染乳品。

（3）收工后，对使用过的设备及用具等应进行彻底地清洗消毒，必要时在开工前再清洗一次。

（4）已清洗和消毒过的可移动设备和用具，应放在能防止其乳品接触面再受污染的适当场所，并保持适用状态。

（5）与食品接触的设备及用具的清洗用水，应符合 GB 5749—2006《生活饮用水卫生标准》的规定。

（6）用于加工乳制品的机械设备及场所不得做其他与乳制品加工无关的用途。

6. 清洗和消毒管理

（1）应制定有效的清洗和消毒方法及制度，以保证全厂所有车间和场所清洁卫生，防止食品污染。

（2）在清洁作业区、准清洁作业区时，应定期进行空气消毒。

（3）清洗消毒的方法必须安全、卫生，防止人体和食品受到污染。使用的消毒剂、洗消剂必须经卫生行政部门批准。

（四）品质管理

1. 品质管理手册的制定与执行。

工厂应制定《品质管理手册》（以下简称《手册》），由品质管理部门负责，经生产部门认可后严格遵照执行，以确保生产的乳制品符合《手册》规定标准。实际作业如与《手册》的规定不符，应加以记录并做适当的处理。《手册》应包括本规范下列内容。

（1）原材料，半成品及成品的采样方法。

（2）采样场所注意事项。

（3）检验计划实施过程中的有关事项。

（4）检验结果的判定。

（5）品质管理部门根据判定结果，对生产部门、仓管部门通报的有关事项。

（6）样品的贮存。

（7）检验设备点检验的有关事项。

（8）保存实验检验方法、样品的有关事项。

（9）有必要重新化验时取样的有关事项。

（10）检验所用的方法若采用修改过的简便方法，则应定期与标准方法核对。

2. 计量管理

（1）计量设备应设专人管理。有条件的单位可设立计量室、负责计量设备的管理，包括日常校准，保养维修，登记等工作。

（2）生产中所用计量器（如温度计、压力计、称量器等）应定期校正，并做记录。与乳制品的安全卫生有密切关系的加热杀菌设备所装的温度计与压力计应至少每年委托国家认可的计量单位校正一次。

（3）品质管理记录应以适当的统计方法处理，以提供正确的判断依据。

（4）工厂应对 GMP 有关管理措施建立有效的内部监督检查制度，严格执行并做记录。

3. 原材料的品质管理

（1）《手册》中应详细制订原材料的品质规格、检验项目、验收标准及检验方法，制定过磅、取样、检验、判定、审核、处理、领用等作业程序，并切实执行。

（2）每批原料及包装材料需经查验合格后方可进厂使用，进货时应要求供应商提供检验合格证或化验单。

（3）经判定拒收的原材料应予以标示（不合格或禁用）并分别存放。

（4）经判定合格的原材料，应遵照“先进先出”的原则原料出库。

（5）原材料进厂应根据生产日期、车别或供应商的编号等编订批号，该批号一直沿用至生产记录表，以便于追查。

（6）包装容器经抽样程序被破坏的原材料，应立即做适当的处理，以防变质。

（7）对贮存时间较长，品质有可能发生变化的原材料，应定期抽样确认品质。

（8）因品质保存需要，须有特别贮存条件者，对其贮存条件应能控制并做记录。

（9）对原料乳应做如下的卫生检查：①新鲜度检查：酸度检查（乳酸表示法）。活菌数检查（如美蓝细菌检查）、酒精试验等；②特殊成分的检查：抗生素检查、防腐剂检查及掺假鉴别检验等；③原料可能含有农药、重金属和霉菌毒素时，应确认其含量符合国家标准后方可使用。判定其含量是否符合标准，应依据供应商提供的检验合格证或化验单及抽样检查的结果。

（10）乳品添加剂应设专库或专柜存放，由专人负责管理，注意正确的领料方法及有效期限等，并用专册登记使用的种类，进货量及使用量等。其使用应符合 GB 2760—2014《食品安全国家标准　食品添加剂使用标准》的规定。

4. 加工中的品质管理

（1）工厂宜采用 HACCP 方法管理，并依据危害性分析与危险性评价结果，找出关键控制点，并制定控制标准与控制措施以及一旦偏离控制标准时应采取的纠正措施。《手册》中应详细制订控制点的检验项目、检验标准，抽样及检验方法等并严格执行。

（2）严格执行生产操作规程，其配方及工艺条件非经核准不得随意更改。

（3）为掌握每一步生产过程的质量及方便以后追查，工厂应于生产过程中的控制点抽检半成品，督查记录情况，制作品质记录表及生产表等管理报表。

（4）最终半成品应逐批分析品质，确认其质量合格后方可充填包装制成成品。

（5）每天对包装后的第一个成品及其他抽样成品做微生物（菌落总数，大肠菌群）检查，必要时做霉菌、酵母检查，确认清洗消毒作业是否正确、彻底。

5. 成品的品质管理

（1）《手册》中应详细制定成品的品质规格、检验项目、检验标准、抽样及检验方法。品质规格的下限不得低于国家标准，检验方法原则上应以国家标准方法为准，如用非国家标准方法时应定期与标准方法核对。

（2）成品应逐批抽取代表性样品，实施下列查验分析项目：理化检验，微生物检验、感官检查、外包装检查等。

（3）分析结果应填写“成品质量检验记录表”，结合“生产记录”来判定成品是否合格，同时作为核准出库的依据。

（4）成品入库后应注意成品仓库贮存条件的管理与记录。

（5）成品出库时应注意：检查生产日期及保质期。对外观品质再做检查、禁止运输中无法维持成品品质的车辆出货等。

6. 成品稳定性分析

（1）保温检查　非日配乳类制品，应抽取代表性样品于 37℃保温 7d，除炼乳制品外保温 1d 后做感官检查、理化检验，必要时做微生物检验。

（2）保存检验　每批成品应留样保存，并将抽取的代表性样品贮存于该类产品的正常保存条件下至保质期满后两个月为止，以供必要的品质测定及产生质量纠纷时之用。

7. 贮存与运输的管理

（1）贮运方式及环境应避免日光直射、雨淋、激烈的温度、湿度变动和撞击等，以防止乳制品的成分、含量、品质及纯度受到不良的影响。

（2）仓库应经常整理，贮存物品不得直接放置在地面上。如需低温贮运者，应有低温贮运设备。

（3）仓库中的物品应定期检查，如有异常应及时处理，并应有温度记录（必要时有湿度记录）。包装破损或经长时间贮存品质有较大劣化的可能者，应重新检验，确保其品质处于良好状态。

（4）有造成污染原料、半成品或成品可能的物品禁止与原料、半成品或成品一起运输。

（5）仓库出货顺序，应按先进先出的原则。

（6）运输工具应符合无污染、无虫害、无异味等卫生要求。进货用的容器、车辆等运输工具应检查，防雨、防晒覆盖物不得随便丢在库内、外，以免造成原料或厂区的污染。各种运输车辆一律严禁进入成品区内。

（7）经检验合格包装的成品应贮存于成品库，其容量应与生产能力相适应。库内严禁堆放不合格产品。合格成品应按品种，批次分类存放，并有明显标志。成品库不得贮存有毒、有害物品或其他易腐、易燃品以及可能引起串味的物品。

（8）物品的仓贮应有存量记录，成品出厂应作出货记录，内容应包括批号、出货时间、地点、对象、数量等，以便发现问题时，可迅速收回。

8. 成品售后管理

应建立成品售后管理制度，对顾客提出的书面或口头意见投诉，品质管理部门（必要时，协调其他有关部门）应立即追查原因，妥善处理。

9. 成品收回

工厂应建立能迅速收回出厂成品的成品收回机制，内容包括收回判定、收回产品的鉴定、收回产品的处理、防止不合格再度发生的措施等。

10. 顾客意见处理与成品收回记录

顾客意见（包括书面或口头意见、投诉）及收回的成品，应作记录，内容包括收回产品名称、批号及生产日期、数量和收回日期、收回理由、处理日期和最终处理方法等。

11. 记录管理

（1）卫生管理负责人除记录定期检查结果外，还应填报卫生管理日志，内容包括：当日执行的清洗消毒工作及人员卫生状况，并详细记录异常处理及防止再度发生的措施。品质管理部门在原料、加工及成品中所实施的品质管理结果应详细记录，并和所定的目标值比较、校对，记录异常处理和防止再度发生的措施。

（2）生产部门应填报生产记录及生产管理记录，详细记录异常处理结果及防止再度发生的措施。

（3）各项记录均应由执行人员和有关督导人员复核签名或签章，记录内容如有修改，不能将原文涂掉以至无法辨认原文，且修改后应由修改人在修改文字附近签章。

（4）所有生产和品质管理记录应分别由生产和品质管理部门审核，以确定所有处理均符合规定，如发现异常现象，应立即处理。

（5）工厂对本规范所规定的有关记录，至少应保存至该批产品保质期后 1 个月。

（6）产品标识应符合 GB 7718—2011《食品安全国家标准　预包装食品标签通则》、GB 13432—2013《食品安全国家标准　预包装特殊膳食用食品标签》及国家其他有关法规的规定。

思考题

1. 乳品厂清洁作业区、准清洁作业区、一般作业区各指什么？
2. 厂区设计遵循那些规范？
3. 简述超高温灭菌乳生产区域通风、管道、温湿度布局规范。
4. 简述乳品厂仓库布局规范。
5. 乳品厂的基本设施有哪些？简述其规范内容。
6. 乳品厂中对品质管理设备有哪些规范要求？
7. 为减少废水排放，乳品厂清洁生产有哪些要求？
8. 简述乳品厂原料处理管理规范。
9. 简述乳品厂生产作业管理规范。
10. 简述乳品厂人员卫生管理规范。

CHAPTER 7

第七章

速冻食品加工的良好操作规范（GMP）要素

第一节　概　　述

食品冷冻是一种保鲜效果较好、保存时间较长，成本较低的食品保鲜方法。在各种冷冻保鲜方法中，速冻又是其中保鲜效果最好、保存时间最长的方法。将速冻技术应用于食品保藏保鲜中而产生的一类品质特异的食品，即速冻食品。一般来讲，所谓速冻是指在－30℃或者更低的温度下快速将食品进行冻结，在此低温下，食品冻结过程迅速通过其最大结晶区，食品组织中的水分凝结成细小的冰晶，其直径不大于100μm，冰晶均匀地分布在整个食品组织中，当食品中心温度达到－18℃时，结束速冻过程，然后将食品在低于或等于－18℃的环境中贮藏和流通。速冻食品与其他食品相比具有显著的优点：①优质卫生：食品经过低温速冻处理，既能最大限度地保持食品本身的色泽、风味及营养成分，又能有效抑制微生物的生长繁殖，保证食用安全。②营养合理：如速冻调理食品配料时，可以通过原料的不同搭配来控制脂肪、热量及胆固醇含量，以适应不同消费者需要。③品种繁多：速冻食品现有5大类（速冻米面食品、速冻果蔬食品、速冻畜禽食品、速冻水产食品和速冻调理食品），3000多个品种，从副食到主食，从盘菜到小吃，样样俱全，这是其他任何一类食品不可能达到的。④食用方便：速冻食品既能调节季节性食品的供需平衡，又能减轻家务劳动，减少城市垃圾，保护环境。由于速冻食品与其他食品相比具有无可比拟的优越性，自从20世纪20年代在美国出现以来，就以极快的发展速度风靡全球；改革开放以后，中国的速冻食品工业得到了长足的发展，速冻食品从冻白条肉、冻鱼、冻整禽到单体速冻食品和速冻预制食品，正在或即将走进千家万户成为广大消费者的每日三餐。

良好操作规范（GMP）是指食品加工厂在生产食品时从原料接收、加工制造、包装运输等过程中，采取一系列措施，使之符合良好操作条件，确保产品合格的一种安全、卫生质量保证体系。速冻食品从原料采收到消费者食用整个过程中，须经历加工和流通等许多环节，在每一个环节上如不遵守良好的操作规范，将导致速冻食品的品质败坏，丧失食用价值，因而GMP对速冻食品的生产和流通来讲尤为重要。总的来说，速冻食品加工的GMP包括：优质的食品原料和科学合理的食品配方（对速冻配制食品而言），安全卫生的生产加工和流通环境，有效的速冻技术，完善的冷冻体系，科学的产品质量管理。

（1）适用范围 速冻面米食品、速冻果蔬食品、速冻畜禽食品、速冻水产品和速冻调理食品。

（2）引用标准 GB 13271—2014《锅炉大气污染物排放标准》、GB 5749—2006《生活饮用水卫生标准》、GB 7718—2011《食品安全国家标准 预包装食品标签通则》《出口食品生产企业卫生要求》《出口食品生产企业卫生注册登记管理规定》。

（3）GMP 中有关的术语和定义

①单体速冻食品（IQF）：将肉、禽、水果、蔬菜等分割成小块、片、粒状，然后利用专门的速冻设备进行冻结，成品呈单体状互不黏结，称为 IQF 食品。

②预制食品（调理食品）：是指经过简单加工或加热即可食用的预先进行调理加工的食品。

③冷藏：速冻食品从生产到消费之间所有环节都采用低温处理就称为食品冷藏。

④3P 条件：食品原料、配料的品质（Product），冻结前后的加工工艺（Processing）和食品包装（Package）。

⑤3C 原则：在食品加工与流通过程中，必须自始至终坚持“爱护（Care）”“清洁卫生（Clean）”以及“低温（Cool）”环境的 3C 原则。

⑥3T 条件：速冻食品的最终质量取决于“时间（Time）”“温度（Temperature）”和食品“耐藏性（Tolerance）”三个条件。

⑦3Q 条件：速冻食品在加工贮藏流通过程（冷藏）中冷藏设备、设施的“数量（Quantity）”应当协调，冷藏设备的“质量（Quantity）”标准应该规范一致，作业组织应该“快速实施（Quick）”。

⑧5M 要素：速冻食品在生产加工、贮运及销售的各个环节中，必须强调“原料（Material）”“方法（Method）”“设备（Machine）”“管理（Management）”和“人（Men）”五要素对产品质量的作用。

第二节 速冻食品加工环境

速冻食品加工环境分为厂区内、车间及设备设施的卫生环境等三部分。

一、厂区内环境

（1）厂区内不得兼营、生产、存放有碍食品卫生的其他产品。

（2）厂区内路面平整，无积水，且地面不易产生灰尘。主要通道须硬化，非通道地面应适当绿化。

（3）厂区卫生间应当有冲水、洗手、防蝇、防虫、防鼠设施，墙壁及地面易清洗消毒，并保持清洁。

（4）厂区排水系统畅通，厂区地面不得有积水和废弃物堆积，生产中产生的废水、废料的排放或者处理符合国家有关规定。

（5）厂区建有与生产能力相适应的符合卫生要求的原料、辅料、化学物品、包装物料贮存辅助设施和废物、垃圾暂存设施。

（6）厂区内不得有裸存的垃圾堆，不得有产生有害（毒）气体或其他有碍卫生的场地和设施。

（7）厂区内禁止饲养与生产无关的动物。

（8）工厂须有虫害控制计划、灭鼠图，定期灭鼠除虫。

（9）厂区应布局合理，生产区与生活区应分开，生活区对生产区不得造成影响。锅炉房，贮煤场所、污水及污物处理设施应与加工车间相隔一定的距离，并位于主风向的下风处。锅炉房应设有消烟除尘设施。

（10）原料肉或水产品进厂、人员进出、成品出厂相互之间应避免发生交叉污染。

（11）必要时厂区应设有原料运输车辆和工具的清洗、消毒设施。

（12）工厂的废弃物应及时清除或处理，避免对厂区生产环境造成污染。

二、车间环境

（1）车间面积应与生产能力相适应，生产车间结构和设备布局合理，并保持清洁和完好。车间出口、与外界相连的车间排水出口和通风口应安装防鼠、防蝇、防虫等设施。

（2）生、熟加工区应严格隔离，防止交叉污染。进口国有特殊要求的应符合进口国的规定。

（3）不同清洁区域应另设工器具清洗消毒间，清洗消毒间应备有冷、热水及清洗消毒设施和适当的排气通风装置。

（4）车间地面应采用防滑、坚固、不透水、耐腐蚀的无毒建筑材料，并保持一定坡度，无积水、易于清洗消毒。

（5）车间内墙壁、屋顶或者天花板应使用无毒、浅色、防水、防霉、不脱落、易于清洗的材料修建。墙角、地角、顶角应采取弧形连接，易于清洗。

（6）车间门窗用浅色、平滑、易清洗、不透水、耐腐蚀的坚固材料制作，结构严密；非封闭的窗户应装设纱窗；车间窗户不宜有内窗台，若有内窗台的，内窗台台面应下斜约45°。

（7）车间入口处设有洗手和鞋靴消毒设施，洗手消毒设施应与加工人员数目相适应，备有洗手用品及消毒液和符合卫生要求的干手用品。水龙头为非手动开关并应备有温水。水龙头配置比例应为每10人一个，200人以上，每增加20人增设一个。必要时应在车间内适当位置设置适当数量的洗手消毒设施。

（8）设有与车间相连接的卫生设施，卫生设施包括：更衣室、卫生间、淋浴间等，其设施和布局不得对车间造成潜在的污染。

（9）卫生间的门应能自动关闭，门、窗不得直接开向车间，且关闭严密。卫生间的墙壁和地面应采用易清洗消毒、不透水、耐腐蚀的坚固材料。卫生间的面积和设施应与生产人员数量相适应，设有洗手和干手设施，每个便池设施应有冲水装置，便于清洗消毒。卫生间内应通风良好、清洁卫生。

（10）不同清洁程度要求的区域应设有单独的更衣室，个人衣物（鞋、包等物品）与工作服应分别存放，不造成交叉污染。更衣室的面积和设施应与生产能力相适应，并保持通风良好。更衣室内宜配备更衣镜、不靠墙的更衣架和鞋架。更衣室内有更衣柜的，应采用不易发霉、不生锈、内外表面易清洁的材料制作，保持清洁干燥。更衣柜应有编号，柜顶呈45°斜面。

更衣室应配备空气消毒设施。

（11）生产工艺有要求时，在车间内适当位置设有缓化间（或区域）。

三、设备设施卫生环境

（1）加工设备的安装位置应按工艺流程合理排布，防止加工过程中发生交叉污染，便于维护和清洗消毒。

（2）加工间内操作台、工器具和传送车用易清洗消毒、坚固耐用的材料制作，如不锈钢，与产品接触的设备表面平滑，无凹陷或裂缝。其结构易于清洗消毒，速冻机内不得有生锈、油漆、网带脱落破损等有可能污染产品的部件；冷冻间内不得有生锈蒸发排管、生锈风机、内壁保温层脱落等有可能污染产品的设备设施。

（3）漂烫、蒸煮等加工区应相对隔离，并有温度监控装置。加热设施的上方应设与之相适应的通风、排气装置；冷水管不得在加热设施上方；加工车间天花板不得存有凝结水。

（4）包装间温度应控制在不影响产品质量的适宜温度，但不得高于10℃；有空气杀菌设施；有给排水设施，可保证冲刷四壁及地面，包装间应有包装工人出入门、半成品入料口、成品出口、包装物料进口等通道，并设置必要的防护设施，防止冷库操作工人及其他非清洁区人员出入包装间。

（5）速冻机、急冻间、冷藏库内、库门外应安装易于观察并不易破碎的温度显示装置，机房内应有集中显示、自动记录并控制的显示温度装置。

（6）加热和制冷设备的温度计、显示装置、压力表须符合要求，并定期校准。

（7）在加工间内的适当位置设置工器具清洗消毒处或消毒间，供有82℃的热水或消毒剂，使用消毒剂时，必须配备相应的充足清洁水容器以冲净工器具上的消毒剂。

（8）供水设施、加工用水的管道应采用无毒、无害、耐腐蚀的材料，应有防虹吸或防回流装置，不得与非饮用水的管道交叉接触，并有标志。

（9）排水设施、排水系统应有防止固体废弃物进入的装置，排水沟底角应呈弧形，易于清洗，排水管应有防止异味溢出的水封装置以及防鼠网。应避免加工用水直接排到地面。任何管道和下水道应保证排水畅通，不产生积水。不允许由低清洁区向高清洁区排放加工污水。

（10）通风设施宜采用正压通风方式。进气口应远离污染源和排气口。进风口应有过滤装置，过滤装置应定期消毒。气流宜由高清洁区排向低清洁区。蒸、煮、油炸、烟熏、烘烤设施的上方应设有与之相适应的排油烟和通风装置。排气口应设有防蝇、虫和防尘装置。

（11）车间内位于食品生产线上方的照明设施应装有防护罩，工作场所以及检验台的照度符合生产、检验的要求，光线以不改变被加工物的本色为宜。检验岗位的照明强度应不低于540lx；生产车间的照明强度应不低于220lx；其他区域照明强度不低于110lx。

（12）有温度要求的工序和场所应安装温度显示装置，车间温度按照产品工艺要求控制在规定的范围内。

（13）加热设施应符合热加工工艺要求，配置符合要求的温度计压力表。密闭加热设施还应有热分布图和温度显示装置，必要时配备自动温度记录装置。加热设施设备应有产品合格证，并按规定定期实施计量检定和校准。

（14）高清洁区应配备空气消毒设施。

第三节　速冻食品工厂布局

总的说来，速冻食品的工厂布局包括厂址选择和工厂总平面设计。厂址的选择对当地资源、交通运输、农业发展、产品质量、卫生条件、职工的劳动环境以及基建进度、投资费用、建成投产后的生产条件和经济效益等有密切关系。总平面设计就是将全厂不同使用功能的建筑物、构筑物按整个生产工艺流程，结合用地条件进行合理布置，使建筑群组成一个有机整体，既有利于组织生产，又便于企业管理。

一、厂址选择

（1）厂址应设在当地的规划区内，以适应当地远近期规划的统一布局，并尽量不占或少占良田，做到节约用地。

（2）根据我国具体情况，食品工厂一般倾向于设在原料产地附近的大中城市之郊区，个别产品为有利于销售也可设在市区。

（3）厂区的标高应高于当地历史最高洪水位，特别是主厂房及仓库的标高更应高出当地历史最高洪水位。厂区自然排水坡度最好在0.4%～0.8%。

（4）所选厂址，要有可靠的地质条件，应避免将工厂设在流沙、淤泥、土崩断裂层上。对特殊地质如溶洞、湿陷性黄土、大孔性土等应尽量避免滑坡和塌方。在矿藏地表处不应建厂。厂房修建处应有一定的地耐力。对速冻食品厂而言，建筑冷库的地方，地下水位不能过高。

（5）所选厂址附近应有良好的卫生环境，没有有害气体、放射性源、粉尘和其他扩散性的污染（包括污水、传染病医院等），特别是在上风向地区的工矿企业，更要注意它们对食品厂生产有无危害。厂址不应选在受污染河流的下游。还应尽量避免在古坟、文物、风景区和机场附近建厂，并避免高压线、国防专用线穿越厂区。

（6）所选厂址应有较方便的运输条件（公路、铁路及水路），若需要新建公路或专用铁路时，应选最短距离为好，这样可减少投资。

（7）有一定的供电条件，以满足生产需要。在供电距离和容量上应得到供电部门的保证。

（8）所选厂址附近不仅要有充足的水源，而且水质也应较好（水质起码必须符合卫生部所颁发的饮用水质标准）。生产用水必须符合 GB 5749—2006《生活饮用水卫生标准》的规定。

（9）厂址最好选择在居民区附近，这样可以减少宿舍、商店、学校等职工的生活福利设施。

二、总平面设计

（1）主车间、仓库等应按生产流程布置，并尽量缩短距离，避免物料往返运输。

（2）全厂的货流、人流、原料、管道等运输应有各自路线、力求避免交叉，合理加以组织安排。

（3）动力设施应接近负荷中心。如变电所应靠近高压线网输入本厂的一边，同时，变电所又应靠近耗电量大的车间，又如冷冻机房应接近变电所，并紧靠冷库。

（4）生产区（各种车间和仓库等）和生活区（宿舍、托儿所、食堂、浴室、商店和学校等）、厂前区（传达室、医务室、化验室、办公室、俱乐部、汽车房等）和生产区分开。

（5）生产车间应注意朝向，在华东地区一般采用南北向，保证阳光充足，通风良好。

（6）生产车间与城市公路有一定的防护区，一般为30～50m，中间最好有绿化地带阻挡尘埃污染食品。

（7）根据生产性质不同，动力供应、货运周转和卫生防火等应分区布置。同时，主车间应与食品卫生有影响的综合车间、废品仓库、煤堆及有大量烟尘或有害气体排出的车间间隔一定距离。主车间应设在锅炉房的上风向。

（8）公用厕所要与主车间、食品原料仓库或堆场及成品库保持一定距离，并采用水冲式厕所，以保持厕所的清洁卫生。

（9）厂区道路应按运输量及运输工具的情况决定其宽度，一般厂区道路应采用水泥或沥青路面，以保持清洁。

（10）厂区建筑物间距（指两幢建筑物外墙面相距的距离）应按有关规范设计。

（11）合理确定建筑物，道路的标高以既保证不受洪水的影响，使排水畅通，同时又节约土方工程为标准。

（12）在坡地、山地建设工厂，可采用不同标高安排道路及建筑物，即进行合理的竖向布置。但必须注意设置护坡及防洪渠，以防山洪影响。

（13）相互间有影响的车间，尽量不要放在同一建筑物里，但相似车间应尽量放在一起，提高场地利用率。

第四节　速冻食品基本工艺

速冻食品的种类和品种不同，其加工工艺流程不同。但所有速冻食品加工都遵循以下共同的工艺流程：原料→挑选→清洗→初加工→预冷却→冻结→包装→贮藏→解冻→食用

一、原料选择与处理

（1）原料挑选　生产速冻食品前首先必须挑选原料，优质的原料是生产高质量速冻食品的先决条件。通过原料挑选，去除劣质原料、杂质和虫害。挑选可采取人工挑选和机械挑选。

（2）清洗　清洗是重要环节，因食用时不再清洗。清洗也可采用人工和机械清洗。

（3）初加工　速冻果蔬食品、速冻畜禽食品、速冻米面食品、速冻预制（调理）食品的初加工方法因品种而异，无论采用哪种方法，原则有两条：一是应满足后续快速冻结的需要；二是根据烹调习惯对食品的需求。①速冻果蔬食品：经过适当的切分后，热烫灭酶，品种不同，其热烫温度和时间不一样。②速冻畜禽食品：经过适当的切分整理即可。③速冻米面食品：根据消费者喜好，做成形状各异的食品。④速冻预制（调理）食品：根据消费者的口味和营养需要，科学配方。

二、速　冻

1. 预冷却

常用冷风冷却、水冷却（浸冷和喷淋），目的是使热烫或初加工后食品急速降温10%左右，以防变色、变味，同时冻结前预冷，可尽量降低速冻食品的中心温度。

2. 冻结

产品质量的关键是冻结时间和温度、冻结装置和方法。速冻温度为-35～-30℃，速冻车间度不得高于-22℃，风速维持在5m/s以上。半小时以内（食品中心）迅速通过-5～-1℃最大冰晶生成带，并继续降温至-18℃以下。一般的冻结设备如下。

（1）以空气为介质的速冻设备这类设备效率低，但适用性最强，品种最多，用途最广，有螺旋式、流化床式、网带式、连续式、多层液压推进式和隧道式等速冻装置。

（2）直接接触式或半接触式速冻装置效率较高，且是一种节能型的速冻设备，但劳动强度大。有平板、冷风平板和不锈钢带式速冻装置。

（3）沉浮式速冻装置效率最高，也是最节能的一种速冻装置，适用于冻结带皮带壳的水产品，如鱼、虾和螃蟹等。

（4）蒸发液体/固体冻结器是一种高质量的冻结设备，如液氮冻结装置。

三、冻结后处理

（1）包装速冻调理食品，如正餐和主菜的包装需考虑既可适用于微波炉又可适用于普通烤箱，非调理食品的包装则满足包装要求即可。

（2）贮藏冻结食品在温度-20～-18℃，相对湿度95%～98%的环境中冻藏，严禁库温大幅度波动，以防冰晶重排和增大。

（3）解冻是保证速冻食品最终质量的关键。

第五节　速冻食品“三废”处理

速冻食品生产企业在加工过程中不可避免地会产生废气、废水和废物，称为“三废”。“三废”必须经过处理后才能排放，否则影响环境。由于速冻食品的品种不同，相应产生的“三废”内容物也不一样，其处理措施与方法也不同。

一、废气处理

（1）锅炉烟筒高度和排放粉尘量应符合GB 13271—2014《锅炉大气污染物排放标准》规定，烟道出口与引风机之间须设置除尘装置。

（2）排烟除尘装置应设置在主导风向的下风向。季节性生产企业应设置在季节风向的上风向。

（3）其他排烟、除尘装置也应达到标准后再排放，防止污染环境。

二、废水处理

污水排放必须符合国家规定的标准，必要时应采取净化设施，达标后才可排放。净化和排放设施不得位于生产车间主风向的上方。

1. 果蔬类速冻食品加工污水的处理措施

速冻果蔬食品加工的污水中含有大量的泥沙、有机物、悬浮物及果皮等。对于这类污水的处理，首先用细格栅过滤，除去像果皮等大颗粒的悬浮物，然后再用硫酸铝、绿矾或石灰加入污水中，经过混合絮凝产生沉降，使污水被净化。此外，也可采用生物过滤法或活性污泥法。对污水采用生物过滤法，当污水通过滤池滤料时，在滤料上生长繁殖的微生物进行活动，从而将污水中有机物氧化分解。同样，活性污泥法也是利用微生物的分解作用来净化污水。

2. 肉、禽、水产速冻食品加工过程中污水的处理

肉、禽、水产加工的污水中含有大量的碎肉、碎骨、油污等有机物，有时还有血、毛、粪及未消化食物。因而，处理这种废水有多种方法，即过滤筛除法、活性污泥法及废气消化法等，具体方法可参阅有关资料。

3. 调理预制速冻食品加工过程中污水的处理

速冻预制调理食品加工过程中产生的污水根据食品配方而异，可分别采用相关的处理方法。

三、废物处理

（1）加工后的废物存放应远离车间，且不得位于生产车间上风向。

（2）存放设施应密闭或带盖，便于清洗消毒。

（3）一般而言，加工过程中产生的废弃物都是原料经过预加工后留下的边角料，有一定的经济价值，可回收作为饲料之用。

总之，“三废”的处理首先必须了解有关“三废”排放的国家标准，其次要了解相应的检测污染程度的参数及掌握这些参数的测定方法，最后必须掌握“三废”的处理措施与方法。

第六节 速冻食品质量管理

速冻食品从原料采集、加工到消费者手中，经历的环节很多，同时各种影响质量的人为因素、自然因素也很多，因而食品质量很不稳定。为了使速冻食品的质量得到保证，遵循良好的操作规范在此显得更为重要。一般而言，完整的速冻食品加工流通过程是：食品原料→[运输]→[加工]→[冻结]→[包装]→[分配性冷藏(−30～−25℃)]→[冷藏运输(−25℃)]→[贮存冷库(−25℃)]→[销售冷藏柜(−20℃)]→[家用冰箱(−20～−18℃)]→[解冻食用]

这种从生产到消费之间所有环节都采用连续低温处理的体系就是我们常说的“冷藏链”，速冻食品的质量管理某种意义上来说就是“冷藏链”管理。在多个环节中，必须严格质量管

理，才能使速冻食品最大限度地保持食品原有的色、香、味、口感及营养成分，鲜度高、质量好，且食用安全、卫生、方便、快捷。

一、食品原辅料的质量管理

原材料的好坏直接影响速冻食品的品质。一般认为，初始品质越好，新鲜度越高，其冻结加工后的品质也就越好。优质的速冻食品首先必须有优质的原料来保证。要做好原料的质量管理，可实施下列操作规范。

（1）对使用的原料要进行认真的挑选，选用鲜度高、品质优、外观好的原料。采用的原辅料必须是合格的产品，不能受任何污染，更不能出现变质。

（2）熟食品速冻前应在适合卫生加工要求的冷却设备内尽快冷却，不得保存在温度高于10℃的环境中。

（3）尽量缩短果蔬收获、畜禽屠宰、渔获与冻结加工之间的时间间隔。一般来说，其间隔越短，冻结加工后的食品质量越好。

（4）不能马上速冻的食品原料，应放在0℃左右的环境中贮藏以确保质量。

（5）原料应来自经检验检疫机构备案的种植基地或者具备农药检测合格证明，或者具备产地环境无污染证明。进厂的各种原料必须具备合格的化验单，生产日期和有效期，原料验收和保管有专人负责。

（6）企业应建立完善的农残监控体系，确保原料农残符合进口国有关要求。

（7）半成品原料必须来自食品卫生注册登记企业。

（8）辅料应当符合国家有关卫生规定，有生产厂检验合格证。原辅料进厂后应专库存放，经过进厂检验合格后方准使用，超过保质期的原辅料不得用于食品生产。

（9）加工用水（冰）符合国家GB 5749—2006《生活饮用水卫生标准》或者其他必要的标准，每年对水质的公共卫生防疫卫生检测不少于两次，每周一次微生物检测，每天一次余氯检测。自备水源应当具备有效的卫生保障设施。挂冰衣用水中不得加入消毒剂。

（10）某些原料在采收后，为便于加工、运输和贮存而采取的简易加工应符合卫生要求，不应造成对食品的污染和潜在危害，否则不得购入。

二、原料运输的卫生质量管理

速冻食品原辅料从采收地点到加工之前须经一定距离的运输，运输过程中须做到：

（1）运输工具（车厢、船舱）等应符合卫生要求，应备有防雨防尘设施，根据原辅料特点和卫生需要，还应具备保温、冷藏、保鲜等设施。

（2）运输作业应防止污染，操作时轻拿轻放，不使原料受损伤，不得与有毒、有害物品同时装运。

（3）建立卫生制度，定期清洗、消毒、保持洁净卫生。

三、生产加工过程的质量管理

速冻食品从形态上可分为整体（畜禽）、单体和预制调理速冻食品三大类。整体和单体食品冻结前须经过初步加工，分割整理成适合冻结和方便消费者烹饪的形态；而预制调理食品则要按食品配方合理调配成营养全面均衡的食品。

（1）在生产过程中应按照生产工艺的先后次序和产品特点，将原料前处理、半成品、冻结前成品等不同清洁卫生要求的区域有效分开设置，各加工区域的产品应分别存放，防止人流、物流交叉污染。

（2）加工过程所用设备、操作台、工具、容器等应定时清洗消毒，与肉接触的刀具、绞肉机、搅拌器等设备应用以上的热水清洗消毒。清洗消毒后的工器具应当妥善存放，避免再次污染。

（3）应定期对直接接触产品的器具、加工环境和加工人员的手做微生物检验。

（4）班前、班后应对生产设备、工具、容器、场地等进行彻底的清洗消毒，班前检查合格后，方可生产。

（5）对加工过程中产生的不合格品、跌落地面的原料、产品及废弃物，应收集到固定的地点、有明显标志的专用容器中，并在卫生检验人员的监督下及时处理。

（6）废弃物容器和可食产品容器不得混用，并有明显标志。废弃物容器应防水、防腐蚀、防渗漏，避免对产品造成污染。

（7）禁止使用竹木工器具，对于传统工艺必须使用的，在保证食品安全卫生的前提下可以使用。

（8）原料肉和水产品等的缓化应在缓化间（或区域）内进行。

（9）肉类、水产品、蔬菜等原料，在加工前应经充分挑选、清洗等处理。

（10）有腌制工艺要求的，腌制间温度应控制在0～4℃。

（11）蒸、煮、油炸、烟熏、烘烤等工序，应保持良好的通风，防止冷凝水污染产品。应制定明确的操作规程避免生熟交叉污染，并需有效监控，保持完整记录。

（12）加热后的产品，速冻前应在符合卫生要求的预冷设施内进行预冷处理，不得保存在高于12℃的环境中。

（13）对原料的处理、产品的成形、加热、预冷等工序应控制在规定的时间内。

（14）同一条生产线生产不同品种的产品时，在更换品种前应彻底清洗消毒。

（15）畜禽速冻前可在冷藏室存放2～3d，水产品（如鱼）捕捞后尽快冻结，果蔬则视其成熟度而定。冷藏环境：温度0～2℃，相对湿度86%～92%，空气流速0.15～0.5m/s为宜。

四、冻结过程的质量管理

冻结过程是速冻食品加工中最重要的环节，为确保良好的冻结质量需做到以下几点。

（1）预冷后的产品应立即速冻，产品在冻结时应以最快速度通过食品的最大冰晶区（大部分食品为－5～－1℃）。产品冻结后的中心温度应低于－18℃。整个冻结过程在30min以内完成。

（2）速冻食品在冻结前应进行预冷处理。

（3）选择冻结温度可控制在－30℃以下的速冻设备，保证冻结速度。

（4）应对速冻机械、器具进行定期清洗消毒。

（5）速冻过程可分为快速冷却、表层冻结、深部冻结三个阶段。第一个阶段应以低风速进行冻结，防止出现冻结粘连；第二阶段以高风速进行快速冻结；第三阶段以5m/s左右的经济风速进行深度冻结。

（6）尽量减少食品厚度，提高冻结速度，一般认为3～10mm厚的食品可以获得最有利的冻结条件。

（7）成品应经金属探测器检验合格。金属探测器应定时进行校准。

五、包装质量管理

速冻食品的包装要求与其他食品包装要求相比有共同点，都要符合有关卫生质量标准，但也有不同的地方，即速冻食品包装材质还要适合于微波炉加热的要求。

（1）用于包装食品的物料须符合卫生标准并且保持清洁卫生，不得含有有毒有害物质，不易褪色。

（2）包装物料间干燥通风，有垫板，设有防鼠防虫设施。内外包装物料分别存放、不得有污染。

（3）速冻果蔬托盘、包装间应当与冷库以传递方式相连接，冷库操作工和车辆不得进入包装间。包装间不得兼作穿堂；有专用慢冻产品通道。

（4）鱼类、肉类包装一般可采用多层塑料口袋或铝箔或塑料袋外套纸盒，而对小食品（如包子、水饺等）速冻食品包装可采用双向拉伸聚苯乙烯。

（5）正餐和主菜的包装可采用纸盒包装。这种纸盒的内外表面均涂有一种耐高温（249℃）的塑料膜，既可适用于微波炉又可适用于普通烤箱。

（6）出厂产品，必须按GB 7718—2011《预包装食品标签通则》的规定，注明产品的营养成分（对预制调理食品），净重量、生产日期和有效期、贮存条件（主要是温度要求）、产品的食用方法等，并印有表示价格的条码。

（7）标志预包装、大包装的标志应符合GB 7718—2011《预包装食品标签通则》，应在外包装上标注卫生注册编号、批号和生产日期的内容，出口食品按《进出口食品标签管理办法》和进口国要求执行。

（8）包装时严禁不清洁皮肤或手套接触食品，毛发、口沫、喷嚏及身上物品不能落入食品。

（9）成品包装完毕，应迅速装箱，按批次尽快进入冷库贮存，防止差错。

六、贮存、运输及销售质量管理

速冻食品经过冻结、包装后进入冷藏、运输环节、最后由销售商店转到消费者手中。食品在每一个环节都必须处于低温环境，同时消费者也只有正确贮存和使用，才能保证速冻食品品质优良、新鲜味美。任何一个环节管理不善，都会导致食品质量的破坏，因而科学地管理“冷藏链”至关重要。

1. 运输管理

（1）运输车辆应符合卫生要求、定期消毒，保持干燥、无污染及异味，应备有防雨、防尘的安全控制设施。

（2）运输应使用配备冷藏、保温等设施的运输工具运输，并且制冷保温与状态良好。

（3）运输作业应防止污染、操作要轻拿轻放，不损伤食品，不得与有毒、有害物品同时装运。

（4）运输车辆的箱体温度必须保持在－18℃以下，且防止温度出现较大波动，不得用一般保温车长距离运输。

（5）箱体在装载前必须预冷到10℃以下。

（6）运输车辆上应装有记录产品温度的仪表，以便随时观察温度的变化，产品在运至目的地时，其最高温度不得高于-12℃。

（7）将食品从冷藏库搬到运输工具上时，穿堂温度不能过高（15℃），搬运时要做到门对门。

2. 冷藏管理

（1）冷藏库的温度应当保持在-18℃以下，温度波动范围控制在2℃以内。配备温度显示装置和自动温度记录装置并定期检查。

（2）库内保持清洁卫生、无异味，定期消毒，有防霉、防鼠、防虫设施。

（3）库内物品与地面距离至少15cm，与墙壁距离至少30cm，堆码高度适宜，并分垛存放，标示清楚。

（4）库内不得存放有碍卫生的物品，同一库内不得存放可能造成相互污染或者串味的食品。

（5）应设有肉类、水产原料专用贮存库。

（6）冷藏库内空气的相对湿度一般控制在85%～95%。

（7）速冻食品应在低温陈列柜中出售，低温陈列柜上货后温度应控制在-15℃，允许柜内产品温度短时间升高，但不得高于-12℃；低温陈列柜的敞开放货区不能受日光直射，也不能受强烈的人工光线照射；低温陈列柜的敞开部分在非营业时间要上盖，除霜应在非营业时间进行；低温陈列柜内堆放的食品不得超出装载线，并且包装的与不包装的应分开存放和陈列；柜内产品在销售时要按先进先卖原则。

（8）销售者在购买了速冻食品后应及时放入冰箱的冷冻室；不宜放入冷藏室。

（9）未冻结过的产品不可放入冷藏库降温，防止降低冷藏物的冷藏能力，避免引起库内其他已冻结食品的温度波动。

（10）食品进入冷藏库和从冷藏库内取出、装载及卸货应自动化，尽量缩短作业时间。装载及卸货场所的温度应加以控制，维持在10℃以下的低温。

（11）除霜作业期间，食品会不可避免地产生回温现象。一旦除霜结束后，应在1h内使品温降低到-18℃以下；或者进行除霜前，将产品的品温降到-18℃，甚至更低，使产品回温时不致高于-18℃。

七、 生产加工操作人员的管理

人是影响速冻食品质量的重要因素，只有高素质的员工才能生产出优质的产品。对于速冻食品加工企业来说，生产加工操作人员的操作行为直接关系到产品的质量，在此有必要专门介绍。

（1）应定期对企业员工进行职业技术标准培训，加强质量意识的教育。

（2）食品厂的从业人员（包括临时工）应接受健康检查，并取得体检合格证者方可参加食品生产。企业应建立员工健康档案。

（3）从业人员上岗前，要经过职业技术卫生培训教育方可上岗。

（4）上岗时，要做好个人卫生，防止污染食品。

（5）进入车间前，必须穿戴整洁划一的工作服，帽、靴、鞋，工作服应盖住外衣，头发不得露于帽外，并要把双手洗净。

（6）直接与原料、半成品和成品接触的人员不准戴耳环、戒指、手镯、项链、手表。不准浓艳化妆、染指甲、喷洒香水进入车间。

（7）手接触脏物、进厕所、吸烟、用餐后都必须把双手洗净才能进行工作。

（8）上班前不许酗酒，工作时不准吸烟、饮酒、吃食物及做其他有碍食品卫生的活动。

（9）操作人员手部受到外伤时，不得接触食品或原料，经过包扎治疗戴上防护手套后，方可参加不直接接触食品的工作。

（10）不准穿工作服、工作鞋进厕所或离开生产加工场所。

（11）生产车间不得带入或存放个人生活用品，如衣物、食品、烟酒、药品、化妆品等。

（12）凡患有痢疾、伤寒、病毒性肝炎等消化道传染病（包括病原携带者）、活动性肺结核、化脓性或渗出性皮肤病以及其他有碍食品卫生的疾病者、应调离食品加工及质量管理岗位。

（13）进入车间时洗手、消毒并穿着工作服、帽、鞋，离开车间时换下工作服、帽、鞋；不同清洁区加工及质量管理人员的工作帽、工作服应用不同颜色加以区分，集中管理，统一清洗、消毒、发放；制馅、成形、加热、预冷、内包装人员应戴口罩和带有发罩的帽子。不同区域人员不准串岗。

（14）进入生产加工车间的其他人员（包括参观人员）均应遵守本卫生要求规范的规定。

八、检验管理

（1）企业应设立与加工能力相适应的、独立的检验机构，能进行常规项目的检测。检验机构应具备检验工作所需要的检验设施和仪器设备，仪器设备应按规定定期实施计量检定和校准，并有记录。

（2）检验机构应对原料、辅料、半成品按标准取样检测，并出具检测报告。

（3）成品出厂前应按生产批次进行检验，出具检验报告，检验报告应按规定的程序签发。

（4）对检验不合格的产品及时隔离，反馈信息，并在加工过程中及时采取纠正措施。

（5）检验机构对产品质量有否决权。

（6）企业应配备足够数量的、具备相应资格的专业人员从事卫生质量管理工作，质量管理人员应经过培训、考核合格后持证上岗，企业还应对检验人员定期组织培训。

（7）企业实验室应具备常规检验工作所需要的原辅料和成品检验的标准、技术要求、试验方法等有关检验技术资料。

（8）委托社会实验室承担企业卫生质量检验工作的，该实验室应当具备国家规定的资格，并且应当签有委托检验合同。

（9）企业应制定培训计划，定期对全体员工进行食品安全卫生知识培训，新进厂的人员须经过卫生知识培训，考核合格后方可上岗。

（10）对反映产品卫生质量情况的有关记录，应制定其标记、收集、编目、归档、存贮、保管和处理的程序，并贯彻执行；所有质量记录应真实、准确、规范并保存两年。

（11）企业应制定产品标志、质量追踪和产品召回制度，以保证出厂产品在出现安全卫生质量问题时能够及时召回。

（12）在速冻食品的加工、冷冻、贮运和销售的各个环节中，即冷藏链中始终坚持3P、3C、3T、3Q和5M等条件和原则，是提高速冻食品质量的必要保证。其中温度管理是速冻食品质量管理的核心，是至关重要的。

思考题

1. 名词解释：IQF，预制调理食品，冷藏链，3T，3C，3P，3Q，5M。
2. 简述食品速冻的基本原理。
3. 速冻食品加工的一般工艺流程是什么？
4. 为什么说温度管理是速冻食品质量管理的核心？
5. “冷藏链”体系管理的操作规范是什么？

第八章

饮料生产良好操作规范（GMP）要素

CHAPTER 8

第一节　范围与引用标准

一、饮料

新的国家标准GB/T 10789—2015《饮料通则》代替GB 10789—2007《饮料通则》，于2016年4月1日起实施，新国标中主要对饮料分类的名称和顺序进行了调整，删除或者调整了部分饮料类别下属分类和定义。我国GB 19298—2014《食品安全国家标准　包装饮用水》中则将包装饮用水分为饮用纯净水和其他包装饮用水两大类，而将饮用天然矿泉水排除在外。新的国家标准GB/T 10789—2015《饮料通则》中将包装饮用水从原来的6类变更为3大类，分别是：饮用天然矿泉水、饮用纯净水和其他包装饮用水，从而避免各种概念水的炒作，回归饮用水的本质。此章中以GB/T 10789—2015《饮料通则》中的分类为准，将包装饮用水的种类仍分为3大类来进行讲述。

新的国家标准GB/T 10789—2015《饮料通则》中定义：饮料即饮品，是经过定量包装的，供直接饮用或按一定比例用水冲调或冲泡饮用的，乙醇含量（质量分数）不超过0.5%的制品。饮料可分为饮料浓浆或固体形态，它的作用是解渴、提供营养或提神。饮料的主要品种有：包装饮用水、果蔬汁类及其饮料、蛋白饮料、碳酸饮料（汽水）、特殊用途饮料、风味饮料、茶（类）饮料、咖啡（类）饮料、植物饮料、固体饮料、其他类饮料等11大类。

饮料的具体分类如下。

1. 包装饮用水（Packaged Drinking Water）

包装饮用水是以直接来源于地表、地下或公共供水系统的水为水源，经加工制成的密封于容器中可直接饮用的水。

（1）饮用天然矿泉水（Natural Mineral Water）　从地下深处自然涌出的或经钻井采集的，含有一定量的矿物质、微量元素或其他成分，在一定区域未受污染并采取预防措施避免污染的水；在通常情况下，其化学成分、流量、水温等动态指标在天然周期波动范围内相对稳定。

（2）饮用纯净水（Purified Drinking Water）　以直接来源于地表、地下或公共供水系统的水为水源，经适当的水净化加工方法，制成的制品。

（3）其他类饮用水（Other Types Drinking Water）

①饮用天然泉水（Natural Spring Water）：以地下自然涌出的泉水或经钻井采集的地下泉水，且未经过公共供水系统的自然来源的水为水源，制成的制品。

②饮用天然水（Natural Drinking Water）：以水井、山泉、水库、湖泊或高山冰川等，且未经过公共供水系统的自然来源的水为水源，制成的制品。

③其他饮用水（Other Drinking Water）：如以直接来源于地表、地下或公共供水系统的水为水源，经适当的加工方法，为调整口感加入一定量矿物质，但不得添加糖或其他食品配料制成的制品。

2. 果蔬汁类及其饮料（Fruit/Vegetable Juices and Beverage）

果蔬汁类及其饮料是以水果和（或）蔬菜（包括可食的根、茎、叶、花、果实）等为原料，经加工或发酵制成的液体饮料。

（1）果蔬汁（浆）（Fruit/Vegetable Juice/Puree）　以水果或蔬菜为原料，采用物理方法（机械方法、水浸提等）制成的可发酵但未发酵的汁液、浆液制品；或在浓缩果蔬汁（浆）中加入其加工过程中除去的等量水分复原制成的汁液、浆液制品，如原榨果汁（非复原果汁）、果汁（复原果汁）、蔬菜汁、果浆/蔬菜浆、复合果蔬汁（浆）等。

（2）浓缩果蔬汁（浆）（Concentrated Fruit/Vegetable Juice/Puree）　以水果或蔬菜为原料，从采用物理方法榨取的果汁（浆）或蔬菜汁（浆）中除去一定量的水分制成的，加入其加工过程中除去的等量水分复原后具有果汁（浆）或蔬菜汁（浆）应有特征的制品。含有不少于两种浓缩果汁（浆），或浓缩蔬菜汁（浆），或浓缩果汁（浆）和浓缩蔬菜汁（浆）的制品为浓缩复合果蔬汁（浆）。

（3）果蔬汁（浆）类饮料（Fruit/Vegetable Juice/Puree Beverage）　以果蔬汁（浆）、浓缩果蔬汁（浆）为原料，添加或不添加其他食品原辅料和（或）食品添加剂，经加工制成的制品，如果蔬汁饮料、果肉（浆）饮料、复合果蔬汁饮料、果蔬汁饮料浓浆、发酵果蔬汁饮料、水果饮料等。

3. 蛋白饮料（Protein Beverage）

蛋白饮料是以乳或乳制品，或其他动物来源的可食用蛋白，或含有一定蛋白质的植物果实、种子或种仁等为原料，添加或不添加其他食品原辅料和（或）食品添加剂，经加工或发酵制成的液体饮料。

（1）含乳饮料（Milk Beverage）　以乳或乳制品为原料，添加或不添加其他食品原辅料和（或）食品添加剂，经加工或发酵制成的制品。如配制型含乳饮料、发酵型含乳饮料、乳酸菌饮料等。

（2）植物蛋白饮料（Plant Protein Beverage）　以一种或多种含有一定蛋白质的植物果实、种子或种仁等为原料，添加或不添加其他食品原辅料和（或）食品添加剂，经加工或发酵制成的制品，如豆奶（乳）、豆浆、豆奶（乳）饮料、椰子汁（乳）、杏仁露（乳）、核桃露（乳）、花生露（乳）等。以两种或两种以上含有一定蛋白质的植物果实、种子、种仁等为原料，添加或不添加其他食品原辅料和（或）食品添加剂，经加工或发酵制成的制品也可称为复合植物蛋白饮料，如花生核桃、核桃杏仁、花生杏仁复合植物蛋白饮料。

（3）复合蛋白饮料（Mixed Protein Beverage）　以乳或乳制品，和一种或者多种含有一定蛋白质的植物果实、种子或种仁等为原料，添加或不添加其他食品原辅料和（或）食品添加剂，经加工或发酵制成的制品。

(4) 除上述 (1) (2) (3) 之外的蛋白饮料。

4. 碳酸饮料（汽水）(Carbonated Beverage)

碳酸饮料以食品原辅料和（或）食品添加剂为基础，经加工制成的，在一定条件下充入一定量二氧化碳气体的液体饮料，如果汁型碳酸饮料、果味型碳酸饮料、可乐型碳酸饮料、其他型碳酸饮料等，不包括由发酵自身产生二氧化碳气体的饮料。

5. 特殊用途饮料（Beverage for Special Uses）

加入具有特定成分的适应所有或某些人群需要的液体饮料。

(1) 运动饮料（Sports Beverage） 营养成分及其含量能适应运动或体力活动人群的生理特点，能为机体补充水分、电解质和能量，可被迅速吸收的制品。

(2) 营养素饮料（Nutritional Beverage） 添加适量的食品营养强化剂，以补充机体营养需要的制品，如营养补充液。

(3) 能量饮料（Energy Beverage） 含有一定能量并添加适量营养成分或其他特定成分，能为机体补充能量，或加速能量释放和吸收的制品。

(4) 电解质饮料（Electrolyte Beverage） 添加机体所需要的矿物质及其他营养成分，能为机体补充新陈代谢消耗的电解质、水分的制品。

(5) 除上述 (1) (2) (3) (4) 外特殊用途的饮料。

6. 风味饮料（Flavored Beverage）

风味饮料是以糖（包括食糖和淀粉糖）和（或）甜味剂、酸度调节剂、食用香精（料）等的一种或者多种作为调整风味的主要手段，经加工或发酵制成的液体饮料，如茶味饮料、果味饮料、乳味饮料、咖啡味饮料、风味水饮料、其他风味饮料等。

其中，不经调色处理、不添加糖（包括食糖和淀粉糖）的风味饮料为风味水饮料，如苏打水饮料、薄荷水饮料、玫瑰水饮料等。

7. 茶（类）饮料（Tea Beverage）

茶饮料是以茶叶或茶叶的水提取液或其浓缩液、茶粉（包括速溶茶粉、研磨茶粉）或直接以茶的鲜叶为原料，添加或不添加食品原辅料和（或）食品添加剂，经加工制成的液体饮料，如原茶汁（茶汤）/纯茶饮料、茶浓缩液、茶饮料、果汁茶饮料、奶茶饮料、复（混）合茶饮料、其他茶饮料等。

8. 咖啡（类）饮料（Coffee Beverage）

咖啡饮料是以咖啡豆和（或）咖啡制品（研磨咖啡粉、咖啡的提取液或其浓缩液、速溶咖啡等）为原料，添加或不添加糖（食糖、淀粉糖）、乳和（或）乳制品、植脂末等食品原辅料和（或）食品添加剂，经加工制成的液体饮料，如浓咖啡饮料、咖啡饮料、低咖啡因咖啡饮料、低咖啡因浓咖啡饮料等。

9. 植物饮料（Plant Beverage）

植物饮料是以植物或植物提取物为原料，添加或不添加其他食品原辅料和（或）食品添加剂，经加工或发酵制成的液体饮料。如可可饮料、谷物类饮料、草本（本草）饮料、食用菌饮料、藻类饮料、其他植物饮料，不包括果蔬汁类及其饮料、茶（类）饮料和咖啡（类）饮料。

10. 固体饮料（Solid Beverage）

固体饮料是用食品原辅料、食品添加剂等加工制成的粉末状、颗粒状或块状等，供冲调或冲泡饮用的固态制品，如风味固体饮料、果蔬固体饮料、蛋白固体饮料、茶固体饮料、咖啡固体饮料、植物固体饮料、特殊用途固体饮料、其他固体饮料等。

11. 其他类饮料（other beverage）

除上述1～10大类之外的饮料，其中经国家相关部门批准，可声称具有特定保健功能的制品为功能饮料。

二、　良好生产规范要素与主要引用标准

饮料类企业的良好操作规范一般包括：水源及卫生防护、建筑设计与设施、原料、加工工艺、生产过程、品质管理、卫生管理、生产人员、成品贮存与运输等几个主要部分内容（表8－1）。

表8－1　　饮料厂良好操作规范基本要素

1 范围	7 卫生管理	9 生产过程的食品安全控制
2 引用标准	7.1 卫生制度	9.1 产品污染风险控
3 术语和定义	7.2 环境卫生	9.2 生物污染的控制
4 选址及厂区环境	7.3 厂房设施卫生	9.3 化学污染的控制
5 厂房和车间	7.4 机器设备卫生	9.4 物理污染的控制
5.1 设计	7.5 人员卫生	10 检验
5.2 选址	7.6 健康管理	10.1 检验标准
5.3 配置	7.7 清洗和消毒	10.2 产品检验
5.4 空气洁净度要求	7.8 定期维护	10.3 检验人员
5.5 物流通道	7.9 除虫灭害	11 产品的贮存和运输
5.6 地面	7.10 有毒有害物管理	11.1 仓库检查、记录
6 设施与设备	7.11 污水污物管理	11.2 出入库记录
6.1 设施	8 食品原料、食品添加剂和食品相关产品	12 产品召回管理
6.1.1 供水设施	8.1 原料的品质管理	13 培训
6.1.2 排水设施	8.2 食品添加剂的品质管理	14 管理制度和人员
6.1.3 清洁消毒设施	8.3 菌种的品质管理	15 记录和文件管理
6.1.4 个人卫生设施	8.4 包装容器、材料的品质管理	
6.1.5 仓贮设施	8.5 成品的品质管理	
6.2 设备	8.6 贮存、运输的管理	
6.2.1 生产设备	8.7 成品售后意见处理	
6.2.2 设备要求	8.8 记录处理	

该类企业GMP体系需要引用的国家标准较多，主要有：GB/T 10789—2015《饮料通则》、GB 12695—2016《食品安全国家标准　饮料生产卫生规范》、GB 19304—2018《食品安全国家标准　包装饮用水生产卫生规范》、GB 5749—2006《生活饮用水卫生标准》、GB 19298—2014《食品安全国家标准　包装饮用水》、GB 8537—2018《食品安全国家标准　饮用天然矿泉水》、GB/T 21732—2008《含乳饮料》、GB/T 30885—2014《植物蛋白饮料　豆奶和豆奶饮料》、GB/T 31121—2014《果蔬汁类及其饮料》、GB 7718—2011《食品安全国家标准　预包装食品标签通则》、GB/T 29602—2013《固体饮料》、GB 2760—2014《食品安全国家标准　食品添加剂使用卫生标准》、GB/T 10792—2008《碳酸饮料（汽水）》、GB 14881—2013《食品安全国家标准

食品生产通用卫生规范》、GB 4789.1—2016《食品安全国家标准　食品微生物学检验总则》、GB 4789.2—2016《食品安全国家标准　食品安全国家标准食品微生物学检验菌落总数测定》、GB 4789.2—2016《食品安全国家标准　食品安全国家标准食品微生物学检验大肠菌群计数》、GB 4789.15—2016《食品安全国家标准　食品微生物学检验霉菌和酵母计数》、GB/T 4789.21—2003《食品卫生微生物学检验　冷冻饮品、饮料检验》、GB/T 5009.50—2003《冷饮食品卫生标准的分析方法》、GB 31603—2015《食品安全国家标准　食品接触材料及制品生产通用卫生规范》、GB 9685—2016《食品安全国家标准　食品接触材料及制品用添加剂使用标准》、GB13432—2013《食品安全国家标准　特殊营养食品标签》、SB/T 11207—2017《流通业商品分类与代码—软饮料》、GB1886.228—2016《食品安全国家标准　食品添加剂　二氧化碳》、GB 50073—2013《洁净厂房设计规范》等。

第二节　饮料工艺简介

一、碳酸饮料的生产

1. 工艺流程

碳酸饮料的生产工艺流程有两种，一种是配好调味糖浆后，将其灌入包装容器，再灌入碳酸水（即充入二氧化碳的水）至规定量，密封后混匀的方式，称为二次灌装工艺，又称现调式工艺（图8－1）；另一种是将调味糖浆和水预先定量混合，然后将该混合物进行碳酸化后再灌入包装容器的方式，称为一次灌装工艺，又称预调式工艺（图8－2）。

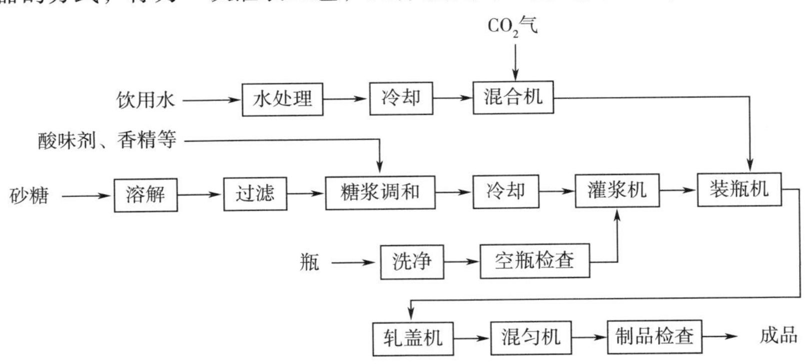

图8－1　现调式碳酸饮料生产工艺流程

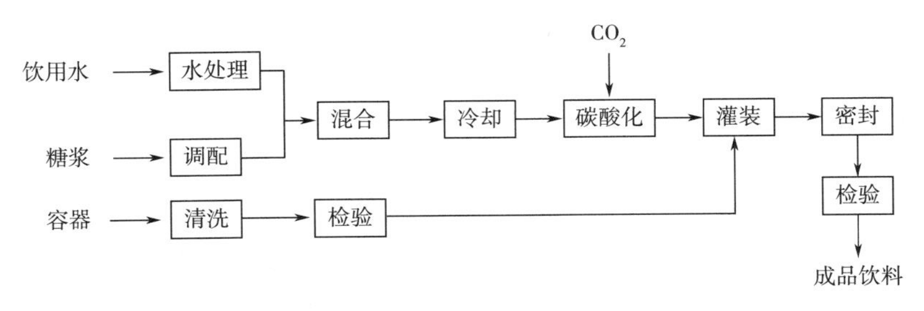

图8－2　预调式碳酸饮料生产工艺流程

2. 主要工艺步骤说明

（1）水处理　按照饮用水的标准选择好水源，将水进一步净化处理，为了 CO_2 有较高的溶解度，需要将水冷却到一定程度。

（2）配制糖浆　按照生产配方计算出糖的用量，在化糖设备中将糖溶解，过滤后再加入酸味剂、香精等，就制成了糖浆。对于热稳定性不好的香精也可在糖浆冷却后加入，但需要进一步混合均匀。一次灌装工艺还需要将糖浆和水按照一定的比例混合到所需要的浓度。

（3）碳酸化　碳酸饮料最为重要的性质是发泡性，发泡程度是由饮料中溶解的二氧化碳量决定的。水或者糖浆水中吸收碳酸气的过程称为碳酸饱和作用或碳酸化作用，用于碳酸化的设备称为碳酸化器或气水混合机。

（4）洗瓶　PET 瓶及易拉罐由于采用密封包装，污染很小，只需使用含氯量（3～10）$\times 10^{-6}$、硬度小于 50×10^{-6}（以 $CaCO_3$ 计）的软化水瞬间冲洗即可，冲洗压力保持在 0.2～0.4kPa。

（5）灌装　二次灌装工艺，先将调味糖浆定量注入瓶中，然后加入碳酸水至规定量，密封后混合均匀。这种糖浆和水先后各自灌装的现调式方法，对于含有果肉的碳酸饮料较为有利，因为果肉颗粒通过混合机时容易堵塞喷嘴，不易清洗。但二次灌装只有水被碳酸化，而糖浆未经混合机，因而没有被碳酸气饱和，两者接触时间短，气泡不够细腻，调成成品饮料后含气量降低，为此必须提高碳酸水的含气量。一次灌装工艺，可以直接将冷却碳酸化以后的糖浆水连续压入灌装机进行灌装。一次灌装法的优点是糖浆和水的比例准确，灌装容量容易控制；当灌装容量发生变化时，不需要改变比例，产品质量一致；灌装时，糖浆和水的温度一致，起泡少，CO_2 的含量容易控制和稳定。产品质量稳定，含气量足，生产速度快，已成为碳酸饮料生产发展的方向。这种灌装方法的缺点是不适于带果肉碳酸饮料的灌装，而且设备较为复杂，混合机与糖浆接触，洗涤与消毒都不方便。

3. 生产中容易出现的质量安全问题

原辅料、包装材料的质量控制；生产车间，尤其是配料和灌装车间的卫生管理控制；水处理工序的管理控制；管道设备的清洗消毒；配料计量，尤其是添加剂的使用控制；瓶及盖的清洗消毒；制冷充气工序的控制；操作人员的卫生管理。

碳酸饮料主要质量问题有 CO_2 含量低，杀口感不明显；有固形物杂质；有沉淀物生成，包括絮状物的产生和不正常的混浊现象，生成黏性物质；风味异常变化、出现霉味、腐臭和产生异味等；变色包括褐变和褪色；过分起泡或不断冒泡等。

碳酸饮料中充入 CO_2，可减少氧的侵入，抑制需氧微生物的生长和繁殖。因此，饮料中 CO_2 含量不足，在保质期内容易变质，同时还会影响饮料的风味。

碳酸饮料生产出来后，有时放置几天就有乳白色胶体物质形成，往外倒时呈糨糊状。胶体变质的主要原因：砂糖的质量太差，含有较多的胶体物质和蛋白质；CO_2 含量不足或混入空气太多，使微生物生长繁殖；瓶子没有彻底消毒，瓶内残留的细菌利用饮料中的营养物质生成胶体物。

防止的途径有：加强设备、原料、操作等环节的卫生管理；充足 CO_2 气体，降低成品的 pH；选用优质的原辅材料生产。

4. 必备的生产资源

（1）生产场所　原辅材料及包装材料仓库、成品仓库、水处理车间、配料车间、包装瓶（罐）及盖清洗消毒车间、冷却充气车间、自动灌装封盖车间、包装车间等。

（2）生产设备　水处理设备、配料罐、过滤器、混水混合机、瓶及盖的清洗消毒设施、自动灌装封盖设备、喷码机、管道设备清洗消毒设施等。

二、饮用天然矿泉水

1. 分类

天然矿泉水我国的分类体系 GB 8537—2018《食品安全国家标准　饮用天然矿泉水》根据产品中 CO_2 含量分为：

（1）含气天然矿泉水包装后，在正常温度和压力下有可见同源 CO_2 自然释放起泡的天然矿泉水。

（2）充气天然矿泉水按国家标准规定处理，充入 CO_2 而起泡的天然矿泉水。

（3）无气天然矿泉水按国家标准规定处理，包装后，其游离 CO_2 含量不超过为保持溶解在水中的碳酸氢盐所必需的 CO_2 含量的一种天然矿泉水。

（4）脱气天然矿泉水按国家标准规定处理，包装后，在正常的温度和压力下无可见的 CO_2 自然释放的一种天然矿泉水。

饮用天然矿泉水生产工艺（图 8－3）

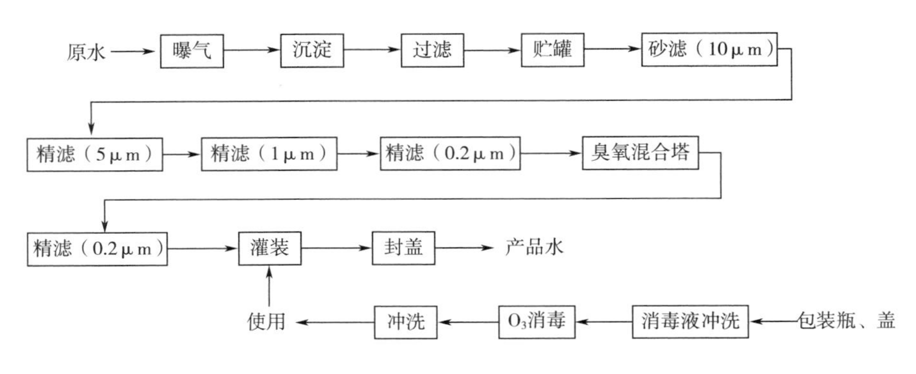

图 8－3　饮用天然矿泉水工艺流程

2. 工艺步骤说明

（1）引水　引水要求符合 GB 5749—2006《生活饮用水卫生标准》。引水工作的主要目的就是在自然条件允许情况下，得到最大可能的流量，防止水与气体的任何损失；防止地表水和潜水的渗入与混入，完全排除有害物质污染和生物污染的可能性，防止水由露出口到利用处物理化学性质发生变化；另外，水露出口设备对水的涌出和使用应方便。

（2）曝气处理　矿泉水中因含有大量 CO_2 及 SO_2 等多种气体，呈酸性，所以可溶解大量金属离子。矿泉水采出后，压力降低，与空气接触，放出大量 CO_2，水的 pH 升高，导致已溶解的金属盐类产生沉淀。矿泉水中含有的 SO_2 等气体和铁等金属盐类，会慢慢产生沉淀，产生异味，影响瓶装后水的感官质量。通过曝气工艺处理后产生氢氧化物沉淀，可以脱掉多种气体，驱除不良气味，提高矿泉水的感官质量。天然气体脱除后，原来的酸性变为碱性，过量的金属离子产生多种形式的沉淀，经过过滤并补充 CO_2 以后，矿泉水硬度下降，达到饮用水水质标准。

（3）过滤　过滤的目的是除去水中的不溶性悬浮杂质和微生物，主要为泥沙、细菌、霉菌、藻类及一些微生物的营养物。粗滤一般是矿泉水经过多介质过滤，能截留水中较大的悬浮颗粒物质，起到初步过滤的用，过滤时加入一些锰砂，能够降低水中的锰、铁含量。有时为了提高过滤效果还在矿泉水的粗滤过程中加入一些助滤剂如硅藻土或活性炭，或进行一道活性炭过滤。精滤采用砂滤棒过滤，但近年来更多采用微滤和超滤作为精滤，微滤经常采用三级过滤，目前国内推广的三级过滤为5μm、1μm和0.2μm，明显提高了矿泉水的质量和产品的稳定性。为了保证质量，将经过灭菌后的矿泉水再经过0.2μm微滤去除残存在矿泉水中的菌体。

（4）杀菌　为保障饮用安全性，通常需要进行杀菌处理。常用的消毒方法是氯消毒、紫外消毒和臭氧消毒。臭氧消毒是目前普遍认为较好的方法，国际瓶装水协会（IBWA）建在臭氧处理前，瓶装水一般用反渗透、纳滤、超滤去除天然水中99%的有机物，降低臭氧的用量。臭氧投加量为1～5mg/L，接触时间为4～10min，保持0.1～1mg/L剩余臭氧浓度。在地下、喷泉中采取的原水，一般先贮于水槽内，原水中含有的固形物或混浊物质会自然沉淀除去，放置时间过长，有害微生物就会繁殖，也会污染环境，因此贮水时间不宜过长。如要长时间贮存，可立即用氯杀菌。

（5）充气　充气一般是在气水混合机中完成的，其具体过程和碳酸饮料是一致的，为了提高矿泉水中CO_2的溶解量，充气过程中需要尽量降低水温，增加CO_2的气体压力，并使气、水充分混合。充气工序主要是针对含碳酸气天然矿泉水或成品中含CO_2的生产，不含气矿泉水的生产不需要这道工序。因此矿泉水是否充气主要取决产品的类型。碳酸泉中往往拥有质量高、数量多的CO_2气体，矿泉水生产企业可以回收利用这些气体。由于这种天然碳酸气纯净，可直接被采用生产含气矿泉水。如果使用的CO_2不够纯净，就必须对其进行净化处理。其净化处理过程一般都需经过高锰酸钾的氧化、水洗、干燥和活性炭吸附脱臭，以去除CO_2中所含的挥发性成分，否则会给矿泉水带来异味和有机杂质，并给微生物的生长提供机会。

（6）灌装　灌装是指将杀菌后的矿泉水装入已灭菌的包装容器的过程。不含气矿泉水的灌装采用负压灌装，灌装前将矿泉水瓶抽真空，形成负压，矿泉水在贮水槽中以常压进入瓶中，瓶子的液面达到预期高度后，水管中剩余的矿泉水流回缓化室，再回到贮水槽，装好矿泉水的瓶子压盖后，灌装就结束了。含气矿泉水一般采用等压灌装。在矿泉水厂，自动洗瓶机与罐装工序相配合。

3. 必备的生产资源

（1）生产场所应具备原辅材料及包装材料仓库、成品仓库、水处理车间、瓶（桶）及盖清洗消毒车间、灌装封盖车间、包装车间等生产场所。

（2）生产设备包括粗滤设备、精滤设备、杀菌设备、瓶（桶）及其盖的清洗消毒设施、管道设备清洗消毒设施、车间空气净化设施、自动灌装封盖设备、灯检设施、喷码机、去离子净化设备（适用包装饮用水，如离子交换、反渗透或蒸馏装置等）。

第三节　饮料、包装饮用水与规范要素说明

一、水源及卫生防护

1. 包装饮用水

水源地应设立卫生防护区，防护区划分为Ⅰ级、Ⅱ级、Ⅲ级，并在防护区界设置固定标志

和卫生防护区图。Ⅰ级级防护区（采集区）：范围包括地下水取水点、引水及取水建筑物所在区域；Ⅰ级保护区边界距取水点最少为15m；取水点有封闭式建筑物，并有专人管理；该范围内限制未授权人员进入；禁止设置与引水无关的建筑；消除一切可能导致地下水污染的因素及妨碍地下水采集正常运行的活动。Ⅱ级防护区（内防护区）：范围包括水源地周围区域，即地下水向取水点流动的径流地区；在泉（井）外围半径30m范围内，不得设置居住区、厕所、水坑，不得堆放垃圾、废渣或铺设污水管道；该范围内，禁止设置可导致地下水水质、水量、水温改变的引水工程；禁止进行可能引起含水层污染的人类生活及经济工程活动。Ⅲ级防护区（外防护区）：范围包括地下水资源补给和形成的整个地区，其防护半径应不小于100m，在此区域内只允许进行对水源地卫生情况没有危害的经济工程活动。

采集来自公共供水系统的水作为生产用源水，应采取措施避免对公共供水系统造成逆向污染，水处理系统不得用水泵直接与公共供水系统管网相连接。采集来自非公共供水系统的水（地表水或地下水）作为生产用源水，应符合以下要求：①采集点：应采用有效的卫生防护措施，防止源水以外的水进入采集设备；应设立采样点，采样点的设计和操作应避免对源水造成污染；②采集区域：采集区域周围应设直防护隔离区，限制牲畜和未授权人员进入；出水口或取水口应建立适当防护设施，地下水的出水口（如井口、泉眼）应通过建筑进行防护；③采集设备：设备的安装和维护应采用有效的卫生防护措施，避免对源水造成污染。在采集水点附近建造新的采集点（如水井）、水泵修理移位或采取了其他采集维护行为后应及时消毒。采集设备的采水能力应与允许的开采量相匹配；④采集输送：应采用封闭管道进行输送，防止污染，不应用容器运到异地灌装。

2、饮料用水的水质标准

加工用水应符合GB 5749—2006《生活饮用水卫生标准》及进口国要求。饮料工艺用水应采用蒸馏法、电渗析法、离子交换法、反渗透法及其他适当的方法对水进行处理以符合饮料工艺用水的特殊要求，同时企业应进行所规定项目的水质检验。企业应每年两次由具备检测资格的机构对生产用水按GB 5749—2006《生活饮用水卫生标准》进行全项目的水质检验。并确定检验频率，检验项目应包括但不限于下列内容：色、浑浊度、气味（臭和味）、pH、细菌总数、大肠菌群和游离余氯等。GB 5749—2006《生活饮用水卫生标准》饮料生产用水的水质标准是在1985年首次发布后的第一次修订，自2007年7月1日起实施。规定指标由原标准的35项增至106项（表8－2、表8－3）。

表8－2　　　　生活饮用水的水质卫生标准

指标	饮用水	饮料用水
浊度/NTU	<1～3	<2
色度/度	<15	<5
溶解性总固体/（mg/L）	<1000	<500
总硬度（以$CaCO_3$计）/（mg/L）	<450	<100
铁（以Fe计）/（mg/L）	<0.3	<0.1
高锰酸钾消耗量/（mg/L）	—	<10
总碱度（以$CaCO_3$计）/（mg/L）	—	<50
游离氯/（mg/L）	>0.3	<0.1
致病菌	—	不得检出

表8－3　饮用水和饮料用水其他指标要求

项目		限值
1 微生物指标	总大肠菌群/（MPN/100mL 或 CFU/100mL）	不得检出
	耐热大肠菌群/（MPN/100mL 或 CFU/100mL）	不得检出
	大肠埃希氏菌/（MPN/100mL 或 CFU/100mL）	不得检出
	菌落总数/（CFU/mL）	100
2 毒理学指标	砷/（mg/L）	0.01
	镉/（mg/L）	0.005
	铬（六价）/（mg/L）	0.05
	铅/（mg/L）	0.01
	汞/（mg/L）	0.00
	硒/（mg/L）	0.01
	氰化物/（mg/L）	0.05
	氟化物/（mg/L）	1.0
	硝酸盐/（mg/L）	10（地下水源限制时 20）
	三氯甲烷/（mg/L）	0.06
	四氯化碳/（mg/L）	0.002
	溴酸盐（使用臭氧时）/（mg/L）	0.01
	甲醛（使用臭氧时）/（mg/L）	0.9
	亚氯酸盐（使用二氧化氯消毒时）/（mg/L）	0.7
	氯酸盐（使用复合二氧化氯消毒时）/（mg/L）	0.7
3 感官性状和化学指标	色度（铂钴色度单位）	15
	浑浊度（散射浑浊度单位）/NTU	1（水源与净水为 3）
	臭和味	无臭味、异味
	肉眼可见物	无
	pH	不小于 6.5 且不大于 8.5
	铝/（mg/L）	0.2
	铁/（mg/L）	0.3
	锰/（mg/L）	0.1
	铜/（mg/L）	1.0
	锌/（mg/L）	1.0
	氯化物/（mg/L）	250
	硫酸盐/（mg/L）	250
	溶解性总固体/（mg/L）	1000
	总硬度（以 $CaCO_3$ 计）/（mg/L）	450
	耗氧量（以 O_2 计）/（mg/L）	3（水源限制，原水耗氧量对于 6mg/L 时为 5）

续表

项目		限值
	挥发酚类（以苯酚计）/（mg/L）	0.002
	阴离子合成洗涤剂/（mg/L）	0.3
4 放射性物质	总 α 放射性/（Bq/L）	0.5
	总 β 放射性/（Bq/L）	1

我国生活饮用水水质标准规定，在自来水的管网末端自由性余氯应保持在0.1～0.3mg/L。小于0.1mg/L时不安全，大于0.3mg/L时，水含有明显的氯臭味。为了使管网最远点保持0.1mg/L的余氯量，一般总投氯量为0.5～2.0mg/L。

3. 供水系统

（1）水处理企业加工用自来水或井水或地下水应根据当地水质特点增设水质处理设施，过滤器必须安全卫生，符合国家相应的卫生要求，大型软化水的装置应与饮料加工区隔离，并定期对软化水的设施进行清洗消毒处理。自备蓄水设施应制定对这些设备设施的清洗程序、清洗效果的检查程序并实施，确保水质符合卫生要求。

供水设施出入口应增设安全卫生设施，防止有害动物或其他有害物质进入导致污染。

（2）管道各种与水直接接触的供水管均应用无毒、无害、防腐蚀的材料制成。直接接触及用来调配饮料的用水必须用单独管道输送，加工用水的管道应有防虹吸或防回流装置，避免交叉污染。企业应对厂区内所有的生产用水的出水口进行编号并绘制供水网络图，生产、加热、制冷、冷却、消防等用水应用单独管道输送，并用醒目颜色的标志区别，供水系统应能保证工厂各个部位所用水的流量、压力符合要求。车间内应设置清洗台案、设备、管道、工器具以及生产场地用的水源。

二、 车间布局与设备要求

（1）各生产车间应依其清洁要求程度，分为一般作业区、准清洁作业区、清洁作业区及非食品处理区，各区之间应视清洁程度给予有效隔离，防止交叉污染。一般分区方式如下：

①食品生产辅助区：办公室、配电、动力装备等。

②一般作业区：品质实验室、原料处理、仓库、外包装等。

③准清洁区：杀菌工序、配料工序、预包装清洗消毒等。

④清洁作业区：灌装工序、乳酸菌发酵工序、菌种培养间。

（2）车间内的清洗、分选、切割、打浆、分离、搅拌、贮存、调配、均质、浓缩、干燥、粉碎、装料、灌装、封罐、加热、杀菌，以及固体、液体输送设备、设施和工器具等应无毒、耐腐蚀、不生锈、易于清洗或清理消毒、检查、维护。输送管道应光滑无锈蚀，管道接头应连接紧密，防止跑、冒、滴、漏。

（3）CO_2钢瓶应放置在使用点附近安全的与加工区隔开的气瓶室内。

（4）天然矿泉水源的出水口应建有独立的机井房，并建立井压、流量、水温记录。

三、 原辅材料

1. 生产用原辅料要求

（1）应符合我国和进口国卫生要求，避免有毒、有害物质的污染。原辅料中农、兽药残留超过有关限量规定的，禁止使用。投产前，原料还须经过严格检验，经检验不合格的原料不得投产。超过保质期的原料、辅料不得用于食品生产。

（2）严禁使用我国、进口国不允许使用的添加剂。特殊用途的饮料中严禁添加我国颁布的禁用物品和国际组织颁布的禁用药物。饮料中使用的甜味剂、酸味剂、香精、食用色素、乳化剂、防腐剂、抗氧化剂、营养强化剂等食品添加剂以及饮料中使用的风味料、我国颁布的既是食品又是药品的物品应符合我国和进口国有关食品卫生要求规定。

（3）果蔬汁生产工艺中使用的酶制剂、净化剂应符合国家标准和有关食品卫生要求规定。

（4）加工用的果蔬类原料，应采用新鲜或贮藏的成熟适度、风味正常、无病虫害及霉烂果、符合加工要求的果实。果蔬类原料农药残留应符合进口国的要求。加工用的干果品原料应干燥、无霉变、无虫蛀。

（5）加工用的原果蔬汁、浓缩果蔬汁应风味正常、不变质。

（6）生产含乳饮料用的鲜乳其抗生素残留应符合国家规定。

（7）碳酸饮料中使用的CO_2需经净化系统处理，且应符合国家标准规定。

（8）包装容器和包装材料应符合 GB 9685—2016《食品安全国家标准　食品接触材料及制品用添加剂使用标准》，食品容器、包装材料用助剂使用卫生标准和进口国的规定。包装容器和包装材料不得含有有毒有害物质，不易褪色。预包装容器不允许回收使用。

2. 原料运输、贮藏的卫生

（1）盛装原料的容器必须无毒、耐腐蚀、易清洗、结构坚固，并应经常清洗、消毒，保持洁净；运输车辆必须经常清洗、消毒，保持洁净，防止原料受污染；运输鲜果蔬原料时必须轻装、轻卸，不得与容易造成原料污染的物品混装、混运。易腐坏原料应采取特殊措施，或用冷藏车运输。外购的瓶子和瓶盖在运输和贮藏过程中应使用干净的容器或包装袋包装；运输车厢和贮存包装容器的仓库必须保持清洁，并有防尘，防污染措施。

（2）贮存原料的仓库必须通风良好、干燥、清洁，并具有防蝇、防鼠设施；地面用水泥或不渗水的无毒材料铺砌，库内应经常清扫（洗）、消毒。库内原料应按不同品种离墙、离地分类堆放，并标明入库日期、先进先用；新鲜果蔬类原料应存放在遮阳、通风良好并有保鲜措施的场地。场地地面应采用便于清洗、消毒的无毒材料铺砌；表面平整，稍有坡度，有良好的排水沟；经常清洗、消毒；原果汁、浓缩果汁、菜汁应存放在低温库内。库温应达到规定的温度，并规定各种原料的贮存期限。

四、　饮料生产卫生控制

1. 原辅料

（1）投产前的原料必须经过严格检验，不合格的原料不得投产。凡规定有贮存期限的原料，过期不得使用。生产所需要的配料应在生产前运进生产现场的配料库中，避免污染。原料、辅料、半成品、成品应分别暂存在不会受到污染的区域。盛放食品的容器不得直接接触地面。车间内不得使用竹木工器具（包括木制砧板和有竹木柄的刀具）和容器，不得使用麻袋作为原辅料或半成品的包装袋。

（2）经二氧化碳净化系统处理的二氧化碳，必须符合 GB 1886. 228—2016《食品安全国家标准　食品添加剂　二氧化碳》的规定。

（3）经水处理系统处理的饮料用水除符合饮用水的卫生要求外，还须符合饮料工艺用水的规定。

2. 包装容器

包装容器、材料应符合相关标准或规定，并且在特定贮存和使用条件下不影响食品的安全和产品特性。食品接触的包装容器、材料用添加剂应符合 GB 9685—2016《食品安全国家标准 食品接触材料及制品用添加剂使用标准》及相关法规要求。

（1）包装容器使用前必须经过严格检验，不合格时不得使用。

（2）新包装容器、回收包装容器、一次性包装容器应分类堆放，使用前必须经过消毒、清洗、消毒。消毒、清洗后的回收包装容器必须抽验菌落总数和大肠菌群，不符合标准时不得使用。如采用吹瓶、灌装、封盖（封口）一体设备，且设备自带空瓶或瓶坯除尘和瓶盖消毒功能，可不再进行空瓶和瓶盖清洗消毒。

3. 防止交叉污染

（1）厂房和车间的设计与分区　通常划分为一般作业区、准清洁作业区、清洁作业区。各区之间应有效隔离，防止交叉污染。一般作业区通常包括原料处理区、仓库、外包装区等；准清洁作业区通常包括杀菌区、配料区、包装容器清洗消毒区等；清洁作业区通常包括液体饮料的灌装防护区或固体饮料的内包装区等。具体划分时根据产品特点、生产工艺及生产过程对清洁程度的要求设定。

液体饮料一般应设置水处理区、配料区、灌装防护区、包装区、原辅材料及包装材料仓库、成品仓库、检测实验室等，生产食品工业用浓缩液（汁、浆）的企业还应设置原料清洗区（与后续工序有效隔离）。固体饮料一般应设置配料区、干燥脱水区/混合区、包装区、原辅材料及包装材料仓库、成品仓库、检测实验室等。

如使用周转的容器生产，还应单独设立周转容器检查、预洗间。

清洁作业区应根据不同种类的饮料特点和工艺要求分别制定不同的空气洁净度要求。出入清洁作业区的原料、包装容器或材料、废弃物、设备等，应有防止交叉污染的措施，如设置专用物流通道等。

作业中有排水或废水流经的地面，以及作业环境经常潮湿或以水洗方式清洁等区域的地面应耐酸耐碱。

（2）供、排水设施　供水设施必要时应配备贮水设备（如贮水槽、贮水塔、贮水池等），贮水设备应符合国家相关标准或规定，以无毒、无异味、不导致水质污染的材料构筑，有防污染设施，并定期清洗消毒。供水设施出入口应增设安全卫生设施，防止异物进入。

排水系统内及其下方不应有食品加工用水的供水管路。排水口应设置在易于清洁的区域，并配有相应大小的滤网等装置，防止产生异味及固体废弃物堵塞排水管道。所有废水排放管道（包括下水道）必须能适应废水排放高峰的需要，建造方式应避免污染食品加工用水。

（3）清洁消毒设施　应根据工艺需要配备包装容器清洁消毒设施，如使用周转容器生产，应配备周转容器的清洗消毒设施。与产品接触的设备及管道的清洗消毒应配备清洗系统，鼓励使用就地清洗系统（CIP），并定期对清洗系统的清洗效果进行评估。

（4）个人卫生设施　生产场所或生产车间入口处应设置更衣室，洗手、干手和消毒设施，换鞋（穿戴鞋套）设施或工作鞋靴消毒设施，必要时应设置风淋设施。

出入清洁作业区的人员应有防止交叉污染的措施，如更换工作服、工作鞋靴或鞋套。若采用吹瓶、灌装、封盖（封口）一体设备的灌装防护区入口可依据实际需求调整。

液体饮料清洁作业区内的灌装防护区如对空气洁净度有更高要求时，入口应设置二次更衣室，洗手和（或）消毒设施，换鞋（穿戴鞋套）设施或工作鞋靴消毒设施，必要时应设置风淋设施。符合下列条件之一的可不设置上述设施：

①使用自带洁净室及洁净环境自动恢复功能的灌装设备；

②使用灌装和封盖（封口）都在无菌密闭环境下进行的灌装设备；

③非直接饮用产品［如食品工业用浓缩液（汁、浆）、食品工业用饮料浓浆等］的灌装防护区入口。

固体饮料的配料区、干燥脱水区/混合区、内包装区入口处应设置洗手和（或）消毒设施，换鞋（穿戴鞋套）设施或工作鞋靴消毒设施。如设置风淋设施，应定期对其进行清洁和维护。

灌装、封盖（封口）设备鼓励采用全自动设备，避免交叉污染和人员直接接触待包装食品。

容易造成交叉污染的清洗、拣选、榨汁、浓缩、调配、过滤、灌装、封罐、杀菌、固体输送、干燥、粉碎、装料、包装、制冷等工序，应采取有效控制措施予以分区或隔离，防止生产过程中相互污染。班前班后做好卫生清洁工作，专人负责检查，并作检查记录。

4. 生产过程的食品安全控制

（1）产品污染风险控制　应定期检测食品加工用水水质。饮料用水需脱氯时，应定期检验，确保游离余氯去除充分。有水处理工艺的，应规定水处理过滤装置的清洗更换要求，制订处理后水的控制指标并监测记录。

有调配工艺的，需复核确认，防止投料种类和数量有误。调配使用的食品工业用浓缩液（汁、浆）、原汁、糖液、水及其他配料和食品添加剂，使用前应确认其感官性状无异常。

溶解后的糖浆应过滤去除杂质，调好的糖浆应尽快使用。

半成品的贮存应严格控制温度和时间，配制好的半成品应尽快使用。因故延缓生产时，应对已调配好的半成品及时作有效处理，防止污染或腐败变质，恢复生产时应对其进行检验，不符合标准的应予以废弃。

杀菌工序应有相应的杀菌参数（如温度、时间、压力等）的记录或图表，并定时检查是否达到规定要求。

生产时应确保产品封口的密闭性。

（2）生物污染（主要是微生物）的控制　清洁消毒方法应安全、卫生、有效。清洁作业区生产前应启动空气净化系统，对车间内空气进行净化。应保证清洁人员的数量并根据需要明确每个人的责任，所有的清洁人员均应接受良好的培训，认识污染的危害性和防止污染的重要性，确保生产车间达到卫生要求。用于不同清洁区内的清洁工具应有明确标识，不得混用。特别是微生物的监控。饮料加工过程的微生物监控应包括：微生物监控指标、取样点、监控频率、取样和检测方法、评判原则以及不符合情况的处理等，并结合生产工艺及产品特点制订监控内容。

（3）化学污染的控制　使用的洗涤剂、消毒剂应符合国家相关标准和规定。生产车间不应在生产过程中使用各类杀虫剂。杀虫剂、清洁剂、消毒剂等化学品应在其外包装有明显警示标识，并存放于专用仓库内，设专人保管。杀虫剂、清洁剂、消毒剂等化学品的采购及使用应有详细记录，包括使用人、使用目的、使用区域、使用量、使用及购买时间、配制浓度等。

（4）物理污染的控制　建立防止异物污染的管理制度，分析可能的污染源和污染途径，并制定相应的控制计划和控制程序。通过采取设备维护、卫生管理、现场管理、外来人员管理及加工过程监督等措施，最大限度地降低食品受到玻璃、金属、塑胶等异物污染的风险。采取设置筛网、捕集器、磁铁、金属检查器等有效措施降低金属或其他异物污染食品的风险。当进行现场维修、维护及施工等工作时，应采取适当措施避免异物、异味、碎屑等污染食品。

5. 洗瓶

（1）灌装饮料前的玻璃瓶必须用洗瓶机清洗干净。工厂应制订洗瓶操作工艺规程，规定碱度、浓度、温度和浸瓶时间，定时检查、化验。

（2）洗瓶机应装配记录式或刻盘式碱液温度记录仪，至少两小时记录一次。

（3）洗净后的空瓶（包括金属罐或其他包装容器）必须抽样做细菌检验，细菌数不得超过50个/瓶（罐），大肠菌群不得检出。

（4）空瓶周转箱必须经常清洗。

6. 糖浆制备

（1）糖浆室和配料室应定期清洗、消毒。

（2）制备糖浆时必须严格控制卫生条件，从配料到贮存，各个工序都必须严格防止污染。混合糖浆时应采用机械方法。

（3）调好的基料糖浆必须尽快灌装完毕，不得使用变质、不合格的糖浆。剩余的糖浆必须从管道和混合器中全部排出，并及时将管道和混合器清洗、消毒。

（4）输送糖浆的管道必须安装合理，所有接头应连接严密、光滑，不得渗漏糖浆。接口处所用的麻绳（或胶带）应采用无毒材料。

7. 灌装

产品包装（灌装）应在专用的包装间进行，包装（灌装）间及其设施应满足不同产品需无菌灌装或低温灌装或常温灌装的条件以及固体饮料对包装环境温度、湿度的要求。产品包装应严密，整齐，无破损。

（1）灌装前应将灌装设备、管道、冷却器和其他接触饮料的器具彻底消毒、清洗。

（2）从糖浆配制到灌装工序必须有防尘设施。

（3）洗净的空瓶（罐）应经过最短的距离输送到灌装机。洒落在灌装机及地面上的糖浆应及时清洗，避免微生物繁殖而污染饮料。

（4）应采用自动或机械灌装、压盖。如用人工封盖，必须严格消毒。

（5）停止灌装后，必须将所有接触饮料的设备、管道、贮料缸进行消毒、清洗。

8. 杀菌

灌装、封盖后的饮料应按杀菌工艺规程及时杀菌。杀菌或不杀菌的产品其卫生指标必须符合 GB 2759—2015《食品安全国家标准　冷冻饮品和制作料》的规定。采用加热杀菌工艺时，应按不同种类的产品杀菌要求，制订有科学依据的杀菌工艺（如巴氏杀菌、超高温杀菌、二次杀菌）规程并正确实施，同时做好自动温度记录及相关记录；采用非加热杀菌工艺时，应采取无菌灌装工艺或其他可控制污染的灌装工艺。

9. 检验

灌装封盖（封口）后应对产品的外观、灌装量、容器状况、封盖（封口）严密性和可见物等进行检验。

（1）工厂应根据生产量配备空瓶、成品检瓶人员。检瓶人员的视力，两眼必须在1.0以上。

（2）上岗前至少经两周以上检瓶训练。患有色盲症者不得从事检瓶工作。

（3）检瓶光源照度必须在1000lx以上，检验空瓶时应采用间接的或减弱的荧光灯，让空瓶在光前移动。检验成品时应采用较强的白炽间接灯。

（4）工厂应规定检瓶人员最长连续作业时间，以保证检瓶效果。以下列检瓶速度和连续检瓶时间为宜：

检瓶速度	连续检瓶时间
100个以下/min	40min以内
100个以上/min	30min以内

灌装后必须逐个检验外观、灌装量、容器状况、封盖严密性等。

10. 产品的贮存和运输

应具有与所生产产品的数量、贮存要求、周转容器周转期及产品检验周期相适应的仓贮设施，仓贮设施包括自有仓库或外租仓库。同一仓库贮存性质不同的物品时，应适当分离或分隔（如分类、分架、分区存放等），并有明显的标识。

必要时应具有冷藏（冻）库，冷藏（冻）库应配备可正确显示库内温、湿度的设施。

仓库中的产品在贮存期间应定期检查，保证其安全和质量，必要时应有温度记录和（或）湿度记录，如有异常应及时处理。需冷藏（冻）贮存和运输的产品应按标签标示的温度进行冷藏（冻）贮存和运输。产品的贮存和运输应有相应的记录，产品出库应遵循先进先出的原则，出入库应有详细记录。

11. 其他工艺环节

（1）工艺卫生检查必须包括：各个关键因素（环节），生产日期、班次，产品名称，清洗、消毒液使用情况（如清洗、消毒液的种类、浓度、温度、接触时间等），清洗、消毒程序（清洗、消毒部位和频率）等。检查结果应详细记录，由检验人员签字后编号存档，保存两年，备查。

（2）清洗消毒应定期对场地、生产设备、工具、容器、泵、管道及其附件等进行清洗、消毒。并定期对清洗消毒效果进行检测。使用的清洗剂、消毒剂应符合有关食品卫生要求规定。清洗前尽可能地将可拆卸的生产设备、管道连接部件拆开，使清洗水能够冲洗到所有与产品接触的部分。车间内清洗用的软质水管或者水枪应保持正常的工作状态，不得落地。车间应设置专用的工器具清洗、消毒场所。

（3）金属探测固体饮料生产检验工序需要时应设置金属探测器，以控制金属碎屑对产品造成的显著危害。

（4）不合格品的处理对加工过程中产生的不合格品应在固定地点用有明显标志的专用容器或设施分别收集，同时对不合格品产生的原因进行分析，并在质检人员监督下及时采取措施和处理。

12. 品质管理设备

工厂必须设有与生产能力相适应的卫生质量检验室，检验室应具备产品标准所规定的检验项目所需要的场所和仪器设备。未开展检测的项目，可委托当地卫生行政部门认可的食品卫生检测机构进行检测。检验室应配备的仪器设备包括：化学分析天平、pH 计、折射糖度计、保温箱、显微镜（倍率应不小于1500 倍）、微生物检验设备、余氯测定器、灰化炉（果蔬汁饮料厂必备）、离心机（果蔬汁饮料厂必备）、真空测定器（金属罐装果蔬汁饮料厂必备）、压力或气体容积测定器（碳酸饮料厂必备）、氨基态氮测定装置（含蛋白类产品饮料厂必备）、浊度及色度测定设备及生产过程中的品质管理设备（如温度计、压力计、称量器、糖度计、比重计等）应定期校正，与食品卫生安全有密切关系的加热杀菌设备所装置的温度计与压力计，每年至少应委托权威机构校正一次。

五、 包装饮用水生产卫生控制

1. 生产用源水的水质卫生监测

（1）为了保证饮用水良好和稳定的质量，在生产期间应对水源水质定期监测界限指标和卫生学意义的指标：感官要求、微生物亚硝酸盐、耗氧量等各项指标。

以自公共供水系统和非公共供水系统的水为生产用源水的（饮用天然矿泉水除外），源水水质监测项目均按照 GB 19298—2014《食品安全国家标准　包装饮用水》的原料要求进行监测；

饮用天然矿泉水的源水水质应按 GB 8537—2018《食品安全国家标准　饮用天然矿泉水》的原料要求进行监测；

以非公共供水系统的水为生产用源水的，监测频率为每年丰水期和枯水期各至少一次；遇到特殊情况如地震、洪水时，应增加监测次数；

以非公共供水系统的水为生产用源水的，取样点应为源水出水口，以公共供水系统的水为生产用源水的，取样点应设在公共供水接入口；

以来自公共供水系统的水为生产用源水的包装饮用水，可以公共供水方的水质监测报告作为监测依据，应确保水质符合 GB 5749—2006《生活饮用水卫生标准》要求，遇到特殊情况如地震、洪水时，应加强监测。

（2）监测时间界限指标为每四个月监测一次；亚硝酸盐、耗氧量每四个月监测一次，丰水期加测一次；感官要求、微生物指标丰水期每 15 天监测一次，平水期和枯水期每月监测一次。

（3）一旦监测结果达不到有关标准要求，必须立即采取纠正措施。

2. 水源卫生防护与水处理工艺

（1）以地下水为生产用源水的水源卫生防护　以地下水为生产用源水，仅允许通过脱气、曝气、倾析、过滤、臭氧化作用或紫外线消毒杀菌过程等有限的处理方法，不改变水的基本物理化学特征的产品，其水源地应设立卫生防护区，防护区划分为Ⅰ级、Ⅱ级、Ⅲ级，并在防护区界设置固定标志和卫生防护区图。

（2）以地表水为生产用源水的水源卫生防护　在易污染的范围内应采取防护措施，不得对水源造成任何物理、化学和微生物污染。

（3）曝气如采用除铁、锰曝气工艺，应采取有效措施防止外界微生物对矿泉水的污染。

（4）过滤凡采用多道过滤装置的，应逐级滤除水中的杂质和微生物，避免过滤过程对矿泉水造成二次污染。臭氧氧化塔工序后的滤器必须由耐臭氧材料构成。过滤装置所使用的活性炭滤器、砂芯滤器，中空纤维滤器或膜过滤器的过滤材料要定期清洗和更换。所更换的每批过滤材料使用前都必须做完整性试验，检查是否有泄漏。

3. 防止交叉污染

（1）厂房和车间

①厂房和车间应设立水处理区、灌装防护区、检测实验室、包装区、原辅材料及包装材料仓库、成品仓库；

②采用可周转的容器生产包装饮用水，应单独设立周转容器的检查和预处理区；

③生产过程中如需使用食品添加剂的（气体除外），应设置配（投）料区；

④厂房和车间应分为一般作业区、准清洁作业区和清洁作业区。一般作业区通常包括水处理区、包装区、仓库，周转容器的检查区等；准清洁作业区通常包括配（投）料区、预包装清洗消毒区等；灌装防护区应设在清洁作业区。采用自带洁净室及洁净环境自动恢复功能的吹瓶、灌装、封盖（封口）一体，且其内部形成清洁作业环境的设备可不设在清洁作业区；

⑤一般作业区、准清洁作业区与清洁作业区，各区之间应采取有效的隔离，防止交叉污染。

（2）设施与设备

①供水设施：不同用途的水如生产用源水、清洗消毒用水、辅助生产用水等，应避免交叉污染，各管路系统应明确标识以便区分，鼓励企业设置清洗水回收设施。

辅助生产用水包括锅炉房、机修、制冷、空压机及真空泵站、污水站、检验实验室和贮运等的用水。

②清洁消毒设施：应根据工艺需要配备相应的容器清洁消毒设施。与产品接触的设备及管道的清洗消毒应配备清洗消毒设施，鼓励使用就地清洗系统（Clean In Place，CIP），应定期对清洗消毒的效果进行评估。

③个人卫生设施：配（投）料区应设置二次换鞋（穿戴鞋套）设施或工作鞋靴消毒设施，洗手、干手、消毒设施；清洁作业区入口处应设置二次更衣室，设置风淋设施、换鞋（穿戴鞋套）设施或工作鞋靴消毒设施，洗手、干手、消毒设施。

当吹瓶、灌装、封盖（封口）一体设备不设在清洁作业区时，其灌装防护区入口处可不设置二次更衣室、风淋设施、鞋靴消毒设施和洗手、干手、消毒设施。风淋设施应定期进行清洁和维护。

④空气净化设施：食品加工用水贮水罐应安装空气呼吸器；灌装防护区应加装空气过滤装置，对空气进行过滤净化处理，并对过滤装置定期清洁；灌装防护区静态空气洁净度（悬浮粒子、沉降菌）应达到10000级且灌装局部应达到100级；或灌装防护区静态整体空气洁净度达到1000级。生产过程中直接与产品或包装接触的压缩空气应经过除油、除水、除尘过滤处理。

4. 灭菌

（1）凡采用臭氧装置对矿泉水进行灭菌的，应控制好进入臭氧氧化塔中臭氧的浓度和矿泉水流速，其臭氧在水中浓度要依据气温、水质、pH和水中还原性物质的多少加以调节，以达到灭菌效果。

臭氧消毒水的缺点是：经过一段时间后，水中臭氧全部衰变为氧气。正常情况下，臭氧在水中的半衰期为20min，pH 7.6时为1min，pH 10.4时为0.5min，使水中含氧量升高变成富氧水最高含氧量可达10～20mg/L。富氧水比不经过臭氧处理的水更适宜于细菌的繁殖。因此，经过臭氧处理的水要防止二次污染。

（2）凡采用紫外线消毒装置的，应保持紫外线灯管表面清洁，应注意选择紫外线灯类型

（其波长应包括250～280nm的杀菌峰值波长），水层不超过2cm，并控制流速。根据灯管使用寿命定期进行更换。

值得注意的是，紫外线消毒器处理水的能力必须大于实际生产的用水量，一般以超出实际用水量的2～3倍为宜。如果紫外线消毒器的处理水量满足不了实际生产用水量时，可增加紫外线消毒器的台数来满足生产用水的需要。

（3）通过灭菌处理的矿泉水的菌落总数（个/mL）、霉菌计数（个/mL）和大肠菌群（个/100mL）均不得检出（按GB 4789—2016《食品安全国家标准　食品微生物学检测》规定的检验方法进行检验）。

（4）严禁在矿泉水中加入任何消毒剂、防腐剂。

5. 包装容器

包装容器、材料应符合相关标准或规定，并且在特定贮存和使用条件下不影响食品的安全和产品特性。食品接触的包装容器、材料用添加剂应符合GB 9685—2016《食品安全国家标准　食品接触材料及制品用添加剂使用标准》及相关法规要求。

瓶子和瓶盖在灌装前必须经过严格清洗消毒，其清洗设备应自动化（不应用手工操作）。经洗消处理的包装瓶、盖的菌落总数、大肠菌群和霉菌均不得检出，不得有消毒剂残留。

周转桶应采用符合GB 9685—2016《食品安全国家标准　食品接触材料及制品用添加剂使用标准》及相关法规要求的材料制成，如聚碳酸酯（PC）等。周转使用的空桶的内部清洗消毒设备应为连续自动化设备，至少包括预清洗、洗涤剂清洗、消毒剂清洗、水冲洗、成品水冲洗等不少于10个清洗消毒工位（含沥干工艺），并设置合理的冲洗时间、压力、洗涤剂和消毒剂的浓度等，确保空桶清洗消毒效果。

周转回厂的空桶应严格检查水桶的密封性和安全性，如影响产品质量和安全则不应再使用。周转桶不应露天存放。

6. 灌装与封盖

（1）开采或处理后的天然矿泉水不得以容器或水罐车装运至异地进行灌装。

（2）洗净的瓶子应经过最短的距离输送到灌装机。

（3）灌装与封盖设备应自动化，不得用人工灌装和封盖。

（4）用于封盖的方法、设备及材料应能确保封口严密，并且不损害容器，不污染矿泉水。

7. 生产过程的安全控制

水处理工艺的设置应符合源水类型、水质特性及对产品水质的要求。

（1）化学污染控制　为减少或去除某些化学物质，可对源水进行相应的处理，包括物理（机械）过滤和化学处理，如采用膜过滤器、砂滤或压缩纤维过滤器、活性炭过滤、去离子化（反渗透等）和曝气等工艺来完成。

如采用除铁、锰曝气工艺，应采取有效措施防止造成污染。

（2）微生物污染控制　为控制微生物污染，可对源水进行相应的处理，包括化学处理（如臭氧消毒等）和物理处理（如紫外线杀菌、过滤除菌等）。

采用臭氧消毒工艺的，应在保证杀菌效果的前提下严格控制臭氧浓度，避免或减少溴酸盐产生。

采用紫外线消毒工艺的，应定期监控紫外线强度。当紫外线强度降低到规定要求以下时，应及时更换，保持紫外灯管表面的清洁。

采用过滤除菌工艺的，应定期更换滤膜或滤料、定期反冲洗和清洗，检查滤膜性能等。

对灌装防护区、清洗消毒后的包装容器等关键生产环节进行微生物监控。

8. 检验

（1）生产线检验灌装封盖（封口）后应对产品的外观、灌装量、容器状况、封盖（封口）严密性和肉眼可见物等进行检验。生产企业应配备与生产能力相符的空瓶、空桶、成品的检验人员。建议企业采用在线检验设备，如空瓶或成品瓶的检验设备等。

（2）应具备相应指标检验能力，包括菌落总数、大肠菌群、浑浊度、色度、臭氧浓度（仅适用于采用臭氧工艺）、亚硝酸盐、臭氧和洗消剂的残留量、电导率（仅适用于饮用纯净水）；以非公共供水系统为水源的还应具备铜绿假单胞菌的检验能力，铜绿假单胞菌可委托有资质的第三方检验。

思考题

1. 饮用天然矿泉水与包装饮用水的水质方面有哪些具体规范？

2. 根据碳酸饮料及饮用天然矿泉水的生产工艺，请说明各工艺步骤分别应在何种清洁区内？

3. 以植物蛋白饮料为例，请说明其各个生产环节中的良好操作规范。

CHAPTER 9

第九章 水产品加工的良好操作规范（GMP）要素

随着我国经济的发展，人民生活水平的提高，人们的饮食结构发生了很大的变化。由于一些水产品不仅营养价值高，容易被消化吸收，而且还是不饱和脂肪酸、维生素、重要的矿物质（例如碘、铁、钙、磷等）等的重要来源，因此人们对水产品的需求正在日益上升。近年来我国水产品总量已居世界首位，但水产品加工业的发展还很慢，这就需要大力发展我国的水产品加工业。

一般人们把从咸水中获得的食品称为“海洋食品”。其实，所有从水中得到的食品，无论是从淡水中还是从咸水中，可以被统称为“水产品”。主要的水产品有鱼以及虾、龙虾、蟹、蛤和牡蛎等甲壳类和贝类动物，还有一些海洋动植物如海藻和海参等。

为了维持良好的操作规范，保证水产品加工的质量，作为水产品加工的主体——水产品加工者，应该熟悉能引起食品腐败和食源性疾病的微生物，了解不同类型的污垢、有效清洗剂和消毒剂、实用清洗设备和有效清洗程序，这些知识是维持良好操作规范的基础。另外，水产品加工者还必须严格实施卫生操作规程，这不仅是法规的要求，也是消费者的呼声和要求。目前，消费者对食品（包括水产品）的营养价值、卫生水平和加工条件提出具体要求的意识正逐步提高。

在水产品加工厂中，良好的操作规范是极其重要的，因为它能指导加工者生产出安全可靠的高质量产品。良好操作规范中列出的各项指导方针与设备和加工操作紧密相关，所以，在新建、扩建或改建工厂的计划中应该将其考虑进去。在从收获到消费者的食物链中，每个生产阶段都应该确保向消费者提供安全可靠的卫生食品。实施良好的操作规范有利于保证水产品的质量。

第一节 水产品的加工环境

符合卫生设计的工厂不但能提高食品的卫生质量，而且能显著提高良好操作规程的有效性和效率。但是，即使制订得非常周密的计划也不能保证不发生微生物或其他污染源引起的污染，除非能保持良好的卫生环境。在实施良好操作规程中，雇主或管理小组应加强卫生管理，防止各种硬件设施、工具、雇员对食品造成污染。

一、 厂址的选择

新建、改建或扩建的水产品加工与经营企业应该有计划地按照卫生操作规范进行选址和设计。大多数设备和厂房在设计时都以其功能性为主，但是，要确保良好操作规范的实施必须符合有关卫生设计和建筑方面的一些基本要求。符合卫生设计要求的厂房和设施不但能提高产品的卫生与安全性，而且还有利于保持环境卫生。

在实施良好操作规范的过程中，地点的选择具有至关重要的作用。首先，新建、改建或扩建的水产品加工与经营企业应建在气、电、水和废物处理能得到保障的地方，不能建在化工厂附近，因为化工厂常排放有毒气体。其次，所选地点的排水性也是相当重要的。如果厂房靠近排水较差的积水区，那么，其设施和产品上很可能带有单核细胞李斯特杆菌。积水体积较大，将吸引携带沙门氏菌的食腐性鸟类。死水为昆虫、啮齿动物以及其他害虫提供了适宜的生存环境。此外，为了进一步防止病原菌污染，新建、改建或扩建的水产品加工与经营企业不能建在害虫较多的地方。最后，选择的地点必须具有发展余地，否则，随着生产规模的扩大，过分拥挤的厂区不但使生产效率降低，而且还会使卫生管理工作变得困难重重。

二、 地点的预处理

Graham（1991a）指出，为了消除潜在的污染源，必须将已定厂址上所有的有毒物质处理掉，同时还要平整地表、修筑可排暴雨的排水沟以保证厂区内不存在积水（积水是昆虫，特别是蚊子的栖息地）；灌木丛与车间的距离不能少于10m，以保证鸟类、啮齿类动物以及昆虫等没有活动场所；草地与墙之间的距离至少为1m，以便在其中铺设具有聚乙烯层、厚度为7.5～10cm的鹅卵石路面，防止啮齿类动物进入生产区域。

三、 厂 址 要 求

加工场所应该具备处理水产品加工废弃物的能力。从工厂中排出的固体、液体、气体以及散发出的不良气味等均有损企业的形象，甚至会因此被政府管理机构和有关市民付诸法律。废弃物处理设施的设计必须符合国家和地方政府的要求。

加工场所必须能为水产品加工提供足够的饮用水。如果加工用水是井水，那么，必须对其进行矿物质含量和微生物检测。水源必须符合有关管理部门制定的标准。加工废水必须经处理后再排出。

车间旁不得种植能为鸟类提供食宿的树木或簇叶植物，已有的这类植物必须移走。停车场应该用防尘材料铺砌，并具备良好的排水系统，使雨水能及时排出。

第二节　工 厂 布 局

一、 工厂平面布置

工厂的平面布置需要最好的安排，该安排用的占地面积费用最小，但有进行高效工作的充足空间。低效率通常构成了一个比建筑资金费用更高的费用。一个好的方法是设计工厂时应用直线原理——物料从一端进入，最终产品的出口在另一端，但这种处理并非始终合理的，由于有些加工需要大量的缓慢进程、长时间静置或冷却系统，因此使得生产线太长并且不实际。在这种情况下螺旋系统的设计通常能够得到最好的空间利用效率。

工厂内的某些区域需要划分开并且与主要的生产区分离。分离的需要最好从食品安全观点的危险性分析进行推断。在生产区内有不同级别的危险。一些典型的危险级别列在表 9－1 中。

表 9－1　典型的危险级别

区域	危险级别	区域	危险级别
某些新鲜原料的贮存	高度危险	第二级和第三级包装	低度危险
新鲜食物的预处理	高度危险	冷冻和外界食品的贮存	低度危险
食品填充到初始包装	高度危险		

有一个将高度危险区与低度危险区分开的良好原则。划分的明显处恰好在产品充填和封口初步包装之后。初步包装之后污染的危险明显减小。在冷藏和冻藏食品生产厂内，区域的划分一般在刚刚冷却之后。在这种情况下，冷冻机和冷却机作为划分的区段。对于某些食品需前期和后期干燥，可作为天然的分界线。一旦产品的水分活度降低，它会变得安全，不易受微生物污染。在有些水产品的生产中处于热处理和包装过程时，由于食品对污染和可能的微生物污染是无遮挡的，因此它构成了“高度危险”。

由于不断变化的工业需求，要求建筑设计的灵活性大，对于好的平面布置更需有增加的场地。柱子、排水、和维修通道及管道等不合理的设计，会带来许多问题并且导致限制性约束。除了建筑物和加工设备平面布置外，检修、墙和天花板的平面布置也要考虑。

将检修与加工和生产区域分开的最好方法之一是在加工地板之上预备检修地板。这能够用来容纳大多数的检修设备，远离生产车间地板使更多的面积用于生产。从天花板上降下来检修使得地板更容易清洁。

二、 害虫控制设计

水产品加工企业周围的地势应该有一定的坡度，使厂区内的水能够流出来，而不至于形成水坑，否则，水坑将为害虫提供可利用的水源，而将它们吸引到工厂附近。地基下方要建一条 60cm 深、外伸 30cm 宽的防鼠缘，用于防止老鼠从水泥地板下打洞、咬破较松的接合面进入车间或者从排水道中进入车间。墙内应避免有洞，以免为老鼠和昆虫提供巢穴。所有的架子、灰坑和电梯坑等都应该容易清洗。电线、缆绳、导管和电机的安装应尽量避免存在隐蔽处。电动机的壳子常成为老鼠的理想巢穴，所以要特别注意。通风烟囱应该有足够的遮蔽措施以防止害虫进入。小鼠能钻过直径为 6mm 的小孔，挪威鼠（体积最大的鼠）可以从 12cm 的洞中钻过。

由于交通、食物颗粒和水分等原因，冷冻间和用餐处很难防止害虫的侵入。因此，在设计和建筑这些设施时，其内部（包括墙壁/地板交界处、光滑耐水的墙壁以及可以冲洗的地板）必须能够进行彻底清洗。为了便于日常清洗，所有设备的固定地点与墙壁之间必须有足够的距离，或者将它们安装在脚轮上，清洗时能够任意移动。冷藏室顶部要有 60°的斜坡，以免积聚灰尘。这些设施不能直接在加工区和其他产品外露的地方开启。厕所中的设备都应该呈负压状态，里面的气体要能直接排放到工厂以外的地方。

三、加工设计中应注意的问题

在整个生产流程中，要求成品不得与原料或任何中间产品相接触。理想的生产流程是原料和辅料在接收船坞附近便开始处理，然后依次进入预处理区、加工区、包装区，最后进入成品库。Graham（1991d）对这种加工设计特别赞同，针对整个工厂的生产效率而言，这种设计允许采用合适的空气压力系统。根据这种设计原则，用于人员流通的门只允许工人从“洁净区”走向“低洁净区”，如果要返回更干净的区域，就必须按照规定的路线和消毒步骤，经过消毒室和加压式走廊才能返回。为了便于维修和清洗，生产设备周围应留有1m的空间，设备与设备之间的间隔不得小于0.5m。从整个加工布局来看，设备应固定在便于维修、消毒和检查的地方，如果固定在难以触及或难以清洗的地方，便不能经常进行彻底的清洗。

以空气为媒介的污染主要是病原菌污染。在产品外露区域，如果空气没有经过过滤，且处于负压状态，这种环境能加剧微生物污染。因此，对卫生而言，空气流向的设计与地板、墙壁、天花板和建筑等设计同样重要。产品最后外露等待包装的地方应该是空气压力最高的区域，气流从这个区域由内向外吹向处理区、加工区以及贮存区。如果要收集灰尘并将其除去，可采用正压操作。在设计空气处理系统时，必须考虑的问题是外门的开启会使车间内产生空气流。如果车间处于负压状态，开门时携带外界污染物的微风将吹进车间。随着这些没有过滤的空气的持续侵入，整个生产区域、设备、空中管道以及其他设施的卫生状况将会变差。

第三节　基本设施

在水产品加工厂，建筑的材料特别重要，必须采用不吸水、易清洗、耐腐蚀、抗其他不良变化的材料。所有与建筑物外部相通的地方都要安装风幕或纱网屏障，以防止昆虫、啮齿类动物、鸟和其他害虫的侵入。车间应该有足够大的空间，能够进行井然有序、整洁的操作，并有利于良好操作规程的实施。

一、地　板

地板的种类较多，从仓库中普通的致密水泥地板到高压、高温、高化学腐蚀区域的耐酸砖地板。整体型地板因其无缝、易铺且价格比砖或瓷砖便宜而得到越来越普遍的使用。这种地板以环氧树脂和聚氨基甲酸乙酯为原料，经碾压或手工镘刀涂抹而成。

作为水产品加工企业的地板，一般用坚硬、无渗透性的材料（如防水水泥或瓷砖）铺成。其建筑材料必须经久耐用，表面要足够平坦以防止灰尘的积聚。但是也不能太光滑，否则容易引起摔跤和滑倒。为了减少这类事故的发生，可将表面粗糙化或埋入金刚砂粒子。经常使用的地板要用具有防水性能的丙烯酸环氧基树脂铺设，这种材料使地板表面耐磨、无吸收性、容易清洗，能使水泥地板的寿命延长一倍。在铺设地板的材料中加人金刚砂便可制得防滑地板。虽然耐酸砖地板的价格昂贵，但是它经久耐用，具有令人满意的性质。

二、天花板

在食品加工企业中一般不允许使用假天花板，因为它有可能成为昆虫和其他污染物的寄生场所。在安装悬吊式天花板时，其要求与铺设地板一样，应该与下面的加工区域密封隔绝。如果需要在天花板上铺设动力运转系统、空气处理管道和通风系统，那么，就应该设置一条狭窄的通道，以便于维修人员进行检查或维修。天花板上方的空间要保持一定的高压，以避免灰尘渗入。天花板的结构通常是光滑的水泥板，并带有填塞好接缝的外露双T形结构。加工区上方的结构钢不能暴露在外，应该将其埋入水泥、花岗石等物中，以避免其收集空中的灰尘、残渣或成为啮齿类动物的跑道以及昆虫的避难所。由于金属的传热速率很高，其表面容易凝结水珠，而且金属的热胀冷缩作用能破坏交接处勾缝材料的性能，导致昆虫寄生，所以，天花板上不能安装金属嵌板。此外，也不能采用玻璃纤维毛胎制作天花板，因为啮齿类动物能在其中生活繁殖。比较受欢迎的隔热材料有聚乙烯泡沫、泡沫玻璃和其他填充物。石棉有害，故禁止使用。

水产品加工区域的天花板应该至少有3m高，而且要选用无渗水性的建筑材料建成。波特兰－水泥灰浆是一种可接受的材料，其交接处用易弯曲的密封型材料密封。

三、墙壁

食品加工或食品经营业的地基应该使用防水、易清洗的建筑材料。地基和墙壁必须能阻止啮齿类动物进入生产或加工区域。Graham（1991b）建议，在水泥地板墙基下挖一个深60cm、并以适当的角度外伸30cm的防鼠缘，从而使啮齿类动物不能在水泥地板下打出一条进出生产或加工区域的通道。如果需要建造一座地下室或地窖，其壁面必须与坚固的墙壁地基紧紧相连，形成一个坚实且能防止害虫出入的盒体。

最好的墙体是用水泥浇注而且表面用镘刀涂抹光滑的墙体。在每平方米墙体上，孔洞不得超过5个，每个洞的直径不能超过3mm。尽管浇注水泥比较昂贵而且还要现配现用，但使用这种材料没有接缝，因此，不需要预制结构和斜体结构中所需的填嵌材料。

一般不采用由波状金属为材料制作的外墙板，因为其不足以阻挡昆虫和啮齿类动物进入，而且很容易被毁坏。如果必须使用部分波状金属材料，应该将其外面的波孔全部堵住或塞住，阻止害虫侵入。在潮湿的加工区域，应该采用光滑的硅酸盐瓷砖作为内墙面，以利于清洗。这种材料能够经受食品、血液、酸、碱、清洗剂和消毒剂的腐蚀。

水产品加工厂的墙壁应该光滑、平坦，由无吸收的材料建造而成。例如，玻璃瓷砖、玻璃砖、表面光滑的波特兰－水泥灰浆或其他无吸收、无毒的材料，表面光滑的水泥墙壁也可行。虽然目前已不再鼓励使用油漆，但是仍可使用无毒且不含铅的油漆。如果能在勾缝材料上涂抹一层环氧树脂，则会产生较为有效的保护作用。

四、屋顶结构

与预制水泥墙板配套的屋顶类型是预制双T形屋顶。这种设计不但引人注目，而且也很卫生。但是由于其难以清洗，所以在水产品加工和制备车间不能采用沥青碎石屋顶。低水分物料（如谷物、淀粉、面粉）可以经排气孔排到屋外，不但吸引鸟和昆虫，而且还会加剧杂草、细菌、毒菌、酵母菌的生长。因此，Graham（1991c）推荐使用光滑的薄膜屋顶。这种屋顶与其他屋顶相比，更加容易清扫、冲洗和保持清洁。能进行空气处理或具有其他用途的屋顶通道应该用屏风遮住或者用防护层覆盖或密封起来，以防止各种污染（如昆虫、污水、灰尘）进入。屋顶通道的柱头和装配好的空气处理系统应该用夹层绝热隔板绝热，不能采用直接外露的绝热材料，因为外露的绝热材料不但清洗困难，而且还是昆虫的寄生场所。

五、门

害虫和以空气为传播媒介的污染物常通过门进入车间，双层门能够减少害虫和污染物的进入。如果在门外安装风幕，便可进一步提高卫生水平。风幕应该具备一定的风速（最小为500m/min），以阻止昆虫和空气污染物的进入。风幕的宽度必须大于门洞的宽度，以便于进行彻底吹扫。风幕的开关应该直接与门开关相连，以保证门一开风幕便开始工作，并持续到关门为止。入口的门要用防锈材料制造，其接缝要紧密焊合。通向外界的入口处要设置双层入口防护门。在加工区域，门向室外开的入口处应该设置风幕等。清洁作业区和准清洁作业区与其他区域之间的门应能及时关闭。另外，门的表面应平滑、防吸附、不渗透，并易于清洁、消毒。应使用不透水、坚固、不变形的材料制成。

六、窗

由于窗容易破损，常受到害虫、灰尘和其他污染源的污染，因此是工厂卫生管理中的重要环节之一。在环境控制较好和照明充足的地方，可以不设置窗。定期修理、清洗和填补能提高窗子的使用寿命。安装固定窗和不会破碎的聚碳酸盐制成的窗能够减少许多麻烦（Graham，1991c）。外窗台应该倾斜60°以防止鸟类栖息和灰尘积聚。一般认为，将窗子与外墙面齐平安装，内窗台倾斜60°的设计形式较好。也有些国家和地区要求窗子的设计必须符合地方防火法规的规定。

七、地面排水道

在加工区域，每37m^{2}面积的地板就应该有一个污水排放口。与其他加工厂一样，加工区域的地板至少要有2%的坡度向排水口倾斜。坡面应该非常平整，不能存在死角贮留污水和废渣。所有排水口必须有暗沟。污水管道的内径不得少于10cm，而且应该选用铸铁管、钢管或聚乙烯基氧化物管道。必须注意的是，在建筑前应该认真检查建筑设计是否符国家或地方法规的要求，确定所选用的材料都属于法规允许使用的材料。排水管口应该开于厂外，以减少厂区内的污染和气味。所有管道口都要设置屏障，防止害虫侵入厂区。为了进一步减少污染，建议不要将洗手间的排水管与其他排水管连接，而将其直接接入污水系统。

八、装载船坞

装载船坞和平台至少应该高于地面1m以上。船坞出口处的下面应用光滑且不透水的材料围住（如塑料、镀锌金属等），以防止啮齿类动物爬入，同时避免鸟类在此栖息筑巢。如果要阻止害虫侵入，还可采用卡车式的密封方式和风幕。

九、加工设备

应配备与生产能力相适应的加工设备，并按工艺流程有序排列，避免引起交叉污染。加工设备应该经久耐用，具有光滑的抛光面，其表面不能有凹坑、裂缝和磷屑，设备的设计要注意保护食品不受润滑油、灰尘和其他残渣的污染。在卫生设计过程中，除了要注意便于清洗外，还要注意设备的安装和维修，保证设备表面和周围环境的有效清洗。

水产品和其他食用产品的贮存容器必须使用金属材料。通常采用不锈钢，由于镀锌金属不能抵御水产品、清洗剂和盐水的腐蚀，所以不能采用。但是从经济的角度出发，可以在处理废料时采用镀锌材料，不过要求其表面光滑，而且必须具有高质量的镀层。盛水产品的容器应减少尖角和突角，以避免藏污物。

传送带要用防水、易于清洗的材料制成（比如尼龙和不锈钢）。传送带的设计要注意保证其无灰尘、死角、无触及不到的地方。与其他加工设备一样，传送带要能很容易地取下来清洗。一般说来，采用密封或封闭的钢管清洗传送带较为方便，但不要使用三角形和长方形的铁管。驱动带和滑轮上要安装保护罩。为了便于清洗，保护罩要易于拆卸。发动机的安全装置应该足够高，以便于有效清洗。发动机和其他用油的设备必须固定好，以防止油或润滑油与食品接触。

切割板要用坚硬、无孔、不渗透的材料制作。为了便于清洗，切割板应该易于移动，并保持表面光滑。切割板的制作材料必须具有防止剥落、抗热、防碎、无毒的性质，不能使用易引起水产品污染的材料制作。

与其他食品加工厂的要求一样，设备的固定位置和墙或天花板之间的距离不能小于0.3m，以便于清洗。设备与地面的距离必须在0.3m以上，或对设备与地面之间的空隙用防水性材料密封。所有污水都必须经水槽或贮水池排出，以便其与排水系统保持连续的联系，污水不得在地面上流动。

第四节　水产品预处理、加工、保藏和包装技术

水产品，特别是鱼是一种易腐烂又极具风味的食品，要保持刚捕捞的鲜鱼的品质，需有切实可行的措施进行细致的处理并确保尽可能快地通过整个加工过程和分配链。用于冻结的鲜鱼处理，要考虑下列三个重要因素：温度的控制；小心处理，不要损伤鱼体；尽可能保持清洁。因此，所有设计、装备、操作过程和卫生制度都应该以这三点为中心进行考虑。

一、温度控制

温度是影响鱼类腐败率的唯一最重要因素。鱼在捕捞之后很快就开始变质。延缓此过程主要是捕捞之后尽可能快地通过冷却降低温度。最简单的方法是将鱼放置于冰块中，但由于机械制冷的广泛应用，可使用冷冻海水方法，此方法特别适合于表层鱼类如鲭鱼。

引起鱼腐败的是嗜冷性细菌，即使鱼保持冷却，在最佳的处理环境下（0℃以下），这些细菌仍能活动，导致鱼风味的严重损失。

在0℃下贮藏14～16d后，一些鱼类如鳕鱼和黑线鳕将不能食用；在5～6℃是大多数家庭冰箱的冷藏温度，腐败速度是0℃的2倍；在11℃下是4～5倍。相反，随着鱼的冻结点温度下降，能极大地减少细菌的活性，这可用定量的温度系数 Q_{10} 表示，导致鱼腐败变质的海洋细菌

的 Q_{10} 如表 9－2 所示。

表 9－2 海洋细菌的 Q_{10}

细菌种类	温度范围		
	℃	℉	Q_{10}
荧光假单胞菌	－5～20	68～41	3.7
	0～5	41～32	8.4
	0～3	32～27	9.3
产黄菌属	20～37	98～68	2.1
	5～20	68～41	1.2
	－5～0	32～27	11.2
无色（杆）菌属	7～25	77～45	2.3
	－14～7	45～25	5.2

为了使鱼的腐败率降到最低限度，温度控制可采取如下措施：

①充足的冰块；②制冷工厂正确的运转；③温度的监视和控制；④快速而有效的搬运。

另外，由于缓慢冻结对肌肉组织的不利作用，应避免冷却温度过低，最佳的贮藏温度为－2℃，它能延长银鱼几天的货架寿命。成功的加工过程需要精确的温度控制。除了技术上要求保持温度精度外，主要的不利因素是由于原料的部分冻结，导致在加工前要解冻。然而，为了避免冰的大量浪费，在水的冻结点之上，5℃之下也许更适合。值得强调的是，为了实现有效冷却，应用冰块包围鱼，而不是仅在表面盖上一层冰块。当鱼采用空运时，不宜采用“湿冰”，因为必须要避免融化的冰漏入机舱内。但现在已有可避免此问题的容器。在大多数航线接受此容器前，通常使用干冰（固体二氧化碳）或冷冻凝胶冰袋。

二、鲜鱼的处理

鱼的搬运者应先检查所有捕获或收到的鱼。只有合适的鱼才可以被保留。任何被告知含有寄生虫、有害微生物、杀虫剂、麻醉药或毒药、致腐烂的或外来带杂质物质的鱼，并且这些物质用通常方式或加工不可能减少到一个可接受的水平，则不能接收。

冻鱼原料说明应该清楚易辨认。

（一）一般要求

（1）不适当的运输过程可能加速鲜鱼的腐烂。

（2）织物、设备、容器和其他用具应该保持清洁和完好。

（3）固体、半固体或液体的废料的堆积应该被降到最小限度以防止鱼的腐烂。

（4）所有的鱼都要被检查和分类，有问题的鱼要丢弃。

（5）鱼应被保存在浅盘的容器里，四周填充足量的细小的冰块。

（6）鱼不能被保存在冷却的海水中，避免密度过高影响它的降温速度。

（7）用来贮存鱼的箱子不应该装满鱼。

（二）船舱容器

（1）装鱼的用具和使用应该使鱼的损坏和腐烂降到最低限度。

（2）鱼在搬运中应该小心、迅速和有效地一次完成。

（3）不适合人类消费的鱼应该丢弃。

（4）放血、去内脏和分级应该流水作业。

（5）鱼不能被践踏或者直立，也不能被过分堆积。

（6）所有甲板上的鱼要防止其他因素的影响。

（7）冷藏的鱼应尽快卖掉。

（8）鱼应用清洁海水或饮用水清洗。

（9）鱼在分类、称重和运输过程中要小心，使鱼不被损坏或污染。

（10）用于食用的鱼应被专门存放于专用位置。

（11）在捕鱼的贮存计划中，鲜鱼存放在容器中至少有一天的容量。

（12）不同种类的鱼应该分开存放。

（三）在渔港码头上

（1）鲜鱼应该冷藏运输，分配和加工过程尽量小心，减少延时。

（2）不适合食用的鱼不能卖出。

（四）鲜鱼的感官评价

对鱼的新鲜程度最好的评价方法是通过感官评定，已有感官评价表来检验鲜鱼的新鲜度及不能接受的鱼的腐烂度。例如，鲜鱼展现下列特征则认为不能接受。

（1）皮肤与黏液　颜色灰暗并带有黄棕色点的黏液。

（2）眼睛　凹陷、不透明、下陷无光泽。

（3）鱼鳃　灰棕色或变白、黏液呈不透明的黄色、黏稠或凝成块状或呈现红色。

（4）气味　难闻的胺味、氨味、乳汁状、硫化味、粪便臭味、腐烂臭味、变质不新鲜味。

三、工　艺

为了保持鲜鱼的质量，采用快速、小心和有效的处理程序是重要的。

（一）守则

（1）操作者应该检查所收到的鱼并分类，只有新鲜的鱼才被保留下来进行加工。

（2）准备在冷藏状态下出售的冻鱼应该根据要求解冻，并进行检查。

（3）超出工厂生产要求的过期的鱼不应该加工。

（4）工厂设计及装备应确保有效制冷过程和在最少时间内发送。

（5）发生事故时，鱼不能立即被加工或冻结，应该在厂里用干净的容器裹着冰块，并放在专门设计的位置。

（二）控制解冻

理想的鱼制品在从冷藏库移出后应立即进行解冻，最简单的解冻方法是将冷冻品置于室温、空气不循环的条件下过夜，使其自然解冻，或将整条鱼置于水中解冻。如果鱼片置于水中解冻，会造成汁液流失，从而严重影响风味。对于空气解冻，气温应低于20℃，最大限度地减少细菌在表面生长。但必须避免很慢的解冻，因为在产品的中心还未完全解冻时，外层可能由于细菌生长而引起变质。

用机械方法如强制空气循环、热水、真空、电阻或微波加热，可加速解冻。快速解冻，空气应保持湿润且温度不超过21℃。通常用电阻加热解冻时要严格控制被解冻单元产品的大小和形态保持固定，换句话说，电阻加热适合于冷冻鱼块的解冻。当鱼解冻后应立即保持冷藏和尽快加工。

（三） 取出内脏及洗涤

鱼到达加工厂后，需去除内脏的要完全去除肠道和内部器官，并小心避免污染。取出内脏后，鱼必须立即用清洁的海水或饮用水洗涤，然后晾干和适当冷却。如果鱼子、鱼白、鱼肝等要留供进一步利用，应该提供分离和充分的贮存设备。

（四） 切片、 去皮和切割

在切片或切割之前，鱼应该彻底洗净，特别是已去鳞鱼。清洗后避免大量的鱼片或鱼排堆积于一个容器里。任何损伤污染的或不能接受的鱼在切片之前都应被丢弃。切片生产线设计应该连续，以使输送均匀、不积累，便于废物排除。如果需使用食品添加剂应该咨询专家建议。

（五） 包裹与包装

充气和真空包装都能延长货架寿命，但两者都必须要求严格控制温度以确保细菌学安全性。两者在展示和贮藏上都有优点。充气和真空包装都是防泄露和无味的，都可利用机械化生产。不利的方面是花费大，尤其是需要复杂的设备和包装材料。

以前用于鱼拍卖市场的木桶和木箱子已被铝槽、铝桶和越来越多的塑料容器代替。在不同港口，这些鱼箱能盛不同重量的鱼。以前用于港口流通的沉重的、昂贵的木箱也已被新的、卫生的材料如纤维板、聚丙烯或聚苯乙烯制成的容器所代替。目前更趋向于始于德国的、可回收循环使用的、甚至可生物降解的绿色包装。

（六） 冷冻操作

包装好的鱼产品应该尽可能快地冷冻，因为在冷冻前不必要的延迟将会导致鱼产品温度升高，从而增加质量劣变和因微生物活动和不希望的化学反应而降低货架期。

通常冷冻后食品的推荐贮藏温度为 −20 ~ −18℃。对于冷冻鱼和其他敏感性食品的贮藏温度应更低，推荐为 −30℃。即使在这个温度下，鱼也不能无限期的保藏。在约 −10℃时，微生物停止活动，但化学反应导致的香味、风味和表观的不可逆变化将缓慢进行。此外，除非采取有效的措施防止脱水，否则不仅会造成难看的“冻伤”，而且风味也很差。

限制冷冻鱼贮藏期的最主要因素是脂肪氧化产生的酸败。当有少量的盐存在时，会加速此反应，因此富含脂肪的鱼类在冷冻前不宜盐腌。好的冰衣能在一定程度上隔离氧气，使用含铝箔的塑料薄膜作为包装材料很有效。熏鱼不能使用冰衣，但在冷冻前采用真空包装能延长贮藏寿命。表 9 −3 列出了各种不同的鱼冷冻后在良好的贮藏环境下的贮藏寿命。由于鱼的产地和季节不同，结果可能会有些不同。

表 9 −3　　一些水产品在 −30℃下的贮藏寿命

商品名称	贮藏寿命/月	商品名称	贮藏寿命/月
去内脏的银鱼	8	生 Nethrops（整只或去壳）	8
熏制银鱼	7	生虾、整只生牡蛎、扇贝肉	6
鲱鱼、鲭鱼（去或未去内脏）	6	熟的小虾、龙虾、整只螃蟹	6
开背冷熏鱼	4.5	蟹肉	4

在冷藏期间，由于水分从贮藏室的空气向冷冻装置转移，会产生明显的冷冻食品表面干燥

变硬的冻伤，味道也变差，所以必须采取防止水分蒸发的保护措施。保护措施可采用防水包装或冻结后在食品表面喷水形成冰衣，此冰衣作为一保护性隔层。对于小的组分，如对虾，此冰衣的重量可高达成品重量的50%～60%，因此，必须控制冰衣的重量以确保消费者权益。冻结后的产品应立即运至冷库，并监督和记录冷库的温度。

四、 批次鉴别和回收工艺

有必要对产品加工过程、产品和分配过程做一个恰当的记录并使之保存以避免超过产品货架期。记录文件及其保存可提高食品控制体系的可靠性及有效性。

经营者应保证处理任何食品安全危害的有效程序，并且能够完全、快速从市场中回收受牵连批次产品。

（1）如果出现紧急的健康危害，产品的生产在相似条件下，并且有可能出现相似的公众健康危害，则产品要被撤回，并且考虑必须做一个公众告示。

（2）产品回收应在监督下进行直至它被销毁。若用于其他目的，则须用一种方式再加工以确保安全。

五、 生产加工过程中的卫生控制

（一） 水产品加工中应注意的问题

（1）生产设备布局合理，并保持清洁和完好。按照生产工艺的先后次序和产品特点，将原料处理，半成品处理和加工、工器具的清洗消毒、成品包装、成品检验和成品贮存等不同清洁卫生的要求区域分开设置，防止交叉污染。

（2）盛产品的容器及不锈钢吊具不得直接接触地面，必须放置清洗消毒过的残液盘内或不锈钢四轮车上。

（3）生产区、仓库区照明必须装设防护罩，防止光管意外破裂时污染产品；玻璃器皿或工具不得使用于加工区内。

（4）投产前的各种原料、辅料必须经过检验，做到霉变、变质的不用，有疑问的不用。

（5）生产工人进车间时，必须穿戴工帽、工作服、工作鞋并严格执行洗手消毒程序。车间内不得乱丢杂物、随地吐痰、生产用具要清洁并摆放整齐、合理。生产中产生的废品必须放在指定的垃圾箱内，打扫车间卫生的用具必须在清扫完毕后清洗消毒后再放入专用用具箱内。

（6）严格按照工艺要求生产，所有的工艺条件一定要达到标准的要求。确立正确科学的工艺参数，并严格执行。

（7）生产中掉落地面的产品要随时捡起放入专用容器内，下班前由专人统一清理。

（8）生产过程中如果手接触了不洁净的物品后，必须清洗，用酒精消毒后方可工作。

（9）确保中央空调、鲜风机、机器设备正常运转。机器设备保持清洁，应无积垢和积水。每天车间内的废品或垃圾要送到垃圾房内，其容器和运输工具要经过清洗和消毒后才能带回车间。

（10）在预冷过程中，熟制品在包装之前必须冷却至中心温度，不高于环境温度；加工者要用200～250mg/kg的有机氯消毒液对皮肤及所用器具进行消毒。

（二） 冷藏过程中的卫生质量控制

（1）冷藏温度须保持在－23～－18℃，并且要避免大幅度的温度波动，并应安装温度显示仪，如有条件，还要安装温度自动记录仪，或者要定期记录温度，以防发生意外。

（2）在正常情况下温度波动不得超过4℃，大批食品进库、出库时一昼夜库温波动不超12℃。

（3）做好防虫、防鼠措施。

（4）食品应搁于木架上，仓品间应留有空隙，木架下的散落物应及时清扫。

（5）避免与原料及半成品混放。

（6）搬运中轻拿轻放，避免包装的破损。

（7）定期进行评定、废品及时清理出库。

（8）操作人员进出库应避免混土、污物的带入且严格按照GMP要求执行。

（9）采用臭氧发生器定期消毒。

六、 生产过程中的安全控制

在生产过程中产品污染风险控制应通过危害分析方法明确生产过程中的食品安全关键环节，并设立食品安全关键环节的控制措施。在关键环节所在区域，应配备相关的文件以落实控制措施，如配料（投料）表、岗位操作规程等。鼓励采用危害分析与关键控制点体系（HACCP）对生产过程进行食品安全控制，在进行危害的风险评估时，应充分考虑水产制品不同的工艺特点，确定危害预防措施和关键控制点。冷藏、冷冻、干制、腌制等加工过程应按照各自加工工艺和产品特点进行相对隔离，防止人流、物流和气流交叉污染。应避免废水、废弃物对原料及产品造成污染。

（一） 生物污染的控制

1. 清洁和消毒

应根据原料、产品和工艺的特点，针对生产设备和环境制定有效的清洁消毒制度，降低微生物污染的风险。清洁消毒制度应包括以下内容：清洁消毒的区域、设备或器具名称；清洁消毒工作的职责；使用的洗涤、消毒剂；清洁消毒方法和频率；清洁消毒效果的验证及不符合的处理；清洁消毒工作及监控记录。在清洁和消毒时，应确保实施清洁消毒制度，如实记录；及时验证消毒效果，发现问题及时纠正。

2. 水产制品加工过程的微生物控制

根据产品特点确定关键控制环节进行微生物监控。必要时应建立水产制品加工过程的微生物监控程序，包括生产环境的微生物监控和过程产品的微生物监控。根据水产制品特点，确定环境、生产过程进行微生物监控的计划，必要时建立水产制品加工过程中的致病菌监控程序。当生产线末端的水产制品监控指标出现异常时，应加大对环境微生物监控的采样频率，同时根据情况适当增加取样点，并采取适当的纠偏措施。有温度控制要求的工序或场所应安装温度指示计。需要使用蒸汽的操作应保证足够的压力和蒸汽供应。应严格控制水产制品原料的解冻时间和温度。不同工艺水产制品的微生物控制如下。

（1）冷藏水产制品冷藏水产制品的加工车间应有降温措施。应尽快将加工后的水产制品移至冷藏环境中，冷藏室中应配备温度指示计。

（2）冷冻水产制品根据水产制品的自然状态如厚度、形状、生产量等特性确定冻结时间和冻结温度，确保尽快地通过最大冰晶生成带。对生食海产品应保证充足的冷处理，以确保杀死对人体有害的寄生虫。产品经冷冻后进行包装时，包装操作应在温度可控的环境中进行，保证冷冻制品中心温度低于－18℃。

(3) 干制水产制品干制水产制品在进行干燥过程时应做好防虫、防尘处理。干制品应严格控制干燥时间、干燥温度、环境湿度，以确保干制品的水分活度在安全范围内。

(4) 腌制水产制品腌制品生产应采用适当盐度，防止非嗜盐菌的繁殖。应有防止蚊蝇虫害侵染的装置。

(5) 罐头水产制品应保证足够的杀菌温度和杀菌时间。

（二）化学污染的控制

(1) 在进行化学污染的控制时，应建立防止化学污染的管理制度，分析可能的污染源和污染途径，制定适当的控制计划和控制程序。

(2) 在加工过程中如果需要添加食品添加剂，应当建立食品添加剂和食品工业用加工助剂的使用制度，按照 GB 2760—2014《食品安全国家标准　食品添加剂使用标准》的要求使用食品添加剂，不得添加食品添加剂以外的非食用化学物质和其他可能危害人体健康的物质。

(3) 生产设备上可能直接或间接接触食品的活动部件若需润滑，应当使用食用油脂或能保证食品安全要求的其他油脂。

(4) 建立清洁剂、消毒剂等化学品的使用制度。除清洁消毒必需和工艺需要，不应在生产场所使用和存放可能污染食品的化学制剂。

(5) 食品添加剂、清洁剂、消毒剂等均应采用适宜的容器妥善保存，且应明显标示、分类贮存；领用时应准确计量、做好使用记录。

(6) 应当关注食品在加工过程中可能产生有害物质的情况，鼓励采取有效措施减低其风险。

(7) 应根据不同类别的水产制品特点制定清洗消毒计划，指定专人有效实施，所使用的洗涤剂、消毒剂应分别符合 GB 14930.1—2015《食品安全国家标准　洗涤剂》和 GB 14930.2—2012《食品安全国家标准　消毒剂》的规定。

(8) 水产制品接触面应无消毒剂残留。

(9) 与水产制品接触的包装材料应符合相应的标准，防止有害物质向食品迁移以保证人体健康。

（三）物理污染的控制

(1) 应建立防止异物污染的管理制度，分析可能的污染源和污染途径，并制定相应的控制计划和控制程序。

(2) 应通过采取设备维护、卫生管理、现场管理、外来人员管理及加工过程监督等措施，最大限度地降低食品受到玻璃、金属、塑胶等异物污染的风险。

(3) 应采取设置筛网、捕集器、磁铁、金属检查器等有效措施降低金属或其他异物污染食品的风险。

(4) 当进行现场维修、维护及施工等工作时，应采取适当措施避免异物、异味、碎屑等污染食品。

（四）包装

(1) 水产制品的包装应能在正常的贮存、运输、销售条件下最大限度地保护水产制品的安全性和食品品质。

(2) 使用包装材料时应核对标识，避免误用；应如实记录包装材料的使用情况。

(3) 冷冻水产制品的包装材料应选择耐低温、阻水性能好的材料。

（4）罐头水产制品的罐体应选择耐腐蚀的材料。

第五节 水产品加工厂废弃物的处理

由于食品和食品服务业中产生的废弃物含有大量碳水化合物、蛋白质、脂肪和无机盐，因此，废弃物成为食品行业中的难题之一。例如，如果不能合理处理乳品厂、食品冷冻厂、食品脱水厂、肉禽制品和海洋食品加工企业的废弃物，将产生异味，并造成严重污染。另外，废弃物中的有机物质为微生物繁殖提供了良好的营养。由于营养充足，微生物迅速繁殖，导致水中的溶解氧减少，水便会出现腐败现象，发出难闻的气味，颜色变黑。在正常情况下，水中的溶氧量为8mg/kg，鱼类生存所需溶解氧的最低标准为5mg/kg。如果溶解氧低于这一水平，鱼类便会窒息而死。因此，在废弃物进入下水道前，必须对其中的有机物质进行生物稳定化处理。不恰当的废水处理将给人类和水栖生物带来危害。下面主要对水产品加工中废弃物的处理进行简单的介绍。

一、 污染程度的测定

在水产品加工中，清洗产品用水、原料预处理时的冲洗水和清洁用水中常产生块状物，其中大的块状物可以筛去，但可通过筛孔的细小固体、胶态有机物和真溶液的需氧量，常超过水中溶解氧含量。测定污染程度的常用方法如下。

（一） 生化需氧量（BOD）

测定污染程度的常用方法是测量5d内BOD。污物、污液和工业废水的生化需氧量是指由于好氧微生物的作用在可降解有机物稳定化过程中所需的氧量（以mg/kg表示）。在一定温度下，将样品置于气密性容器中贮存一定时间。20℃下，废弃物完全稳定需要100d。这么长的培养时间在例行分析中是不可行的，美国公职分析化学家协会推荐采纳5d培养期的程序，称为5日生化需氧量或BOD_5。此值仅是可生物降解有机物总量的指数，并不是有机废弃物的实际测定值。

尽管BOD是测量水污染的常用方法，而且该方法易于操作，但其耗时长，重现性差，而化学需氧法（COD）和总有机碳法（TOC）重现性好，更快、更可靠。

（二） 化学需氧量（COD）

COD测定采用重铬酸钾（$K_2Cr_2O_4$）回流法，化学氧化化合物而不是生物氧化。作为化学分析法，它还可以测定不能采用BOD法测定的不可降解物质。如果某企业需要监测排入城市处理系统的流体，每日COD测定对确定生物或化学流体是否会给废水处理厂造成处理问题以及何时会造成问题具有指导作用。但是，该测定方法不能显示有机物能否被生物降解，如果能降解，其降解速度是多少。Foster（1985）指出，该处理方法不能氧化所有的分子。虽然这种测定方法重现性好，但其结果与BOD不一致。采用COD法获得的测定结果与溶解的有机固体关系密切。只有在确定了COD/BOD比率的情况下，管理部门才同意用COD数据替代BOD。

（三） 总有机碳法（TOC）

总有机碳法能测定所有有机物质。在900℃温度下对废水中的固体物质进行催化氧化，测

定其产生的 CO_2 量。这种测定污染的方法快速且重复性好，与标准 BOD_5 和 COD 测定方法有高度的相关性，但该方法操作难度大，需要高级实验室设备。如果企业所产的全部固体大部分是有机物质，而且操作体积较大，采用该法非常有效。但是 TOC 分析所需的费用较高，因此，小型企业或季节性生产企业一般不采用该法。

（四）溶解氧

无论是对废水还是供应用水，溶解氧的浓度都是一个值得关心的问题。因为其不但影响水栖生命，而且对废弃物处理系统（如污水池）也很重要。通常采用碘滴定法测定溶解氧，该法利用氧化物和高锰酸钾除去具干扰作用的亚硝酸和铁离子。尽管如此，该方法并不是十分可靠的。此外，可利用电极测定溶解氧。这一方法比碘滴定法更迅速更方便，而且更适于大量工业废水测定。但是，某些金属离子、比分子氧更强的气态氧化剂和高浓度的清洗剂能干扰用于测定溶解氧的电极。

（五）废水中的残渣

残渣影响上文所讨论的各种测定方法，因而也被认为是一种污染。蒸发性残渣（全是固体）、挥发性残渣（有机溶剂）和固体部分残渣（灰分）都可以进行常规检测。

1. 总悬浮性固体（TSS）

总悬浮性固体又称不可过滤残渣。将一定测量体积的废水通过 Gouch 坩埚内的配衡膜滤器（或玻璃纤维）进行过滤即可测定 TSS 量。在 103 ~ 105℃ 下加热 1h 后，即得总悬浮固体的干重。

2. 总溶解性固体（TDS）

总溶解性固体又称可过滤残渣。称量蒸发后过滤样品的重量或将总悬浮固体减去蒸发锅中的残渣量即可测得 TDS。这些污染物难以从废水中除去，因此了解其含量是十分必要的。溶解性固体的处理通常采用微生物将其转化为其他特殊物质，如微生物细胞。

3. 总沉降性固体（SS）

沉降性固体可在 1h 内沉淀至底部。通常在带刻度的 Imhoff 锤形瓶中测定，实验结果以 mL/L 为单位。沉降性固体是指能够在澄清器和沉淀池中沉淀下来的固体废弃物含量。该检测方法易于实施，可在考察实地时操作。

4. 悬浮物质

悬浮物质（有机物、微生物和其他泥土颗粒）的存在能导致液体混浊。尽管混浊不是污染，但它影响了样品的光学性质，导致光的散射和（或）吸附，而不是透射光。这种光学性质的变化可采用烛式浊度计来测定。不过这种方法所获得的结果不能正确反映用重量法测定的悬浮物质含量，因为后者指颗粒重量而前者与光学性质有关。

5. 氮

氮在废弃物中的存在形式有多种，从还原态氮到氧化态硝基化合物。高浓度的氮对某些植物有毒。大部分氮在废水中以氨、蛋白质、硝酸盐、亚硝酸盐的形式存在，还原态氮，如有机氮和氨，可采用凯氏滴定法（TKN）测定氮的总量。氧化态氮，如硝酸盐和亚硝酸盐必须用其他方法测定。

6. 脂肪、油和油污（FOG）

脂肪、油和油污对生物体有害，而且不美观。FOG 所形成的薄膜减少了空气与水之间的交换，结果导致对鱼或其他水生生物的危害，水禽也会受到厚油膜的影响。这些化合物的存在增加了完全氧化废弃物所需要的氧气。

二、 固态废弃物的处理

固态废弃物处理是水产品加工企业的主要问题之一。目前，废弃物处理体系（包括水产品废弃物的循环利用）已变得越来越重要了。除了出于经济上的考虑以外，有效的回收体系还有助于促进良好操作规程的实施。现仅就生产较普遍、使用价值较大，工艺较成熟，设备要求不高的几种产品简述如下。

（一） 虾头、 虾壳、 蟹壳的利用

虾头，虾壳是冷冻或鲜虾加工后的摒弃物，主要种类有对虾，克氏原螯虾和日本沼虾等。据资料报道虾头中含粗蛋白质 13.13%，粗脂肪 4.5%，无氮浸出物 8.54%，还含有 DHA、EPA 高级不饱和脂肪酸、虾青素、各种氨基酸和维生素。虾头经水解可制成营养丰富，具有保健治疗功能的调味品，水产模拟食品添加剂及虾味食品（虾香饼干、龙虾片等）。虾壳、蟹壳是生产甲壳质、壳聚糖及其衍生物氨基葡萄糖盐酸盐的原料，这些产品具有耐酸、耐碱、耐晒、耐腐、不潮解、不风化、不畏虫蛀、防皱防缩的优良特性。它广泛应用在农业、轻工（纺织、印染、造纸）、食品、医药、污水处理、金属提取回收、环境保护等领域。已知用途有 200 多项，引起世界许多国家的重视和开发利用。

（二） 鱼类加工废弃物的利用

鱼品加工废弃物如鱼头、尾、碎肉、皮、骨、鳞、内脏等，含有大量蛋白质、氨基酸、微量元素和维生素。利用这一蛋白质资源，可制作各种精加工产品，有可溶性食用鱼蛋白、液体鱼蛋白饲料，鱼骨粉（骨糊）、鱼鳞胶、鱼皮革、动物饲料等。鱼类加工废弃物的综合利用，可减少环境污染，提高水产品的附加值，大大提高经济、社会、生态效益。

（三） 贝壳的利用

贝壳的重量在贝类中占的比重很大，一般约占 90%。贝壳中碳酸钙的含量达 85% ~95%，其他还含有少量碳酸镁、磷酸钙及铁盐等成分。贝壳经加工可制作贝壳粉，贝壳纽扣等。

贝壳粉生产常采用牡蛎、河蛤、河蚌等贝壳作为原料。贝壳粉含有 90% 磷酸钙和少量氮、磷、钾等元素，可作酸性土壤或缺乏石灰土壤的肥料，也可作为家禽、家畜的辅助饲料，能增加乳汁和多下蛋。

贝壳纽扣的制法：大体经过取胚、磨平、削面、穿孔等机械操作过程先制成粗制品，再经磨光、漂洗、上蜡即为成品。产品除内销外，还远销欧美等国家。

三、 液态废弃物的处理

水产品在处理、加工、包装、贮存过程中随时都会产生废水。产生废水的数量、污染强度和组成性质将在经济和环境两方面影响企业的处理能力和排放状况。产品在加工过程中损失的量和这些废弃物的处理费用直接影响到处理的经济情况，决定废弃物处理费用的重要指标就是废水的相对强度和每日排放体积。现在，许多食品加工厂都采用循环系统，以减少废水的排出。

有关水资源保护方面的新措施如下。

①在食品加工操作中，某一区域使用过的不存在污染的水可以输送到不要求使用饮用水的区域使用；

②在食品加工操作中建立封闭型用水体系，对所有加工用水进行连续过滤以除去其中的固

体物质；

③用干燥传送设备取代用水输送固体的方法。

（一）液态废弃物的预处理

通常，城市污水厂对来自食品加工企业的污水有一定的限制。虽然食品加工过程中产生的废弃物不会含有毒物质，但存在不能处理的物质，这类物质会造成堵塞，需要另外处理。比较难以处理的废弃物包括油、脂肪、动植物组织和废料。因此，在废弃物排入城市废弃物处理系统前进行一些分离和预处理是很有必要的。

最常用的预处理过程包括流量平衡、可漂浮物质和悬浮固体的分离。添加石灰和明矾、三氯化铁（$FeCl_3$）或多聚物可提高分离的程度。在加入明矾和石灰或三氯化铁之后，漂动的漂浮物有助于悬浮固体的凝结，并通过重力沉降或气体浮选将其分离。在分离前需采用振动筛、旋转筛或静止筛进行筛分，以浓缩分离可漂浮固体和沉淀固体。

1. 流量平衡

通常采用流量平衡和中和法减少废弃物流动过程中的水力负担，所需的设备是用以减少液体排放波动的容纳装置和抽送装置。不论是加工企业自行处理废水还是在预处理后排入城市废弃物处理系统，其操作都是很经济的。一个平衡罐具有足以贮存循环水或再利用水的容量，而且还能以稳定的流速将废水送入处理系统。这个单元操作的特征就是废水以不同的流速（流量）进入罐内，再以稳定的流速从罐内流出。平衡罐可以是污水池、钢罐、水泥池，这些罐通常没有盖子。

2. 撇去漂浮物

如果存在大块漂浮固体，常常要采用该方法。将这些固体采集起来，并移入某些处理设备或前文所述的设备中。为了提高固体分离效果，可添加石灰和三氯化铁或多聚物。漂动的漂浮物也能促进这些固体的凝结。

3. 筛分

筛分是最常用的预处理过程。一般用振动筛、固定筛或转动筛进行筛分。由于预振动筛和转动筛能预处理大量含有较多有机物质的废水，因而比较常用。这些筛分装置更适于流分的操作模式（通过筛，水向前流，固体则不断地除去），这些筛分装置在孔径大小和机械作用方面有很大的差别。用于预处理的网孔直径为0.15（光滑高速圆形振动筛）~12.5mm（静止筛）。有时，将不同的筛子结合使用以达到除去固体的理想效果，如预处理筛和光滑筛结合使用。

（二）液态废弃物的几种常用处理技术

1. 活性污泥法

活性污泥法广泛应用于废水处理中。该处理体系需要1个反应器（曝氧罐或曝氧池）、1个澄清器和1台输送泵（负责将部分沉淀下来的污泥送至反应器，并且将其中平衡废弃物排放至处理装置中）。该处理法不一定需要预处理过程。在澄清器中沉淀下来的部分污泥被送回到反应器内，与其中的废水混合。此过程所产生的生物固体浓度高于循环过程。用“活性污泥”这个术语是因为返回反应器的污泥中含有能迅速降解待处理废水的微生物，流动废水与返回的生物悬浮固体的混合物称为“混合液”。活性污泥法处理过程通常称为流动生物氧化系统。

活性污泥法虽然不能处理溶解的无机固体，但对除去废水中的各种有机物质很有效。混合过程可使用表面供气器或布气器。当待处理废水从反应器末端流向排放终点时，流体中有机物与活性污泥充分混合，同时进行生物降解。流体在反应器内停留的时间可以在6~72h或者更长，停留时间的长短取决于废水的强度和选用的操作方法。当活性污泥与废弃物流体接触时，流体中粒状物很快被吸附在活性污泥的胶体基质上，其时间很短（不到30min）。通过吸附作用可除去大部分流体BOD，活性污泥系统中供气的机械和电力设备相对昂贵，而且能耗高，但该方法处理效率高达95%～98%。经过改装后能在不添加化学试剂的情况下，除去氮、磷化合物。

（1）SBR法　SBR法为间歇式活性污染法的英文缩写，是活性污泥法的一种改进形式。SBR法是20世纪70年代初由美国R. Irvine教授研究并向世界介绍的，20世纪80年代以后陆续得到开发应用，而在我国的应用则是近几年的事。其主要反应器——曝气池的操作由①流入；②反应；③沉淀；④排放；⑤待机（闲置）5个工序组成，这5个工序构成了一个操作周期。

流入工序即进水过程，此时反应器处于待机状态，内残存高浓度的活性污泥混合液。

反应工序为主要一段工序，废水到达预定容积后，进行曝气，通过活化反应削减有机负荷。

沉淀工序相当于连续系统的二沉池，停止曝气和搅拌使活性污泥与水进行分离。

排放工序即排出沉淀后产生的上清液，一直到最低水位，沉下的污泥作为种泥残留在曝气池内，起回流污泥的作用，过剩污泥则及时排放。此工序完成后，曝气池进入待机（闲置）工序，即曝气池处于空闲状态等下一个周期的开始。

SBR法主要工艺流程如图9－1所示。

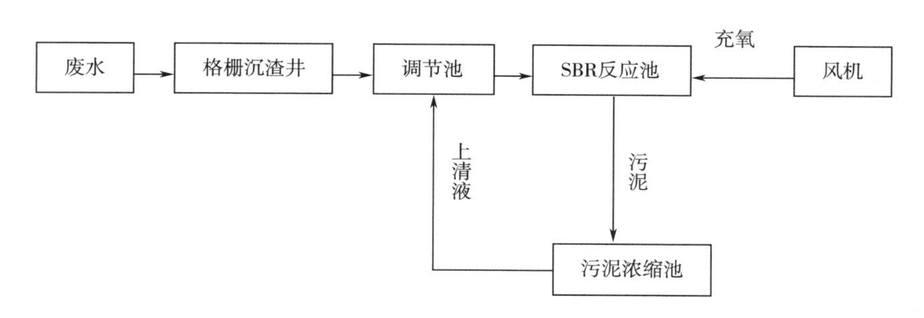

图9－1　SBR法工艺流程

其中SBR反应池为两座，可交替运行。进水时间30min，曝气时间3h，沉淀时间2.5h，排水时间50min，污泥沉降比35%，污泥浓度3～4g/L。

SBR反应器对不同的进水负荷，不同的排放标准，可通过变更操作来实现，并且一般情况下，不产生污泥膨胀现象，水量大时，两个SBR反应器可并联使用，水量小时，可交替使用，不会因水量、水质波动影响处理效果。处理水排放前，可对水质进行监测，达不到处理要求时，可再行曝气，适当延长沉降时间，使废水达标排放。该方法是处理中小水量特别是间歇排放废水的理想工艺。

（2）A/O结合循环式活性污泥法　循环式活性污泥系统（CASS）是间歇式好氧活性污泥反应器（SBR）工艺的一种更新变形，1978年由Goronszy教授在氧化沟技术和SBR工艺的基础上开发而成。与传统的SBR反应器不同，CASS反应池的前端设有小容积的生物选择区，通常在缺氧－厌氧条件下运行，进入CASS反应池的污水和从主反应区内回流的活性污泥在选择区混合接触，对难降解有机物起到了良好的水解作用，还可发生显著的反硝化作用。设置选择区的目的是使系统选择出絮凝细菌，克服污泥膨胀。工艺根据微生物的实际增殖情况自动排除剩余污泥量，处理出水通过移动式滗水器排出系统。整个系统以推流方式运行，而各反应区则以完全混合的方式运行以实现同步硝化－反硝化功能。

CASS 工艺运行过程的一个周期由充水－曝气、充水－泥水分离、上清液滗除和充水－闲置四个阶段组成，具有系统组成简单、投资低、运行灵活、可靠性好、无污泥膨胀等优点，尤其是还具有优越的脱氮除磷效果。目前 CASS 工艺已在欧美等国家得到较为广泛的应用，国内也已开始对此工艺进行研究并逐步在城市污水、啤酒、医院、制药、印染和化工等工业废水处理的实际工程中得到应用。

该系统对 COD 的平均去除率达 96.5%，出水 COD、氨氮、SS 均达标，此工艺处理水产品加工废水的脱氮效果和抗负荷冲击能力好，运行稳定可靠。

（3）延时曝气处理法　延时曝气处理法也是活性污泥法的改进形式，其典型应用实例就是 Pasveer 和 Carrousel 型氧化沟，该技术在不断搅拌和通气的条件下使废弃物与污泥菌体保持 20～30h 的接触状态。经生物反应器处理后，再将稳定化的悬浮固体送入澄清器中进行澄清处理，通过沉淀作用除去废水中的固体。这种方法在欧洲和其他国家得到广泛的应用。用延时曝气这个术语来描述该过程是因为它能减少废污泥量；延长曝气时间能有效延长混合液体中悬浮固体在澄清器中的沉降时间。由于污泥有足够的时间被充分无机化，残余的污泥在脱水前不需要在消化池里作进一步处理。但是，有机物质的稳定过程需要氧，因此，延时曝气系统要消耗更多的能量。该方法的主要优点就是它能非常有效地除去 BOD（95%～98%），减少废污泥的处理量，而且不需要预处理。

污泥经好氧消化得到挥发性固体，其稳定过程类似于机械和气动供气所进行的好氧消化，有时，该方法用于稳定活性污泥法或由活性污泥法改造而成的其他方法产生的过多生物活性污泥。同时，它也可用于稳定生物处理过程前的主要沉淀物。

（4）接触稳定化法　接触稳定化法也是由活性污泥法改造而成的处理方法，该法的优点就是只需两步处理便可除去废弃物。在第一步过程中，活性污泥固体迅速吸附在污水中的胶体物质上，从而使有机物质处于稳定的悬浮溶解状态，持续时间为 0.5～1.0h。第二步利用沉降作用分离吸附于活性污泥上的有机物质，同时将浓缩的混合液体氧化 3～6h。第一步处理过程在接触罐内进行，第二步在稳定罐内进行，因此，将吸附过程从氧化延滞期中分离出来。

2. 生物接触氧化法

生物接触氧化法的主要设备是旋转式生物接触器（RBC），它属于黏附生长型生物处理系统。其原理是废水薄层经过位于排水道上面的固定介质（通常是石块）时，旋转式生物接触器通过细菌作用和生物氧化减少废水中的 BOD 和悬浮固体量。该设备的初期投资费用很高，但操作费用和占地面积适中。该系统由许多直径大约为 3m，重量轻的碟盘组成，这些碟盘安装于水平轴上，每根轴上装一组碟盘。碟盘间隔为 2～3cm，防止生长菌落之间相连接，每组碟盘之间装有叶片以减少波动或短流，所有这些装置便组成了一个 RBC 单元。当废水通过 1 只水平开口罐时，浸没了正在缓慢旋转（0.5～10r/min）的部分叶片（30%～40%），而且开口罐半圆形的底部通常与碟盘轮廓相配套。RBC 设备的功能就是将微生物黏附于碟盘表面上，然后使这些微生物吸附并利用废水中的营养而生长。如果将某碟片表面旋转至水平面以上，直接暴露于空气中的微生物或黏附于碟盘表面的薄薄的水膜将吸收空气。增加旋转速度可提高罐内氧气的含量。尽管该方法属于二次处理法，但是当废水中悬浮固体含量不高时（≤240mg/L），可以省去预沉淀过程。

（1）接触氧化生物处理法　接触氧化生物处理法工艺流程如图9－2所示。

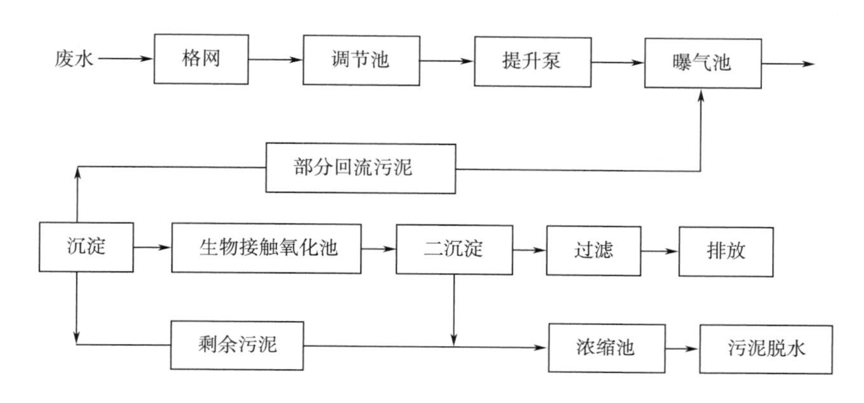

图9－2　接触氧化生物处理法的处理工艺流程图

①格网：污水来自加工车间，因此其中含有颗粒较大的漂浮物，为减少后续处理单元的负荷，设置格网，以拦截水中的漂浮物，保证后面单元的正常运行。

②调节池：由于加工车间单位时间内的排水量及其水质变化较大，因此必须设置一定容积的调节池，以调节水量、均化水质。若调节池为曝气调节池，则需在池底设置穿孔管，鼓入空气以搅动池水，既可起到防止混合原水悬浮物沉淀，同时也可起到预曝气作用，对有机物有一定的去除。

③提升泵：调节池内水位较低，且变化大，因此要对池内污水进行提升，使其依靠重力流到后续的构筑物中进行处理。

④曝气池：若污水浓度高，可采用两段生物处理，前段采用活性污泥工艺。曝气池平面尺寸为12.6m×5.2m，池容积为288m^3。

⑤一沉池：该池主要沉淀曝气池混合液，沉淀污泥大部分回流到曝气池内，剩余污泥排入污泥浓缩池。

⑥生物接触氧化池：生物接触氧化法是目前工业污水生物处理广泛采用的一种方法，技术较为成熟。它具有以下特点：a. 具有较高的处理效率，有利于减小处理构筑物体积，减少占地面积，节省基建投资；b. 污泥不回流，运行管理简单，稳定可靠；c. 耐冲击负荷能力强。d. 挂膜培菌简单。

采用二级生物接触氧化，每一级承受不同水平的有机负荷，其中的生态系统有所不同。前级细菌所占比重较大，有机物靠大量对数生长期的细菌降解。当有机负荷逐渐降低时，细菌水平逐渐下降，出水水质变好。

⑦二沉池：经过接触氧化池处理的水，其中含有一定量的生物固体，为将其去除需进行沉淀处理，以达到泥水分离的目的。

⑧过滤：生物接触氧化法产生的污泥，由于泥轻，且较为分散，沉淀后的出水效果受到一定的影响。为保证出水达到标准，设置砂滤池，以进一步去除水中的悬浮物。

⑨污泥浓缩池：沉淀池产生的污泥需进行处理，浓缩池内的上清液回流到调节池继续进行处理，底部的浓缩污泥经提升后进行污泥脱水。

⑩污泥脱水：经浓缩后的污泥，为便于处置，对污泥进行机械脱水。经浓缩后的污泥外运

或利用。

该工艺不仅能有效地去除污水中的COD、SS等污染物质，而且运行可靠、管理方便，处理效果好，出水水质达到DB31/199—2018《污水综合排放标准》中二级排放标准。通过系统几年来运行表明，该工艺产泥量少，污泥经浓缩后，排泥周期可达半年。污泥不含有毒物质，所排污泥可直接用作肥料。该系统在运行过程中，有时会在接触氧化池表面产生气泡，设计和施工中应做好消泡系统的设计和施工。

（2）混凝－接触氧化法　混凝－接触氧化法的处理工艺流程如图9－3所示。

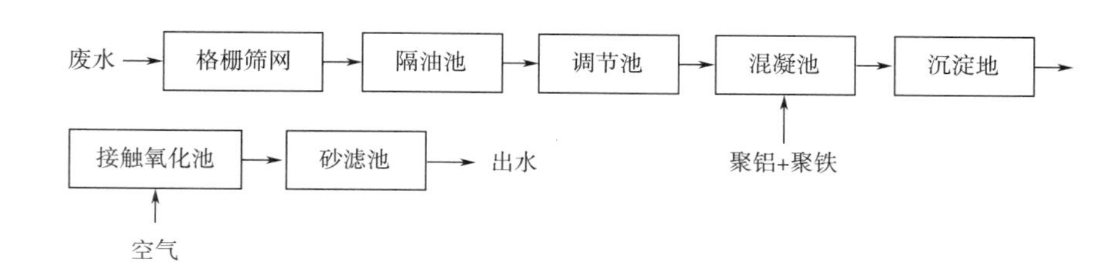

图9－3　混凝－接触氧化法的处理工艺流程图

废水经过格栅筛网等去除大颗粒悬浮物后，进入隔油池除去大部分浮油，经调节池调节废水的水量和浓度，然后进入混凝反应池，加聚合氯化铝（聚铝）和聚合硫酸铁（聚铁），调节pH至微碱性，经沉淀后除去大部分悬浮物和COD_{Cr}后进入生物接触氧化池，进一步降解废水中的污染物，最后经砂滤池除去少量脱落的细菌膜后出水。

该方法的特点是：废水经聚铝＋聚铁混凝处理后，能大大去除废水中的有机污染物和氨氮。在生物接触氧化池中用焦炭作填料，生物膜生长较紧密，不易脱落，系统去除有机污染物的效果稍优于多孔填料，而多孔填料去除氨氮的效果较焦炭好。若在生物接触氧化池内投加高效降解菌，则能加速系统的启动速度，而且处理效果好，处理时间短，系统运行稳定。废水经处理后COD_{Cr}、BOD_5、NH_4－N的总去除率分别为91.6%～96.3%、95.2%～98.3%和45.4%～72.2%，各项指标均达国家标准。

（3）水解（酸化）－生物接触氧化法　水解（酸化）－生物接触氧化法的工艺流程与方法如图9－4所示，其中水解（酸化）柱直径为120mm，高0.6m，有效容积为7.2L；接触氧化柱直径为190mm，有效容积为14.4L，两柱均采用有机玻璃管制做，内设组合填料。

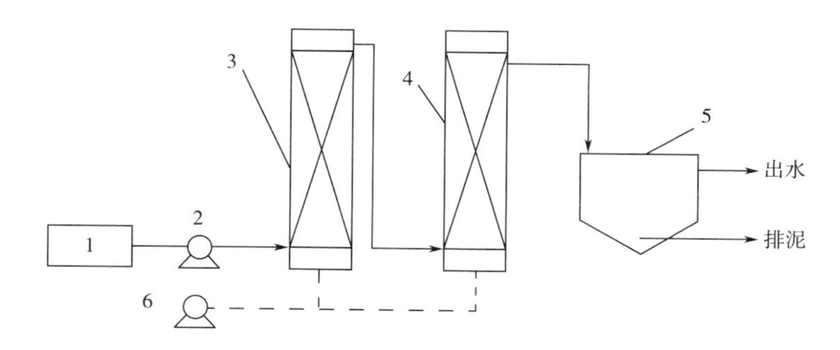

图9－4　水解（酸化）－生物接触氧化法的工艺流程

1—废水槽　2—计量泵　3—水解（酸化）柱　4—生物接触氧化柱　5—沉淀槽　6—空气泵

水解（酸化）段的接种污泥采用青岛海泊河污水处理厂（A/B 工艺）A 段回流污泥，生物接触氧化段的接种污泥采用 B 段回流污泥，接种污泥量为反应器容积的 20%。接种污泥和废水混合后加入反应器内，闷曝几天后，填料上即可见一层薄薄的附着生物膜，然后即采用连续通水的方法进行挂膜。在水温 20℃的情况下，工艺在运行 10d 以后即可达到良好处理效果，挂膜成功。

在运行过程中，以水力停留时间（HRT）为控制参数，水解（酸化）段的 HRT 为生物接触氧化段 HRT 的 1/2。水解（酸化）段 DO 控制在 0～0.5mg/L，生物接触氧化段 DO 控制在 4～5mg/L。

一些研究结果表明：采用水解（酸化）－生物接触氧化处理水产品加工废水，在水温 20℃、HRT＞6h（水解段与生物接触氧化段 HRT 之比为 0.5）、进水 COD 为 1000～1300mg/L、BOD_5为 510～690mg/L、SS150～150mg/L 的条件下，工艺对 COD、BOD_5、SS 的去除率分别大于 89%、92%、89%，出水 COD 值低于 150mg/L，BOD_5值低于 60mg/L，SS 值低于 40mg/L，均达到国家二级排放标准 GB 8978—1996《污水综合排放标准》。水解（酸化）－生物接触氧化工艺的 COD 总容积去除负荷可达 3.9kg/m^3·d，在中低浓度有机废水的处理上有着极为广阔的应用前景。此外，水解（酸化）段对 COD 的去除率大于 49%，有效地减轻了生物接触氧化段的有机负荷。水产品加工废水经水解（酸化）段处理后，BOD_5/COD 可由原水的 0.52 提高到出水的 0.67，废水可生化性得到显著提高；水解（酸化）段对 SS 的去除效果不受 HRT 的影响，生物接触氧化段对 SS 的去除效果受 HRT 的影响较大。

3. 兼氧技术——有机废水处理的新方法

有机废水生物处理主要是使废水中有机污染物通过微生物代谢活动予以转化、稳定，使之无害化，因此，微生物是代谢有机废水的主体。根据微生物呼吸可分为好氧生物处理和厌氧生物处理两大类。当废水中有机物浓度较低时（COD＜1000mg/L），一般采用好氧生物处理。首先，有机物中的氢被脱氢酶活化，并从中脱出，交给辅酶，同时放出电子，氧化酶利用放出的电子激活游离氧，活化氧和脱出的氢结合成水，使废水中有机物质转化为 CO_2、H_2O 和 NH_3 等稳定的有机物。当废水中有机物浓度很高时（COD 大于每升几千毫克以至每升几万毫克），由于氧的供应等问题，通常在无氧情况下采用厌氧菌分解有机物，即厌氧方法。但高浓度有机废水经厌氧处理后，其尾水污染物含量仍相当高，必须再经好氧处理，才能达到排放标准。两种方法的串联称为厌氧－好氧法（A－O 法）。由于厌氧菌和好氧菌的性质截然不同，不能共存所以处理单元必须分开，在操作程序、技术掌握上均有较高的要求。

实际上，在自然界还存在一类兼氧菌，即它们在很低的溶解氧条件下生活，经分离，多数以丝状菌为主。若利用兼氧菌的过渡作用将好氧菌和厌氧菌组合在同一处理装置中，发挥各自特长，协同处理较高浓度的有机废水（COD 在 1000～3000mg/L 左右），将有以下优点。

（1）开辟了处理中高浓度有机废水的新方法。因为好氧法一般只能处理 COD＜1000mg/L 的有机废水，而厌氧法能处理 COD 为 10000mg/L 或以上的有机废水，其技术、经济指标更为合理。而兼氧方法正好填补了这一空缺。

（2）由于好氧菌、兼氧菌和厌氧菌同存于一个反应装置中，通过兼氧菌的桥梁作用，将氧化、氨化、亚硝化、硝化、反硝化等反应在装置中同时进行，提高了氧的利用效率，降低了能耗。

（3）除了发挥厌氧去除有机物绝对量高、好氧对有机物去除率高的各自优点外，由于在兼氧阶段的水解酸化作用，使一些难降解的有机物和微生物尸体等初步分解，相对分子质量降低，使可生化性提高（B/C 比）。因此，总体有机物处理效率提高。

（三）消毒

为了民众的健康，经过处理的废水在最终排放前必须经过消毒处理。由于在一些技术处理过程中已除去微生物，或因长时间暴露于自然环境中病原菌已被杀死，所以很少进行灭菌处理。但是消毒剂能与有机物反应，因此，实际操作过程中通常在废水处理后期进行消毒处理。

目前，消毒方法有很多，如化学氧化剂、紫外线、γ 射线、微波照射以及各种物理方法（如超声波和热处理）。由于经氯气消毒的水中可能存在致癌性有机氯化物，而且对废水进行氯化处理对鱼有毒害作用，因此，近年来氯化法的应用日益减少。氯化法和其他化学处理法不能杀死所有的微生物，某些藻类、孢子、病毒（包括致病性病毒）在氯化处理过程中仍能存活。紫外线法是一种有效的消毒方法，该方法不会产生对水中动植物有害的残留物质。热处理法也很有效，但对于体积较大的流体是不可行的。

综上所述，水产品废弃物对水的污染程度可以用 BOD、COD、TOC、SS、TSS、TDS 和 FOG 等指标来衡量。

可以通过综合利用的方法对固体废弃物进行处理和利用。废水处理的基本步骤是：利用流体平衡、筛分、撇去等方法进行预处理；通过活性污泥、生物接触氧化法、兼氧技术等进行处理；处理后的废水应该消毒，为了减少消毒剂与有机物的反应，通常在废水处理后期进行消毒处理。

第六节　水产品加工的管理体系

建立完整的管理体系是水产品加工厂和企业自身的一个重要内容，也是保障产品质量的重要手段之一。水产品企业应将具体管理内容着重放在对产品质量有较大影响的方面（即关键控制点上），如原料的检验、产品配方、添加剂用量，各工序交叉污染，设备、容器、工具、场地等清洗消毒，包装容器和材料是否符合国家卫生标准，包装上标签是否符合 GB 7718—2011《食品安全国家标准　预包装食品标签通则》规定以及从业人员个人卫生等方面。下面主要从卫生管理、生产管理和质量管理几个方面加以论述。

一、生产卫生的监督与管理

（一）生产卫生管理规程及措施

卫生工作对食品生产的重要性无论怎样强调也是不过分的，尤其对于较不发达的地区，更有必要专门强调卫生管理的重要性。食品企业的生产卫生主要包括两个方面的内容，即一方面是厂房、设施、设备（也就是物）的卫生；另一方面是操作人员（也就是人）的卫生。生产卫生管理规程的具体内容如下。

1. 厂房、设施及设备的卫生管理

（1）应清洁的厂房、设施、设备及清扫时间。

（2）清洁作业顺序及必要时所使用的清洁剂、消毒剂与清洁用具。

（3）评价清洁效果的方法。

2. 操作人员的卫生管理

（1）生产区工作服质量规格。

（2）操作人员健康状况管理办法。

（3）操作人员洗手设施与洗手方法。

（4）操作人员的操作注意事项。

水产品生产企业为了达到良好卫生操作规范的卫生标准，首先应当建立健全卫生管理机构。成立卫生领导小组或卫生科（室、股）和产品质量管理科（室、股），由主要负责人分管卫生工作，把卫生工作列入生产、工作计划，全面开展卫生管理工作。生产企业（公司）的厂长或副厂长应担任卫生管理机构的负责人，车间应确定1～2名专职或兼职卫生管理人员，班组应有1名兼职人员负责卫生工作，做到网络健全，层层有人抓，及时发现问题、解决问题。卫生管理机构的管理人员应当是本单位的正式职工，并具有较高的文化素质和食品卫生知识，能秉公办事，在群众中有一定威信，热爱卫生工作。

其次，要制定各项卫生管理制度。由领导主管食品卫生工作，建立卫生管理网络，制定各项卫生制度，落实措施，责任到人，并配备专职或兼职食品卫生管理人员管理工作。加强食品卫生自身管理工作，一旦发生食物中毒、食源性疾病和食品污染事故，须及时向卫生监督部门报告。

最后，工厂必须具备数量足够的卫生质量管理人员，检验人员必须具备相应资格，具备本专业或相关专业中专以上教育或工作背景，上岗前需经过培训，基本掌握与检验工作有关的食品法规、标准和卫生科学知识，并能熟练应用于实际生产中。对合格者发放“上岗合格证”同时进行评审，审核内容为专业知识、专业技能、工作业绩。审核方式为：笔试和口试相结合。成绩优秀者可给予适当的精神或物质奖励，不合格者予以除名或限期察看，待复试合格后再发放“上岗合格证”所有资料存档。以上审核结果记录于《检验人员审核表》。

（二）设施的维修和保养

建筑物和各种机械设备、装置、给排水系统等设施均应保持良好状态，确定正常运行和整齐洁净，不污染食品。设备的表面应可进行清洁、消毒操作，方便拆卸。设备与原料接触的表面材质要好，要光滑，因为凹凸不平的地方不仅不方便清洁，还会成为细菌繁殖的场所。各种设施，特别是防尘防蝇设施应完好无缺。应经常全面检查设备装置等使用是否适当，并注意有无使用不当的情况。必须注意及时修理生锈的设备和损坏的设备，防止可能发生的污染情况。应有专人定期检查、维修和保养设备和设施，以保证食品生产符合卫生要求。主要生产设备每年进行一次大的维修和保养，维修保养情况应进行书面记录，内容包括：所在部门，机器名称和代号；经批准的清洁规程，完成时的检查；所加工产品批号、日期和批加工结束时间；保养、维修记录；操作人员和工段长签名、日期。

（三）工具设备的清洗和消毒

必须制定一份具有连续清洗步骤的清洗计划表，工厂内所有区域都应该采纳并执行表中的各项规定。连续使用的设备（例如传送带、料槽、切鱼片机、拖面浆机和滚面包屑机、蒸煮器、隧道式冻结机等）应该在各班次的生产结束时清洗。如果生产区没有制冷设备，那么，面糊混合机及其他设备应该每四小时清洗一次。清洗时，首先要排尽面糊，然后用清水冲洗面糊槽，最后进行消毒处理。每个生产班次结束时，都应将设备拆卸开来，对每个部分进行充分的清洗和消毒。与那些轻便设备的清洗要求一样，应该将这些部分放在离开地面的卫生环境中，防止其受到进溅的污水、灰尘和其他污染源的污染。

水产品加工厂在清洗时可采取下述方法。

（1）用聚乙烯或其他类似的薄膜盖住电气设备。清洗设备时要按照要求进行拆卸。

（2）利用刮、擦、机械冲洗等手工或机械方法清除墙壁或地板上沉积的污垢，整个过程要从设备的顶部到底部，从墙壁到地板排水道和排水口按序认真地进行。清除的下脚料要转移到废弃物堆中。

（3）用40℃或温度稍低的水进行预清洗，润湿设备，除去较大体积的水溶性残渣。将温度控制在40℃很重要，因为温度再高就会引起残留水产品和其他蛋白质变性，在接触表面上结块。

（4）采用手提式或集中式高压、小体积或泡沫设备以及能有效清除有机污垢的清洗剂（通常为碱性清洗剂）进行清洗。清洗剂的温度不得超过55℃。三聚磷酸钠、焦磷酸四钠（一种普通清洗剂）、碱性含氯清洗剂等的清洗效果都比较好。此外，应该根据待清洗设备的加工材料的特性决定具体使用哪几种清洗剂。

（5）清洗剂清除污垢的过程约需15min，然后再继续用55～60℃的水冲洗设备和待清洗区域。热水能有效去除脂肪、油脂和无机物。但是，清洗剂会使固形物产生乳化现象。较高的水温不但增加了能量消耗，而且会在设备、墙壁、天花板上形成凝结的水滴。为了保证有效清洗，必须彻底检查设备和所有设施，并对清洗不足的地方加以纠正。

（6）通过消毒处理确保工厂达到微生物方面的卫生要求。氯化物是最经济、应用最广泛的消毒剂。此外，也可以选择使用其他方法。根据不同的操作要求，表9－4总结了各种消毒剂的推荐使用浓度。为了使消毒剂发挥最大的功效，进行小规模消毒处理时可采用轻便式喷雾器或进行集中喷雾处理。对空间较大的地方进行消毒处理时，可采用雾化系统。

（7）在保持卫生环境和设备安装期间，为了避免污染，要求维护人员随身携带消毒器，对其工作过的地方及时进行消毒处理。

表9－4　各种消毒剂的推荐使用浓度

应　用	有效氯浓度／（mg/kg）	有效碘浓度／（mg/kg）	季铵化合物浓度／（mg/kg）
清洗用水	2～10	—	—
浸手	—	8～12	150
干净、光滑表面（休息室和玻璃器皿）	50～100	10～35	—
设备和用具	300	12～20	200
粗糙表面（旧桌子、水泥地板、墙壁）	1000～5000	125～200	500～800

（四）做好灭鼠、灭蝇和灭蟑的工作。

鼠、蝇和蟑螂由于经常行走或滋生、汇集于排泄物和废弃物上，本身常带有种种病原体，能传播各种疾病，与食品接触后常使人们产生厌恶感。并且蟑螂还有一种独特的一般称为“蟑螂臭”的恶臭味，它会咬坏物品，而且还常钻入各种设备的散热孔中，造成电线短路，烧坏设备。因此对它们要坚决进行清除。

灭鼠的常用方法有：毁灭巢穴、在地面注混凝土、不准在固定场所以外的地面上堆积杂物和装卸货物、堵塞其出入的通路等环境控制和断绝鼠饵、药物灭鼠等方法。但由于鼠对环境的适应性非常强，不论怎样用灭鼠药、捕鼠器灭鼠，最终要根除鼠害均有一定困难，而且鼠对药物的耐药性也使人担心。因此，灭鼠的基本方法是鼠类栖居的环境控制。

灭蝇方法有机械拍打、黏蝇纸黏、药物喷洒等。一般毒蝇点不宜放在阳光直射的地方，并保持湿润。食品生产场所选用灭蝇的药物有：二氯苯醚菊酯、溴氰菊酯、氯氰菊酯等，除虫菊酯对人畜较安全。多蝇场所选用以“二氯”加胺菊酯的市售灭害酒精剂作快速灭蝇。

药物处理是迅速降低蟑螂密度的主要手段，常采用毒饵、喷洒的方法。1%乙酰甲胺磷毒饵是毒饵中常用的。毒饵最好选用粉剂或细小颗粒剂，以少量多堆原则投在各类缝隙外。当蟑螂密度较高时，采用0.3%二氯苯醚菊酯酒精液、0.05%氯氰菊酯、1.5%残杀威、0.03%溴氰菊酯溶液直接喷洒于蟑螂隐藏处。喷洒后，蟑螂迅速被驱出而击倒死亡。一次处理后密度会减少90%左右。第一次喷洒后可能会遗留，隔周重复一次，此后辅以毒饵，处理周期一般为2～3个月。

此外，还可用黏捕法灭蟑螂，黏捕法在有些情况下杀灭蟑螂是有效的。因为杀灭效果好，使用的也较多。常用的方法还有：热水烫、热蒸汽熏，对各种厨、柜定期清除蟑螂的卵荚等。

（五）有毒有害物管理

（1）清洗剂、消毒剂、杀虫剂以及其他有毒有害物品，均应有固定包装，并在明显处标示“有毒品”字样，贮存于专门库房或柜橱内，加锁并由专人负责保管，建立管理制度。

（2）使用时应由经过培训的人员按照使用方法进行，防止污染和人身中毒。

（3）除卫生和工艺需要，均不得在生产车间使用和存放可能污染食品的任何种类的药剂。

各种药剂的使用品种和范围，须经省卫生监督部门同意。

另外，对于废水、废弃物、副产品和一些卫生设施都应设立相应的管理措施。

二、生产管理和质量管理文件

生产管理和质量管理文件系统是水产品企业质量保证体系中极其重要的一部分。按照水产品生产管理规范的要求，生产管理和质量管理的一切活动，均必须以文件的形式来实现，其主要目的在于：

①明确规定了质量管理系统；

②避免了纯口头方式产生错误的危险性；

③保证有关人员收到有关指令并切实执行；

④允许对不良产品进行调查和跟踪。

此外，由于每一个人均收到了必须特别遵循的规程和规定格式的记录表格，因而可有效地防止自作主张。由此还可能带来的好处是，书面的文件系统有助于培训企业成员，保持企业内部良好的通信系统，以及保证对水产品生产管理规范的遵循。

生产管理和质量管理的文件系统大致可分为标准与记录两部分。按照现代食品工业质量管理的概念，食品的质量受工程/维修、生产和质量管理这三方面因素的制约和影响。在食品生产的全过程中，这三方面的工作又可进一步划分为技术性工作与管理性工作两类，所以，食品生产管理规范要求的标准有技术标准与管理标准之分，相应的工作记录则可分成生产记录、质量管理记录、工程/维修记录和销售记录四大类。

三、促进卫生管理的非强制性检查

目前，水产品加工业已经建立了一项非强制性水产品检查程序，该程序由美国商业部（USDC）和美国国家海洋渔业服务部（NMFS）实施。其目的在于通过建立一个系统的卫生检查程序，协助工厂提高并保持较高的卫生水平。该程序不但提高了符合卫生要求的水产品的产量和消费量，而且还赢得了消费者的信任。

根据规定检查每个生产阶段（包括包装阶段）中的产品，以确证其能满足所有规定、标准或规范的要求。这项程序是自愿性的。

为了维持有效卫生操作规程，受 USDC 管辖的许多大型企业都委派了管理代表专门监督企业内的卫生操作，并授权其在所有与卫生相关的领域内直接与 USDC 检查员合作。在 USDC 管辖的水产品加工企业中，这种双方合作监督卫生的安排有利于对水产品卫生操作规程中各项概念的统一理解和实施。

美国国家海洋渔业服务部（NMFS）可以提供有关非强制性检查方面的服务，其费用由各企业支付。NMFS 已经建立了一项程序，专用于研究控制蒸煮食品、即食食品和冷冻水产品质量的危害分析及关键控制点体系（HACCP），该体系是由国家科学院等机构推荐使用的。据 NMFS 报道（1989），该组织正与水产品加工业合作，在许多加工厂中实施该程序的模型。

水产品加工业已经对滚上面包屑的小虾和煮制小虾的 HACCP 模型进行了厂内试验。该试验分别在 9 个加工厂内进行，并尽可能地使每种典型商品的生产量以及地理分布能跨越整个美国（Anon，1988）。现在，已经要求在水产品加工厂中实施 HACCP。

NMFS 制定了一项生鱼加工 HACCP 模型，在 4 个生鱼加工区域内，每个区域包括 23 ~ 26 个加工步骤，含 5 ~ 11 个关键控制点。对滚上面包屑的小虾而言，其 HACCP 模型包括 30 个步骤，其中含 9 个关键控制点。通过对煮制小虾和生虾加工过程的分析，可进行相似的评价。根据 HACCP 的概念可知，设计这种监督模型有助于水产品检查程序的发展，保护消费者。

思考题

1. 水产品加工厂对厂址的选择有什么要求？
2. 在设计水产品加工厂时应注意哪些问题？
3. 为了保证产品质量应怎样控制水产品的解冻？
4. 怎样保证冷藏过程中的卫生质量？
5. 水产品加工厂内用于设备和器具的消毒剂有哪些，各使用浓度为多少？
6. 水产品加工厂内浸手消毒液中含碘消毒剂的浓度为多少？
7. 什么是生化需氧量？
8. 废水预处理方法有哪几种？
9. 什么是活性污泥法？
10. 对水产品加工中出现的废水常用哪几种技术进行处理？
11. 在水产制品的生产过程中怎样进行食品安全控制？

第十章 危害分析与关键控制点（HACCP）简介

CHAPTER 10

HACCP（Hazard Analysis Critical Control Points）是一种保证食品安全与卫生的预防性管理体系。HACCP体系运用食品工艺学、微生物学、化学和物理学、质量控制和危险性评价等方面的原理与方法，对整个食品链（从食品原料的种植/饲养、收获、加工、流通至消费过程）中实际存在和潜在的危害进行危险性评价，找出对终产品的安全（甚至可以包括质量）有重大影响的关键控制点（CCP），并采取相应的预防/控制措施以及纠正措施，在危害发生之前就控制它，从而最大限度地减少那些对消费者具有危害性的不合格产品出现的风险，实现对食品安全、卫生（以及质量）的有效控制。

HACCP体系是世界公认的保障食品卫生安全的最有效、最可靠的管理方法。其作为食品安全卫生质量管理最有效的方法之一，已被FAO/WHO食品法典委员会（CAC）认可作为保证食品安全的准则，在世界范围内推广应用。

第一节　HACCP的由来及其发展历史

一、 HACCP的由来

早在20世纪50年代初，化学加工工业就开始应用HACCP体系的基本原理，该原理的核心内容是W. Edward Eming的“全面质量管理原则”。食品工业中HACCP体系的概念和起源与Pillsbury公司的一项食品生产研究计划有关，该计划是专为研制太空食品而制定的。后来由于美国航空航天局（The National Aeronautics and Space Agency，NASA）、美国空军Natick实验室、美国空军实验室规划小组（U. S. Air Force Space Laboratory Project Group）的参与及合作，Pillsbury公司得以进一步发展与完善HACCP体系。

1959年，Pillsbury公司受命生产宇航员在无重力作用的太空舱中食用的食品。那时科学家们对食品，尤其是微粒状食品在无重力太空舱中的行为毫无概念。当时解决这个问题最保守的办法就是将食品胶合起来，再覆盖一层食用软膜，以避免食品粉碎而导致太空舱中空气污染。但是，这一任务最大的难点是要尽可能保证用于太空中的食品具有100%安全性，不能被细菌、滤过性病毒、毒素和化学试剂污染，也不能含有可能导致疾病或损伤的物理危害。因为，食品中的危害有可能导致太空计划的失败甚至灾难。研究初期，Pillsbury公司决定采用当时普遍使用的传统的质量控制技术，因为舍此也别无其他妙法保证食品不会出现问题。但是，随着研究的深入，发现要确定食品是否可靠，其实验工作量相当大。事实上，生产出来的每批食品，绝大部分用于实验，只有一小部分供给太空飞行员，因为经过微生物和化学分析后的食品是不能食用的。由此产生两个问题：①如何研究一项新技术，帮助我们使食品尽可能地具有100%的安全性？②既然食品公司拥有充足的理由不执行对产品的破坏性试验，那么是否有可靠、简便、经济的方法来保证食品的安全性？即能否通过对原料、加工过程及产品最低限量的检验来保证食品的安全性？

为此，Pillsbury公司研究了NASA采用的零缺陷方案，发现它是为硬件设计的，这种用于硬件的测试形式，如X射线、超声波是非破坏性的，虽然符合研究目的，但不适用于食品。为了建立一个更好的食品质量控制体系，Pillsbury公司决定采用一个新方法来解决上述问题。经过广泛的研究，认为唯一可行的方法就是建立一个“预防体系”。要求新体系尽可能早地控制原料、加工、环境、贮存和流通过程中所有可能会出现的危害。毫无疑问，如果能建立这种控制形式，并一直保持适当的记录，就可以生产出具有高置信度的产品，即安全食品。从实用的目的出发，如果能准确执行这一体系，就没有必要测试终产品来检查质量。同时，在实践中还发现，按NASA规则的要求保持记录，不但使新体系成为一个完善的方法，而且使新体系更加容易执行。因此，保持准确、详细的记录便顺理成章地成为新体系的基本要求之一。

根据NASA的要求，Pillsbury公司对所使用的原料、生产食品的工厂、生产过程中工人的姓名以及其他有助于了解产品历史的情况都做了详细记录。换而言之，力求做到有一份可以追本求源的记录。这就要求对原料的一切情况都有非常详细的了解。例如，对鲑鱼食品中所使用的鲑鱼，要求了解其生长的经纬度、捕鱼船的名字等。Pillsbury公司就是用这种方法建立了HACCP体系。

二、HACCP的发展历史

美国是最早应用HACCP原理，并在食品加工过程中强制实施HACCP体系的国家。

1971年，Pillsbury公司在美国国家食品保护会议（National Conference on Food Protection）上首次将HACCP体系公布于众。1973年，Pillsbury公司与FDA合作进行了一项试点工作，在酸性及低酸性罐头食品生产中应用HACCP体系，并制定了相应的法规，此法规成为一项成功的HACCP体系。1974年以后，HACCP概念开始大量出现在科技文献中。

20世纪80年代中期，美国药典委员会和美国食品微生物标准咨询委员会（The National Advisory Committee on Microbiology Criteria for Foods，NACMCF）共同颁布了指导性文件，鼓励在不同食品系统中使用HACCP，并对HACCP体系作了一个更科学的定义，从而引起世界食品工业界质量管理人员、政府食品安全官员和有关科研人员的广泛重视与推荐。1989年11月，NACMCF起草了《用于食品生产之HACCP原理的基本准则》，并将其作为工业部门培训和执行HACCP原理的法规。该法规历经修改和完善，形成了HACCP七项基本原理。

1989年10月，美国食品安全检验署（Food Safety and Inspection Service，FSIS）发布了《食品生产的HACCP原理》；1991年4月，FSIS提出《HACCP评价程序》；1994年3月，FSIS公布了《冷冻食品HACCP一般规则》。1994年8月，FDA发表了《HACCP在食品工业中的应用进展》（21CFR ch. 1），并组织有关企业进行HACCP体系的推广与应用实验，以促进HACCP体系在整个食品企业中的应用。在FDA的指导下，进行这项实验的几家企业进行了长达12个月的工作，对其所执行的HACCP体系进行广泛研究和讨论，力求完善FDA制定的HACCP法规。在此基础上，FDA于1995年12月颁布了一项食品法规《安全与卫生加工进口海产品的措施》（21CFR123），要求所有海产品加工者必须执行 HACCP。该法规于 1997 年 12 月 18 日生效，即从此以后，所有在美国生产的，或进口到美国的海产品必须符合 HACCP 法规，并提交生产过程中 HACCP 计划执行情况等资料。此外，其他食品生产与进口的 HACCP 法规也相继问世。例如，1996 年 7 月 25 日，美国农业部发布了《减少致病菌、HACCP 体系最终法规》（9CFR part416、417），要求所有肉禽制品都必须执行卫生标准操作程序（Sanitation Standard Operating Procedure，SSOP）和 HACCP 体系以确保食品的安全性。有关肉禽制品加工过程中的 SSOP 于 1997 年 1 月 27 日生效，HACCP 于 1998 年 1 月 26 日生效（对中、小型肉禽加工企业而言，该项法规于 1999—2000 年生效）。1998 年 4 月，FDA 发布了有关果汁生产的 HACCP（21CFR 120、101）法规，要求果蔬汁加工企业执行 HACCP，并对果汁食品标签提出了明确要求。

1993 年，由联合国粮食与农业组织（FAO）和世界卫生组织（WHO）联合创建的食品法典委员会（CAC）开始鼓励各国使用 HACCP，其下属机构——食品卫生委员会（The Food Hygiene Committee of the Codex Alimentation Commission）起草了《应用 HACCP 原理的指导书》，用于推行 HACCP 体系，并对 HACCP 体系中常用的名词术语、发展 HACCP 体系的基本条件、关键控制点决策树的使用等内容进行了详细的规定，其中包括目前在全世界执行的 HACCP 七项基本原理：①进行危害分析；②确定关键控制点；③确定关键限值；④建立监控关键控制点的程序；⑤建立关键控制点失控时所采取的纠正措施；⑥建立验证 HACCP 体系是否正确运行的程序；⑦建立有效的记录保存体系。

1997 年，CAC 制定了《HACCP 体系及其应用准则》［Annex to CAC/RCP 1—1996，Rev（1997）］，其中指出，HACCP 可应用到从最初生产者至最终消费者的整个食品链中，这一体系的应用有助于制定规章的权力机构进行检查，并通过提高食品安全的可信度来促进国际贸易。

在 CAC 等国际组织的大力倡导下，许多国家的食品企业和销售部门都普遍采用 HACCP 体系。如 1993 年，欧洲联盟通过了关于食品生产应用 HACCP 体系的决定，并于 1995 年 12 月起对各类进出口食品执行这一体系。与此同时，加拿大政府也推出一项食品安全促进计划（Food Safety Enhancement Program，FSEP），其农业部要求在所有食品生产过程中推行 HACCP 原理，由各食品加工企业负责制定自己的 HACCP 计划，农业部根据 HACCP 计划具体执行情况的评估结果，帮助企业按 FSEP 的要求实施 HACCP 计划。日本、新西兰、荷兰、澳大利亚、挪威、泰国等国家都相继颁布有关法规，要求在食品企业中实施 HACCP 体系。目前，HACCP 体系已成为世界公认的能有效保证食品安全的控制体系，其概念不但被美国食品和药品管理局（FDA）以及其他联邦机构承认，而且还被世界食品贸易中的权威机构 CAC 所采纳。

HACCP 概念于 20 世纪 80 年代传入中国。按照《中华人民共和国进出口商品检验法》《中华人民共和国出口食品卫生管理办法》和《中华人民共和国进出口商品检验法实施条例》规定，原中华人民共和国国家商品检验局及其下设各省、市、自治区的商品检验局负责出口食品的安全。1988 年，中国检验检疫部门就注意到国际食品微生物标准委员会对 HACCP 体系基本原理所作的详细叙述。1990 年，国家进出口商品检验局科学技术委员会食品专业技术委员会开始进行 HACCP 的应用研究，制定了“在出口食品生产中建立 HACCP 质量管理体系”导则以及一些应用于食品加工业的 HACCP 体系的具体实施方案，并在全国范围内进行广泛讨论。同时，还组织了一项“出口食品安全工程的研究和应用”计划，该计划包括十种食品，水产品、肉类、禽类和低酸性罐头食品也在其中，约 250 家食品企业志愿参加了这项计划。通过这项计划，多数食品加工企业接受了HACCP概念。1997年10月，国家商检局对水产品加工企业实施HACCP体系的情况进行了检查，确定各企业制定的HACCP和SSOP能否符合美国海产品HACCP法规的各项要求。共180家企业申请了检查，其中139家企业的HACCP和SSOP计划及其实施情况通过了检查，获得中国检验检疫部门的批准。为了加强中国出口食品控制主管当局与FDA的合作关系，这些企业的名单已于1997年12月16日报给FDA。现在，HACCP体系已经成为中国食品安全控制的基本政策，正逐步建立与美国、欧洲各国等发达国家相对等的食品安全和品质管理体系。

但是，与国外相比，我国在HACCP体系的研究和实施方面所进行的工作都不够深入，除有些海产品出口企业实施了HACCP体系外，大多数食品加工企业对HACCP体系的原理和应用都缺乏重视，这种状况十分不利于我国对外贸易的发展。因此，1998年初，国务院办公厅印发了《中国营养改善行动计划》，其中明文规定："完善各类食品生产卫生规范的制定工作并在主要食品行业全面推行。建立健全食品生产经营企业的质量控制与管理体系，在各类食品生产、经营过程中逐步推广使用危害分析关键控制点（HACCP）系统分析方法"。这一政策的制定与实现，不仅能推动我们借鉴国外先进技术和管理经验，加强我国食品安全与卫生管理的基础性和应用性研究，促进我国食品检测手段和体制，与国际接轨，而且能彻底改变我国食品卫生现状，满足人民对食品卫生与安全的要求，提高食品质量，增强我国出口食品在国际市场上的竞争力。现在，我国有80%以上的出口企业建立了HACCP体系，为了提高我国食品安全与卫生状况，实现从农田/饲养场到餐桌的全程质量管理，在我国农业/畜牧业、食品加工业、食品服务业等相关部门全面实施HACCP体系将是必然的发展趋势。

第二节　HACCP的适用范围

HACCP体系强调的是对"从农田到餐桌"这一整个过程进行安全性管理，它被用来保证食品的所有阶段的安全。生产者在实施HACCP时，他们不仅必须考虑其产品和生产方法，还必须将HACCP应用于原材料的供应、成品贮存、销售、运输等环节，直到消费终点。因此，HACCP适用于"从农田到餐桌"这过程中的所有环节。

一、在食品加工中的应用

目前，HACCP在食品工业中的应用主要有以下几个方面。

1. 水产品

HACCP系统最早用于水产品加工过程，由于水产品含水量高，容易腐败变质，因此其加工、流通和贮存过程中的安全与卫生控制尤为重要。

2. 冷冻食品

对冷冻食品而言，很难从其外观判断产品质量的好坏，而且冷冻不是杀菌的手段，因此，生产过程中的冷冻工艺、细菌的污染和繁殖的预防和控制就成为食品安全的关键控制点。在冷饮食品、冻肉、冷冻蔬菜的生产过程中采用HACCP体系进行安全与质量控制可以避免引起大规模食物中毒事件。

3. 罐头食品

罐头的杀菌是商业性杀菌，要考虑到产品的色、香、味、形，空罐加工、罐头杀菌、封罐及成品的检验、贮存是关键控制点。我国在出口芦笋罐头加工中实行 HACCP 体系取得了很好的效果。

4. 饮料及乳制品

果汁、冷饮、乳制品等除了对原料要实施控制外，在整个工艺过程中正确实施 HACCP 也非常重要，空瓶的清洗、车间环境的管理与产品的安全与质量关系密切。

5. 焙拷食品

虽然焙拷食品要经过高温加工，理应是安全的，但是，随着焙拷食品种类的增加，产品加工呈多样性，不断有新工艺引入，所以，在月饼、糕点等焙烤食品加工引入 HACCP 体系进行安全与质量管理也是非常重要的。

6. 发酵食品

在发酵过程控制中，杂菌的控制是关键控制点，一旦染菌将损失惨重。发酵废水、废气的排放与环境污染直接相关，利用工程菌发酵时对废液的处理更要慎重。在酱油、酸奶和某些酒类的生产中已经采用 HACCP 体系控制生产菌的生长和产品的安全，并取得了良好的效果。

7. 油炸食品

对油炸方便面和许多休闲食品而言，油的质量控制、包装材料的选择和保持产品的脆性是控制产品安全与质量的关键控制点。

8. 食品添加剂

添加剂在食品工业中的应用越来越广泛，可以说，没有食品添加剂，就不可能有现代食品加工业。但是，食品添加剂使用方法与使用量涉及食品安全问题，不能盲目超量使用。因此，在食品添加剂生产与使用过程中实施 HACCP 是确保生产安全食品的前提。

二、 食物链其他环节的安全性控制

自由贸易将人类带入食品供应全球化的时代，也使得食品安全问题成为全球性问题。为了保证食品的安全性就必须从源头开始，从原料的生态环境、种植/饲养过程着手。在植物性食品原料的生产和动物性食品原料的饲养方面，主要对害虫、有害微生物和农药/兽药及其他一些化学物质进行控制。对当今崛起的基因食品，则需要慎重考虑其长期的影响。

1. 食品原料的生产中的应用

植物性食品原料的农药控制至关重要，目前发达国家通常用以下方式进行：为种植者提供可以使用的农药清单，提供其所需要的农药，并派专人指导使用和监督使用情况。动物性原料主要对饲料和兽药中的激素、生长调节剂及抗生素进行控制，当然，对寄生虫、有害微生物的控制也非常重要。通过对饲料的监督、改变生长环境、并对生物体定期检查来确保动物性原料的安全性。总之，不同的原料有不同的控制体系，根据具体情况来确定 HACCP 关键控制点就可以得到安全的食品生产原料。

2. 食品与原料流通过程中的应用

质量管理的最终目的是为了向消费者提供安全、高质量的食品。应用 HACCP 能够使工厂的合格产品在流通中减少损失，延长货架期，保证高质量的产品到达消费者手中。冷冻食品、冷饮食品、水产品等产品在流通过程中的安全与质量控制是保证产品安全性的关键。

3. 在餐饮业中的应用

一日三餐是人们必需的，烹调的温度、时间、保存条件及后处理是制备安全、可口饭菜的关键控制点。通过 HACCP 体系确定关键控制点，对从业人员进行培训，从而可增强质量意识，增加消费者对食品的满意程度。调味品要严格按照标准使用。新兴快餐食品配送中心，街头食品等都可以使用 HACCP 体系控制安全与质量，包括对制作过程和发放过程的管理，从原料的选择到产品包装都要严加控制。

4. 在家庭中的应用

在家庭中应用 HACCP 可以减少食品在家庭中的品质降低，并提高食品食用的安全性。因此要求消费者在购买食品时认真检查，购买包装未损坏的食品并完好运输到家，正确贮存，在保质期内食用。正确管理食品贮藏室、保持厨房用具卫生和个人卫生、正确处理剩余食品和腐败变质食品也是保证家庭食品安全性的关键所在。

第三节　HACCP 的七项基本原理

原理一：进行危害分析并确定预防措施。

危害分析是建立 HACCP 体系的基础，在制定 HACCP 计划的过程中，最重要的就是确定所有涉及食品安全性的显著危害，并针对这些危害采取相应的预防措施，对其加以控制。实际操作中可利用危害分析表，分析并确定潜在危害。

原理二：确定关键控制点（CCP）。

即确定能够实施控制且可以通过正确的控制措施达到预防危害、消除危害或将危害降低到可接受水平的 CCP，例如，加热、冷藏、特定的消毒程序等。应该注意的是，虽然对每个显著危害都必须加以控制，但每个引入或产生显著危害的点、步骤或工序未必都是 CCP。CCP 的确定可以借助于 CCP 决策树。

原理三：确定 CCP 的关键限值（CL）。

即指出与 CCP 相应的预防措施必须满足的要求，例如温度的高低、时间的长短、pH 范围以及盐浓度等。CL 是确保食品安全的界限，每个 CCP 都必须有一个或多个 CL 值。一旦操作中偏离了 CL 值，必须采取相应的纠正措施才能确保食品的安全性。

原理四：建立监控程序。

即通过一系列有计划的观察和测定（例如温度、时间、pH、水分等）活动来评估 CCP 是否在控制范围内，同时准确记录监控结果，以备用于将来核实或鉴定之用。使监控人员明确其职责是控制所有 CCP 的重要环节。负责监控的人员必须报告并记录没有满足 CCP 要求的过程或产品，并且立即采取纠正措施。凡是与 CCP 有关的记录和文件都应该有监控员的签名。

原理五：建立纠正措施。

如果监控结果表明加工过程失控，应立即采取适当的纠正措施，减少或消除失控所导致的潜在危害，使加工过程重新处于控制之中。纠正措施应该在制定 HACCP 计划时预先确定，其内容包括：①决定是否销毁失控状态下生产的食品；②纠正或消除导致失控的原因；③保留纠正措施的执行记录。

原理六：建立验证 HACCP 体系是否正确运行的程序。

虽然经过了危害分析，实施了 CCP 的监控、纠正措施并保持有效的记录，但是并不等于 HACCP 体系的建立和运行能确保食品的安全性，关键在于：①验证各个 CCP 是否都按照 HACCP 计划严格执行的；②确保整个 HACCP 计划的全面性和有效性；③验证 HACCP 体系是否处于正常、有效的运行状态。这三项内容构成了 HACCP 的验证程序。

原理七：建立有效的记录保存与管理体系。

需要保存的记录包括：①HACCP 计划的目的和范围；②产品描述和识别；③加工流程图；④危害分析；⑤HACCP 审核表；⑥确定关键限值的依据；⑦对关键限值的验证；⑧监控记录，包括关键限值的偏离；⑨纠正措施；⑩验证活动的记录；⑪校验记录；⑫清洁记录；⑬产品的标识与可追溯性；⑭害虫控制；⑮培训记录；⑯对经认可的供应商的记录；⑰产品回收记录；⑱审核记录；⑲对 HACCP 体系的修改、复审材料和记录。在实际应用中，记录为加工过程的调整、防止 CCP 失控提供了一种有效的监控手段，因此，记录是 HACCP 计划成功实施的重要组成部分。

在整个 HACCP 执行程序中，分析潜在危害、识别加工中的 CCP 和建立 CCP 关键限值，这三个步骤构成了食品危险性评价操作，它属于技术范围，由技术专家主持，而其他步骤则属于质量管理范畴。

第四节 制订 HACCP 计划

一、 HACCP 计划的模式

HACCP 计划是将进行 HACCP 研究的所有关键资料集中于一体的正式文件，其中包括食品安全管理中所有关键部分的详细说明。HACCP 计划由 HACCP 小组制定，主要由两项基本内容组成——生产流程图和 HACCP 控制图，同时还包括其他必需的支持文件。由于 HACCP 计划的重点在于食品安全管理，因此附属文件应尽可能简洁。虽然有些企业将产品描述、记录保持和认证过程归纳于质量管理体系文件中，但通常认为将这些内容作为 HACCP 计划的一部分是非常有用的。此外，保留能说明危害分析过程的所有预备文件也十分有益。当然，这些文件不能作为正式 HACCP 计划的组成部分。

不同国家常常有不同的 HACCP 计划模式，即使在同一国家，不同管理部门在各种食品生产过程中推行的 HACCP 计划也不尽相同。例如，美国 FDA 提供的水产 HACCP 模式如下。

（1）制订 HACCP 计划的必备程序和预先步骤　①必备程序为 GMP 和 SSOP；②预先步骤包括：组建 HACCP 小组、描述食品和销售、确定预期用途和消费人群、建立流程图、验证流程图；③管理层的承诺。FDA 认为没有这些必备程序和预先步骤可能会导致 HACCP 计划的设计、实施和管理失效。

（2）进行危害分析 具体工作包括：建立危害分析工作单、确定潜在危害、分析潜在危害是否是显著危害、判断是否是显著危害的依据、显著危害的预防措施（原理一）、确定是否是关键控制点（原理二）。

（3）制订 HACCP 计划表 具体过程包括：填写 HACCP 计划表、确定关键限值（原理三）、建立监控程序（原理四）、建立纠正措施（原理五）、建立记录管理程序（原理七）、建立验证程序（原理六）。

（4）完成验证报告 具体工作包括：确认制定 HACCP 计划的科学依据、确认 CCP 点的控制情况、验证 HACCP 计划的实施情况。

（5）编制 HACCP 计划手册 具体内容包括：①封面（名称、版次、制定时间）；②工厂背景材料（厂名、厂址、注册编号等）；③厂长颁布令（厂长手签）；④工厂简介（附厂区平面图）；⑤工厂组织结构图；⑥HACCP 小组名单及职责；⑦产品加工说明；⑧产品加工工艺流程图；⑨危害分析工作单；⑩HACCP 计划表格；⑪验证报告；⑫记录空白表格；⑬培训计划；⑭培训记录；⑮SSOP 文本；⑯SSOP 有关记录。

加拿大食品检验局（CFIA）在食品安全促进计划（FSEP）中将 HACCP 计划的建立过程分为 12 个连续步骤：①组建 HACCP 小组；②产品描述；③确定预期用途；④建立工艺流程图及工厂人流物流示意图；⑤现场验证工艺流程图及工厂人流物流示意图；⑥列出每一步骤的危害（原理一）；⑦运用 HACCP 判断树确定 CCP（原理二）；⑧建立关键限值（原理三）；⑨建立监控程序（原理四）；⑩建立纠正程序（原理五）；⑪建立验证程序（原理六）；⑫建立记录保持文件程序（原理七）。

国际上，CAC 的 HACCP 工作组承认上述两国的 HACCP 模式。实际工作中，只要制定的 HACCP 计划涵盖 HACCP 七项基本原理，且为 HACCP 计划的实施提供了必需的基础条件（例如，达到 GMP 要求）即可。

二、 制订 HACCP 计划必须具备的基本程序和条件

（一） 必备程序

实施 HACCP 体系的目的是预防和控制所有与食品相关的安全危害，因此，HACCP 不是一个独立的程序，而是全面质量控制体系的一部分。HACCP 体系必须以良好生产规范（GMP）和卫生标准操作程序（SSOP）为基础，通过这两个程序的有效实施确保对食品生产环境的卫生控制。没有良好的卫生环境，就有可能导致不安全食品的生产。因此，没有 GMP 和 SSOP 的支持，HACCP 将成为空中楼阁，起不到预防和控制食品安全的作用。GMP 和 SSOP 是实施 HACCP 的必备程序，是实施 HACCP 计划必须具备的基础。

（二） 管理层的支持

制订和实施 HACCP 计划必须得到管理层的理解和支持，特别是公司（或企业）最高管理层的重视。因为，加强员工安全卫生意识的最佳途径是各级管理者的表率作用，即使当执行某项纠正措施可能使材料报废或成本临时增加，总经理仍然应该坚持按 HACCP 计划执行。如果不严格按制定的纠正措施执行，将会给下级传递错误的信息，并带来长远且严重的影响。从此以后，员工可能不认真对待 HACCP 计划中规定的各项操作程序了。

同时，管理层还应该了解 HACCP 原理，只有当各级管理者真正理解 HACCP 的内涵，了解

HACCP 能为公司带来的利益，知道 HACCP 的内容及其所需要的资源，才能真正支持 HACCP 计划的实施。作为一名高级管理集团成员，需要通过广泛阅读和参加 HACCP 短期培训以切实掌握 HACCP 原理和作用。

总而言之，如果没有管理层对 HACCP 的支持和认识，没有最高管理在 HACCP 启动后的全面授权，实施 HACCP 将会是一件非常困难的事，更谈不上最大限度预防和控制食品安全危害了。所以，建立 HACCP 体系与其他体系（如 ISO9000）的建立一样，需要高层管理者的承诺，从而使 HACCP 小组得到必要的资源，并明确其相应的职责权限。

管理层承诺的内容包括：批准开支，批准实施公司的 HACCP 计划，批准有关业务并确保该项工作的持续进行和有效性，任命项目经理和 HACCP 小组，确保 HACCP 小组所需的必要资源，建立一个报告程序，确保工作计划的现实性和可行性。

（三） 人员的素质要求与培训

人员是 HACCP 体系成功实施的重要条件。因为，HACCP 体系必须依靠人来执行，如果员工既无经验也没有经过很好的培训，就会使 HACCP 体系无效或不健全。

HACCP 体系对人员在食品安全控制过程中的地位和要求十分明确。主要体现在以下几方面：①人是生产要素，产品安全与卫生取决于全体人员的共同努力。因此，各级人员在食品安全与质量保证中的重要性无论怎样强调都不会过分；②人员必须经过培训，以胜任各自的工作；③所有人员都必须严格“照章办事”，不得擅自更改 HACCP 规定的操作规程。④如实报告工作中的差错，不得隐瞒。

（四） 校准程序

通过校准程序能确保所有影响产品品质和安全的检验、测试或测量器具（如 pH 计、天平、温度计等）均能得到有效维护和保养。定期校准可以使这些器具达到并维持在必要的水平上。校准程序中还需要交代如果发现器具失准，应该如果处理相关产品。

（五） 产品的标识和可追溯性

产品必须有标识，这样不但能使消费者知道有关这些产品的信息，而且还能减少错误或不正确发运和使用产品的可能性。产品的标识内容至少应该包括：产品描述、级别、规格、包装、最佳食用期或保质期、批号、生产商和生产地址等。

产品的可追溯性包括两个基本要素：

（1）能够确定生产过程的输入（例如，杀虫剂、除草剂、化肥、成分、包装、设备等）以及这些输入的来源。

（2）能够确定成品已发往的位置。

产品的标识和可追溯性能帮助企业：

（1）确定产生问题的根本原因，进而明确需要采取的纠正措施。

（2）实现良好的批次管理。

（3）有效实施产品回收计划。因此，如果产品出现问题，可追溯性越高，必须回收的产品和需要涉及的客户越少，损失自然也就越小。

（六） 建立产品回收计划

产品回收计划描述了公司需要回收产品时所执行的程序，其目的是为了保证凡是具有公司标志的产品在任何时候都能在市场上进行回收，能有效、快速和完全地进入调查程序。因此，企业要定期验证回收计划的有效性。

1. 回收系统

所有食品企业都应该制定一套能够完全、快速回收任何一批食品的回收系统。这类回收计划包括以下几个方面的内容。

（1）与产品编码系统有关的文件。代码标示能追溯到产品的生产日期和（或）批号。产品使用足够的编码标识并在书面回收计划中详细说明，使产品的辨别和回收更加容易。

（2）产品去向记录的保存时间至少超过产品的保质期，产品的有效期符合检验手册或法规中规定的相应商品的有效期。要设计和保持适宜的记录以利于需要进行产品回收时的查找与核对工作。必要时能提供记录。

（3）建立健康和安全的投诉档案。所有与健康和安全投诉有关的联系和处理记录都要存入档案。

（4）列出负责回收工作的小组成员及其家庭电话。对每个成员，应该制订如果因故中途缺席的代替方案。列出每个成员和负责人的明确职责。

（5）描述实施回收时采取的每一步程序。这些程序要包括按照回收等级（指消费者、零售商或批发商）确定的回收的广度和深度。

（6）用适当的方式通知受影响的消费者并详细说明危害类型。通讯方式（传真、电话、广播、通讯地址或其他方式）应标识于产品上以便追踪。其中应该列明按照危害类别给予批发商、零售商和消费者的典型指导信息。

（7）制订退回的回收食品的控制措施/计划，包括退回的产品和尚存放于贮存库中的产品。要按照涉及的危害类型描述对有关产品的控制措施和处理意见。

（8）定期评估回收的效率，详细说明验证回收效率的方法。

2. 实施回收

企业准备实施食品回收计划时要立即通报当地官方机构，通知的内容包括：

（1）回收的原因。

（2）回收产品的类别：名称、编号、批号、公司号码、生产日期、（如果合适）进出口的日期等。

（3）与回收计划有关的产品数量，最少包括以下几方面：①待回收食品的产量或当初在公司的数量；②回收品的数量分布情况；③回收食品在公司内的剩余情况。

（4）待回收食品的区域分布：按销售地点、城市，如果是出口产品，按出口国别列明批发商及零售商的名称和地点。

（5）任何可能受同种危害影响的其他产品的信息。

第五节　制订 HACCP 计划的步骤

根据 CAC 制定的《HACCP 体系及其应用准则》[Annex to CAC/RCP1—1996，Rev (1997)] 的阐述，制订 HACCP 计划的过程由 12 个步骤组成，涵盖了 HACCP 七项基本原理（图 10－1）。

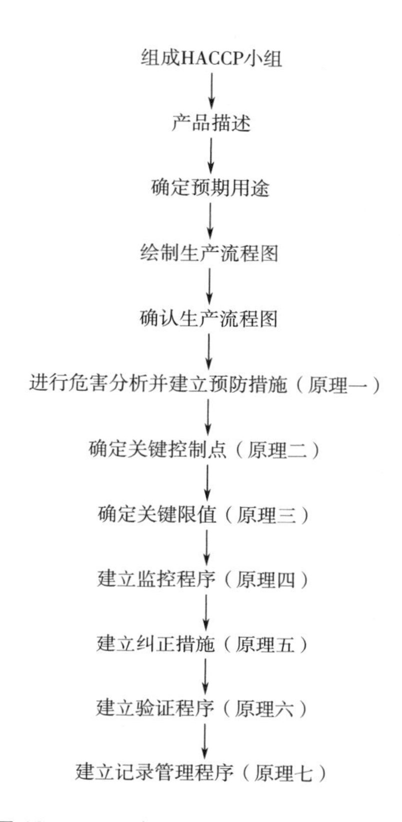

图 10－1　研究 HACCP 计划的逻辑顺序

一、　前期准备工作

（一）组建 HACCP 小组

HACCP 不是由一个人就能完成的，必须由许多部门的成员一起，即 HACCP 小组共同努力才能完成。HACCP 小组的职责是制订 HACCP 计划，修改、验证 HACCP 计划，监督实施 HACCP 计划，书写 SSOP，对全体人员进行培训等。所以，组建一个能力强、水平高的 HACCP 小组是成功建立本企业 HACCP 计划的重要步骤之一。

HACCP 小组做出的有关专业决定必须基于危害分析和危险性评估，其所需的内部专业知识包括：

（1）原料质量保证　必须能提供有关原料历史、危害和危险性评价等方面的详细资料。负责验收原料的人必须具备广博的生产知识和丰富的实践经验。

（2）研究与发展　如果公司想使生产与工艺处于不断发展之中，那么这方面的投入是必需的。当然，在研究和发展之前，首先必须了解公司在生产/工艺方面的有关内容。

（3）运输　整个运输过程中必须具备有关贮藏与运输方面的专业知识。当严格控制温度对保证产品安全性是必不可少的时候，就必须特别关注温控。

（4）采购　从事采购活动的代理商或食品服务业对公司也是很重要的。采购人员在应对特定产品原材料的危险性方面应有充分的了解，并在改变购买计划时能与供应商充分交流。

HACCP 小组所需的外部专业人员包括（公司内部可能已具备其中一些知识）：

（1）微生物专家　如果公司本来就拥有微生物专家，那么 HACCP 小组一定会需要他们的专业知识。但小公司通常没有这样的条件，就需要从食品研究所和当地有声望的分析实验室聘请微生物专家，以得到他们的帮助。

（2）毒理学家　毒理学家通常在食品研究所或相关大学里任职。HACCP 小组尤其需要关于化学危害及其监控方法等方面的知识。

（3）统计过程控制（SPC）专家　HACCP 成员必须具备大量统计过程控制知识，以便在各加工过程中进行基础 SPC 研究。SPC 知识在评估某一加工过程是否需要连续控制加工参数以保证食品的安全性时是十分重要的。然而，有时需要聘请一名外部专家作为 HACCP 小组的临时合作者，这有助于确定抽样方法或更加详细地分析过程控制数据。

（4）HACCP 专家　从最初作为临时合作的外部专家到成为 HACCP 小组成员，不但有利于帮助公司内部 HACCP 成员熟悉 HACCP 体系，而且更有利于公司判断其 HACCP 小组的人选是否合适、评价对 HACCP 的早期研究是否正确。

根据上述要求，HACCP 小组应该由不同部门的专家组成（专家必须具备一定的知识和经验）：

（1）质量保证/技术　能提供有关微生物、化学和物理危害的专业知识，了解各类危害所导致的危险，掌握防止危害发生应采取的技术措施。

（2）操作和生产　具有责任心以及日常生产所需的详细知识。

（3）工程　具有卫生、设计、生产设备、生产和环境等方面的实践经验和知识。

（4）其他专业知识　可由公司内部和外来顾问提供。

HACCP 研究必须是集体行为，因为它要求的知识、技能和经验远远超越了个人能力范围。HACCP 小组由真正具备各领域实践知识的专家组成，因此能更有效地处理复杂的、需要交叉学科知识的生产过程中的问题。HACCP 小组的决定将会导致工艺和产品的改变，甚至能影响公司资金的使用，因为公司内部各部门科技人员一致支持的决议更容易被高层管理者接受。

HACCP 小组也需要接受一些正规培训，例如，HACCP 原理及应用、HACCP 体系的文件化、HACCP 的内部审核、HACCP 体系的监控与纠正措施的实施等方面的培训。

（二）确定 HACCP 计划的目的与范围

在 HACCP 小组召开第一次会议，开始研究 HACCP 计划之前，首先应该在实施 HACCP 的目的与范围问题上达成共识。因为，只有明确实施 HACCP 的原因、确定 HACCP 计划的关键部分，才能避免研究过程陷入琐碎的细节之中。

HACCP 是实施食品安全管理的工具，因此食品安全问题应该是其研究过程中最基本的中心点。但食品安全问题有非常广泛的范围，HACCP 小组必须确定其研究的起点与终点。下列问题将有助于 HACCP 小组做出这方面的决定。

（1）在 HACCP 计划中包括所有类型的危害（即微生物危害、化学危害和物理危害）或只包括一种危害，如物理或微生物危害？

（2）研究过程将针对整个生产过程或其中某一部分？针对一种产品或一类产品？

（3）HACCP 研究只进行到生产过程结束或扩展到产品流通、零售和消费阶段？

实例：巧克力冰淇淋

研究范围：本项 HACCP 研究包括整个生产过程中所有生物、化学和物理危害。

生物危害包括各种致病菌，如沙门氏菌、李斯特菌和毒素产生菌（如金黄色葡萄球菌）。

化学危害可能是原料中的杀虫剂、抗生素或生产过程中引入的污染物，如化学清洁剂。为了本项研究的目的，HACCP 小组决定将工厂清洁过程中使用的各种化学清洁剂作为一项独立的危害分析项目进行。因此，本项 HACCP 研究范围包括化学清洁剂危害的研究。

HACCP 小组认为，由于儿童可能是本项产品的消费者，他们极易被大体积物品窒息，因此必须考虑各种物理危害对本产品的影响。

本项 HACCP 计划只涉及巧克力冰淇淋一项产品，如果公司扩大生产范围，其他工艺过程相似的产品也可应用本计划。如果冰淇淋用零售桶（Retail Tubs）出售，就不可能受贮存和流通的影响，因此，HACCP 研究终止于售货阶段。

（三）产品描述

在这一阶段，HACCP 小组必须正确说明产品的性能、用途以及食用方法（即食或加热后食用），其中包括相关的安全信息，如成分、物理/化学结构（包括 A_w、pH 等）、加工方式（如热处理、冷冻、盐渍、烟熏等）、包装（产品直接接触的包装，如散装、1L 纸箱、桶、筒仓以及包装条件，如 CO_2气调、真空包装）、保质期、贮存条件（产品应该怎样贮藏才能最大限度地减少危害、降低风险，如贮藏的温度、湿度，环境条件）和装运方式（各种用于减少危害影响和风险的特殊要求，如冷藏车的温度、必须在干燥的运输工具中运输；具体运输方式，如罐式货车、火车、轮船）。因为不同的产品、不同的生产方式，其存在的危害及预防措施也不同，对产品进行描述可以帮助识别在产品形成过程中使用的原料成分，包括包装材料中可能存在的危害，便于考虑和决定人群中敏感个体能否消费该产品。

HACCP 计划中产品描述也可用表格（表 10－1）说明。对于产品成分和外来原料（包括原材料、产品成分、加工助剂和包装材料）也可列表说明（表 10－2），这个列表中要求标明所有可能存在的潜在危害。

表 10－1　　产品描述表

加工产品类型：无菌果汁

1. 产品名称	浓缩苹果汁
2. 重要产品特性 [水分活度（A_w）、pH、盐、防腐剂等]	A_w：0.97；pH：3.6～4.5 无防腐剂 添加维生素 C、酸
3. 用途	即时饮用
4. 包装	四面体多层纸板密闭包装（塑料，金属薄片，纸）
5. 货架寿命	室温（20℃）保存 10 个月
6. 销售地点	通过零售，宾馆，餐馆，学校销售给普通人群，包括婴儿，老人，病人及免疫缺陷的体质较弱人群
7. 标签说明	开口后冷藏保存；无安全要求
8. 特殊的分销控制	运输/贮藏温度范围在 5～20℃，适当的贮藏控制

表 10－2　　产品成分和外来原料表

产品类型：无菌果汁

主要成分		其他成分		包装材料	
浓缩苹果汁	BCP	维生素 C、酸	BP	四面体多层纸板	BCP
		芳香苹果	BP	瓦楞纸箱	
				塑料收缩袋	
水（城市公共水源）		生产辅料			
水	BC	空气	B		
		过氧化氢	C		
		盐			

注：B＝生物危害，C＝化学危害，P＝物理危害。

（四）确定预期用途

产品的预期用途应该以用户和消费者为基础，HACCP 小组应该详细说明产品的销售地点、目标群体，特别是能否供敏感人群食用。产品预期用途已在表 10－1 中描述。

之所以要确定预期用途和消费者，是因为对不同用途和不同消费者而言，对食品安全的要求不同。例如，对即食食品而言，某些病原体的存在可能是显著危害；但是对消费前需要加热的食品而言，这些病原体就不是显著危害了。

有 5 种敏感或易受伤害的人群：老人、婴儿、孕妇、病人以及免疫缺陷者，这些群体中的人对某些危害特别敏感。例如，李斯特菌可导致流产，如果产品中可能带有李斯特菌，就应该在产品标签上注明“孕妇不宜食用”。

（五）绘制生产流程图

生产流程图是一张按序描述整个生产过程的流程图，它简单明了地描绘了从原料到终产品的整个过程的详细情况。因此，生产流程图是 HACCP 计划的基本组成部分，有助于 HACCP 小组了解生产过程、进行危害分析。生产流程图包括生产过程中所有的要素以及从生产到消费者整个过程的细节。根据 HACCP 小组确定的研究范围，消费者的行为也应归纳于生产流程图中。

1. 主要内容

生产流程图是危害分析的基础，因此必须能详细反映各个技术环节，以便进一步研究。根据 HACCP 计划的研究范围，生产流程图应该由 HACCP 小组的成员认真绘制，必须能准确反映生产过程，包括从原料到终产品整个过程中的每一步骤。生产流程图应该包括下列几项内容。

（1）所有原料、产品包装的详细资料，包括配方的组成，必需的贮存条件和微生物、化学和物理数据。

（2）生产过程中一切活动的详细资料，包括生产中可能被耽搁的加工步骤。

（3）整个生产过程中的温度－时间图。这对分析微生物危害尤为重要。因为它直接影响我们对产品中致病菌繁殖情况的评估结果。

（4）设备类型和设计特点。是否存在导致产品堆积或难以清洗的死角。

（5）返工或再循环产品的详细情况。

（6）隔离区域和职员行走路线图。此图的内容可在生产流程图上说明，但是，在 HACCP 计划中将它们分成两张图更加便于工作。所以，在加拿大食品安全促进计划中，不但要求列出工艺流程图，而且还要求列出工厂人流物流图。

（7）贮存条件，包括地点、时间和温度。

（8）流通/消费者意见（如果这两点被列入研究范围的话）。

2. 格式

生产流程图的格式由各企业自己确定，没有统一的要求。但简洁的词语和线条可以使生产流程图更容易绘制，也更便于使用。有些公司使用工程图和技术符号，但由于其过于复杂，容易引起混淆，一般不提倡这样做。

不论选择哪种表达格式，关键在于要保证生产流程图必须按正确的顺序将每一步骤都表示出来。对长而复杂的生产过程，常用的最简单的方法就是绘制每一操作单元的生产流程图，然后将其组合起来，但 HACCP 小组必须确保在组合过程中没有遗漏任何步骤。

（六） 现场确认生产流程图

流程图的精确性影响到危害分析结果的准确性，因此，生产流程图绘制完毕后，必须由 HACCP 小组确认。各成员必须亲自观察生产过程（包括夜班和周末班），以保证生产流程图确实无误地反映实际生产过程。危害分析结果必须纳入生产流程图内，有关 CCP 的所有决定都必须以危害分析数据为基础。

二、 危害分析（原理一）

（一） 进行危害分析

生产流程图绘制及确认过程完成后，HACCP 小组应根据 HACCP 原理的要求，进行危害分析。对加工过程中每一步骤（从流程图开始）进行危害分析，确定危害的种类，找出危害的来源，建立预防措施是任何一项 HACCP 研究的关键步骤之一，HACCP 小组必须考虑并识别出所有潜在的危害。但在开始危害分析之前，HACCP 小组所有成员都必须正确理解“危害”和“严重性”等词的真正含义。

“危害”通常是指能引起人类消费过程中食品安全问题的生物（如致病性或产毒的微生物、立克氏体、病毒、寄生虫、有毒蘑菇及有毒鱼等）、化学［如杀虫（菌）剂、清洁剂、抗生素、重金属、添加剂等］或物理（如金属碎片、玻璃、石头和木屑等）因素。

严重性通常指危害因素存在的多少或所致后果程度的大小。一般引起疾病的危害可分为三类：（LI）威胁生命（如肉类杆菌、鼠伤寒沙门氏菌、单核细胞增生李斯特菌、霍乱弧菌、创伤弧菌、麻痹性贝类毒素、遗忘性贝类毒素）；（SI）引起后果严重或慢性病（如布鲁氏菌、弯曲杆菌、致病性大肠杆菌、沙门氏菌、志贺氏菌、A 型链球菌、副溶血性弧菌、结肠耶氏菌、甲肝病毒、真菌毒素等）；（MI）引起中等或轻微疾病（如杆菌属、产气荚膜杆菌、单核细菌李斯特菌、金黄色葡萄球菌、多数寄生虫、腹泻性贝类毒素、组织胺类等）。

1. 食品危害分类

在危害分析中最基本的着眼点是微生物的消长动态以及与微生物有关的客观条件。一般危害特性可从食品的原料、加工和流通（贮、运、销）过程三方面进行分析，如存在危害因素用（+）表示，不存在危害因素用（0）表示。具体表示方法如下。

(1) 在原料中有容易腐败变质成分的用（+）表示，无容易腐败变质成分的用（0）表示。

(2) 在加工中是否存在可靠的杀灭有害微生物的过程，没有用（+）表示，有用（0）表示。

(3) 在贮存、运输、销售及最终食用等流通过程中，有无微生物繁殖和污染的可能性，有此可能用（+）表示，没有此可能用（0）。

这样每种食品经过上述三方面的危害特性分析，就可以得到3个各自表示不同过程中是否存在危害因素的符号，如“（+）（+）（+）”表示三个环节均具有一般危害特性的产品；“（0）（+）（+）”表示产品没有易腐性原料存在；“（+）（0）（+）”表示产品在加工中存在有效的灭菌过程；“（0）（0）（0）”表示没有微生物危害特性的产品。根据这种分析可将食品进行分类，在美国将食品分为五类（表10-3），第一类为特殊种类，不按符号分，而按对象分，是安全性特别高的食品；第二类是危险性最大的食品，必须重点加强监督管理；第三类食品的危险性比第四类食品要大些，而第五类是危险性最小的食品。

表10-3 食品危害分类

危害分类	符号	危险性
一	不按符号分类	特殊人群，例如，供婴儿、老年人、体弱或免疫损伤人食用的食品
二	（+）（+）（+）	三个环节均存在危害因素的食品
三	（+）（0）（+），（+）（+）（0），（0）（+）（+）	二个环节存在危害因素的食品
四	（+）（0）（0），（0）（+）（0），（0）（0）（+）	一个环节存在危害因素的食品
五	（0）（0）（0）	三个环节均不存在危害因素的食品

2. 识别危害的方法

(1) 利用参考资料　许多参考资料有助于识别和分析生产过程中的危害。HACCP小组成员来自于企业不同部门，其本身所具有的各种学科方面的经验和知识就是重要的参考资料和知识资源。每个成员在HACCP研究中都将做出不同的贡献。例如，有些成员能指出原材料中可能发现何种危害；有些成员能指出在加工过程中易引入污染物的环节；还有些成员能决定最佳工艺路线等。HACCP小组作为一个整体将会对这些个人看法的重要性加以讨论，并确定每一种危害存在的可能性。

在有关食品加工以及食品卫生学方面的一般书籍、流行病学报告和HACCP研究论文中能很容易地找到不同产品、原材料以及加工过程中某些危害的类型、存在方式及其控制措施。虽然不一定全面，但对HACCP小组来说是良好的开端，可在有关危害的讨论过程中拓宽思路。利用文献资料有助于危害分析，但是，对HACCP小组而言，更为重要的是如何解释这些资料，评价它们在所研究的加工过程中的意义。此外，从危害资料库或利用模型也能发现一些信息，法规同样有助于了解特定产品中预防危害的关键所在。不过，无论从何处获得信息，最重要的仍是要正确解释所找到的每一信息的意义。

如果在企业内部组建的HACCP小组没有足够的专业知识，可通过许多组织和机构获得帮助，如工业实体、研究机构、高等教育机构、各级卫生防疫部门、质量技术监督管理部门和外部专家或顾问。

（2）需要考虑的问题　在任何食品的加工操作过程中都不可避免地存在一些具体危害，这些危害与所用的原料、操作方法、贮存及经营有关。即使生产同类产品的企业，由于原料、配方、工艺设备、加工方法、加工日期和贮存条件以及操作人员的生产经验、知识水平和工作态度等不同，各企业在生产加工过程中存在的危害也是不同的。因此，危害分析需要针对实际情况进行。当 HACCP 小组查找潜在危害时，可通过提出各种问题得到帮助。下文列出了 NACMCF（1992）总结的一系列问题，不过不一定全面，各企业可根据实际情况加以补充。

①原材料：每种原材料中可能会出现何种危害？这些危害与加工过程或产品是否有关？如果用料过量，这些原材料本身会成为危害吗？

②工厂卫生：在加工过程以及每一处理步骤中，什么地方会出现交叉污染的危险？从微生物、化学和物理安全性问题方面考虑，加工过程中哪个阶段易导致污染物积累或使微生物危害发展到危险水平？在安全食品生产过程中，设备的状态能否得到有效控制？能否进行有效清洗？有无与特殊设备有关的其他危害？

③内在因素：产品的整体因素（pH、A_w、T）能否有效控制原料中可能出现的所有微生物危害或加工过程中由于交叉污染进入产品的微生物危害？对这个问题必须清楚地认识到不同类型的微生物有不同的特性，能控制某种微生物危害的方法不一定能控制另一种微生物危害。必须控制哪一种内在因素才能保证产品的安全性？产品中存在的微生物危害是否有可能进一步发展？

④工艺设计：在加工过程中，是否所有的热处理步骤都不能消除微生物危害的存在，或加工过程中的热处理步骤能破坏所有致病菌？是否有某种原材料或因返工或因重复使用而引起潜在的危害？

⑤设备设计：是否有与设备输出或内部环境有关的危害？设备与即食食品之间是否采取了隔离措施？是否需要进行空气减压过滤？有关设备改变是否会引起危害？

⑥人事：职员的行为是否会影响产品的安全性？是否所有从事食品加工的人员都受过食品卫生方面的培训？是否各项保证食品安全卫生的措施都已执行到位？是否所有的职员都理解 HACCP 体系的目的和意义以及其对加工过程的影响和作用？

⑦包装：包装环境是怎样影响微生物危害的生长和繁殖的？例如，微生物是需氧型还是厌氧型微生物？包装上是否按规定贴好标签，并具有如何安全处理和使用的说明？标签和说明是否简洁易懂？包装是否根据产品特性，在适当的位置上注明抗损坏或易受干扰？产品在不当温度下保藏是否会影响保质期内的安全性？产品是否会因顾客不正确的消费行为而引起不安全问题？

（3）通过广泛讨论进行危害分析　在深入实施 HACCP 之前，必须能识别所有的危害。这意味着不仅要了解常见的危害，而且还要了解可能会发生的潜在危害。因此，应该开展广泛的讨论，了解生产流程图上每一加工步骤中可能产生的危害并找出导致这些危害的原因所在。具体工作方式可以是正式而有组织的首脑会议，也可以是非正式的自由讨论。思维风暴是解决问题的好办法。实践证明，它可以成功地运用于 HACCP 研究中，特别适用于危害分析，其原因如下。

分析性的思维抑制创造性。在成员受分析性或科学性的培训时，其横向思维和创造性思维有可能受到抑制。

在小组成员对整个生产过程非常熟悉并形成习惯性认识的情况下，难以对头脑中已有经验或知识提出质疑，这样易导致全盘接受以前做出的某些假设并对其坚信不疑。

人们通常认为每个问题总有一个正确的解决方法，这种思维定式使个人在寻找解决问题的正确方法时常常忽视其他方法。

思维风暴过程中，每一位 HACCP 小组成员依次提出自己的意见和思想，因此能有效克服上述不良因素。需要注意的是应该准确记录所有的观点，并给予各成员一定的时间限制，从而形成某种压力，提高工作效率。此外，在思维风暴过程中，应鼓励各成员毫无顾虑地各抒己见，将每一种想到的危害都提出来，即使这种想法在刚开始想到时或按常规思维考虑显得有些古怪。思维风暴的意义就在于引导大家广泛听取他人的观点，并据此进行横向思维，思考过程中不要称赞或批评某个想法，更不要考虑发言人在公司中职位的高低。

在思维风暴后，HACCP 小组应逐项分析大家提出的所有危害。如果要否决某项危害，必须是小组全体人员一致认为其在研究的生产过程中确实不存在。

（4）危害分析的组织方法　由不同部门专家组成的 HACCP 小组，根据已确认的生产流程图展开有组织的思维风暴是准确完成这一关键步骤的最佳方法。

现已证实，记录生产过程中各阶段发生的所有危害是非常有用的，因为由此形成的文件可作为危害分析和讨论预防措施的基础。这类非正式文件通常有助于总结 HACCP 小组的思想和讨论结果，也有助于确保识别所有可能发生的危害。

（5）什么是危险性　为了建立一个适当的控制机制，在危害分析过程中有必要评价提出的每一种危害的特征及意义，这就是所谓的危险性评价，是 HACCP 小组成员必须了解的一个过程。

危险性的一般定义为危害可能发生的概率或可能性，即危害发生的可能性。危害程度可分为：高（H）、中（M）、低（L）和忽略不计（N）。发生危害状态取决于当时出现的具体情况和流行病学资料。通常微生物可对群体具有最大的危害性，而物理危害通常影响个体而不是群体。

（6）危害分析工作单　美国 FDA 推荐的一份表格“危害分析工作单”是一份较为适用的危害分析记录表格（表 10－4），通过填写这份工作单能顺利进行危害分析，确定 CCP。具体填写方式是：先将流程图上的每一步骤按顺序填写在表格纵行（1）中，再在纵行（2）中对每一步骤进行分析，确定在该步骤操作中可能引入或增加的生物、化学或物理危害（这些潜在危害可能与加工的食品品种相关，也可能与加工过程相关）。然后分析各种潜在危害是否是显著危害［表 10－4 纵行（3）］并列出判断的科学依据［表 10－4 纵行（4）］。

HACCP 体系主要针对显著危害采取预防措施，因为一旦发生显著危害，将会给消费者造成不可接受的健康风险，所以必须对其进行认真分析，重点预防。

在加拿大食品安全促进计划第二部分——《建立 HACCP 体系一般模式之指南和原理》中，将危害分析过程分解成 5 个步骤：①审核原料；②评估加工过程中的危害；③观察实际操作过程；④测量；⑤分析测量数据。HACCP 小组将根据这 5 个步骤的结果完成危害分析工作单（表 10－5、表 10－6 和表 10－7），确定显著危害。

表 10－4　　　　　　　　　　　　危害分析工作单

工厂名称：　　　　　　　　　产品描述：

工厂地址：　　　　　　　　　销售和贮存方法：

预期用途和消费者：

(1) 配料/加工步骤	(2) 确定该步中引入的、增加的或需要控制的潜在危害	(3) 潜在危害是否为显著危害？（是/否）	(4) 判断危害显著性的科学依据	(5) 防止显著危害的预防措施	(6) 该步骤是否为关键控制点？（是/否）
	生物的				
	化学的				
	物理的				
	生物的				
	化学的				
	物理的				
	生物的				
	化学的				
	物理的				
	生物的				
	化学的				
	物理的				
	生物的				
	化学的				
	物理的				

表 10－5　　　　　　　　　　　　危害分析工作单

产品名称*：

确定的生物危害（细菌、寄生虫、病毒等）	控制点

注：* 列明与成分、外来材料、加工、产品流向等有关的所有生物危害。

日期：　　　　　　　　　　　　　　　　　　　　审核人：

表 10－6 危害分析工作单

产品名称*：

确定的化学危害	控制点

注：*列明与成分、外来材料、加工、产品流向等有关的所有生物危害。

日期： 审核人：

表 10－7 危害分析工作单

产品名称*：

确定的物理危害	控制点

注：*列明与成分、外来材料、加工、产品流向等有关的所有生物危害。

日期： 审核人：

（二）建立预防措施

当所有潜在危害被确定和分析后，接着需要列出有关每种危害的控制机制、某些能消除危害或将危害的发生率减少到可接受水平的预防措施。具体要从下列几方面考虑。

（1）设施与设备的卫生　分析每种产品、每个生产工段的设施与设备，保持卫生方面采取的措施，包括防蝇、防鼠、防蟑螂，空气净化（防止细菌和尘埃飘落），防止铁锈油漆剥脱、落屑及其他防止异物的措施等。

（2）机械、器具的卫生　生产加工过程中使用的各种用具、容器、机械类、管道、灶台等均不能有细菌生存和繁殖的死角。这里需强调的是在实行机械化、管道化、密闭化的同时，必须重点把握管道内彻底的洗涤消毒。否则，这种管道化、密闭化就增加了细菌生长繁殖的死角和条件，提高了产品的污染程度。

（3）从业人员的个人卫生　所有从业人员必须经过卫生知识培训和体格检查，要有良好的个人卫生习惯。如工作服清洁、合体；生产前和便后洗手消毒；不用手抓直接入口的食品等。

（4）控制微生物的繁殖　微生物得以繁殖需具备 3 个基本要素，即水分、温度、养分。在处理水分多的食品原料的企业，能控制的就是温度，与此有密切关系的是时间。因此，在规定工艺总体温度控制（包括加热烹调与灭菌工艺）的同时还需要规定各工段温度控制的基本时间。

（5）日常微生物检测与监控　食品企业必须建立日常微生物检测与监控体制，并确实执行。这一工作不仅限于对成品、原料的采样检验，还要求确定各工段样品，检验容器、工具机械卫生状况等。同时应该制订企业内控标准（指标应高于国标），按企业标准（不仅是成品）检查每个工段、每批产品是否都能达标。

对一种危害常常要采取多种预防措施，因为它有可能在食品链的不同阶段发生。同样，一种预防措施也可以有效控制一种以上的危害。在综合评价预防措施时，有必要考虑已经拥有的措施以及需要实施的新措施。利用生产流程图或危害分析结果表，这项工作就很容易进行。

三、确定关键控制点（CCP）（原理二）

（一）如何发现 CCP

CCP 是食品生产中的某一点、步骤或过程，通过对其实施控制，能预防、消除或最大限度地降低一个或几个危害。CCP 也可理解为在某个特定的食品生产过程中，任何一个失去控制后会导致不可接受的健康危险的环节或步骤。通常将 CCP 分为两类：一类关键控制点（CCP1）指可以消除和预防的危害；二类关键控制点（CCP2）指能最大限度减少或降低的危害。

关于 CCP 的确定应该以生产流程图为基础，根据危害分析所积累的信息，由 HACCP 小组和专业顾问决定，同时还要对其采取最科学的预防措施，控制所有潜在的危害。实践证明，在正确设置 CCP 时，CCP 决策树是非常有用的工具（图 10－2）。在决策树中包括了加工过程中的每一种危害，并针对每一种危害设计了一系列逻辑问题。只要 HACCP 小组按序回答决策树中的问题，便能决定某一步骤是否是 CCP。

（二）CCP 决策树的使用

决策树针对加工过程每一步骤中的每种危害提出了一系列问题，包括原料的接受和管理。其具体工作程序如下。

问题 1：这一加工步骤是否存在危害？

虽然这个问题非常明显，但是它有助于 HACCP 小组将思想集中于特定的加工过程。如果危害分析与确定的 CCP 之间存在时间滞后，那么此方法尤其有效，因为草率确定的危害有可能在认证过程后被证明不是真正的危害。当然，如果存在危害，就应该转入问题 2。

问题 2：对已确定的危害是否采取了预防措施？

这里，首先应该考虑的是已经采取的措施以及能够实施的措施。根据危害分析表可以很方便地解决这个问题。如果已采取了预防措施，那么应该直接进入问题 3。然而，如果回答没有或无法采取预防措施时，就应该从食品安全的角度考虑是否有必要采取预防措施。如果没有必要，那么这点就不是 CCP，应该根据决策树考虑另一个危害。如果某一危害可以在后道工艺中得到控制，那么就没有必要在这一步控制它，应该确定后道工艺中的那一步为 CCP。如果 HACCP 小组成员确定在这一步骤中存在某一危害，但在这一步或后道工序中都无法采取任何预防措施，那么就必须改进这一步骤或整个生产工艺乃至产品本身，使控制措施具有可操作性，以便于确保产品的安全。必须注意的是，如果能采取预防措施，这一步骤就必须按 CCP 的要求操作；如果需要对工艺或产品进行某些改进，那么就应该根据决策树，从问题 2 开始考虑。

问题 3：采取的预防措施是否能消除危害或将危害减少到可接受的水平？

必须指出，提出这个问题的目的是要求重新考虑特定的加工步骤而不是预防措施，是要看

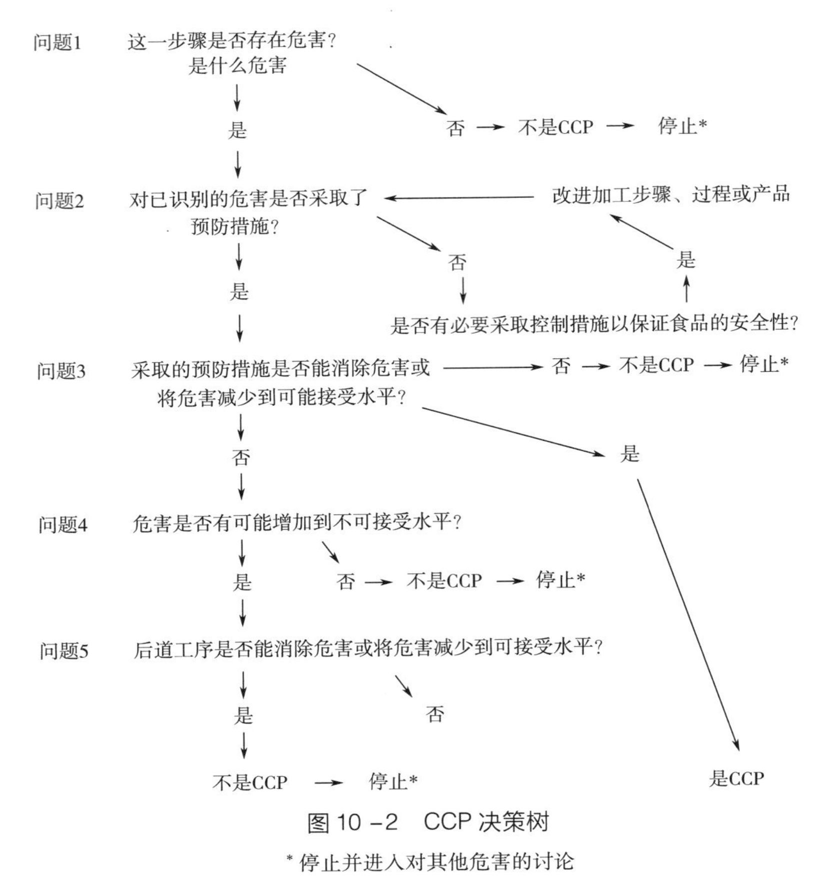

图 10－2　CCP 决策树

* 停止并进入对其他危害的讨论

看是否有可能通过调节生产过程来控制某一特定的危害。因此，这一问题的实质是这一加工步骤能否控制危害。

如果对问题 3 的回答为“是”，那么就可以确定该点是 CCP，然后开始对下一步骤进行分析。如果回答为“否”，则进入问题 4。

问题 4：危害是否有可能增加到不可接受水平？

必须根据危害分析结果以及 HACCP 小组对生产过程和生产环境的全面了解来回答这一问题。虽然从危害分析得到的答案是很明显的，但是还必须确保已全面考虑了下述问题：

（1）直接环境中是否存在危害？

（2）生产人员之间是否会产生交叉污染？

（3）其他产品或原料之间是否存在交叉污染？

（4）混合物放置的时间过长或温度过高是否会增加危险性？

（5）如果产品堆积于生产设备的死角是否会增加危险？

（6）这一步是否存在其他因素或条件可能会导致危害，并有可能使危害增加到不可接受的水平？

如果某一因素有可能增加食品的不安全性（有发展成危害的倾向），HACCP 小组在对其做出决定之前应该广泛听取专家们的意见。如果研究的是一项新工艺，就可能得不到明确的答案，这时 HACCP 小组通常假设答案为“是”，从而将研究继续进行下去。

在分析危害通过什么途径增加到不可接受的水平时，应综合考虑加工过程对每一特定因素可能产生的各种影响。这意味着不仅要考虑眼前这一步骤，而且要考虑后道步骤或各步骤间的辅助阶段是否存在促使危害进一步发展的因素。例如，在许多加工步骤中，在室温下少量的葡萄球菌有可能不断繁殖，产生毒素，最终成为危害。

如果对问题4的回答为“是”，即可能存在危害或危害可能增加到不可接受的水平，那么进入问题5。如果对问题4的回答是“否”，那么就可以考虑另一个危害或下一个加工步骤。

问题5：后道工序或措施能否消除危害或将其降低到可接受水平？

在某一加工步骤中是否可以存在某一些危害，取决于它们能否在后道加工步骤或消费过程中得到控制。这样做有利于将需要考虑的CCP减少到最低程度，使预防措施集中于真正影响食品安全性的加工步骤上。

如果对问题5的回答为“是”，那么所讨论的步骤不是CCP，后道加工步骤将成为CCP。

凡是由HACCP小组识别的所有CCP都必须采取预防措施，并且该措施不能被加工过程中其他措施取代。

四、确定关键限值（原理三）

（一）什么是关键限值？

在确定了工艺过程中所有CCP后，下一步就是决定如何控制了。首先必须建立确定产品安全还是不安全的指标，以便将整个工艺控制在安全标准以内。CCP的绝对允许极限，即用来区分安全与不安全的分界点，就是所谓的关键限值。如果超过了关键限值，那么就意味着这个CCP失控，产品可能存在潜在的危害。

关键限值是保证食品安全性的绝对允许限量，是CCP的控制标准。在生产过程中必须针对各CCP采取相应的预防措施，使加工过程符合这一标准。

对于一个特定的控制标准，CCP只能有一个关键限值，或者是上、下两个关键限值。只要使所有的CCP都控制在这个特定的关键限值内，产品的安全就有了保证。

（二）如何设定关键限值？

因为关键限值是安全与不安全之间的界限，所以对每一个CCP设定正确的控制标准是至关重要的。要求HACCP小组对每一个CCP的安全控制标准有充分的理解，从而制定出合适的关键限值。也就是说，必须掌握有关潜在危害的详细知识，充分了解各项预防或控制措施的影响因素。关键限值并不一定要和现有的加工参数相同。

每个CCP都需要控制许多不同的因素以保障产品安全性，其中每个因素都有相应的关键限值。例如，烹饪早就被设定为一个CCP，用来杀死致病菌。与此有关的因素是温度和时间。工业上烹饪肉制品的关键限值是肉块的中心温度大于70℃，时间至少2h。

为了设定关键限值，必须弄清楚与CCP相关的所有因素。每一个因素中区分安全与不安全的标准构成了关键限值。最重要的是关键限值必须是一个可测量的因素，以便于进行常规控制。常用于关键限值的一些因素有温度、时间、pH、湿度或水分活度、盐浓度和可滴定酸度等。

作为HACCP小组成员，应该具有关于危害及其在加工中的控制机理等方面的知识，对食品安全界限有深刻的理解。然而，在许多情况下这些要求超出了公司内部专家的知识水平，因此就需要从外界获取信息。可能的信息资源如下。

公布的数据——科学文献中公布的数据，公司和供应商的记录，工业和法规指南（如 Codex，ICMSF，FDA，INFY）。

专家建议——来自于咨询机构、研究机构、工厂和设备生产商、化学清洁剂供应商、微生物专家、病理专家和生产工程师等。

实验数据——可能用于证实有关微生物危害的关键限值。实验数据来源于对产品被污染过程的研究或有关产品及其成分的特别微生物检验。

数学模型——通过计算机模拟在食品体系中微生物危害的生存和繁殖特性。

（三）关键限值的类型

构成关键限值的因素或指标可以是化学、物理或微生物方面的，这取决于将要在 CCP 实施控制的危害类型。

化学指标——该指标与产品原材料的化学危害或者与试图通过产品配方和内部因素来控制微生物危害的过程有关。关于化学指标的因素有真菌毒素、pH、盐和水分活度的最高允许水平，或是否存在致过敏物质等。

物理指标——该指标与对物理或异物的承受能力有关，也会涉及对微生物危害的控制，如用物理参数控制微生物的生存及死亡。常见的物理指标有金属、筛子（筛孔大小和截流率）、温度和时间。物理指标也可能与其他因素有关，例如在需要采取预防措施以确保无特殊危害时，物理指标可以确定成一种持续安全状态。

微生物指标——除了用于控制原料无腐败外，应避免将微生物指标作为 HACCP 体系的一部分，因为微生物的检测必须在实验室中经培养后才能得到有关结果。一个过程往往需要几天时间。因此，如果加工过程中出现问题，就不能根据微生物指标的检验结果采取及时措施；相反，也许需要停产数天来等待结果。使情况更复杂的是微生物并不是均匀分布于某批产品中，因此极有可能漏检。只有在原料均匀、抽样具有代表性的情况下，微生物指标才可以用于决定原料的取舍。

当 HACCP 小组为所有的 CCP 都制定了切实可行的关键限值后，就可以将它们逐项填入 HACCP 控制表中，如表 10－8 所示。HACCP 控制表是 HACCP 计划中的关键文本之一，它记载了各个步骤或阶段中所有 CCP 方面的重要信息，这些信息虽然可以独立成文，但将它们集中于统一的模式中更为方便。

除了关键限值外，还有另一层控制有助于管理生产过程，那就是在关键限值内设定操作限值和操作标准。其中操作限值可作为辅助措施用于指示加工过程发生的偏差，这样在 CCP 超过关键限值以前就能调整生产以维持控制。例如，在冰淇淋生产中，热处理杀死致病菌的关键限值为65.6℃/30min。为了确保不出问题，工艺参数可定为68.5℃/30min，这个参数就是操作限值。由此可知，操作限值是一项比关键限值更加严格的控制标准，它在工艺上是可行的，并且能有效减少危害发生的可能性。

按照操作限值执行 HACCP 体系能保证不会发生超过关键限值的情况，因此该方法广泛应用于日常管理中，但一般不将它列入 HACCP 控制表，因为过多的控制指标会引起混乱。但是，如果将建立的操作限值加入 HACCP 体系，就应该将其载入文档，并在监控过程中认真执行。最好的办法就是将这些操作限值写在控制日志簿上，并使每一个参与监控的人都明白该如何照此工作。

表 10－8 HACCP 控制表

HACCP 计划			HACCP 控制表			日期： 监督： 批准人： HACCP 小组		
加工步骤	CCP 序号	危害	预防措施	关键限值	控制		校正措施	职责
成分					步骤	频率		

五、 建立合适的监控程序 （原理四）

监控程序是一个有计划的连续监测或观察过程，用以评估一个 CCP 是否受控，并为将来验证时使用。因此，它是 HACCP 计划的重要组成部分之一，是保证安全生产的关键措施。

监控的目的包括：①跟踪加工过程中的各项操作，及时发现可能偏离关键限值的趋势并迅速采取措施进行调整；②查明何时失控（查看监控记录，找出最后符合关键限值的时间）；③提供加工控制系统的书面文件。

监控程序通常应该包括以下四项内容。

1. 监控对象

监控对象常常是针对 CCP 而确定的加工过程或产品的某个可以测量的特性。例如，当温度是 CCP 时，监控对象可能是冷冻贮藏室的温度；如果酸度是 CCP 时，监控对象是加工过程中的 pH；如果充分蒸煮是 CCP，监控对象是时间和温度。

2. 监控方法

对每个 CCP 的具体监控过程取决于关键限值以及监控设备和监测方法。选择的监控方法必须能够检测 CCP 失控之处，即 CCP 偏离关键限值的地方，因为监控结果是决定采取何种预防/控制措施的基础。这里介绍两种基本监控方法。

（1）在线检测系统　即在加工过程中测量各临界因素，它可以是连续系统，将加工过程中各临界数据连续记录下来；它也可以是间歇系统，在加工过程中每隔一定时间进行观察和记录。

（2）终端检测系统　即不在生产过程中而是在其他地方抽样测定各临界因素。终端检测一般是不连续的，所抽取的样品有可能不能完全代表整个一批产品的实际情况。

最好的监控过程是连续在线检测系统，它能及时检测加工过程中 CCP 的状态，防止 CCP 发生失控现象。换句话说，该系统专用于检测和纠正对操作限值的偏移，从而可阻止对关键限值的偏离。

监控方法必须能迅速提供结果，在实际生产过程中往往没有时间去做冗长的分析实验，微生物试验也很少做。较好的监控方法是物理和化学测量方法，因为这些方法能很快地进行试验，如酸度（pH）、水分活度（A_w）、时间、温度等参数的测量。而且这些参数能与微生物控制联系起来。食品中的酸度在 4.6 以下可以控制肉毒梭状芽孢杆菌产生；限制水分活度（微生物赖以生长的水分量）可以控制病原体的生长；在规定的温度和时间下加工食品可以杀死其中的病原体。因此，以这些参数为监控对象实施监控能有效保证产品的安全性。

3. 监控频率

监测的频率取决于 CCP 的性质以及监测过程的类型。HACCP 小组为每个监测过程确定合适的频率是非常重要的。例如，对金属探测器，它的检测频率可能是每 30min 一次，而对于一个季节性蔬菜作物，针对杀虫剂的 CCP 监控则是每个季节检测一次杀虫剂残留量。

监控可以是连续的或非连续的，如果可能应采用连续监控。连续监控对很多物理和化学参数是可行的，例如，可以用温度记录仪连续监控巴氏消毒过程中的温度和时间。但是，一个连续记录监控值的监控仪器本身并不能控制危害，必须定期观察这些连续记录，确保必要时能迅速采取措施，这也是监控的一个组成部分。当发现偏离关键限值时，检查间隔的时间长度将直接影响到返工和产品损失的数量，在所有情况下，必须及时进行检查以确保不正常产品出厂。

当不可能连续监控一个 CCP 时，常需要缩短监控的时间间隔，以便于及时发现对关键限值和操作限值的偏离情况。非连续性监控的频率常根据生产和加工的经验和知识确定，可以从以下几方面考虑正确的监控频率：①监控参数的变化程度，如果变化较大，应提高监控频率；②监控参数的正常值与关键限值相差多少？如果二者很接近，应提高监控频率；③如果超过关键限值，企业能承担多少产品作废的危险？如果要减少损失，必须提高监控频率。

4. 监控人员

明确监控责任是保证 HACCP 计划成功实施的重要手段。进行 CCP 监控的人员可以是：流水线上的人员、设备操作者、监督员、维修人员、质量保证人员。一般而言，由流水线上的人员和设备操作者进行监控比较合适，因为这些人需要连续观察产品和设备，能比较容易地从一般情况中发现问题，甚至是微小的变化。

负责监控 CCP 的人员必须具备一定的知识和能力，能够接受有关 CCP 监控技术的培训，充分理解 CCP 监控的重要性，能及时进行监控活动，准确报告每次监控结果，及时报告违反关键限值的情况，以保证纠正措施的及时性。

监控人员的任务是随时报告所有不正常的突发事件和违反关键限值的情况，以便校正和合理地实施纠正措施，所有与 CCP 监控有关的记录和文件必须由实施监控的人员签字或签名。

当监控过程和频率确定下来后，可填入 HACCP 控制表（表 10－8）。

六、建立纠正措施（原理五）

根据 HACCP 的原理与要求，当监测结果表明某一 CCP 发生偏离关键限值的现象时，必须立即采取纠正措施。虽然实施 HACCP 的主要目的是防患于未然，但仍应该建立适当的纠正措施以备 CCP 发生偏离时之需。因此，HACCP 小组需要研究有关纠正措施的具体步骤，并将其标注在 HACCP 控制表上，这样可减少需要采取纠正措施时可能会发生的混乱或争论。同时，明确指定防止偏离和纠正偏离的具体负责人也是非常重要的。

纠正措施通常有两种类型，即阻止偏离和纠正偏离的措施。

（一）阻止偏离的措施

调整加工过程以维持控制，防止 CCP 发生偏离的措施即为阻止偏离的措施。这种类型的纠正措施通常发生在加工过程中某些参数接近、漂移或超过操作限值时，立刻将其调整至正常操作范围。

以自动调节加工过程的在线连续检测体系为例，在牛乳巴氏灭菌过程中采用了一种自动转向阀。当温度降低至操作限值以下时，此阀将自动打开将牛乳送回到杀菌的一边。此外，预防性的纠正措施也可以与人工监控体系相结合。当操作参数接近或超过操作限值时，CCP 检测器就采取措施以防止偏离。

需要经常调整以维持控制的因素包括温度、时间、pH、配料浓度、流动速率、消毒剂浓度。具体例子如下：①长时间蒸煮以达到合适的中心温度；②添加更多的酸以获得合适的 pH；③快速冷冻以纠正贮存温度；④配方中添加更多的盐。

在调整加工过程以维持控制时，必须确保方法易行且不会引起或增加危害。例如，如果产品温度升至 5℃以上，需将其快速冷却到原来的温度，同时必须了解产品的实际偏离情况（具体温度以及在此温度下的时间），包括在此情况下是否会导致微生物危害的增加。

（二）纠正偏离的措施

如果在 CCP 出现偏离，最重要的是要立即采取措施，通常需采取两种类型的措施并做好详细的记录。

调整加工过程，使之重新处于控制之中。可以采取与前文中防止偏差相似的形式来调整生产过程，唯一不同之处是必须进一步调整才能恢复到正常的操作水平。由于永久性纠正措施的实施需要很长时间，可以通过短期的修复工作纠正偏离，迅速恢复生产。例如，在线金属探测器修理期间，可以临时采用离线金属探测器。

为了有效处理不合格产品，必须采取一系列纠正措施。

（1）妥善保存所有可疑产品。

（2）向 HACCP 小组设备管理部和其他有关专家征求建议，这里需重点考虑的是产品中有害物的危险性。

（3）对产品进行全面的分析、测试，评估产品的安全性。得到足够的信息后就可以决定采取何种措施处理产品。

要及时处理 CCP 发生偏离期间生产的产品，具体措施如下。

（1）销毁不合格产品　销毁不合格产品是最明显的措施。如果产品不能再返工，并且其中有害物质的危险性很高，那么只能采取这一种措施。然而这样做损失太大，通常只有在无法挽救时才能取此下策。

（2）重新加工　如果再加工能有效控制产品中的危害，那么就可以采取这一措施。但必须确保返工过程中不能产生新的危害，而且在质量上返工产品要与未返工产品一致才行。

（3）直接将废次品制成要求较低的产品　如动物饲料或加工成另一种产品（新产品的加工过程必须能有效控制危害），例如将微生物污染的熟肉加工成肉馅，再加工过程中的热处理可有效控制微生物危害。采用此方法还需充分考虑是否存在热稳定性毒素以及控制过程过敏性物质的含量。

（4）取样检测后放行产品　如果决定利用抽样检测的方法来判断产品中是否存在危害，必须严格按照取样原则抽取样品，同时还需了解所采用的抽样方法能检出危害的概率。

（5）放行　在做出这一决定前必须慎重考虑，决不能忽视产品的安全性。实施 HACCP 是为了防止出现食品安全性问题，制订 HACCP 计划是为了控制危害，这也是建立 CCP 的目的所在。产品的安全性不容忽视，因此，不能轻易做出将 CCP 发生偏离期间生产的产品放行的决定，要充分认识到销售具有危险性食品对公司带来的恶劣影响及需要承担的法律责任。

此外，详细记录所有的步骤也是十分重要的，因为这是查找发生偏离的原因并采取适当措施，确保偏离不会再次发生的基础。

（三）职责

在将具体的纠正措施纳入 HACCP 控制表中时，必须同时明确规定监测措施和纠正措施的职责所在。要做到各守其职，最重要的是要确保规定的职责范围具有合理性，所有相关的人员能充分认识到他们应该做什么以及如何去做。这些细节应由 HACCP 小组与其他部门一起做出决定，并且要将决定列于 HACCP 控制表中。

1. 监测的职责

监测是 HACCP 体系的关键部分之一，因此监测人员能充分了解并执行各项监测方法是至关重要的。监测过程与生产过程紧密相连，因此由生产部门承担监测任务最适合。

2. 纠正措施的职责

纠正措施通常也由具体实施 HACCP 计划的生产部门承担，但是应该考虑各级管理人员应该承担的具体职责范围。在生产线上的 CCP 监控员或操作员直接由上层管理人员领导，因为上层领导能在实施纠正措施时协调各部门的工作。然而最好给予监测员有决定停止生产的权力，以防止在 CCP 失控时生产出大量的废品。

如果必须要求具体负责人采取处理措施或停产一段时间以实施纠正措施，最好由高级管理人员负责。因为这项工作要求具体负责人能在产品加工过程中出现偏离时，及时提出合理的纠正措施，保证生产正常运行。所以，这项工作通常由 HACCP 小组的领导与设备管理部门讨论决定，由高级专业人员具体操作。但是，如果 HACCP 小组领导人只是 HACCP 技术的专家而不是危害及危险性评价方面的专家，那么就应该与其他专家，如毒理学专家、微生物学家、工艺专家一起讨论以便做出正确的决定。

指定专人负责记录和保存纠正措施的执行过程也是十分重要的。事实证明在需要采取技术措施或出现有关法律问题时，这些信息尤其重要。

当纠正措施和责任人确定后，可填入 HACCP 控制表（表 10－8），从而完成该表。

七、建立验证程序（原理六）

HACCP 产生了新的谚语——“验证才足以置信”，这句话表明了验证原理的核心所在。HACCP 计划的宗旨是防止食品安全危害，验证的目的是通过严谨、科学、系统的方法确认 HACCP 计划是否有效（即 HACCP 计划中所采取的各项措施能否控制加工过程及产品中的潜在危害），是否被正确执行，有效的措施必须通过正确的实施过程才能发挥作用。

利用验证程序不但能确定 HACCP 体系是否按预定计划运作，而且还可确定 HACCP 计划是否需要修改和再确认。所以，验证是 HACCP 计划实施过程中最复杂的程序之一，也是必不可少的程序之一。验证程序的正确制订和执行是 HACCP 计划成功实施的基础。

验证活动包括：确认；验证 CCP，例如，监控设备的校正、针对性的取样和检测、CCP 记录的复查；验证 HACCP 体系，例如，审核、终产品检验；执法机构。

（一） 确认

确认是验证的必要内容，确认的目的是提供证明 HACCP 计划的所有要素（危害分析、CCP 确定、CL 建立、监控程序、纠正措施、记录等）都有科学依据的客观证明，从而有根据地证实只要有效实施 HACCP 计划，就可以控制能影响食品安全的潜在危害。

确认过程必须根据科学原理，利用科学数据，听取专家意见，进行生产观察或检测等原则进行。通常由 HACCP 小组或受过适当培训且经验丰富的人员确认 HACCP 计划。具体确认过程将涉及与 HACCP 计划中各个组成部分有关的基本原理，从科学和技术的角度对制订 HACCP 计划的全过程进行复查。

任何一项 HACCP 计划在开始实施之前都必须经过确认；HACCP 计划实施之后，如果发生原料改变；产品或加工过程发生变化；验证数据出现相反结果；重复出现某种偏差；对某种危害或控制手段有了新的认识；生产实践中发现问题；销售或消费者行为方式发生变化等情况发生，就需要再次采取确认行动。

（二） CCP 的验证

必须对 CCP 制定相应的验证程序，只有这样，才能保证所有控制措施的有效性以及 HACCP 计划的实际实施过程与 HACCP 计划的一致性。CCP 验证包括对 CCP 的校准、监控和纠正措施记录的监督复查，以及针对性的取样和检测。

1. 校准

校准是为了验证监控结果的准确性。所以，CCP 验证活动通常均包括对监控设备的校准，以确保测量方法的准确度。

CCP 监控设备的校准是成功实施 HACCP 计划的基础。如果监控设备没有经过校准，那么监控过程就不可靠。一旦发生这种情况，就意味着从记录中最后一次可接受的校准开始，CCP 便失去了控制。所以，在决定校准频率时，应充分考虑这种情况。另外，校准频率也受设备灵敏度的影响。

2. 校准记录的复查

设备校准记录的复查内容涉及校准日期、校准方法以及校准结果（如设备是否准确）。所以，校准记录应妥善保存以备复查。

3. 针对性的取样检测

CCP 验证也包括针对性的取样检测。如果原料接受是 CCP，相应的控制限值是供应商证明，这时就需要监控供应商提供的证明。为了检查供应商是否言行一致，常通过针对性的取样检测来检查。

4. CCP 记录的复查

每一个 CCP 至少有两种记录——监控记录和纠正记录。监控记录为 CCP 始终处于控制之中，在安全参数范围内运行提供了证据；纠正记录为企业以安全、合适的方式处理发生的偏差提供了文字资料。因此，这两种记录都是十分有用的管理工具，但是，仅仅记录是毫无意义的，必须有一位管理人员定期复查它们，才能达到验证 HACCP 计划是否被有效实施的目的。

（三）HACCP体系的验证

HACCP体系的验证就是检查HACCP计划所规定的各种控制措施是否被有效贯彻实施。这种验证活动通常每年进行一次，或者当系统发生故障、产品及加工过程发生变化后进行。验证活动的频率常随时间的推移而变。如果历次检查发现生产始终在控制之中，能确保产品的安全性，就能减少验证频率；反之，就需要增加验证频率。

审核是收集验证所需信息的一种有组织的过程，它对验证对象进行有系统的评价，该评价过程包括现场观察和记录复查。审核通常由一位无偏见、不承担监控任务的人员来完成。

审核的频率以确保HACCP计划能够被持续有效执行为基准。该频率依赖若干条件，例如，工艺过程和产品的变化程度。

审核HACCP体系的验证活动应该包括下述内容：①检查产品说明和生产流程图的准确性；②检查是否按HACCP计划的要求监控CCP；③检查工艺过程是否在规定的关键限值内操作；④检查是否按规定的时间间隔如实记录监控结果。

审核记录复查过程通常包括下述内容：①监控活动是否在HACCP计划规定的位置上执行；②监控活动是否按HACCP计划规定的频率执行；③当监控结果表明CCP发生了偏离时，是否即时执行了纠正措施；④设备是否按HACCP计划规定的频率进行校准。

（四）执法机构对HACCP体系的验证

执法机构主要验证HACCP计划是否有效以及是否得到有效实施。执法机构的验证包括：①复查HACCP计划以及对HACCP计划所进行的任何修改；②复查CCP监控记录；③复查纠正记录；④复查验证记录；⑤现场检查HACCP计划的实施情况以及记录保存情况；⑥随机抽样分析。

验证活动通常分成两类：一类是内部验证，由企业内部的HACCP小组进行，可视为内审；另一类是外部验证，由政府检验机构或有资格的第三方进行，可视为审核。

八、建立记录管理程序（原理七）

HACCP需要建立有效的记录管理程序，以便使HACCP体系文件化。

记录是采取措施的书面证据，包含了CCP在监控、偏差、纠正措施（包括产品的处理）等过程中发生的历史性信息，不但可以用来确证企业是按既定的HACCP计划执行的，而且可以利用这些信息建立产品流程档案，一旦发生问题，能够从中查询产生问题的实际生产过程。此外，记录还提供了一个有效的监控手段，使企业及时发现并调整加工过程中偏离CCP的趋势，防止生产过程失去控制。所以，企业拥有正确填写、准确记录、系统归档的最新记录是绝对必要的。

所有HACCP记录均应该包含以下信息：

（1）标题与文件控制号码；

（2）记录产生的日期；

（3）检查人员的签名；

（4）产品识别，例如产品名称、批号、保质期；

（5）所用的材料和设备；

（6）关键限值；

（7）需采取的纠正措施及其负责人；

（8）记录审核人签名处。

记录应该有序地存放在安全、固定的场所，便于内审和外审取阅，并方便人们利用记录研讨问题和进行趋势分析。需要保存的记录有：

（1）HACCP 计划和支持性文件，包括 HACCP 计划的研究目的和范围；

（2）产品描述和识别；

（3）生产流程图；

（4）危害分析；

（5）HACCP 审核表；

（6）确定关键限值的依据；

（7）验证关键限值；

（8）监控记录，包括关键限值的偏离；

（9）纠正措施；

（10）验证活动的结果；

（11）校准记录；

（12）清洁记录；

（13）产品的标识和可追溯记录；

（14）害虫控制记录；

（15）培训记录

（16）供应商认可记录

（17）产品回收记录；

（18）审核记录

（19）HACCP 体系的修改记录。

思考题

1. HACCP 体系的适用范围是什么？
2. HACCP 体系的七个基本原理是什么？
3. 制订一份 HACCP 计划包括哪些步骤？
4. 实施 HACCP 计划必须具备的基本程序和条件是什么？
5. 试分别列出影响食品安全的 5 类生物危害、化学危害？
6. 怎样来确定关键控制点？
7. 关键限值和操作限值有何差别？
8. 监控程序包括哪几项内容？
9. 验证包括哪几类内容？
10. 如何制订一份 HACCP 计划？

第十一章

水产品加工的危害分析与关键控制点（HACCP）

第一节 概 述

在生态环境日益复杂的情况下，向市场提供应安全和高品质的水产品需要一个有效的体系。从规模上来看，水产品贸易从多国机构到个体商人都有，但同样都有责任为消费者提供安全卫生、高质量的食品。在制订产品计划和工厂发展阶段，管理部门如果对食品的安全性缺乏考虑，就会给大众健康带来严重的威胁。各种国际机构和广泛的同行业者中已经公认管理需要实行有效的安全体系。在食物卫生的普通法规中重点已经从惯例的产品卫生方面的管理转移到开发基于危害分析关键控制点（HACCP）的管理体系。

目前，国际上对水产品的质量管制越来越严。加拿大的质量管理程序（QMP）是第一个基于 HACCP 原理的强制性食品检验程序。从 1992 年 2 月起，依法要求所有在加拿大境内经联邦政府批准注册的鱼类加工厂必须建立和实行厂内质量管理程序。日本政府 1993 年开始对水产品加工采取了 HACCP 管理方法并提出实施方案；欧共体（EC）也于 1993 年推出对水产品的卫生管理实行新制度，逐步实施 HACCP 系统；美国食品与药品管理局（FDA）于 1995 年 12 月 18 日正式颁布“水产和水产品加工和进口的安全与卫生程序”，简称“水产品 HACCP 法规”，并将其纳入联邦法规（21CFR part 123 and 1240），并规定，无论国内外水产品都从 1997 年 12 月 18 日起强制性实行。1997 年 2 月国际食品法典委员会（FAO/WHO：CAC）、加拿大、欧盟、日本、韩国和澳大利亚均认可采用。我国水产品主要出口欧美、日本等国，并已经加入 WTO，食品质量管理的模式也必须与国际接轨，用 HACCP 系统取代传统的产品质量检验制度是一种必然的发展趋势。为此，农业部渔业局已于 2000 年 1 月 1 日颁布了《水产品加工质量管理规范》，规定了对水产品加工企业的基本要求和建立水产品加工质量保证体系的要求，其核心也是建立在良好操作规范（GMP）和卫生标准操作规程（SSOP）基础上的 HACCP 计划。

一、 HACCP 在水产品中实施的意义

经验表明，HACCP 体系对于保证食品安全性、保障消费者的身体健康有着非常重要的作用。改革开放以来，我国水产品加工业发展迅猛，水产品质量也有了明显的提高，但是，水产

品卫生质量的控制技术水平与发达国家相比仍有很大差距。水产品卫生质量方面所存在的各类问题不仅严重地影响着消费者的身体健康，而且也阻碍了我国水产品进入国际贸易的大市场。所以，我国的食品加工企业特别是水产品加工企业广泛地推广应用 HACCP 体系，其意义在于：

①能有效地保证食品的卫生安全性，防止食源性疾病的发生，从而保障了人民的身体健康，增强了劳动生产力，有利于社会经济的发展；

②提高了我国出口食品的质量水平，满足了国际食品贸易中一贯重视生产过程质量控制的基本要求，促进了我国食品出口创汇；

③更新食品生产企业的质量控制意识，提高食品企业的质量控制水平，有利于我国食品行业的整体发展。

二、 HACCP 在我国的现状

1990 年起，我国出入境检验检疫部门开始进行食品加工行业应用 HACCP 的研究，制定了“在出口食品生产企业中建立 HACCP 质量管理体系导则和一些食品加工方面的 HACCP 体系的具体方案，在全国范围内引起极大的反响。卫生部食品卫生监督检验所等单位开始对乳制品、熟肉、饮料等食品生产实施 HACCP 监督管理的课题进行研究。新成立的“出口安全食品工程”研究组，对花生、冷冻方便食品、部分水产品等制订了导则和各自的 HACCP 计划，并在某些出口食品企业试行推广，取得了良好的效果。

随着世界经济一体化的加剧，特别是我国加入 WTO 以后，HACCP 是否实施成为影响我国食品原料、半成品、成品进出口的重要因素。因此，国家出入境检验检疫部门为了在出口食品企业中实施 HACCP 体系，做了大量的工作并且积累了丰富的经验。1997 年 11 月，全国首批 139 家水产品加工企业获得输美水产品 HACCP 计划验证证书，并且获得 FDA 的认可。2001 年，对欧盟注册的水产品、禽肉、兔肉加工企业 224 家，其中青岛地区有 46 家；对日注册的加热偶蹄动物企业有 92 家，其中青岛地区有 11 家。另外，2002 年，青岛地区有 23 家水产品、肉类加工企业通过 HACCP 体系认证。至此，HACCP 体系在我国出口食品企业中已经进入正式运行的轨道。

三、 HACCP 在我国水产品加工中的应用

人类使用水产品历史悠久，且水产品是受大多数人欢迎的大众食品。今天由于人们认识到多种鱼类的低脂肪和特殊结构的不饱和脂肪酸对人体健康的影响，所以有更多的人青睐这一食品。但是，食用鱼贝类也可能感染疾病或引起中毒，因为水产品能够富集环境中的毒素、重金属等有害物质，所以人食用水产品后有害物质进入人体而导致的疾病是比较常见的。

一些经验已证明，从食品原料到消费全过程都实施 HACCP 体系后，才能显示其巨大的作用。但是目前有很多国家的管理机构由于管理范围的限制，无权管制养殖、捕捞等过程，如我国的出入境检验检疫机构无法管制养殖、捕捞，致使 HACCP 体系的实施效果未尽人意，对原料的控制比较困难。

近年来，由于美国实施强制性 HACCP 法规，促使我国大批输美水产品加工企业被迫实施 HACCP 体系，同时也带动了整个食品加工行业的 HACCP 体系的建立。EEC 法规 91/493（表 11－1）指出了水产品特定法规的 HACCP 要求，详情见 94/356。

表 11－1　目前欧盟法规所要求的 HACCP

规程	部门	关键词
90/667/EEC	动物废料/饲料	易加工性，风险分类，确定和控制 CCP，代表性样品，微生物标准，纠正措施
91/493/EEC	海洋食品	确定 CCP，监督，操作法，建立/执行，分析，记录结果，选择适当的检测方法
92/5/EEC	肉制品	确定 CCP，建立/执行，监督方法，分析，记录，选择适当的检测方法
92/46/EEC	乳制品	确定 CCP，监督，适当的方法，分析，记录结果，选择适当的检测方法
93/43/EEC	相关行业（食品）	确定食品安全的任一关键步骤、足够的确证措施，保持和总结 HACCP 原则包括定期监督

资料来源：爱尔兰鱼类加工 HACCP 工场，1994。

我国水产品养殖量、捕捞量近年来均居世界前列，但因为长期以来，海洋生态遭到破坏，海洋污染日趋严重，监测信息不灵，卫生意识差，严重地影响了我国水产品的质量及国际市场的形象。如我国双贝类被欧美国家抵制，禁止进入这些国家，对其他某些水产品，欧盟等国家实行批批检验，合格后方可进入这些国家。表 11－2 列出了 2001 年主要出口食品安全卫生案例。

表 11－2　2001 年主要出口食品安全卫生案例

案例时间	产品名称	危害因素	产品产地	进口国	案例后果
4 月 23 日	冻鱿鱼	镉超标	烟台	西班牙	西班牙全国预警
5 月 17 日	冻虾	细菌总数超标	宁波	西班牙	西班牙全国预警
7 月 10 日	抽样多种产品	铅块	中国沿海	韩国	加大检测频率
8 月 2 日	干海藻	砷		欧盟	欧盟食品快速预警
8 月 2 日	小龙虾	副溶血性弧菌	江苏	瑞典	产品自动扣留，逐批检测
8 月 16 日	鲳鱼	铅块	青岛	韩国	通报并加大检测频率
8 月 27 日	冻鱿鱼	细菌总数超标	宁波	西班牙	西班牙全国预警
10 月 9 日	黄花鱼	大肠杆菌超标	烟台	西班牙	产品全部封存，抽样检测，直到得出分析结果

在我国虽然大多数出口水产品加工厂均建立了 HACCP 体系，但是实施的效果不理想，致使病原菌、金属异物等不断在水产品中被检出。即使有些品种在国际市场上价格昂贵，而我国的产品廉价也不易被人们接受，大量的水产品找不到赚取外汇的出路，体现不出应有的价值，对我国的经济发展造成了很大的负面影响。

四、 我国水产品出口加工的对策

根据我国目前水产品的 HACCP 体系建立和实施情况，要使我国水产品 HACCP 体系发挥更大的作用，使我国水产品在国际市场上占有重要的地位，我们有必要进一步做好以下工作。

①明确各海洋水产执法机构的职责，严格依法办事，并加大执法监督工作；

②建立海洋水产等有关方面的信息网络，加强地方政府、水产、出入境检验检疫等部门的联系与合作，增加信息交流，及时反馈及时协调，做到资源共享；

③加大海洋水产的科研与防疫的资金投入，组织从生物研究、养殖、捕捞、加工到监控等基础的应用与研究，保证将其及时转化为现实的生产力；

④规范农药、兽药的生产、销售、使用及监控管理，严格依法行政，从源头上控制农药、兽药的残留；

⑤根据水质与水产品品种状况，对不同的水域实行分区捕捞，同时对水产品实行产地标签制度；

⑥加强资源管理，注重提高养殖水域的经营主体的素质，建立有效的农药、兽药残留的监控计划和体系；

⑦培训一支高素质的 HACCP 体系建立与评审队伍，要求其不但懂 HACCP 的概念、原理与制订程序，而且要熟悉水产品的养殖、捕捞、加工和国际上的有关法规，同时要加强对食品安全人员的素质审核制度的建立；

⑧对 HACCP 的理解与正确认识是非常重要的，要尽快建立符合我国国情的 HACCP 实施指南，建立具有我国特色的水产品 HACCP 应用指南；

⑨积极主动与世界市场接轨，根据国际市场的动态和需要，综合利用我国的水产资源，开发新型的水产食品；

⑩建立全国范围内的进出口食品安全卫生监督体系，在 WTO 框架的范围内，合理的利用技术壁垒，扩大我国的水产品出口。

第二节　危害分析与 CCP 的确定

危害分析是食品生产过程中建立 HACCP 系统的第一步，在进行危害分析前，应做好以下准备工作。

①做好 HACCP 体系的准备工作，建立 HACCP 小组，描述产品，确定产品将来可能的消费群体以及消费方式，画出流程图并进行流程图的确认。组建 HACCP 小组在建立和实施及验证 HACCP 计划时是必要的，应包括多方面的专业人员，如质量管理、控制人员，生产部门人员，实验室人员，销售人员，维修保养人员等，有时可以请外来的专家，负责人应熟知 HACCP 体系原理，经过相关的 HACCP 体系培训。

②描述产品及其分发方式、预期用途和消费者等应简明、准确。

③画出流程图及验证流程图的完整性、准确性是危害分析的重要步骤。

④准备好危害分析工作单。

美国 FDA 推荐的一份表格《危害分析工作单》是一份较为适用的危害分析记录表格，通过填写这份工作单能顺利进行危害分析、确定 CCP。该分析单由表头、表格组成，共有 6 栏。第一栏为加工步骤或原料，第二栏就是可能存在的危害，第三栏分析危害是否为显著危害，第四栏是对前栏的进一步验证，第五栏确定是否在该步骤或工序或以后的工序可以控制这些显著危害，第六栏判断是否是 CCP。

一、 水产品加工中潜在的危害

（一） 水产品本身含有的污染物

许多从海洋环境中获取的鱼类都接近食物链的顶部，因而可能从环境中积累了不期望的污染物。不幸的是，人类的活动导致许多海洋环境被生物和化学污染物污染，所以从被污染的水域中捕获的海产品含有致病菌和毒素也就不足为奇了。还有一些天然存在的毒素可能在水产品中富集，汞就是可以在水产品中富集的污染物的一种。汞天然存在，但通常并未以使人中毒的形式存在或达到足以使人中毒的数量。它也被应用于许多工业生产，由于工业污染而达到非天然的高浓度。汞在鱼体内的积累不仅取决于水中汞的含量，还须视鱼的种类、其天然食物链及鱼的年龄而定。同一品种的鱼，较老且较大的含汞量往往较高，这是由于它们在较长时间内从食物中吸收汞并在组织内浓缩的缘故。

因为达到一定浓度的汞是有毒的，所以各国立法机构已规定了食品中允许含汞量的上限。1979 年以前，美国食品与药物管理局规定鱼类中最高允许含汞量为 0.5mg/kg。在其他某些国家，所规定的含量更高。此类含汞量是根据毒理学数据加上适当的安全系数而确定的。然而，目前还无人了解对人体有毒的汞的绝对临界含量究竟是多少。1979 年，美国海产品含汞量上限由 0.5mg/kg 提高至 1.0mg/kg；1984 年规定，这个上限只指甲基汞而非全汞。这个变化反映了新的汞化合物的毒理学信息和对经济性的考虑。

除汞以外，其他到达湖泊、河流和海洋的污染物也能在鱼体内富集，例如多氯联苯（PCB），有可能危害人类健康，尤其要注意在接近于各种生产过程中使用 PCB 的地方的湖泊和河流中捕捞的鱼类。其他化学物质如二噁英（dioxin）、农药如滴滴涕（DDT）；从土壤中渗出的艾氏剂和狄氏剂以及重金属如镉和铅都可能成为污染物。当污染物像上述的大部分物质那样不易被生物降解时，情况会更为恶化。

水产品也可能被天然存在的毒素和生物体所污染，无法预见的赤潮即是一例。海水中因存在着大量的原生动物 *Gymnocardium brevis* 而呈现红色，这些原生动物也可以污染鱼和贝壳类动物。食用已被感染的海产品会导致人的呼吸道疼痛，因而这些海产品在任何时候都是不准上市的。

某些鱼类自身带有可致死的毒素。在一些亚洲国家，河豚被认为是一种美味食品，它带有烈性毒素，这些毒素存在于鱼的性腺中，可以除去，但必须加倍小心。

鲭亚目鱼的污染通常发生在某些游得很快、颜色很深的鱼身上。这种污染通常称为组胺中毒，能引起过敏反应。Nardi（1992）认为，鲭亚目鱼类毒素的产生常与温度控制不严格而导致食品腐败的过程有关。因此，这种污染是完全可以避免的。

当鱼类在不良条件（0～6℃）下保藏时，因微生物致腐产生组胺而造成的 *Scrombid fish* 中毒是另一个问题。如果这种毒素已在鱼体内形成，烧煮并无作用。

鱼类可能含有寄生的绦虫和蛔虫，它们也可能传染给人类。这种传染病可能是食用生鱼引起的。这些寄生虫容易被普通的烧煮和冷冻过程及盐腌和熏制所破坏。另外，未煮透的贝壳类海洋食品可能被副溶血性弧菌污染，也可能被 A 型肝炎的滤过性病毒污染。所以，食用未经冷冻或烧煮的生海产品是危险的。

（二）加工过程中的污染

水产品加工厂所处的环境不佳便有可能成为污染厂区及其产品的污染源。加工设备、容器和加工台面也有可能成为污染源。

水产品包括各种各样的新鲜食品，许多污染经常在不同品种的食品之间交叉传播。最初的污染源可能是天然食品，特别是那些收获方法不合理而且又在不符合卫生要求的船只或卡车中运输的产品。收货后实施冷冻太迟或者在收获和加工之前有任何不合理处理都将导致产品腐败变质，微生物含量增加。

Moore（1988）认为，对收获后的海产品采取下述处理方法，可以使水产食品的质量（包括微生物数量）满足加工要求：

①收获后立即冷冻；

②4h 内将产品温度降至 10℃；

③继续冷却，使产品温度降至 1℃左右。

如果鱼在 27℃或者更高的温度下贮存 4h，然后再冷却到 1℃，其质量只能在 12h 之内是可以接受的。

加工过程中，操作员工本身也是（在不卫生操作的情况下）污染源，其他污染源包括加工设备、箱子、输送带、墙壁、地板、容器、供应品和害虫。最严重的污染是与即食食品直接接触的污染。因此，进行有效清洗，保证加工设备的卫生是极其重要的。

过去，对水产品在传播李斯特杆菌食源性疾病中的作用研究甚少。但是，Weagant 等报道（1988），在抽样检验的 57 种海产品中，35 种含有李斯特杆菌，其中 15 种为单核细胞李斯特菌。经实验确证含单核细胞李斯特菌的样品包括天然或煮过的小虾、龙虾身、蟹肉、乌贼、鳍鱼以及其他性质相似的产品。

综上所述，水产品中引起疾病的常见因素可归为以下两大类。

（1）生物性危害　如大肠杆菌、沙门氏菌、肉毒梭状芽孢杆菌、单增李斯特菌、金黄色葡萄球菌、弯杆菌、副溶血性弧菌和一些寄生虫等。

（2）水产品加工的化学、物理性危害

①天然毒素类，如麻痹性贝类毒素（PSP）、神经性贝类毒素（NSP）、腹泻性贝类毒素（DNSP）、致遗忘性贝类毒素（ASP）、肉毒鱼类毒素、河豚毒素等；

②鲭毒素类，如组胺；

③环境中的化学污染、杀虫剂及水产养殖药物的危害，如磺胺类、有机磷、有机氯、多氯联苯、抗生素等；

④滥用添加剂和食品辅助剂的危害，如防腐剂、保鲜剂、保水剂、抗氧化剂、酸度调节剂等；

⑤甲基汞的危害；

⑥放射性物质，放射性物质对环境的污染以及意外事故中放射性核素的泄漏或食品加工中放射性物质的处理不当，使食品受到高于标准规定的放射性污染，如铀 238、钍 232、镭 235 等。在正常条件下，食品中的天然放射性物质的核素含量很低，一般不会造成食品安全性问题。

⑦有毒有害的物质，食品或食品的原料中含有的对人体健康可能造成危害或负面影响的物质，如重金属等；

⑧包装材料、容器与设备，与食品接触的材料中的成分有可能移入食品中，造成食品的污染，给人体带来危害；

⑨变质，食品的物理性质和化学性质发生异常的变化；

⑩金属杂质的危害。

表 11－3 总结了鱼类加工时的 12 个基本要素和已确定的潜在的关键控制点。表 11－4 列出了美国食品药品监督管理局（FDA）和美国环境保护局（EPA）关于各种海产品中化学物质的推荐值和容许值，可供有关人员制订 HACCP 计划时参考。

表 11－3 潜在的关键控制点（CCPs）

项目	危害	关键控制点
（1）鱼	健康和安全风险	加工之前 卸货码头 收货场所——冷库
（2）其他辅料	产品受未经批准、不安全的化合物的污染 使用化合物不符合产品规格；误用	使用之前 收到时 使用之前 使用地点
（3）包装材料	使用未经批准的、受损或不洁容器	使用之前 包装地点 收到时 即将使用前
（4）标签	标签上的内容不符合有关部门规定	使用之前 使用前 收到时
（5）清洁剂、消毒剂、润滑剂	产品受未经批准、不安全的化学物质的污染；误用	使用之前 收到时 使用前 在使用地点使用过程中
（6）生产加工仪表设备的设计、维修保养	因为工厂或生产设备的不良结构造成产品污染	开机之前/使用过程中 每季检查 2 次 每周评估 CCPs
（7）操作和卫生	由于不规范的操作和卫生原因造成产品污染	开机之前/操作过程中 每 3 个月检查 1 次
（8）加工控制	生产过程不符合安全、质量、健康和（或）公平贸易的要求	操作过程中 鱼的清洗、罐头焊接、卷边封口、罐头冷却 冷却 冷冻 鱼的清洗、鱼的冷冻

续表

项目	危害	关键控制点
（9）贮藏	因为低劣的贮藏条件造成产品腐败或污染	冷藏操作过程中
（10）最终产品	生产过程不符合安全、质量、健康和（或）公平贸易的要求	包装之前 在线检查 包装前 贮藏过程中
（11）回顾全过程	不能追踪产品到消费者	运输之前编码过程中
（12）加工人员资格	生产过程面临健康和安全风险	开始生产之前 杀菌操作人员

资料来源：McEachem，1992；经国际 Infofish 许可。

表 11－4　各种海产品中化学物质的推荐值/容许值

产品	推荐值/容许值
各种鱼	多氯联苯（PCB_5）：0.5mg/kg（可食部分）
鳍鱼和贝类	艾氏剂和狄氏剂：0.3mg/kg（可食部分）
蛙腿	六六六：0.3mg/kg（可食部分）
各种鱼	氯丹：0.3mg/kg（可食部分）
各种鱼	乐果：0.4mg/kg（蟹肉）和0.3mg/kg（其他鱼类）（可食部分）
各种鱼	DDT、TDE 和 DDE：5.0mg/kg（可食部分）
各种鱼	七氯和环氧七氯：0.3mg/kg（可食部分）
各种鱼	灭蚁灵：0.1mg/kg（可食部分）
各种鱼	敌草快：2.0mg/kg
各种鱼和淡水虾	氟啶草酮：0.5mg/kg
鱼	2，4－D 除草剂：3.0mg/kg：
贝类	2，4－D 除草剂：0.1mg/kg
各种鱼	十氯酮（也叫癸酮）：0.3mg/kg
贝类	草甘膦：0.25mg/kg
淡水养殖鱼	敌草隆及其代谢物：2.0mg/kg
各种鱼	土霉素：0.1mg/kg
各种鱼	磺胺二甲嘧啶：不允许残留
各种鱼	二甲氧基磺胺/甲藜嘧啶混合物：0.1mg/kg
甲壳类	砷0.5mg/kg；镉0.5mg/kg；铬2.0mg/kg；铅0.5mg/kg
软体双壳类	砷0.5mg/kg；镉2.0mg/kg；铬2.0mg/kg；铅1.5mg/kg
各种鱼	致麻痹贝类毒素：相当0.8mg/kg 麻痹性贝毒素
新鲜、冷冻或罐装的贻贝和牡蛎	贝类神经毒素：相当0.8mg/kg 双鞭甲藻毒素－2
各种鱼	致遗忘贝类毒素：20mg/kg（除在太平洋大蟹的内脏中外30mg/kg 是允许的）

二、确定潜在危害是否重要

（一）水产品加工的生物性危害分析

在每个加工步骤中，确定原料或加工过程中生物性危害是否重要危害的判断准则如下。

（1）在这加工步骤中是否很有可能引入不安全水平的致病菌?

多种致病菌很可能存在于原料鱼、水产品和敏感的非水产品成分中。它们可能含量很低或只是偶然出现，但这种出现率也值得考虑，因为它们是具有生长和形成毒素的潜在危害。

产品也可能在加工中甚至蒸煮后染上致病菌。良好的卫生设施设计（为必备程序）可使致病菌污染减至最低程度。然而，在多数情况下，通过这些程序完全杜绝致病菌的污染是不大可能的。因此应在适当位置设置控制措施，从而使蒸煮步骤后的致病菌生长的危害减到最低限度。

（2）在加工步骤中致病菌是否有可能增殖至不安全水平或产生毒素?

为了回答这个问题，必须首先确定如果恰当的时间、温度控制没有得以维持，哪些极可能存在于产品中的致病菌能够生长。为此必须考虑以下因素：①能够支持致病菌生长的产品所含水分（水分活度）；②产品中盐和防腐剂的含量；③产品的酸度（pH）；④包装中可利用的氧；⑤食品中腐败生物拮抗现象的存在。

在温度控制不当的原料鱼中，某些致病菌生长旺盛，而另一些则不会如此。前者包括河弧菌、副溶血弧菌、霍乱弧菌和单核细胞增生李斯特氏菌；后者包括空肠弯曲菌、大肠埃希氏菌、沙门氏菌、志贺氏菌、金黄色葡萄球菌和耶尔森氏菌。大多数致病菌如不通过诸如干燥、盐处理、酸化等方法控制其生长，就会在温度控制不当的熟鱼中旺盛生长。

在缺乏控制措施情况下，必须考虑时间、温度处理不当的潜在危害，考虑哪些步骤或控制措施应包括在 HACCP 计划中，使得单个步骤的控制不当不会导致此危险水平。但如果连续加工步骤中的时间、温度处理不当，则有可能导致致病菌或毒素至危险水平。因此，须考虑整个流程中时间、温度不当造成的累积危害。

在通常情况下，应考虑以下情况，某一致病菌很可能在特定加工步骤中增加至危险水平或产生毒素：①很可能存在有致病菌；②不可被食品条件所抑制；③如果产品为未加工鱼，它会在其中生长；④很可能在未采取控制措施情况下，存在累积的时间、温度不当效应，而且加工步骤对累积效应有很大的促进作用。

（3）如致病菌极有可能增至危险水平或产生毒素，能否在加工步骤中将其消除或减少至可接受水平?

在任何加工步骤中，通过预防措施可消除危害，或将危害发生概率减少至合理水平，而且这种危害很可能存在，必须把“致病菌生长和毒素形成”看作一个重要的危害。

对于不同的致病菌其控制对策是不同的，在这里只谈及对由于时间、温度不当造成的致病菌生长和毒素产生的控制。对此类致病菌生长的预防措施包括：①在冷藏条件下保存产品，同时控制冷藏温度；②适当的冻结或冰层覆盖；③控制产品处于致病菌生长或毒素产生的温度下的时间；④快速冷却水产品；⑤检验新到的即食水产品，以确保在运输过程中温度控制合理。

另外，“蒸煮后致病菌的存活”和“巴氏杀菌后致病菌的存活”应在任何加工步骤中作为显著危害加以考虑，防止的措施能用于消除危害（或减少发生的可能性至可接受的程度）。

巴氏杀菌后致病菌的侵入的预防措施有：控制容器密封；控制容器冷却水中的残留氯或其

他许可使用的水处理化合物的残留量；控制用于处理容器冷却水的紫外灯的光强度。

（4）来自捕捞地区的致病菌是否有可能在接货步骤中感染？

在一般情况下，捕捞地区的致病菌有可能从接货步骤进入加工过程而达不到安全水平：如生牡蛎、生蛤、生贻贝、生扇贝等。如河弧菌可能由采自墨西哥海湾的牡蛎进入加工过程。

（5）来自捕捞地区的致病菌是否达到不安全水平，在加工步骤中能否将接收的水产品中的致病菌减少到可接受的水平？

在保护措施能够应用于减少原料带来的致病菌或足以将危害发生的可能性降低到可接收程度的任何加工步骤中，"捕捞地区的致病菌"应被看作是一种重要危害。对捕捞地区的致病菌的防护措施可能包括：①挑选进货的软体贝类以确保其有恰当的标签或标志；②挑选进货的软体贝类以确保其是由持有许可证的捕捞者提供（在法律上要求有许可证的地方）或由合法的经销商提供；③通过蒸煮、巴氏杀菌或高压杀菌杀死致病菌。应该注意到无论是蒸煮还是高压杀菌都不能消除从封闭水域中捕捞的软体贝类可能含有的"天然毒素"或"化学污染"的危害；④通过限制从捕捞到冷藏的时间来降低副溶血弧菌、霍乱弧菌、李斯特菌和河弧菌的生长。

对大多数软体贝类产品，应把它们当作生食产品。因而，如果这种危害符合准则（4）或（5），则应确定其为重要危害。

当产品仅是去壳的肉柱时，认为将其在烹调后食用是合理的。在这种情况下，不必将捕捞地区的致病菌确定为一种重要危害。

另外，（4）和（5）讨论的内容仅适用于生食的软体贝类。它们不适用于包装上标明必须在去壳烹调后食用的来自墨西哥海湾的带壳贮藏的牡蛎。

（6）寄生虫是否有可能在接货步骤感染（如它们是否有可能与生原料一起带进）？

通常来说，如果将鱼作为生食出售，应将其接货步骤确定为重要危害。

那些经常带有寄生虫的品种是因为捕食了被感染的动物，但在人工养殖中以挤压粒状饲料喂养应没有寄生虫危害。这种养殖的鱼不必认为有寄生虫危害。

另一方面，以加工废料和捕获的鱼类人工喂养的鱼可能存在寄生虫的危害。一些种类的鱼可能在特定的地区会有寄生虫危害，这点应在危害分析中考虑。

寄生虫在其他加工步骤中感染的可能性不大。

（7）寄生虫的危害可减少或消除到可接受水平吗？

有一种预防和控制措施能除去寄生虫（或减少到可接受水平），且寄生虫很可能入侵这种原材料，应把这种寄生虫列为重要的危害。寄生虫的防预性措施包括：高压杀菌、蒸煮、巴氏杀菌、冻藏、盐水腌制（不作为一种独立的控制方法）、光照、物理性去除（不作为一种独立的控制方法）和切去鱼内脏及鱼鳃（不作为一种独立的控制方法）。

如符合以上几个准则的其中一个，那么这种潜在危害在加工的那个步骤就是重要危害，故应在危害分析中回答"是"。如不满足任何准则，应回答"否"。对于那些已记录"否"的加工步骤，则可确定它不是潜在的关键控制点。

确定在某一加工步骤中有重要危害并不意味着就在这个步骤控制它，注意这点是很重要的。在确定一种危害是否重要时你应考虑这种产品的未来用途。如果产品在消费者食用之前进行蒸煮，那么即使一些种类的水产品存在潜在的危害，也不必将其考虑为重要危害。例如，一个初级加工者从捕捞船收购整条鲑鱼，重新用冰覆盖运输给下一个加工者，这个加工者屠宰鱼并冷冻供应生鱼市场。这个初级加工者不必将寄生虫确定为重要危害。

注意：一些品种的鱼会在某种程度上受寄生虫污染，结果使这种鱼掺杂。然而，因为其与污物有关，用来保证污物不超出的预防性措施不必包括在HACCP计划中。

（二）水产品加工的化学、物理危害分析

1. 天然毒素的危害分析

在每一操作步骤中，判断“天然毒素”是否构成了重要危害的准则如下。

（1）是否有充分理由认为“天然毒素”的不安全水平应在这里提出？

存在天然毒素危害的鱼的种类是比较多的。如果没有正确的措施，来自这些地区捕捞的鱼类，其天然毒素就完全可能以不安全的量进入加工。根据所处的具体地理环境，可以做出存在某种鱼毒素引起中毒可能的结论。通常必须依靠历史上曾在该地理环境发生的超过规定标准的毒素量来指导工作。对各种潜在的危急问题应保持警惕。

除软体贝类外，从其他加工处理者那里得到鱼，无须把天然毒素列入重要危害的考虑范围内。这种危害应在最初的加工处理者那里得到控制。

（2）在早期阶段造成天然毒素达到不安全水平，能否被去除或减至可接受水平？

如果原料中极可能含有超过安全水平的天然毒素，那么在任何一加工步骤中，只要在此步骤能采取预防措施使毒素得以消除（或降低到可接受水平），“天然毒素”都应该被列为主要危害。“天然毒素”的预防措施包括：

①挑选捕捞的鱼，确保它们不是来源于因天然毒素问题而关闭的水域；

②挑选捕捞的鳍鱼，确保它们不是来源于关闭的水域或已知道存在问题的水域；

③挑选捕捞的软体贝类，确保它们被正确地标示或贴以标签；

④挑选捕捞的软体贝类，确保它们是由有捕捞许可证的捕捞者（若法律要求有捕捞许可证）或者有营业执照者提供的鱼；

⑤对于有ASP或PSP危害的鱼，在鱼体死亡24h内去除内脏或鱼鳍。

如果符合以上任何一个判断标准［问题（1）或问题（2）］都认为在收购鱼货这一步骤中“天然毒素”为潜在危害，反之则无须对这种危害进行判断而去执行以后的步骤。

确定一种危害是重要的，并不意味着就一定要在这一步骤中控制这种危害。判定危害是否重要时，应该考虑到产品的未来用途。绝大多数情况下产品的未来用途对危害重要与否的判断并无影响。扇贝类则是一个例外。如果扇贝类产品是以壳内肉柱提供给消费者的，可以认为这种形式的产品不含天然毒素。应该在危害分析中对这一加工步骤回答“否”，并在相应的地方标注是去除内脏之后提供给消费者的。在这种情况下，无须执行危害分析以后的步骤。

2. 鲭毒素的危害分析

在每一操作步骤中，判断鲭毒素是否构成了重要危害的准则如下。

（1）是否有充分理由认为组氨的不安全水平应在这里提出？

一些鱼类能在不适宜的温度下产生高含量的组胺。这是因为它们是海生鱼类，本身的游离组氨酸相对较高，并且产组氨酸脱羧酶的细菌也易于在其体内生存。因此，有理由假定，没有正确的船上控制，在第一个加工者收购这类鱼时，它们已含有不安全水平的组胺。

（2）在这一加工步骤是否有形成不安全水平组胺的可能？

要回答这一问题应考虑在缺乏控制时，潜在的时间与温度的变化。也许加工过程已得到控制，将出现导致产生不安全水平组胺的时间、温度的潜在可能性降至最低。

进一步的加工过程，若时间与温度控制不当，足可以产生不安全水平的组胺。因此，应综合考虑整个加工过程时间与温度控制不当的累加效果。

（3）形成不安全水平的鲭毒素是否在这一步骤得到消除或减至可接受水平？

如果有可能生成组胺，在任一可采用预防措施消除危害的加工步骤“鲭毒素形成”都应被视为主要危害。关于“鲭毒素形成”的预防措施包括：

①挑选运来的鱼确保它们在捕捞船上已得到正确的处理。包括：鱼死后立即迅速冷却；控制船上冷却（冷冻除外）温度；在船上正确地布冰。

②挑选运来的鱼确保它们在冷却运输中得到正确的处理。包括：运输转移中冷却温度的控制；运输转移中正确布冰；挑选运来的鱼确保它们在收购时不是处于过高的温度；挑选运来的鱼确保它们在收购时被正确布冰或冷却；通过感官检验审查运来的鱼确保它们没有腐败分解的迹象；控制加工厂内的冷却温度；在加工厂正确地布冰；加工过程中控制产品暴露在可以生成组胺的温度下的时间。

如果符合以上任何一个判断标准［问题（1）～（3）］都认为在加工这一步骤中存在潜在主要危害，就应该在危害分析中回答“是”。反之应该回答“否”。如果你回答“否”，则无须对这种危害进行判断而去执行以后的步骤。

判定危害是否重要时，应该考虑到产品的未来用途。然而，由于毒素的稳定性，产品的未来用途一般不会影响这种危害的重要性。

3. 环境中的化学污染物、杀虫剂、水产养殖药物及滥用食品添加剂的危害分析

在每一加工阶段，要决定环境中的化学污染物、杀虫剂、水产养殖药物及滥用食品添加剂的危害是否重要，其衡量标准如下。

（1）在接收阶段是否会带来不安全量的环境中的化学污染物、杀虫剂及水产养殖药物？

一般来说，管理不当时在接收阶段，鱼就会带来达不到安全量的化学污染物、杀虫剂或水产养殖药物。也许在所在地理区域的周围环境，鱼中的污染物、杀虫剂的含量可能达到安全水平。但也应根据以往的事件，制定出比允许量、执行量或其他规定量更严格的标准。

除了软体贝类，其他鱼类在第一步就应完全控制这种危害，因此在接下来的加工过程中，不必将这种危害视为主要危害。

（2）能否在更早阶段就将环境中化学污染物、杀虫剂或水产养殖药物的不安全量消除或减少至可接受的水平？

在任一加工步骤中，有预防措施用于消除可能发生的化学污染物、杀虫剂或水产养殖药物的危害（或者减低至可接受的安全水平）时，此时应将污染物、杀虫剂或水产养殖药物视为显著危害之一。其预防性措施包括：

①有些水域因含有某些种类的化学污染物或杀虫剂；不能在其中捕捞某种鱼，因此对捕捞的鱼进行挑选，确保它们不来自这些水域。

②对软体贝类进行挑选，确保它们已附有适当的标志。

③对软体贝类进行挑选，确保它们来自有许可证的捕捞者或有书面证明的经销商。

④对于每批养殖水产货物，都要有捕获自未污染的水域的证明，同时附有适当的检验。

⑤在以下情况下进行复查：a. 接收水产养殖鱼类时；b. 收到有关污染物及杀虫剂的土壤和水样的测试结果，并监控养殖场附近的土地使用情况（测试或监控可由养殖者、政府机构或其他团体组织进行）。

⑥对养殖场进行实地考察，针对污染物及杀虫剂收集并分析土壤、水样或鱼样，并复查现有土地的实际使用情况。

⑦在接收时检测鱼肉中的化学污染物、杀虫剂及水产养殖药物。

⑧残留药物测试。

例如，一个集中进行鱼类加工和产出的一体化工厂，有必要在比收鱼更早阶段就采取以上措施（理想情况是在选择生长区域时）。

（3）在加工步骤中，可引起过敏反应的食品添加剂（如亚硫酸盐或FD&C黄色5号）或禁用物质（如环己氨基磺酸盐及其衍生物、黄樟油及FD&C红色4号）是否很可能混入？

在通常条件下，下列情况极有可能引起过敏反应的食品添加剂进入加工中：

①在捕捞和交货给加工者期间可能会对河虾及龙虾使用亚硫酸盐。在某些地区及一些产品（如人工养殖的虾）可能不会用此法。如果是从渔民或水产养殖者那里收购原料的第一位加工者，则只需在收购工序确定此潜在危害是否重要。如果是从其他加工者那里收购原料，则需依靠初始加工者的控制。

②FD&C黄色5号可能用于按配方制造的产品的加工或烟熏鱼产品生产。

（4）滥用食品添加剂，这种危害可被消除或减至可接受的水平吗？

如果一个预防措施可能用于防止或消除此危害或可减少这种危害的发生，最终使危害达到可接受的水平（如果此危害很可能发生的话），则在此步骤中食品添加剂应被认为是重要的潜在危害。由于某一食品添加剂的存在（如亚硫酸盐和FD&C黄色5号）而导致过敏反应的预防措施有：

①在终产品标签上注明存在的食品添加剂；

②依据亚硫酸盐的残留量筛选收购的河虾或龙虾；

③收取供应商关于无亚硫酸盐用于该批河虾或龙虾的证明书。

对于禁用的食品添加剂的存在的预防措施有：收购时对鱼货进行筛选，防止过量的食品添加剂存在。

当满足四个准则其中之一，若此时这种潜在危害显著，则在危害分析中回答“是”；若不符合任何一个标准，则回答“否”。如果你回答“否”，则无须对这种危害进行判断而去执行以后的步骤。

4. 甲基汞的危害分析

在美国FDA的“鱼及水产品的危害与控制的指导”的草案中，列出各种有潜在危害的鱼种中的甲基汞含量。这些鱼类包括鲣鱼、比目鱼、西班牙鲭、大西洋马鲛、旗鱼、鲨鱼、箭鱼及金枪鱼等。这些鱼类是根据美国鱼类消费史上的中毒资料列出的鱼类和可食性鱼类的FDA执行标准（1.0mg/kg）选择的。

在FDA还未更改1.0mg/kg执行量的时候，根据可食性的鱼中甲基汞对人类健康的新资料，委员会正在进行重新评估。

5. 金属杂质的危害分析

在每一加工步骤中，确定金属杂质是否带来重要危害的标准如下。

（1）该加工步骤是否有可能混入金属碎片（例如是否会随原材料带入或是否会从加工过程中产生）？

在一般条件下，有理由认为由于设备部件的老化、受损或破碎可从下列来源使金属碎片混入加工过程中：蟹肉挑选机械；搅打和拌料操作过程，传送物料的钢丝网带；切片或切块中使用金属片的齿；机械混合桨叶；机械切削或混合设备的刀具；酱料冷却、液体分配和分离设备的金属环、垫圈、螺母或螺杆；自动填料设备的桨片。

在同样条件下，可以认为下列来源不会引起金属碎片混入食品：手工切削刀、剥皮机、去内脏刀具或剔骨刀；金属的加工台或贮存罐；钢丝网篮或用具。

（2）在早期混入的金属碎片能否在该步骤清除或减少到可接受水平？

金属杂质混入下列任何步骤都应视为重要危害：预防措施具备或已被用来防止或清除金属碎片混入；金属碎片在前一步骤已混入产品或者可减少这种危害到可接受水平。预防措施如下：①定期检查切削、混合、分离以及其他设备是否有损伤或脱落部分；②产品通过金属探测器或金属分离装置。

如果满足以上两个准则之一，加工中的该步骤视为有显著的潜在危害，在危害分析中回答“是”。如果两者均不满足则回答“否”，则无须对这种危害进行判断而去执行以后的步骤。

在确定危害重要性的过程中，必须同时考虑到产品的未来用途。在大多数情况下，必须假定产品在消费时任何金属碎片并未去除，而这些金属碎片可能是在加工过程中混入的。如果上述标准符合，则应认定其危害是重要的。

但是，若有证据表明产品将通过金属探测器的检测以检出金属碎片或在后续加工装置中可以通过筛网或磁场以分离金属碎片，可以认为金属碎片混入的危害不重要。

例如，一个初级加工者生产冰冻鱼块需经机械去头、除内脏、切块并将加工品售给鱼块加工者，并提供成品证明。后加工的产品又经金属检测器，初级加工者无须将“金属混入”作为重要危害。也就是说如在一个加工步骤中确定危害是重要的，并不意味着必须在此步骤控制它。下一步将帮助确定在工艺过程中设置关键控制点的位置。

FDA 希望根据海产品 HACCP 规程的有效数据，完成它的再评估；当再评估完成后，FDA 将修改这指南，包括如何评价潜在致病菌的严重性的建议及在食用前由消费者或最终使用者烹调的未加工水产品须采取哪些控制措施来确保鱼在这方面的安全性。但加工者必须按照 FDA 法规 21CFR 123.11 采取适当的卫生控制措施，这是 HACCP 的先决条件。

三、确定关键控制点（CCP）

（一）如何发现 CCP

对于每个加工步骤，如果在危害分析中确定“由于时间、温度不当造成的致病菌生长和毒素形成”或“已将环境中的化学污染物和杀虫剂”视为重要危害，那么应确定是否有必要在此步骤进行控制。CCP 判断树可用来协助做出决定。实践证明，在正确设置 CCP 时，CCP 决策树是非常有用的工具（见第十章）。在决策树中包括了加工过程中的每一种危害，并针对每一种危害设计了一系列逻辑问题。只要 HACCP 小组按序回答决策树中的问题，便能决定某一步骤是否是 CCP。

使用决策树有助于对加工过程进行全面思考，更有助于对加工过程的每一步骤、对每个已识别的危害按照统一的方法进行思考。同时，使用决策树还有助于 HACCP 小组成员之间的合作，促进 HACCP 研究，帮助 HACCP 小组决策。关于决策树的报道有很多，虽然使用的文字不同，但都阐明了确定 CCP 所用方法的原理是一致的。

（二）CCP 决策树的使用和关键控制点的确定

决策树针对加工过程每一步骤中的每种危害提出了一系列问题，包括原料的接受和管理。

现以水产品加工中“致病菌的生长及毒素的形成”为例说明如何根据 CCP 决策树确定 CCP。其具体工作程序如下。

问题 1：这一加工步骤是否存在危害？

由水产品加工的生物性危害分析可知：“由于时间、温度不当造成致病菌生长和毒素形成”可能为重要危害，所以此时应转入问题 2。

问题 2：对已确定的危害是否采取了预防措施？

如果已采取了预防措施，那么应该直接进入问题 3。然而，如果回答没有或无法采取预防措施时，则回答是否有必要在这步控制食品安全危害。如果回答没必要，那么这点就不是 CCP；如果回答有必要，则说明加工工艺、原料或其他原因不能控制保证必要的食品安全，应重新改进产品等设计，包括预防措施。

对于水产品加工的生物性危害分析，我们在前面已讨论过，良好的卫生设计可使致病菌污染减至最低程度。然而，在多数情况下，通过这些程序完全杜绝致病菌的污染是不大可能的。此外，本节二、（一）的（3）中我们也详细介绍了预防“由于时间、温度不当造成致病菌生长和毒素形成”的预防措施。

另外，有些情况的确没有合适的预防措施。这种情况的出现进一步说明 HACCP 不能保证 100% 的食品安全。

问题 3：采取的预防措施是否能消除危害或将危害减少到可接受的水平？

必须指出，提出这个问题的目的是要求重新考虑特定的加工步骤而不是预防措施，是要看看是否有可能通过调节生产过程来控制某一特定的危害。因此，这一问题的实质是这一加工步骤能否控制危害。

例如，在水产品加工的生产工序中，首先看是否有蒸煮步骤、巴氏消毒步骤或高压杀菌步骤？如果有，大多数情况下可将蒸煮、巴氏灭菌或高压杀菌步骤确定为 CCP。那么蒸煮、巴氏灭菌或高压杀菌前的加工步骤无须再定为危害的 CCP。例如，熟虾加工者为了控制“因时间、温度不当引起的病原菌生长和毒素形成”，将蒸煮步骤设定为 CCP，无须将此之前病原菌极可能生长的加工步骤定为 CCP。

这种对策有两个重要的限制条件。首先是蒸煮、巴氏灭菌或高压杀菌工序必须足以杀灭有关病原菌。如果未满足这个条件，对于那些病原菌有可能生长的加工步骤，时间、温度控制仍有必要。另一限制条件是某些毒素（如金黄色葡萄球菌毒素）对热稳定，一旦毒素形成，热处理（包括高压杀菌）不能消除毒素。在这种情况下，对那些病原菌生长和毒素产生可能发生的加工步骤，时间、温度控制可能是必需的。

在回答问题 3 时必须综合考虑危害分析结果、各个加工步骤与整个生产流程图。因为，如果此处结论不对，会影响到随后其他步骤，进而导致整个内部控制机制失效。

如果对问题 3 的回答为“是”，那么就可以确定该点是 CCP，然后开始对下一步骤进行分析。如果回答为“否”，则进入问题 4。

问题 4：危害是否有可能增加到不可接受水平？

必须根据危害分析结果以及 HACCP 小组对生产过程和生产环境的全面了解来回答这一问题。虽然从危害分析得到的答案是很明显的，但是还必须确保已全面考虑生产环境中的各种污染，如果某一因素有可能增加食品的不安全性（有发展成危害的倾向），HACCP 小组在对其做出决定之前应广泛听取专家们的意见。如果研究的是一项新工艺，就可能得不到明确的答案，这时 HACCP 小组通常假设答案为“是”，从而将研究继续进行下去。

在分析危害通过什么途径增加到不可接受的水平时，应综合考虑加工过程对每一特定因素可能产生的各种影响。这意味着不仅要考虑眼前这一步骤，而且要考虑后道步骤或各步骤间的辅助阶段是否存在促使危害进一步发展的因素。例如，在许多加工步骤中，在室温下少量的葡萄球菌有可能不断繁殖，产生毒素，最终成为危害。

如果对问题 4 的回答为“是”，即可能存在危害或危害可能增加到不可接受的水平，那么进入问题 5。如果对问题 4 的回答是“否”，那么就可以考虑另一个危害或下一个加工步骤。

问题 5：后道工序或措施能否消除危害或将其降低到可接受水平？

在某一加工步骤中是否可以存在某一些危害，取决于它们能否在后道加工步骤或消费过程中得到控制。这样做有利于将需要考虑的 CCP 减少到最低程度，使预防措施集中于真正影响食品安全性的加工步骤上。

如果对问题 5 的回答为“是”，那么所讨论的步骤不是 CCP，后道加工步骤将成为 CCP。例如，蟹肉加工者确定一系列蒸煮后加工和保藏步骤（如回温、挑选、包装和冷藏贮存）可能出现病原菌生长和毒素形成。这个加工商没有对产品进行巴氏灭菌，而习惯上认为产品无须烹调即可食用。加工商要控制冷藏贮存过程的温度以及在加工过程中暴露于非冷藏条件的时间，将后蒸煮加工和保藏步骤确定为 CCP。

如果对问题 5 的回答为“否”，那么这一步骤就是所讨论危害的 CCP。

虽然通过问题 5 可使 CCP 的总数减少，但它不一定适合所有的情况。例如，在金属危害的控制中，对终产品检测绝对是唯一重要的 CCP。然而从商业的角度考虑，在最容易发生金属或其他危害的阶段进行早期检测或控制可能是最有利的。因此，可以在最有利的点建立一个附加的控制点。不过，必须明确建立附加控制的目的是为了减少产品损失，附加的控制点不是 CCP。在检测方面 CCP 比任何其他附加的控制点有优先权。

凡是由 HACCP 小组识别的所有 CCP 都必须采取预防措施，并且该措施不能被加工过程中其他措施取代。

决策树是非常实用的工具，但它并不是 HACCP 法规的必要因素，它不能代替专业知识，更不能忽略相关法规的要求，否则会导致错误。

水产品中其他危害分析的关键控制点的确定，可参考以上步骤，在此不再一一赘述。

以下是关于“致病菌生长和毒素形成”中可能确定为 CCP 的加工步骤的指南，因为时间、温度控制对控制病原菌生长或毒素形成是必要的，现分别对两种类型成品进行说明。

（1）预制即食食品　这些产品在加工中未加热至能杀死病原菌的温度。它们通常不用烹调即可食用。例如冷熏鱼、生牡蛎、生蛤和生贻贝。

预制的即食食品，特别是配制食品，会因交叉污染和病原菌生长而可能发展为病原菌危害。它们也可能含有存在于原料和能在水产品中生长的病原菌。例如，在气候温暖的月份捕获的牡蛎可能含河弧菌，这是一种能在原料产品中生长的细菌性病原菌。

在以下加工步骤中可能需要采取时间、温度控制措施：①接收；②加工，如剥壳和分配；③包装；④原料、半成品和成品的保藏。

如加工步骤满足以下条件，往往不需要采取时间、温度控制措施：①连续的机械加工步骤，如机械切片；②加工步骤简短，且不可能显著促进时间、温度的累积暴露效应，如数码打印和外部封装；③产品保持冻结状态的加工步骤，如分配时产品的组合。

（2）煮熟的即食食品　这些产品由加工者蒸煮，而消费者无须再烹调即可食用。如熟蟹肉、熟对虾肉、熟龙虾、以日式鱼酱为基质的模拟产品、海产沙拉和热熏鱼。

正如预制即食食品，煮熟的即食食品也会因交叉污染和病原菌增殖发展为病原菌危害。这种危害的促成因素有：手工操作步骤、多种组分、室温加工和多个冷却步骤。应考虑到蒸煮步骤后暴露在不当温度的累积效应。

最终巴氏灭菌步骤（如经巴氏杀菌的蟹肉）或高压杀菌步骤（如热熏罐头鲑鱼）可能令对多数病原菌无关紧要的前加工步骤不被确定为CCP，然而巴氏灭菌和高压杀菌都不足以钝化金黄色葡萄球菌毒素。对于这种危害，应考虑毒素在最终热处理前产生的可能性，如有必要，要控制毒素形成。

在以下步骤可能要求进行时间、温度控制：①蒸煮后冷却；②蒸煮后加工，诸如热熏鲑鱼切片、混合水产沙拉和挑选蟹肉；③包装；④半成品和成品保藏。

在某种情况下，接收诸如对虾肉和以日式鱼酱为基质的模拟产品的即食组分用于贮藏，或组合成无须加工者再烹调的产品（如水产沙拉）。这时，接收和贮藏组分的步骤也可能要求采取时间、温度控制，并被指明为CCP。如果这些组分用于经过充分加热以杀灭所有可能存在的病原菌的产品，这些加工步骤可能不必指定为CCP。然而，在做决定时，应考虑到金黄色葡萄球菌毒素形成的潜在危害。记住毒素不会因加热而钝化。

如加工步骤满足以下条件，往往不需要时间、温度控制措施：①连续的机械加工步骤，如熟虾的机械大小分级、以日式鱼酱为基质的模拟产品的机械成形及个体快速冷冻；②加工步骤简短，且不可能显著促进时间、温度的累积暴露效应，如数码打印和外部封装；③产品保持冻结状态的加工步骤，如抛光和分配时产品的组合；④产品保持在60℃以上的加工步骤，如熟蟹冷却的初期。

（三）关键控制点的变化

CCP或HACCP体系具有产品、加工过程特异性。对于已确定的关键控制点，如果出现工厂位置、配方、加工过程、仪器设备、原料供方、加工人员、卫生控制和其他支持性计划改变以及用户要求、法律法规的改变，CCP都可能改变。

另外，一个CCP可能可以控制多个危害，如加热可以消灭致病性细菌，以及寄生虫；冷冻、冷藏可以防止致病性微生物生长和组胺的生成；而反过来，有些危害则需多个CCP来控制，如鲭鱼罐头，由原料收购、缓化、切台三个CCP来控制组胺的形成。应引起注意的是危害的引入点不一定是危害的控制点。

第三节　建立合适的监控程序

监控程序是一个有计划的连续监测或观察过程，用以评估一个CCP是否受控，并为将来验证时使用。因此，它是HACCP计划的重要组成部分之一，是保证安全生产的关键措施。

监控的目的包括：①跟踪加工过程中的各项操作，及时发现可能偏离关键限值的趋势并迅速采取措施进行调整；②查明何时失控（查看监控记录，找出最后符合关键限值的时间）；③提供加工控制系统的书面文件。

为了全面描述监控程序，必须回答四个问题：①监控内容；②监控方法；③监控频率；④监控者。

在监控过程中，留心所监控的工序特征是非常重要的，而且监控方法必须能判断是否满足关键限值。即监控方法必须直接测出已为之建立关键限值的特征。

应经常监控，以检测出所测量的特征值的正常变动。如果这些值与关键限值特别接近，这样做尤其恰当。测量时间间隔越长，更多的产品会处于危险中，结果一定会显示出已超过关键限值。

表 11 –5 是由于时间、温度控制不当造成致病菌生长和毒素形成而建立的监控程序的指南。注意，所提供的监控频率作为最低限推荐值，不一定适用于所有情况。

表 11 –5　由于时间、温度控制不当造成致病菌生长和毒素形成的监控程序

项目	监控内容	监控方法	监控频率	监控者
用于贮存或无须再蒸煮的煮熟速食或粗制速食水产品的接收	在整个运输过程中水产品的内部温度、卡车或其他运载工具的温度；在运送过程中冰或化学冷却介质的数量	使用时间、温度积分仪监测产品温度；用数字式时间、温度数据记录仪监测产品或周围空气的温度；用记录式温度表监测周围空气温度；目测冰或其他冷却介质的数量	每次装货时	接收员、设备操作者、生产监督员、质量控制人员或其他了解工序和监测程序的人
冷藏的原料、半成品或成品	冷却器温度	使用数字式时间、温度数据记录仪；记录式温度表；带最高温度显示的温度计；高温报警装置	连续监测，而且每天至少目测校验一次	设备操作者、生产监督员、质量控制人员或其他了解工序和监测程序的人
用冰或化学冷却介质保存的原料、半成品或成品	冰或化学冷却介质的数量	目测冰或化学冷却介质的数量	至少 2 次/d；若成品保藏，在装货前立即检查	设备操作者、生产监督员、质量控制人员或其他了解工序和监测程序的人
蒸煮后冷却步骤	产品内部温度及蒸煮结束（或产品内部温度降至 60℃ 内到测量时的时间）；影响冷却速率的关键因素：如冷却开始时产品的内部温度、冷却器温度、冰的数量、被冷却产品的体积和大小	使用刻度盘式温度计及目检冷却时间；数字式时间、温度数据记录仪；用合适的仪表或目测来测量影响冷却速率的工序的关键方面	至少 1 次/2h；对于冷却工序的关键环节，经常监测，频繁至足以保证工序的控制	设备操作者、生产监督员、质量控制人员或其他了解工序和监测程序的人

续表

项目	监控内容	监控方法	监控频率	监控者
加工和包装	产品暴露于非冷藏条件下的时间（此时关键限值假定为最坏表面生长温度，如高于21.1℃）、产品的内部温度（这里温度保持低于病原菌增殖的最小温度，如对于沙门氏菌为10℃或高于60℃的杀菌温度）或环境温度（这里周围空气温度很低足以控制微生物的生长，对于沙门氏菌为10℃）	使用刻度盘式或数字式温度计来监测产品或周围空气温度；目测暴露于非冷藏条件下的时间	至少1次/2h	设备操作者、生产监督员、质量控制人员或其他了解工序和监测程序的人

当然，对于相同的CCP，可能有时候用的监控方法并不一样。例如，一个龙虾加工者将蒸煮步骤后的冷却步骤确定为致病菌生长和毒素形成的关键控制点。他建立了一个冷却关键限值，在2h内温度由60℃降至21.11℃，在之后4h内降至4.4℃。他在对冷却工序有标记的各批熟鱼进行监控冷却工序。有标记批料从蒸煮锅中移出的时间由人眼监控，而蒸煮2h后和4h后的产品内部温度由刻度盘式温度计监控。

又如，另一个龙虾加工者同样也将冷却确定为CCP。他进行了一个冷却速率研究，确定只要在冷却工序中满足以下条件：在2h之内温度由60℃降至21.11℃及在之后4h内降至4.4℃，那么这一冷却速度可达到。此研究确定必须满足以下关键限值：在冷却开始2h冷却器温度不超过15.65℃，并在以后冷却过程中不超过4.4℃；冷却器中的龙虾不超过453.6kg。他分别使用记录式温度表和接收秤分别监测冷却器温度和产品重量。

再如，另一龙虾加工者同样也将冷却确定为CCP，并且建立相同的关键限值。他使用数字式时间、温度数据记录仪来监控煮熟产品的冷却速率。

第四节 HACCP在水产品软罐头生产中的应用

一、带鱼软罐头的生产工艺及危害分析

（一）带鱼软罐头生产工艺流程

冷冻带鱼→解冻→75℃水热烫去鱼鳞→去鱼鳍、剖腹去内脏、去鱼头、鱼尾→流动水漂洗20min→修整、切块（鱼块长6~8cm）→盐渍（8°Bé食盐水8~10min）→油炸→

浸调味汁（味精、红辣椒、食盐等）→沥干→称量、装袋→抽真空、封口、打码→杀菌（15′—20′—15′/116℃）、打码→冷却→检验→装箱

（二）带鱼软罐头生产的 HACCP 分析

根据带鱼软罐头的生产工艺可知，生产过程中出现的危害类型主要是微生物危害，危害程度与原料的新鲜度、环境卫生状况以及杀菌的工艺参数等因素有关。现从带鱼生产的原料、生产工艺和环境因素三方面来分析带鱼软罐头生产过程中的主要危害和关键控制点。

1. 原料的新鲜度与污染程度

（1）应严格原料的验收制度，坚决弃用鲜度不合要求的原料鱼　鱼类的组织比畜禽类脆弱，含水量高，更易发生腐败变质。引起鱼类腐败变质的微生物主要有两大类：一类是具有水解蛋白酶的细菌——变形杆菌、假单胞菌、液化荧光杆菌、分枝杆菌等；另一类是具有肠肽酶的细菌，能将缩氨酸、胨进一步分解，如埃希氏大肠杆菌、产芽孢梭菌等。表 11 – 6 列出了带鱼的新鲜度指标。

表 11 – 6　带鱼生化和细菌总数的鲜度指标

等级	挥发性盐基氮含量/（mg/100g）	pH	细菌总数/（个/g）
新鲜	≤15	<6.8	≤104
次新鲜	≤35	<7.2	≤105

鱼类变质首先表现出浑浊、无光泽、表面组织因被分解而变得疏松，鱼鳞脱落，鱼体组织溃烂，进而组织分解产生吲哚、粪臭素、硫醇、氨、硫化氢等物质，发臭程度与腐败的程度相一致。无论鱼体原来带有多少细菌，当观察到腐败状态时，菌数一般可达 10^8 个/g，pH 往往增加到 7 ~ 8。

（2）进厂的原料应严格执行低温贮藏　许多细菌在低于 10℃ 的温度下是不能繁殖的，当温度为 0℃时，嗜冷菌的繁殖也很缓慢，例如腐败希瓦氏菌（*Shewanella putrefaciens*，一种鱼类腐败菌），在 0℃的繁殖速率要低于它在最适温度下速率的 1/10。鱼类在不同温度下的货架寿命和腐败速率举例如表 11 – 7 所示。

表 11 – 7　海产食品贮存在不同温度下的货架寿命和腐败速率

种类	0℃		5℃		10℃	
	货架寿命/d	腐败速率	货架寿命/d	腐败速率	货架寿命/d	腐败速率
蟹腿	10.1	1	5.5	1.8	2.6	3.9
带鱼	11.8	1	8.0	1.5	3.0	3.9
大头鳕	14	1	6.0	2.3	3.0	4.7

注：腐败速度 = 在 0℃时的保持时间/在温度 t 时的保持时间。

（3）加强捕捞水域水质污染情况的检测　鱼类生长水域环境的化学物质污染，不可避免地会造成鱼贝类化学物质的积累。水产生物对有些化学物质比较敏感，摄入少量便中毒死亡；但对某些化学物质特别是重金属（如铅、汞、铬等）则有较强的耐受性，能把摄入的重金属不断浓缩蓄积在体内，其含量、浓度比水域中的浓度大数百、数千倍而本身不致病。

2. 水产软罐头的高压杀菌

水产软罐头大多属于低酸性食品，必须采用100罐以上的高温杀菌工艺。杀菌温度偏低或杀菌时间不足都会使某些细菌的芽孢得以残存，使软罐头在贮藏、运输以及销售过程中发生腐败变质。

（1）根据罐头类食品的腐败现象，可看出嗜热性菌在软罐头食品中有残存的可能。这些腐败菌中以嗜热脂肪芽孢杆菌、致黑梭菌、热解糖梭菌等为代表菌，它们在121℃下的热致死时间见表11－8。

表11－8　几种罐头腐败细菌芽孢的耐热性

菌种	在pH 7，121℃加热致死时间/min
平酸苏No.1518	25
嫌气性好热细菌	3.6
致黑梭菌	10.0
嫌气性腐败细菌	6.1
抗酸性平酸细菌	3.8
A型肉毒梭菌	2.8

（2）在蒸煮袋包装的加热杀菌食品标准中规定，食品中心部位需要在120℃温度下加热4min。从表11－9可以看出，120℃，4min的加热条件意味着可以把耐热性芽孢菌肉毒梭菌完全致死。

表11－9　肉毒梭菌的最大耐热性数值

加热温度/℃	致死时间/min	加热温度/℃	致死时间/min
100	330	115	10
105	100	120	4
110	32		

3. 软罐头的加热杀菌和冷却过程中的破袋

水产软罐头食品需经100℃以上的加热杀菌，由于封入蒸煮袋内的空气及内容物受热膨胀便产生压力，呈现膨胀状态，严重者可能导致蒸煮袋破裂。为了防止蒸煮袋破裂，除了在封口时采用真空封口机，在蒸汽杀菌过程中应采用压缩空气加压杀菌及加压冷却。

根据蒸煮袋在121℃，30min条件下进行的各种不同反压试验，证实软罐头的临界破袋压力为0.123MPa。在121℃杀菌时，如果杀菌锅内的压力低于0.123MPa时，破袋急剧上升；当杀菌锅内的压力高于0.125MPa时，破袋率减少到零。

4. 操作过程中的环境污染

原料鱼进厂后，在解冻、剖腹去内脏、称量、装袋过程中会受到环境中微生物的污染。工厂的器具、操作台、工人的手指等细菌数都很高（表11－10）。要搞好环境卫生，水产品加工企业必须建立健全卫生管理制度；必须重视对操作工人的专业知识培训，使他们懂得环境卫生对产品质量的重要性。

表 11－10　　带鱼软罐头某些生产环节的微生物指标

检验环节	采样点	细菌总数
解冻槽	未解冻鱼肉	1.1×10^5 个/g
	解冻槽的水	3.1×10^5 个/mL
	解冻后的鱼肉	4.41×10^7 个/g
切割操作台	空气	3.4×10^4 个/m^3
	地面	1.3×10^7 个/m^2
	操作人员的手	3.2×10^3 个/m^2
	修割台案	7.7×10^8 个/m^2
	修割后的鱼肉	1.2×10^6 个/g
称量与装袋	空气	6.3×10^3 个/m^3
	地面	2.7×10^8 个/m^2
	称量盘	4.5×10^5 个/m^2
	不锈钢勺子	4.0×10^5 个/m^2
	装袋后带鱼	6.7×10^5 个/g
杀菌	杀菌前带鱼	6.7×10^5 个/g
	杀菌后带鱼	<10 个/g

注：（1）空气中微生物的测定：取灭菌后的营养琼脂培养基平皿，置于空气中敞盖 10min，使空气中微生物自然沉降到琼脂培养基上，加盖后送化验室培养计数。

（2）地面、修割台案表面微生物的测定：取带有 $5cm^2$ 孔板的金属板和灭菌棉签数支，用湿棉签揩抹试样表面数次后，将棉签投入 50mL 灭菌水中，稀释，培养，计数。

二、带鱼软罐头生产中 HACCP 系统的建立

根据带鱼软罐头生产过程的 HACCP 分析，可制订出带鱼软罐头加工过程的主要卫生操作规范（SSOP）和 HACCP 系统，见表 11－11。

表 11－11　　带鱼软罐头加工过程的 HACCP 系统

工序	危害因素	CCP 类型	卫生操作规范	监控测定	修正措施
原料	原料鱼细菌总数超标，或挥发性盐基氮含量超标，可能引入细菌毒素	CCP	原料鱼应为一级或二级鲜鱼，细菌总数≤10^5，TVBN 值≤35mg/100g	原料鱼的细菌总数及 TVBN 值	弃用不合格原料
解冻	解冻时鱼的交叉污染		解冻水温≤10～20℃	解冻槽水的 pH 和细菌总数	
修整与切割	不清洁的手会污染鱼肉；加工前案板不清洗会污染鱼肉		车间应保持温度≤15℃、相对湿度≤65%	手、案板表面及空气中微生物数量	

续表

工序	危害因素	CCP 类型	卫生操作规范	监控测定	修正措施
盐渍	食盐水浓度偏低		盐水浓度为 8°Bé	盐水的浓度与温度	
油炸	炸油使用时间过长会因高度氧化而产生致癌物质	CCP	油脂周转率控制在 12～16h	每隔 2h 检测炸油的 AV 值、POV 值	如煎炸油 AV 值超过 1.2，全部更换新油
称量与装袋	称量盘、勺子不清洁带来的污染；包装间高温、高湿空气带来的污染		称量盘、勺子用后应严格用热碱水清洗；烟熏后的带鱼应冷却到 25℃以下	温度、湿度及空气中的细菌数	
杀菌	杀菌不彻底引起产芽孢梭菌等嗜热菌的生长	CCP	严格执行杀菌公式 15′—20′—15′/116℃	记录杀菌的温度与时间；杀菌后的软罐头进行细菌试验	若保温试验或细菌试验不合格，应调整杀菌的温度与时间
冷却	冷却水不加反压，会使包装袋破裂而引起污染		给冷却水加压至 1.4～1.7kg/cm^2	冷却水压力	

注：卫生操作规范（SSOP）既能控制一般危害又能控制显著危害，而 HACCP 仅限于控制显著危害。一些由 SSOP 控制的显著危害在 HACCP 中可以不作为 CCP，而只由 SSOP 控制。

思考题

1. HACCP 在水产品中实施的意义是什么？
2. 在食品生产过程中，进行危害分析前，应做好哪些准备工作？
3. 水产品中引起疾病的常见因素有哪些？
4. 对收获后的海产品采取哪些处理方法，可使水产食品的质量满足加工要求？
5. 确定原料或加工过程中生物性危害是否是重要危害的判断准则有哪些？
6. 对捕捞地区致病菌的防护措施有哪些？
7. 对由于时间、温度不当造成致病菌生长的预防措施有哪些？
8. 水产品加工的化学、物理危害分析包括哪几大类？
9. 对“天然毒素”的预防措施有哪些？
10. 对环境中的化学污染物、杀虫剂、水产养殖药物的预防措施有哪些？
11. 为了防止金属杂质混入产品中，可采取哪些预防措施？
12. 对于煮熟的即食食品如何确定 CCP？
13. 在加工过程中监控的目的是什么？
14. 为了全面描述监控程序，必须回答哪几个问题？

CHAPTER 12

第十二章 畜禽肉加工的危害分析与关键控制点（HACCP）

肉及肉制品营养丰富，是提供人们日常生活优质蛋白质的主要来源，但是这类食品也最易受到各类生物的、物理的、化学的污染，因此建立一种科学的管理体系，有效的预防各种危害是十分重要。HACCP 体系对于保证食品安全性、保障消费者的身体健康是最有效、最可靠的管理方法。本章就 HACCP 体系运用于畜禽肉加工中，对加工各个环节实际存在和潜在的危害进行评价，并对肉类安全有重大影响的关键控制点制定预防措施，控制危害的发生，确保肉食品的食用安全。

第一节 畜禽肉危害分析

一、潜在的危害

（一）宰前因素对肉制品的影响

1. 致病性微生物及病毒

由于科学技术的进步，目前地球上负载的人及各种有生命的动物达到了最高数量，地球的生态环境不断恶化，因而在畜禽与畜禽之间，人与畜禽之间相互传播的疾病很多，并且偶有新的疾病因素产生，如最近几年来产生的 SARS、疯牛病、禽流感等。动物体能携带的致病微生物有：炭疽、布鲁氏菌、结核菌、沙门氏菌、李斯特菌等，SARS 与疯牛病的病因是病毒类型或蛋白粒。畜禽携带上述微生物或病毒在潜伏期往往无任何症状，发展到一定程度才出现明显的症状。

常见的微生物及病毒引起的畜禽疾病有：猪瘟病，是由高度传染性的猪瘟病毒所致，在猪的周身皮肤上，可见有大小不一的出血点，肌肉中也有出血小点；猪丹毒病，是由猪丹毒丝菌引起的急性传染病，在猪的颈部、背部、胸腹部甚至四肢皮肤上，可见有呈现方形、菱形、圆形及不规则形突出红色疹块在皮肤表面。患严重猪丹毒病的猪全身脂肪灰红或灰黄，肌肉呈暗红色。炭疽病是几乎所有热血动物，包括人类可能感染的一种急性传染病，影响包括皮肤、肠、肾、脑膜、结膜和淋巴组织等各种组织。它由炭疽杆菌引起，这种炭疽杆菌属于能够形成孢子的一种细菌。牛、羊和野生草食动物的急性炭疽病症状是发烧、沮丧、呼吸困难和抽搐，如果不加以处理，动物可能在 2 ~ 3d 死亡。在某些情况下，炭疽病可能是一种轻微的疾病，表现为全身倦怠。猪感染炭疽病的特征是咽喉肿大，可能引起呼吸困难。狗、野生肉食动物的炭疽病症状与猪相同。

2. 寄生虫感染

易寄生在畜禽肉中的寄生虫有：囊尾蚴、旋毛虫、弓形体等。

①囊尾蚴是一种蠕虫，称为绦虫，虫体呈带状，腹背扁平，分节；成熟节片内有雌雄两性器官。猪绦虫扁形，长2~4m，由700~1000个节片组成。猪绦虫的幼虫称为猪囊尾蚴，是黄豆大的半透明囊泡，囊壁上有米粒大小点，寄生在猪的瘦肉部分，所以被寄生的猪又称“米粒猪”。猪囊尾蚴可在猪身上寄生3~4年之久。人吃米粒猪肉后，在烹调中未被杀灭的囊尾蚴进入人体，在小肠里发育为成虫。

②旋毛虫是旋毛形线虫的简称，可引起一种肠道组织内寄生的人兽共患线虫病。全世界各地均有此病危害人类和动物。在自然界已发现有100多种食肉类哺乳动物感染有旋毛虫。有近20种哺乳动物中调查，旋毛虫感染率：狐47.1%、猪35.4%、犬28.6%。旋毛虫的成虫和幼虫都寄生在同一宿主体内，雌虫在小肠黏膜中产生的幼虫随血流到达全身各处，但只有到达横纹肌中的才能发育为具有传染性的幼虫，并在感染一月内形成囊包，幼虫蛰居在肌纤维间的囊包内。当被另一宿主吞食到小肠中后幼虫即蜕皮发育为成虫。人摄入活幼虫后第一周内可有腹痛、腹泻、恶心、呕吐等胃肠道症状，大便水样，无脓血。第二周内幼虫在血循环内移行并侵入横纹肌内，典型的症状有畏寒、发热等。

③弓形体是原生动物门，孢子虫纲的刚第弓形体简称，是一种球虫，具有双宿主的生活周期，在整个发育过程中分5种类型，即滋养体、包囊、裂殖体、配子体和卵囊，其中滋养体和包囊是在中间宿主（人、猪、犬、猫等）体内形成的，裂殖体、配子体和卵囊是在终末宿主（猫）体内形成的。弓形体引起人畜共患病，以高热、呼吸及神经系统不正常、动物死亡和怀孕动物流产、死胎、胎儿畸形等为主要特征。

3. 农药与兽药残留

农业生产常用的农药有：有机磷、有机氯、有机砷等，畜禽摄入带有微量农药饲料后，会在其体内富集到一定浓度，浓度过高会明显影响人的健康。另外，现代畜牧业大多为大规模、高密度养殖，为了控制疾病、增加效益，常使用抗生素、生长调节剂等药物，如土霉素、瘦肉精等。抗生素大剂量、大范围、种类无限制使用，导致动物源性病原菌的耐药谱比人源性耐药菌广得多，耐药强度比人源性耐药菌强得多，已构成人类健康的潜在威胁。瘦肉精在动物体内的富集则可对食肉的人产生急性中毒症状。

4. 不正常的生理状态

动物在恶劣环境（例如高温）下饲养或屠宰时受到过度的刺激，或在运输途中受累，体内会发生异常代谢，导致宰后出现PSE肉（苍白、质地松软、流汁的肉，多见于猪肉）、DFD肉（干、硬、色深的肉，多见于牛肉）。

（二）宰后因素对肉制品质量的影响

1. 宰后微生物污染

宰后胴体及分割肉在整个加工过程都有可能受到污染，车间环境、人员、传送带、工器具、容器等不清洁（表12-1）都有可能使肉制品带菌数超标。细菌与细菌毒素、霉菌及其毒素都会使肉变得不能食用。常温下放置的肉，早期以需氧芽孢杆菌属、微球菌属和假单胞菌属为主，局限于肉的浅表。中后期在肉的深部以变形杆菌，厌氧性芽孢杆菌为主。冷冻肉早期多为嗜冷菌，如假单胞属、黄杆菌属、嗜冷微球菌等。微生物引起肉类变质通常现象是发黏（肉表面菌数达 10^7）、变色，最常见的是黄绿色或绿色，这主要来自微球菌属、荧光假单胞菌、黄杆菌等。

表 12－1　　设备及操作状况污染情况

样品	菌落总数/（CFU/cm²）	大肠菌群/（CFU/cm²）
洗猪池壁	3.6×10^6	1
洗猪池残流水	2.1×10^6	1
冲洗用水	1.8×10^2	1
洗猪池水（宰前）	1.2×10^5	8
洗猪池水（宰 150 头后）	9.6×10^5	350
盘锯（宰前）	2.1×10^2	1
盘锯（宰 150 头后）	5.6×10^2	8
操作工手指	1.12×10^6	1042
操作台（使用前）	1.0×10^2	10
操作台（使用后）	4.5×10^4	50
操作刀具（使用前）	3.1×10^2	12
操作刀具（使用后）	9.1×10^4	80

2. 昆虫污染

车间不按良好操作规范建设与布局，会有蝇、蛆、蚊子、蟑螂对肉制品产生危害，会增加致病菌污染、虫卵污染，并会损坏包装。

3. 食品添加剂的不规范使用

在肉食加工过程中，有时需添加各种抗氧化剂、发色剂、防腐剂、色素、品质改良剂和香料等添加剂。添加剂使用过量，对人有一定程度毒害作用。有的添加剂即使不过量，对人也有潜在毒性，如：硝酸盐、亚硝酸盐使肉制品的发色剂在肉中能转化为一种较强的致癌物质。

4. 肉制品自身的自氧化反应

由于肉制品中油脂含量较高，在加工及贮藏过程中油脂会自动氧化，氧化中间产物不光影响肉制品风味，有的还有明显的毒性。

（三）食用不合格肉对人的影响

食用不合格肉对人的不良作用见表 12－2。

表 12－2　　常见的食肉感染

人兽互传病	主要传染源动物	主要感染途经	人的主要病症
炭疽	牛、羊、猪、马	接触、食入	炭疽病、肠炭疽
布鲁氏菌病	牛、羊、猪	接触	波状热、关节炎、睾丸炎
结核病	牛、猪	食入	结膜
沙门氏菌病	牛、猪、鸡	食入	肠炎、恶心、呕吐、发热

续表

人兽互传病	主要传染源动物	主要感染途经	人的主要病症
猪丹毒	猪	创伤、食入	局部红肿疼痛、类丹毒
李斯特菌病	牛、羊、猪	食入	脑膜炎
钩端螺旋体病	猪	接触	出血性黄疸
野兔热	兔	食入	局部淋巴结肿胀、菌血症
鼻疽	马	接触	局部溃疡
口蹄疫	牛、羊、猪	食入	手、足、口腔起水泡、烂斑
旋毛虫病	牛、猪	食入	初期腹痛，后期肌肉疼痛
囊尾蚴病	牛、猪	食入	绦虫病、肌囊虫（极少）
弓形虫病	猪	食入	脾肿、发热、肺炎
细菌性中毒	各种肉类	食入	不同细菌，不同病症，发病率高，死亡率低
微生物毒素中毒	各种肉类	食入	发病急，症状剧烈明显，其中肉毒梭菌产生的肉毒毒素毒性强，致死率高
化学毒物中毒	各种肉类	食入	不同物质产生不同病症

二、畜禽肉危害的控制

（一）控制饲料质量

饲料是关系到畜产品质量和安全性的直接因素。我们应借鉴国外先进经验，依靠相关法规和制定强制性标准来规范安全饲料的生产。包括：①采样和分析方法；②饲料产品和饲料原料安全评价；③兽药使用、兽药和农药残留限量；④饲料原料的循环使用；⑤毒素和有害物质的控制；⑥禁用物质名称；⑦动物保健与营养；⑧添加剂使用与使用条件；⑨酶制剂和微生物制剂的使用；⑩为特殊营养目的使用的物质名称。实行良好动物营养操作规范（AGMP）管理，以使用添加剂时不引起肉、蛋和乳产品中的残留为基本出发点进行添加剂的控制、饲料中有毒有害物质的控制和卫生和微生物条件的控制，同时将 AGMP 与 ISO9001 相融合用于饲料生产的安全管理。畜产品加工企业实施危害分析及关键点控制（HACCP）来保证生产出安全的终产品。

（二）严格宰前检查

1. 养殖场检查

畜禽实行持证养殖和实行产地检疫检测。严禁使用盐酸克伦特罗（俗称“瘦肉精”）等禁用药物，在养殖过程中兽医监督部门要做盐酸克伦特罗药物残留抽检，一般是取尿样进行“瘦肉精”、激素和磺胺类药物残留检验，并出具肉品检验合格证明，经检验合格的才能上市。

2. 候宰区检查

动物运到候宰区后应进行健康状况检查，主要检查内容如下。

（1）三态检查　静态观察：动物对外界事物的反应能力，是否有咳嗽、气喘等病态；动态观察：动物有无行走困难及其他异常情况；饮食状态观察：有无假食、不食、吞食困难等现象。

（2）测温　体温、呼吸、脉搏正常（猪：体温30～40℃为正常，不同动物体温不同）

（3）个体检查　对群体检查不正常的，按5%～10%的比率进行病理学与解剖学诊断。

（三）宰后检验

屠宰加工过程一般执行同步检验，在生产线上安装同步对号装置，胴体与内脏分别在两条轨道上运行，设置相同编号，内脏检验员和胴体检验员在同一操作平台，胴体或内脏有问题时，双方可及时对照判定。检验规则如下。

1. 编号

同一屠体的肉尸、内脏、头和皮应编为同一号码。

2. 检验项目

（1）头部检验　检查口腔及咽喉黏膜。放血后入汤池前先剖检颌下淋巴结，检验肉尸时切开检查外咬肌。

（2）肉尸检验　①检验皮肤和尸表、脂肪、肌肉、胸膜及腹膜等有无异状；②主要剖检浅腹股沟淋巴结及深腹股沟淋巴结，必要时剖检腘淋巴结及深颈淋巴结。

（3）内脏检验　①肺部检验：观察外表色泽、大小、弹性（必要时切开检查），并剖检支气管淋巴结和纵隔淋巴结。②心脏检验：检查心包及心肌，并沿动脉管剖检心室及心内膜，同时注意血液的凝固状态。应特别注意二尖瓣。③肝脏检验：触检弹性，剖检肝门淋巴结，必要时切开检查并剖检胆囊。④脾脏检验：检验有无肿胀、弹性，必要时切开检验。⑤胃肠检验：切开检查胃淋巴结及肠系膜淋巴结，并观察胃、肠浆膜，必要时剖检胃、肠黏膜。⑥肾脏检验：观察色泽、大小、弹性，必要时纵剖检验（须连在肉尸上一同检验）。⑦乳房检验：触检，并切开观察乳房淋巴结有无病变。⑧必要时检验子宫、睾丸、膀胱等。

（4）寄生虫检验　①旋毛虫：在横膈膜肌脚各取一小块肉（与肉尸同一号码），先撕去肌膜肉眼观察，然后在肉样上剪取24个小片，进行镜检；如发现旋毛虫时应根据号码查对肉尸、头部及内脏。②囊尾蚴：主要检验部位为咬肌、深腰肌和膈肌，其他可检部位为心肌、肩胛外侧肌和股部内侧肌等。③检肉孢子虫：镜检横膈膜肌脚（与旋毛虫一同检查）。

3. 加盖印记

经检验后的肉尸、内脏和皮张，应按不同处理情况分别加盖不同印记。

4. 检验异常动物处理

①如宰后发现炭疽等恶性传染病或其疑似的病猪，应立即停止工作，封锁现场，采取防范措施，将可能被污染的场地、所有屠宰用的工具以及工作服（鞋、帽）等进行严格消毒；在保证消灭一切传染源后，方可恢复屠宰。患猪粪便、胃肠内容物以及流出的污水、残渣等应经消毒后移出场外；②宰后发现各种恶性传染病时，其同群未宰猪的处理办法同宰前；③发现疑似炭疽等恶性传染病时，应将病变部分密封，送至化验室进行化验；④宰后发现人畜共患传染病时，凡与病猪接触过的人员应立即采取防范措施；⑤检验人员应将宰后检验结果及处理情况详细记录，以备统计查考。

（四）肉及其肉制品安全要求

GB 2762—2017《食品安全国家标准　食品中污染物限量》对肉及其肉制品中的污染物及其含量进行了限定，如表12－3所示。微生物限量应符合GB 4789.2、GB 4789.3，致病菌限量应符合GB 29921—2013《食品安全国家标准　食品中致病菌限量》，如表12－4所示。

表 12-3　　肉及肉制品中有毒有害物质限量要求

序号	类别	项目	最高限量/（mg/kg）
1	肉类	铅（以 Pb 计）	0.2
2	肉制品	铅（以 Pb 计）	0.5
3	肉及肉制品	镉（以 Cd 计）	0.1
4	肉及肉制品	总汞（以 Hg 计）	0.05
5	肉及肉制品	总砷（以 As 计）	0.5
6	肉及肉制品	铬（以 Cr 计）	1.0
7	肉及肉制品	苯并［a］芘	0.005
8	肉制品（肉类罐头除外）	*N*-二甲基亚硝胺	0.003
9	熟肉干制品	*N*-二甲基亚硝胺	0.003

表 12-4　　肉及肉制品微生物指标要求

项目		指标	
		熟肉制品	即食生肉制品
菌落总数/（CFU/g）	≤	1×10^4	1×10^4
大肠菌群/（CFU/g）	≤	10	10
沙门氏菌		不得检出	不得检出
单核细胞增生李斯特氏菌		不得检出	不得检出
致泻大肠埃希氏菌		不得检出	不得检出

（五）畜禽肉冷藏安全要求

在良好操作规范和良好卫生条件下，畜禽经宰前、宰后检验检疫合格，屠宰后胴体经冷却处理，并在后续处理过程中始终处于适宜的低温状态，在冷却后分割包装时温度不超过 7℃，其后环节中温度处于 -1～4℃。具体要求如下。

（1）在冷藏链各环节中的畜禽肉应符合食品卫生的要求。

（2）应检测检疫畜禽肉的质量和配套设施的运行情况等，并检测各环节温度，做好记录。对于不合格的畜禽肉应及时隔离、销毁处理，与其直接接触的工器具应消毒后方能使用。

（3）畜禽胴体加工间的温度应控制在 28℃以下。

（4）冷藏链各环节中所使用的消毒剂应符合 GB 14930.2—2012《食品安全国家标准　消毒剂》的有关规定。

（5）畜禽肉生产加工车间、生产用水应符合 GB 5749—2016《生活饮用水标准》的规定。

（6）在贮藏、运输、销售过程中，冷却肉温度应保持在 -1～4℃。

（7）畜禽肉在冷藏链各环节中严禁与有毒、有异味的物品混放。

（8）应根据畜禽肉冷藏链全过程的技术要求，确定保质期，并协调确定其在各环节的保存期。

（9）在冷藏全过程中，应做到全程可追溯。记录文件应包括：畜禽肉的品种、产地、数量、质量、等级、品牌、贮存条件、交接时间、检验检疫记录等。

第二节　分割猪肉的加工工艺

一、候　宰

（1）清点生猪头数　经客户认可后开出卸车票，一份交客户，一份自留。

（2）检疫　按宰前检查规则进行。

（3）验级　由检验人员按优劣分别做出标记，并填写生猪接收检验结果通知单。

（4）监磅　把生猪接收检验结果通知单传递给计量员，把生猪赶进圈内，并正确挑选黑、白、花猪与不同重量段、不同品种的生猪，使其各入其圈。

（5）察圈　三态检查，发现急宰猪经检验员检验后开出急宰证明单，而后开出产品交接单及时送宰。定期对圈舍药物消毒，并做好消毒记录。

（6）生猪宰前要经过12～24h的断食休息，在此期间要充分给水至宰前3h为止，保持猪场安静。

二、屠宰加工

（1）倒圈　赶猪时，要高喊轻拍，严禁棒打脚踢。

（2）淋浴　充分水洗淋浴，洗净猪体表面的粪便、污物，根据麻电速度将淋浴好的生猪分成110kg以下和110kg以上两个重量段，赶到进猪道。

（3）麻电　采用自动击晕机进行心脑麻电，心脏击晕电压75～100V，击晕时间1.5s，头部击晕电流2.4～2.8A，时间2.2s。

（4）刺杀放血　①麻电后应尽快刺杀放血，从麻电到放血时间要求不超过30s。刺杀放血刀口长度约5cm，放血时间不得低于5min。②刺杀时操作人员一手抓住猪前腿，另一手手握刀，刀锋向前，对准第一肋骨咽喉正中偏右0.5～1cm处向心脏方向刺杀，再侧刀下拖切断颈部动脉和静脉，不得刺破心脏，刺杀时不得呛嗝、淤血。并对健康猪血进行收集、离心分离。③刺杀放血后立即将刀拔出，插入消毒池中进行消毒，要求刺杀部位准确，每刺杀一头即清洗消毒一次，防止交叉污染。

（5）吊挂　一手握住吊链管套，一手拉住猪的左后腿，将吊链环套挂在猪腿跗关节上方，将猪从接收台提升至输送机的缓冲轨道上，继续放血。

（6）掏猪舌　用钩子钩住喉骨，刀子深入将喉叉骨割断，分开左右连带组织，再横刀将舌根肉割开，将猪舌拉出。每掏一头即消毒一次，防止交叉污染。

（7）预清洗　猪屠体在进入烫池前首先经过预清洗机进行清洗，洗掉猪屠体上的血污等污染物，烫皮白条直接进入下道工序，毛剥猪则由此转入毛剥生产线。

（8）浸烫　①按照猪屠体的大小、品种和季节差异，控制浸烫水温在58～63℃，烫毛时间为3～6min，不得使猪屠体沉底，烫老。浸烫池应有溢水口和补充净水的装置。②采用烫剥工艺，出打毛机后，立即在每头猪的耳部或腿部外侧用食用级记号笔编号，要求字迹清晰。不得漏编、重编。

(9) 打毛　①猪屠体从烫池中出来后，进入打毛机，屠体利用自动脱链装置自动卸落，进入滑槽，使猪的后腿部分先进入打毛机。②开启打毛机进行打毛，打毛时间根据季节不同可作适当调整，打毛机内的喷淋水温度控制在58～62℃，要求无浮毛、无机伤、无脱膘现象。③打毛完毕后通过定位卸载滑槽将猪体移出至吊钩工作台上。

(10) 吊挂提升　右手握刀、左手抬起猪的两后腿，在猪后腿跗关节上方穿孔，刀口在5～6cm，要求不得割断胫、跗关节韧带，然后穿上扁担钩，屠体被提升机输送至机械加工输送机上

(11) 预干燥　打毛后的屠体通过输送机送至预干燥机，通过干燥机内的特制鞭条刷掉猪体上的残留猪毛与水分。

(12) 燎毛　采用手持式喷灯燎去猪软裆、腿部、颈部残留软毛、毛茬。

(13) 抛光清洗　屠体经燎毛后通过抛光机进行清洗抛光，以除去表面杂质。

(14) 喷淋冲洗　用82～85℃的热水进行喷淋，热水压力为2.0～3.0 kg/cm^2，要求喷淋均匀，时间不少于10s。

(15) 去尾　左手抓猪尾，右手持刀，贴尾根部关节割下，使割后肉尸没有骨梢突出皮外，没有缺口。

(16) 修割　用环行刀将刺杀刀口处污染物修去，每修一头即消毒一次。

(17) 毛剥线生产

①去尾：左手抓猪尾，右手持刀，贴尾根部关节割下，使割后肉尸没有骨梢突出皮外，没有缺口。

②吊肛：人工吊肛后，用皮筋或带皮筋的塑料袋束住大肠头，防止粪便溢出。

③下猪：利用下猪器，将猪体下到预剥带上，头朝向剥皮机。

④去头：从两耳连线下刀，将皮肉割开，刀尖深入枕骨大孔将头骨与颈骨分离，然后左手下压，将猪头紧贴枕骨割下。

⑤去蹄：前蹄从腕关节处下刀，后蹄从跗关节处下刀，割断连带组织，去掉前后蹄。

⑥预剥：预剥前，首先要用毛刷边冲水边刷净划刀部位皮肤，再沿腹正中线划开猪皮，然后划开四肢内侧，剥开四肢和胸腹、颈部猪皮。

⑦撕皮：将预剥开的猪皮扯平绷紧，放入剥皮机卡口夹紧，开启撕皮机，水冲淋与剥皮同时进行，按照皮层厚度掌握进刀深度，不得划破皮面，少带肥膘。

⑧提升：在剥皮后的猪胴体后腿穿孔，穿上扁担钩，提升至输送轨道。

⑨修整：修去胴体表面残留的猪毛，皮块、瘀血、脓胞、外露的病变淋巴、粪污及其他杂质。

(18) 胴体加工（毛剥、与烫剥）

①编号：毛剥，在猪提升后立即采用食品级记号笔对猪体进行编号，要求字迹清晰，不得漏编、重编。

②吊肛：烫剥时，用刀将直肠与猪体分离，或用手动开肛器对准猪的肛门，随即将探头深入肛门启动开关，环形刀将直肠与猪体分离，每用一头即消毒一次。

③开胸：用刺杀刀在剑状软骨口偏胸骨嵴左2～3cm，在心脏位置打一圆弧，随即转到胸骨正中线撬骨，打开锁骨后刀继续向下引，将喉骨裸露出来；或用开胸机将胸骨打开。

④用解剖刀将生殖器剥离，再从基部将猪鞭割除，在腹部划开一刀口，将刀翻转，刀尖朝向腹外，手深入腹内，向下用力将腹壁打开，将小肚系带割开，连同大肠头一起取出。操作时应小心，防止大肠头粪污逸出，污染胴体。

⑤扒白脏：左手抓住胃部大弯头，右手靠近肾脏处下刀，将系膜组织同肠胃等剥离猪体，割断食管，但食管不得残留过短，以免破肠污染胴体。

⑥扒红脏：用刺杀刀先在胸口处下刀割断肝筋，再用左手拉住肝，右手先后划开两侧横膈膜，然后割断膈肌脚肉和脊动脉，顺势将肝往下掀过第一对肋骨，划开两侧护心油，把气管、食管的连带组织割开，将心、肝、肺拉出直至喉管，注意将腰肌尽量留在猪体上。

⑦去头：用手动脖颈切割器（或人工用刀）在颈背部贴近猪耳根部将猪颈骨切断，使猪头仍连在胴体上，待同步检验完毕后，用刀切去猪头。每切割一头消毒一次。

⑧劈半：操作者手持劈半锯，面对胴体，对准脊部正中，右手开启开关，将猪体沿脊椎中线一分为二，直至头部两耳水平连线上，每劈一头即清洗消毒一次。

⑨冲洗：取出内脏后，立即用足够压力的清水冲洗体腔，冲水时应由上而下，以洗净体腔内的瘀血、浮毛、污物等。

⑩去肾脏：将肾脏外包膜抠开，将肾脏取出放在同步检验线红脏输送机链条上的肾托盘中。

⑪摘三腺：a. 左手用钩勾住颈部内侧甲状腺，右手持刀将其割下。b. 用刀将肾脏侧脂肪切开露出肾上腺，然后将其割下。c. 右手持刀将所有病变异常淋巴结割下。

⑫去前后蹄：启动液压式割蹄钳开关，将前蹄从腕关节处割断，后蹄从跗关节处割断，要求刀口平整，不能切割成锯齿形。为减少切断面骨茬，深加工用猪蹄原料需人工去蹄。

（19）撕板油　操作者一手拇指插入第 5 根肋骨下肌膜内，然后五指将板油捏紧，手向上掀起板油，另一手抓住胴体，两手向相反的方向同时用力，将板油撕下，注意将腰肌、软裆第 5 肋骨处的板油尽量剥净。

（20）修整

①带皮片猪，刀锋贴紧皮面，下刀由小到大，由浅入深。修去臀部和腿裆部的黑皮，皱皮以及肉体上的伤痕，瘀血、脓胞、皮癣、湿疹、痂皮、红斑、皮肤结节等，刮净残毛、绒毛、粪污、胆污、油污。

②无皮片猪，修净残留毛皮、伤斑、粪污、油污。

（21）冲洗　压力为 29.4～49.0Pa，浓度为 1.5%～2.0% 有机酸（乳酸）溶液对加工后的胴体进行最后喷淋除菌。

（22）计量　胴体经过连续的计量设备将胴体重量准确记录。

（23）快速冷却　合格的白条进入快速冷却间进行冷却，冷却间温度要求 -20℃以下，时间 1.5～2h。

（24）白条预冷　预冷间温度 0～4℃（最适 0～2℃），胴体间距 3～5cm，时间 16～24h，至后腿深层肉温降到 4℃以下方可进入分割间。

三、 猪分割肉加工

（1）白条出库　按先进先出的原则将经过充分预冷的后腿中心温度在 7℃以下的白条送入分割线。

（2）白条计数　每头白条单独计量并做好记录。

（3）自动脱钩　自动脱钩设备将猪胴体落于传动带上，每片猪腔面朝上。

（4）四号电锯　调顺猪体，自腰椎与尾椎结合处（可带腰椎一节半）斩下后腿部肌肉。

（5）一号电锯　调顺猪体，对准第5~6肋骨间（前后可差一根肋骨）锯下颈背前腿肌肉。

（6）分割4号肉　①去腿圈，调顺后腿部，对准跗关节上方2~3cm处平行锯下腿圈。②带皮小蹄膀修整，生鲜产品挑选合格的小蹄膀，修去浮毛、毛茬、伤斑、污物等，保持皮块完整，皮块修割面积不超过1cm^2。③剔尾叉骨，手按后段，刀走尾骨边缘，剥离尾骨，沿尾骨与叉骨结合部剔下尾骨，注意尾骨带肉量适中，沿叉骨走向剥离附着肌肉及边缘肌肉，斩断叉骨与股骨结合部（髋关节）取下叉骨，注意叉骨不能带明显红肉，叉骨带肉率不得超过3.5%，后腿肌肉不能出现刀伤，并将不同用途的尾骨、叉骨放入相应的盒子内。④扒膘，一手抓肥膘边缘，抠住肥膘，一手持刀，刀走肌膜与肥膘结合部，去掉肥膘，保持肌膜完整，不得划破猪皮，修去表面残留脂肪，割掉外露淋巴结、筋腱、皮块等，扒下的肥膘带肉率不得超过5%。⑤修面，修去瘀血、软骨节、骨茬及多余脂肪，4号肉脂肪含量控制在11%以内，注意保持块形及肌膜完整。⑥剔后腿，自内腿肉与和尚头之间划开，暴露后腿骨，刀走骨肉结合部贴紧骨头剔下后腿骨，不得产生人为刀伤。其中带肉后腿骨带肉率控制在15%左右。⑦寸骨修整，剥离腓骨末端骨膜，修去多余碎肉，使1/2端带肉，1/2端不带肉，形状为纺锤形。⑧细分割4号肉，将适合的4号肉按部位分割为内腿弧、外腿弧、和尚头、内腿肉、外腿肉、荐臀肉六部分，注意保持肌肉自然形状。⑨浅修整，将细分割后的和尚头、内腿肉、外腿肉、荐臀肉表面的大或厚脂肪及筋腱修去，以利于去肌膜，注意保留肌膜完整。⑩去肌膜，将经浅修整的细分割4号肉在去肌膜机上脱去肌膜，并放到指定盒子内。

（7）分割1、2号肉

①1、2号分面：先割去胸腔入口处的结缔组织、腺体、淋巴，手拿小排边缘，从前排与前腿中间肌膜处下刀，刀锋紧贴肩胛骨板，向前推割分开1号、2号肉，注意保护小排面叶完整，肩胛骨上不能带明显红肉，手抓颈骨边缘，自第一颈骨边缘剔下颈背肌肉。

②小排锯：靠颈骨1~2cm向前锯开颈骨和小排，沿肋软骨与胸骨结合部锯开胸骨和小排，操作时注意安全。锯无颈前排时自颈骨与小排平行处锯下颈骨头。锯带骨前肘时自肘关节处平行斩下。

③修1号面：a. 修出口1号肉时，修去外表所有脂肪，臂头肌两则脂肪不深挖，修面平整，槽头端可适当截取，保证1号肉外形，每块重量在1.25kg以上，色特别浅的或深的不得入选；b. 修业务1号肉时，修整要求同上，但重量不限，色泽要求鲜红；c. 修梅肉时，1号肉表面允许保留一层云雾状脂肪，边沿带薄薄一层硬脂肪，槽头端尽量切齐，单块重量要求在1.4kg左右。以上修整过程中，凡出现因化脓等原因造成修后1号肉凸凹不平者，不得入选且不能有刀伤。

④扒膘：一手抠住肥膘，一手持刀，沿臂头肌弧形平行线割下槽头，刀顺肥膘与肌膜接合部扒掉肥膘，保持肌膜完整，扒净脂肪。

⑤修面：修去瘀血、软骨、骨茬及多余脂肪，2号肉脂肪含量控制在12%以内，注意保持外形及肌膜完整。

⑥剔前腿骨：先沿肌肉走向剥离前腿腿骨，沿骨骼与肌肉附着点，取下板骨，割掉肩胛软

骨。沿臀骨和前臀骨走向及其附着肌肉分布剥离骨头，取下臀骨和前臀骨，注意肌肉不得有刀伤，骨上不能带明显红肉。其中带肉前腿骨带肉率在15%以上，扇骨带肉率控制在30%，板骨带肉率不超过3.5%。

（8）分割胸腹部（3号肉）

①肋排锯：对准脊椎骨下约3～4cm肋骨处锯断肋骨，注意不能伤及3号肉。

②扒肉排：一手把持大排，刀沿3号肉肌膜与脊膘接合部扒下大排，注意不能伤及3号肉肌膜，面上不能带多余脂肪。摘去小里脊、膈肌脚及周围组织。

③扒修肋排：用刀割去横膈肌，持刀在肋软骨边缘1～3cm处划弧，从肥膘边缘割入，而后手捏肋排边缘，刀贴肋骨取下肥膘，修去肋排表面脂肪。加工腹肋肉（去肋骨）选择合格的腹肋部做原料，先用刀划开肋骨与肋软骨结合部，暴露肋骨端，划开肋骨骨膜，剥离肋骨至肋骨与脊椎结合部，去掉肋骨，并去掉肋软骨，修割四边使成形良好。

④加工带皮五花肉：刀锋紧贴肋骨扒去肋排，注意使肋排成形良好切去四边奶脯，切去脂肪较厚部分，使分层明显，成形良好大小适宜。

⑤去皮：a. 开启电源：将设备调试为正常工作状态。b. 用手抓紧产品，先将膘厚部位续进去皮机内，保证皮块完整，厚薄适宜。c. 及时清理去掉的皮块及皮下脂肪，严防产品积压。d. 生产结束后清洗设备，关闭电源。

⑥修奶花（去皮五花）：一手抓紧已去边缘奶脯并经过去皮机后的腹协肉，一手持刀修去表面脂肪，保留脂肪呈云雾状，使成形良好。

⑦剔大排：脊骨平面朝下，一手把持大排，刀锋顺肋骨边向下划开，然后翻过来，从脊骨边缘持刀割掉3号肉。注意3号面不能有刀伤，脊骨带肉适中，不得破坏肋间肌。

⑧修3号面：手持3号肉，肌膜向上，平刀削去表面脂肪，削去边缘脂肪及多余瘦肉，使其成形良好．注意保持肌膜完整。

⑨修3号膘：修割肋膘为精膘、碎膘、碎肉三部分，三部分符合产品加工标准。

⑩修膈肌脚：将膈肌脚与周围的组织分开，分为碎肉、肥膘、淋巴结等三种成分。

⑪通排加工：挑选完整片猪，去掉前腿和后腿，扒掉胸腹部脂肪，用电锯锯掉大排及胸骨，修去腩肉、肋软骨，按精肋排标准进行修面。

（9）分拣　根据产品的不同流向对生鲜、内销冻品、冷藏、出口冻品四部分进行检查。

（10）生鲜调磅　根据不同产品的分盒标准进行调秤，保证每盒生鲜产品重量准确，误差控制在允许范围之内。

（11）包装

第三节　分割猪肉HACCP体系的建立

一、分割猪肉HACCP体系概述

1. 组成HACCP工作小组

组成人员为：公司总经理、技术部经理、车间主要负责人、质检员2人（理化与微生物）、科学技术顾问3人（食品微生物、食品化学、肉品科学）。

2. 分割冷却猪肉特性（表12－5）

表12－5　无公害分割猪肉特性

项目	指标
肉色	3.0
pH	6.1～6.4
肌肉脂肪≥	2.5
嫩度（剪切力/kg）≤	4.0
瘦肉率≥	58%
滴水损失≤	7.0%
食用方法	加工、烹调后食用
包装	托盘、纸箱
贮藏	冷却肉：贮存温度0～2℃；冷冻肉：－20℃以下相对湿度95%～100%
货架寿命（保质期）	冷却肉为7天，冷冻肉10个月
销售对象	肉制品加工厂、超市、公司连锁店
卫生指标	执行国家无公害肉制品标准

3. 分割冷却猪肉加工流程

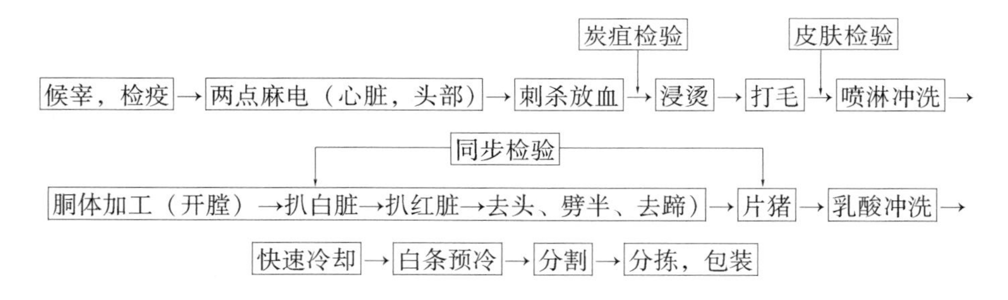

根据流程该HACCP计划仅包括从候宰到包装的工艺过程。

4. 分割猪肉工艺过程危害分析

各工艺步骤的危害见表12－6。

表12－6　分割猪肉工艺危害分析工作单

加工步骤	潜在危害	危害显著（是/否）	对产品质量的影响	防止措施
候宰	B：致病微生物、寄生虫	是	传染病害	严格检疫
	C：抗生素、瘦肉精	是	对人毒害	抽样尿检
	P：无			

续表

加工步骤	潜在危害	危害显著（是/否）	对产品质量的影响	防止措施
麻电	B：无			
	C：无			
	P：电流电压过大过小	是	影响肉质和操作	监控麻电设备
刺杀	B：刀具带菌	否		SSOP 操作
	C：放血不好	是	肉色不好	GMP 操作
	P：无			
浸烫	B：烫池水微生物污染	否	影响保质期	
	C：无			
	P：温度与时间不够	是	影响产品外观	监控时间与温度
打毛	B：微生物污染			
	C：			
	P：损伤或打毛不净	否	影响产品外观	GMP 操作
喷淋冲洗	B：水中微生物	是	影响保质期	SSOP 操作
	C：水中污染物	是	不正常气味与色泽	SSOP 操作
	P：温度与时间不够	是	影响保质期	监控时间与温度
胴体加工	B：环境中微生物、蝇等致病微生物、寄生虫	是	影响保质期，对人毒害	同步检验
	C：无			
	P：灰尘、沙粒	否	难清洁	GMP
乳酸冲洗	B：无			
	C：乳酸浓度不够	是	不利于降菌和维持肉的色泽	控制乳酸浓度
	P：时间	是	同上	控制好喷淋时间
快冷	B：无			
	C：无			
	P：冷却温度达不到要求	是	不利于降菌及控制肉的宰后反应	控制冷却温度与时间
预冷	B：无			
	C：无			
	P：冷却温度达不到要求	是	不利肉的嫩化及良好风味的形成	控制冷却温度与时间
分割	B：环境中微生物、蝇等致病微生物、寄生虫	是	影响保质期 对人毒害	GMP、SSOP
	C：传送带洗液残留	是		SSOP
	P：灰尘、沙粒	否	产品不合格	GMP、SSOP

续表

加工步骤	潜在危害	危害显著（是/否）	对产品质量的影响	防止措施
包装	B：包装带来的微生物	是	影响保质期，对人毒害	GMP
	C：无			
	P：无			

注：B：生物危害；C：化学危害；P：物理危害。

二、确定关键控制点

根据危害分析的结果，对严重影响肉制品质量并且利用 GMP 和 SSOP 不能有效消除危害的工艺步骤，利用 CCP 判定树的方法确定 CCP（表 12－7）。表中五个问题分别表示为：

Q_1：这一步骤是否存在危害？

Q_2：对已识别的危害是否采取了预防措施？

Q_3：采取的预防措施是否能消除危害或将危害减少到可能接受水平？

Q_4：危害是否有可能增加到不可接受水平？

Q_5：后道工序是否能消除危害或将危害减少到可接受水平？

表 12－7　分割肉工艺中 CCP 的确定

工艺步骤	危险性	答案：Y（是）、N（非）					是否
		Q_1	Q_2	Q_3	Q_4	Q_5	CCP
候宰	传染病害，对人毒害	Y	Y	Y			是
麻电	影响肉质和操作	Y	Y	Y			是
浸烫	影响产品外观	Y	Y	Y			是
喷淋冲洗	微生物超标	Y	Y	N	Y	Y	否
胴体加工	带病、带寄生虫肉	Y	Y	Y			是
乳酸冲洗	微生物超标	Y	Y	Y			是
快冷	影响降菌及控制肉的热反应	Y	Y	Y			是
预冷	影响肉的风味与嫩化	Y	Y	Y			是

根据表 12－7 的分析，候宰、麻电、浸烫、胴体加工、乳酸冲洗、快冷、预冷等几个步骤可作为分割肉加工的 CCP。

三、确定关键限值（CL）

根据科学研究及实践经验，各个 CCP 的控制方案见表 12－8。

表 12－8　关键点的控制参数与控制管理方案

CCP	关键控制参数		检查与控制方案			记录与建档
	检测项目	标准限值	检测方法	检测人	控制办法	
候宰	是否异常 体温 尿瘦肉精	按国家标准，体温 30～40℃	按国家标准	候宰区兽医及化验员	车间负责人复查	候宰区兽医及化验员
麻电	电流 电压 时间	电流 2.4～2.8A 电压 75～100V 1.5s、2.2s	观察仪器显示	车间机械管理员	半小时观察一次	车间机械管理员
浸烫	水温 浸猪时间	水温在 58～63℃ 时间 3～6min	池内自动测温仪、人工计时	操作工	半小时核对一次	工班负责人
胴体加工	旋毛虫 囊尾蚴 肉孢子虫	一经发现，应特殊处理。	同步检验规则	检验员	每头猪检查	工班负责人
乳酸冲洗	水压 乳酸浓度	3.0～5.0kg/cm^2 1.5～2.0%	表压：观看 酸度：滴定	化验员	双人贮液桶配料	工班负责人
快冷	温度 时间	－20℃ 1.5～2h	计时、测温	冷库管理员	工班负责人检查	冷库管理员
预冷	预冷温度 时间 后腿温度	0～4℃ 16～24h 4℃以下	计时、测温	冷库管理员	工班负责人检查	冷库管理员

四、监控程序及其他

1. 监控

有计划地对 CCP 点的操作进行测定或观察，并与设定的关键限值进行比较，使加工过程在发生关键限值偏离之前恢复到控制状态。监控程序应有效，监控应尽可能采取连续式物理和化学监测方式。如果监测不是连续性的，监控的数值和频率应能够充分保证 CCP 得到控制。监控仪器设备应定期校正确保其准确性。

2. 纠偏行动

事先制定每个 CCP 纠偏行动计划，以便在出现关键限值偏离时进行有效的处理。纠偏行动应记录。负责纠偏行动的人员应充分了解工序、产品和 HACCP 计划。

3. 验证

（1）确定所有危害已被识别并被有效控制。

（2）定期审查 CCP 监控记录和纠偏行动记录。

（3）定期对监控仪器的校准。

（4）定期对成品、半成品按有关标准检测。

（5）复核记录的完整性以及是否按照计划进行了适当控制。

4. 建立文件和记录保持管理

HACCP 管理体系的文件和记录应包括但不限于如下内容：

（1）HACCP 计划及制定 HACCP 计划的支持性材料，包括 HACCP 计划表，危害分析工作单、HACCP 小组名单和各自的责任，描述食品特性、销售方法、预期用途和消费人群，流程图，计划确认记录等。

（2）关键控制点和其关键界限的监控记录，包括实际记录时间、温度以及其他的衡量数据。

（3）纠偏行动记录。

（4）HACCP 管理体系的验证记录和危害分析工作单、HACCP 计划表的确认记录。

（5）执行卫生操作规程（SSOP）记录。

思考题

1. 为什么动物肉的质量受宰前因素的影响很大？
2. 应采取哪些办法来控制肉的质量？
3. 为了保证肉的品质，在宰后处理方面应注意哪些要点，为什么？
4. 动物宰前检查有哪些必要的项目，如何检查？
5. 动物宰后检验有哪些必要的项目，如何检查？
6. 猪的屠宰工艺中，有两次喷淋，各有何作用，为什么第一次喷淋不作为 CCP？
7. GMP 及 SSOP 管理体系有效运行后，为什么还要确定一些 CCP？
8. 猪肉在分割车间要经过多个操作工的手及很长的传送链，管理不好会对肉制品的质量有很大影响，但为什么一般不作为 CCP？
9. 畜禽肉冷藏安全有些什么要求？
10. 在宰后检验时，如何对检验异常动物进行处理？

第十三章

CHAPTER 13

乳制品加工的危害分析与关键控制点（HACCP）

第一节 概 论

一、 乳制品加工的HACCP概论

乳品工业是食品工业的重要行业之一，随着经济的发展和生活水平的提高，对乳的需求量迅猛增长，乳制品工业也得到了飞速发展。如今已经成为规模大、品种多、自动化程度高的行业。乳制品由于比较均衡地含有蛋白质、脂肪、碳水化合物、维生素和矿物质等人体必需的基本营养素，已成为日常生活的必需品。同时，人们对乳制品的要求也越来越高。

乳制品是营养成分最齐全的食品，几乎含有生物体活动所需的全部营养成分，如能量、营养、免疫、强化、生理调节等诸多物质，是人体蛋白质和钙的最好来源。乳及乳制品因其营养丰富，本身又具备天然培养基的条件，在挤乳、贮存、加工过程中极易污染各种微生物，因此，生产企业必须对乳制品生产的全过程（从挤乳卫生到出厂运输及销售）进行监控，以防止任何危害卫生安全事件的发生。

1999年全球爆发了多起食品安全卫生事件，其中，以比利时等四国乳粉被二噁英污染事件的影响最大，引起了全球的恐慌。2000年日本“雪印”牛乳制品因葡萄球菌污染，使14000多位消费者受害，给企业造成了严重的经济损失。2008年我国“三鹿”乳粉中发现化工原料三聚氰胺，给正处于蓬勃发展阶段的我国乳品行业带来了致命的打击。这些食品卫生安全事件，引起了各国卫生部门的高度重视，都加强了对本国食品生产企业及货架食品的安全卫生检测力度。作为乳品生产企业，必须从这些重大食品安全卫生事件中吸取教训，加强本企业的质量管理。

由于，乳制品具有营养丰富、易受微生物污染的特点，因此，如何避免在原料的收购、乳品生产过程和销售环节中产生品质变化，保证产品安全，就成为乳制品开发必须解决的问题。

HACCP（Hazard Analysis and Critical Control Point）即危害分析和关键控制点，是近年来，国际食品行业普遍采用的一种保证食品安全的预防性管理系统，它包含了整个食品的加工链，即从原材料收购、生产、接收、加工、包装、贮运、销售以及食用的各个环节和过程，都有可能存在生物性、物理性、化学性的危害因素。其目的在于彻底预防乳制品中出现危害消费者卫

生安全的质量问题，提高消费者对产品的信任度。

目前，我国大多数乳品生产企业的质量控制依靠半成品、成品的检测，进行控制产品的质量，往往是对产品质量的抽样验证，即使发现了产品不合格，已形成事实，而采用HACCP危害预防控制体系，能够有效控制将危害降低到可接受水平。

为了HACCP有效地应用与实施，乳品厂首先应必备良好操作规范（GMP）和卫生标准操作程序（SSOP）。乳制品生产企业应符合《乳制品良好生产规范》等国家要求，以确保生产的产品在原料采购、加工、包装及贮运等过程中，有关人员、环境、建筑、设施的设置以及卫生、生产及品质管理等均达到良好条件及要求。在具体实施过程中SSOP既能控制一般危害又能控制显著危害，一些由SSOP控制的显著危害，在HACCP中可以不作为CCP，使HACCP中的关键点更简化、更具有针对性。

HACCP建立的步骤中危害的确认是建立系统的关键。乳品危害的主要来源有：致病微生物、微生物产生的毒素、化学残留、重金属污染、有害的外界物质等。

在乳品加工中，微生物导致危害的可能性远远超过其他来源的危害。其中包括：由于能影响乳品品质和保存期间的微生物的污染增殖、残留及其代谢产物的产生导致危害健康，也包括因腐败、变质造成的经济损失。有文献指出乳品安全的有关危害评估表明，微生物污染的危害与杀虫剂残留污染的危害可能性比例是100000:1，可见乳品中危害的主要来源是微生物，给人类健康带来危害的微生物主要是致病菌，因而保证乳品安全的重点，应放在减少乳品中因各种原因残留的致病菌，以及那些能够产生毒素的微生物。

乳品中对人体健康危害较严重的致病菌主要有：肉毒梭状芽孢杆菌、金黄色葡萄球菌、李斯特菌、沙门氏菌等。致病菌污染的途径很多，原料、水、机械、生产人员、空气等都可以给乳品带来污染。

生产作业应符合安全卫生原则，并应在尽可能减低微生物的生长及食品污染的控制条件下进行。达到此要求的途径之一是采用严格控制物理因素（温度、水分活度、pH、压力、流速等）及操作过程（冷冻、脱水、热处理、酸化及冷藏等控制措施），以确保不致因机械故障、时间延滞、温度变化及其他因素使乳制品腐败或遭受污染。刚挤出的乳中含有乳烃素，它是一种抑菌剂，其抑菌作用与乳中微生物数量和存放时间有关。如果原乳不在低温下贮存，超过抑菌期，微生物将很快繁殖。

酸性或酸化乳制品若在密闭容器中室温保存，应适当加热杀灭中温微生物。用于运输、装载或贮存原料、半成品、成品的设备、容器及用具，应避免对加工或贮存中的食品造成污染。与原料或污染物接触过的设备、容器及用具需彻底清洗消毒，所有盛放加工中食品的容器不可直接放在地面或已被污染的潮湿的表面上，以防溅水污染或由容器底外面污染所引起的间接污染。

依赖控制水分活度来防止有害微生物生长的乳制品（如乳粉），应加工处理至安全水分含量之内。其有效控制措施：调整水分活度；控制成品中可溶性固形物与水的比例；使用防水包装或其他方法，防止成品吸收水分，使水分活度不致超过控制标准。生产过程中避免大面积的清洗工作，减少水滴四溅，保持周围环境的干燥。依赖控制pH防止有害微生物生长的乳制品，应调节并维持在pH4.6以下。

内包装材料应是在正常贮运、销售中能适当保护食品，不能使有害物质移入食品，使用过的不得再用，但玻璃瓶、不锈钢容器不在此限，使用前应彻底清洗消毒。

患乳腺炎的乳牛、挤乳者的手和工具、盛器及挤乳环境和条件，都可引起乳的微生物污染。牛羊等畜群在发生结核病、布氏杆菌病、炭疽病、狂犬病、口蹄疫等人畜共患传染病及乳腺炎等病时，其致病菌能通过乳腺排出或污染到乳中，常见的有牛结核病、牛羊布氏杆菌病乳和乳腺炎乳等将会危害人类健康。乳中残留的抗生素会影响发酵乳制品的生产，对人体健康也会产生影响。病畜乳不仅会带来微生物污染，也会带来外来杂质。挤乳的方法、卫生条件都会造成物理性污染，人为掺假也是化学性、物理性污染的常见来源。

二、 酸牛乳生产的危险性分析

酸奶以新鲜牛乳为主要原料、添加或不添加辅料、使用含保加利亚乳杆菌、嗜热链球菌的菌种发酵剂制成的产品。

酸奶是举世闻名的发酵乳。各国家、各地区酸奶的稠度、味道各不相同。通常分凝固型、搅拌型两种。有纯牛乳发酵，也有根据不同人群的需求添加一些物质，常见的添加物一般都是经过加工的水果、浆果和果酱。

从广义上说，酸奶可称为是“卫生安全”的食品，主要有两方面的因素。一方面是酸奶呈酸性，其酸度以乳酸计为1%，此条件下，沙门氏菌之类的致病菌基本上处于失活状态，大肠杆菌群也难以存活；另一方面，酸奶发酵剂在培养过程中可产生多种细菌类的抗菌物质，又进一步抑制了大肠杆菌群和沙门氏菌等致病菌的生长。因此，正常情况下，酸奶产品很容易达到卫生标准。

然而，一些腐生菌对环境条件不如致病菌敏感，特别是霉菌和酵母，低 pH 对他们几乎没有影响，只要有蔗糖或乳糖作为能源存在，他们就可以迅速生长，使产品腐败变质。

酸牛乳生物性危害主要来源于原料乳、蔗糖等的微生物，如微球菌、链球菌、不形成芽孢的革兰氏阳性和阴性菌（包括大肠杆菌）、芽孢杆菌及少量的酵母和霉菌、病原菌等；酸奶生产车间卫生条件差、通风不良造成对空气的污染；搅拌机、发酵罐、包装机等清洗杀菌不彻底，因残留乳垢积聚大量微生物成为酸奶生产的主要污染源。此外，包装材料由厂家购进，如未经严格消毒，其表面可检出一定数量的微生物。

酸牛乳的化学性危害主要来源于原料乳的抗生素残留、蛋白变性、重金属、农药、硝酸盐、亚硝酸盐等残留，以及清洗剂残留污染。

酸牛乳生的物理性危害主要来源于外源性乳垢、灰尘、草棍、金属碎片、机油等污染。

三、 超高温灭菌乳（UHT）生产危险性分析

随着先进乳品加工技术的引进和跨国乳品公司的涌入，我国乳品市场和乳品加工业发生了巨大的变化。传统的乳粉市场逐渐下滑，而液态乳市场上升显著。

超高温灭菌乳（Ultra High Trade，UHT）的定义是物料在连续流动的状态下，经 135℃ 以上不少于 1s 的超高温瞬时灭菌（以完全破坏其中可以生长的微生物和芽孢），然后在无菌状态下包装于微量透气容器中，以最大限度地减小产品在物理、化学及感官上的变化，这样生产出来的产品称为 UHT 产品。

超高温灭菌方式的出现，大大改善了灭菌乳的特性，不仅使产品从颜色和味道上得到了改善，而且还提高了产品的营养价值。

由于采用了超高温瞬时加工工艺，因而在保证灭菌效率的同时降低了化学变化。理论上，

为达到最好的加工效果，应以最快的速度升高至灭菌温度，然后最快的速度冷却至灌装温度。

UHT 杀菌主要是杀死肉毒梭菌，不能保证将嗜热脂肪芽孢杆菌杀死，为了杀死该芽孢杆菌也可对牛乳采用高温长时间灭菌。

UHT 原料乳的生物性危害，主要来源乳腺炎和抗生素乳。乳腺炎不仅导致牛乳细菌含量高，母乳产乳量下降，还产生大量的蛋白酶，其中有些是相当耐热的，使产品在贮存期内变苦、形成凝块等。加强乳牛的卫生管理，采取合理的挤乳技术、饲养技术才能有效地避免乳腺炎的发生。此外，注射了抗生素的乳牛所产的牛乳的盐平衡系统遭到了破坏，使蛋白质耐热性差，因此也不适于 UHT 乳的加工，而且抗生素对人体还有一定的副作用。

化学性危害主要来源原料乳的抗生素残留、蛋白变性、重金属、农药、硝酸盐、亚硝酸盐等残留以及清洗剂残留污染。

物理性危害主要来源设备、包装机等清洗杀菌不彻底，因残留乳垢积聚大量微生物成为超高温灭菌乳生产的污染源。此外，包装材料由厂家购进，如未经严格消毒，其表面可检出一定数量的微生物。

四、 冰淇淋生产中的危险性分析

冰淇淋是一种生产过程长、工艺复杂、添加辅料多的产品。冰淇淋是以饮用水、牛乳、乳粉、奶油（或植物油）、食糖等为主要原料，加入适量食品添加剂，经混合、灭菌、均质、老化、凝冻、硬化等工艺制成体积膨胀的冷冻饮品。

冰淇淋的原料是脂肪、非脂乳固体、糖和水，并加入各种添加剂——乳化剂、稳定剂、香料和色素等物质。根据使用的原料，冰淇淋大致可以分为完全用乳制品制作的冰淇淋（牛乳冰淇淋），含有植物油脂的冰淇淋，用添加乳脂和非脂乳固体的果汁制作的果料冰淇淋，用水、糖和浓缩果汁制作的冰棒四种类型。冰淇淋从冻结机出来，到各种类型的罐装机或分配机进行模制和包装。包装成条状、杯状、锥状、砖状和大包装的成品，然后置冷库冷藏。

在冰淇淋的生产过程中任何一个环节处理不当，都有可能造成有害微生物对产品的污染，因此，冰淇淋在某种程度上被认为是高风险产品。在二次世界大战后，冰淇淋生产中采用热处理措施和严格的质量保证体系，由冰淇淋引起食物中毒事件大大减少。1986 年美国有 4 个州发生李斯特菌污染冰淇淋事件，有 40 人中毒，主要症状类似流感，这种情况导致冰淇淋销量大减。

检测冰淇淋产品中某种特殊的致病菌存在是一件费时费力的事情，在大多数情况下不需要进行，在生产过程中严格执行卫生标准的效果可能明显，在实际工作中，冰淇淋混料巴氏灭菌后，再添加部分其他物料，有可能造成对产品的污染，此时对这些物料进行微生物检验是非常必要的。

第二节　乳粉的加工工艺及设备类型

一、 乳粉的加工工艺

乳粉的品种繁多，加工工艺也各有不同，现以常用的全脂加糖速溶乳粉为例，阐述其工艺流程（图 13－1）。

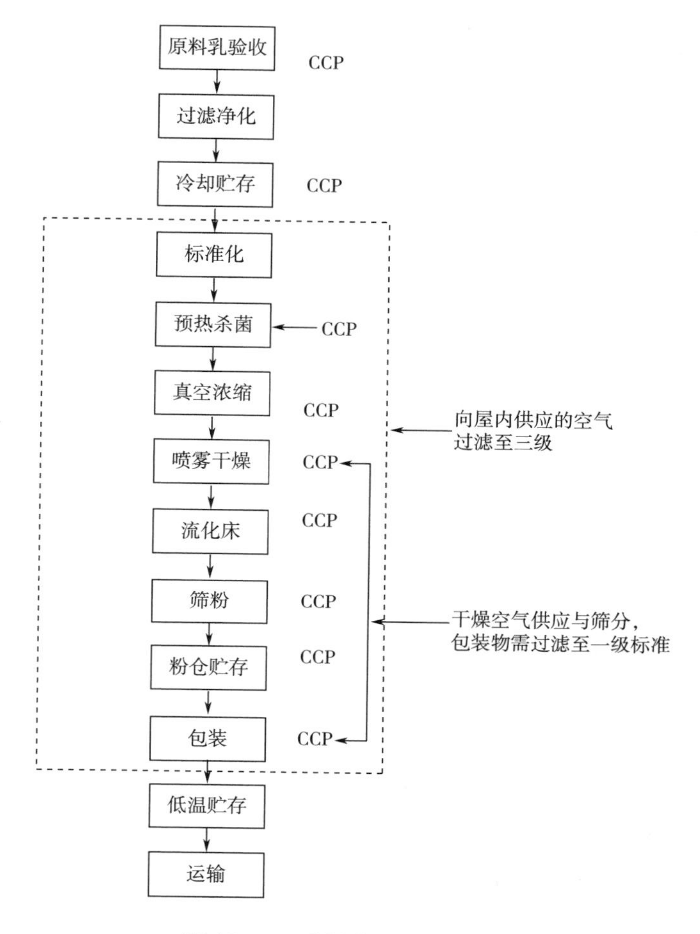

图 13－1 乳粉生产工艺流程图

（1）原料乳验收　工厂质检员准确取样，进行酸度试验、理化检验、微生物检验、感官检验等检验。

（2）过滤及净化　过滤除去原料乳中肉眼可见杂质，通过净乳机除去原料乳中的部分微生物和白细胞等。

（3）冷却贮存　原料乳迅速冷却至 4℃，贮存时间不超过 24h。

（4）标准化　原料乳中脂肪、蛋白质、非脂乳固体有任何一项不达标时，可适量添加脱脂乳或稀奶油，使其理化指标达到产品标准。

（5）加糖及杀菌　严格按配方要求将蔗糖溶于水中制成 65% 的糖浆，进行杀菌，再与经 120～140℃、2～4s 杀菌的牛乳混合。

（6）真空浓缩　使用带热压泵的降膜式双蒸发器，第一效压力 31～40kPa，蒸发温度 70～72℃。第二效压力 16.5～15kPa，蒸发温度 45～50℃。将乳浓缩到 14～16°Bé。

（7）喷雾干燥　浓缩乳温度 40～45℃，高压泵使用压力 $1.3\times10^4\sim2.0\times10^4$kPa，喷嘴孔径 1.2～1.8mm，喷嘴数量 3～6 个，喷嘴角度 1.222～1.394rad，进风温度 140～170℃，排风

温度80℃上下，排风相对湿度10~13%，干燥室负压98~196Pa。

（8）流化床处理　采用流化床式送粉、冷却装置，使乳粉温度达18℃。

（9）筛粉　乳粉通过40~60目机械振动筛筛粉后，进入锥形积粉斗中贮存。

（10）粉仓贮存　贮粉时需注意不使细菌污染或爬入昆虫，提高乳粉表观密度。

（11）乳粉包装　确定合格包装材料供应商，使用前经检验合格才能使用。乳粉经真空系统进入自动包装系统包装，再经装箱后入库贮存。

（12）低温贮存　在温度25℃以下，相对湿度小于75%，阴凉、干燥、清洁的环境中贮存。

（13）运输销售　在常温条件运输销售。运输时应避免雨淋、日晒，搬运时应小心轻放。

二、乳粉加工设备

1. 乳粉加工设备流程图（图13-2）

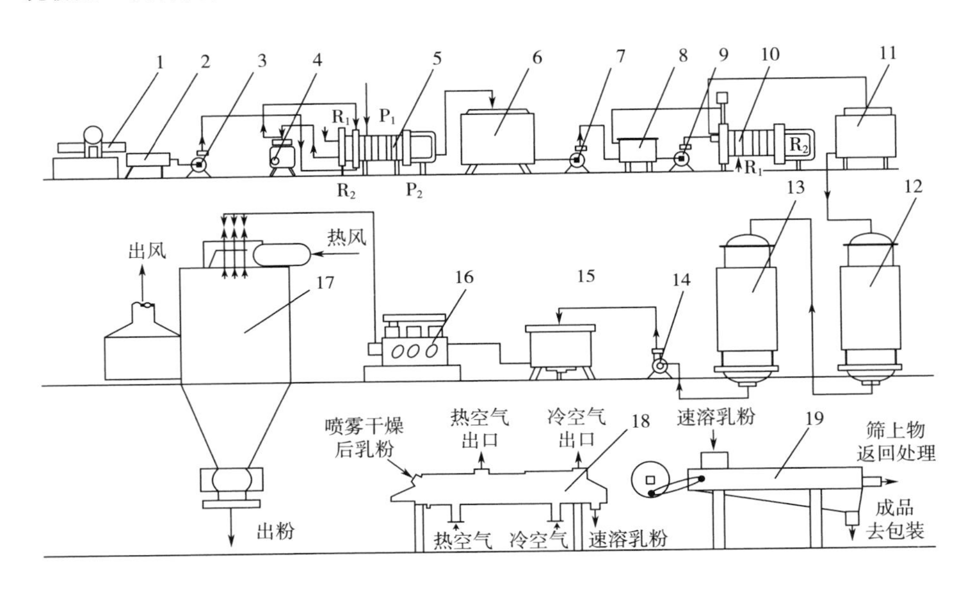

图13-2　乳粉生产设备流程图

1—磅乳秤　2—乳槽　3—乳泵　4—标准化　5—预热冷却器　6—贮乳缸　7—奶泵　8—平衡缸　9—乳泵　10—换热器　11—暂存缸　12—二效浓缩罐　13—一效浓缩罐　14—泵　15—暂存缸　16—高压泵　17—喷雾干燥塔　18—流化床　19—振动筛

2. 乳粉加工设备类型

（1）乳粉加工主要设备　包括预处理设备、浓缩设备，喷雾干燥系统、粉体冷却设备（流化床）、筛粉机、乳粉贮粉设备、添加物混合设备、空罐杀菌机、乳粉包装机等。

①收乳及贮乳设备应包括：计量设备、乳桶、乳槽车等，贮乳设备有冷却设备、有绝热层的贮乳罐、原料乳检验设备、制冷设备等。

②预处理设备应包括：混合调配设备（原料调配罐、标准化调配罐）、均质机、过滤器或净乳机、热交换器（杀菌器）等。

③CIP清洗设备应包括：清洗液贮罐、喷洗头、清洗液输送泵及管路管件、程序控制装置等。

（2）对乳粉加工设备的要求

①设计要求：所有机械设备的设计和构造，都应有利于保证乳品卫生，易于清洗消毒，容易检查。都应设有使用时可避免（润滑油、金属碎屑、污水等）引起污染的物质混入乳品，接触面应平滑、无凹陷或裂缝，以减少乳品碎屑、污垢及有机物的聚积，使微生物的生长减至最低程度。设计应简单，且为易排水、易于保持干燥的构造。贮存、运输及加工系统（包括重力、气动、密闭及自动系统）的设计与制造，应易于维持良好的卫生状况。

②材质要求：所有用于乳品处理区，或可能接触乳品的设备与用具，应由无毒、无异味、非吸收性、耐腐蚀且可承受重复清洗、重复消毒的材料制造。同时，应避免使用会发生腐蚀的材料，乳品接触面不可使用木质材料。

（3）其他要求　设备流程排列应有序，使生产作业顺畅进行，避免引起交叉污染。各个设备的能力应能相互配合。

用于测定、控制或记录的测量器或记录仪，应能充分发挥其功能，且必须准确，并能定期校正。

用于接触乳品的压缩空气或其他气体，必须预先过滤净化处理，以防止造成间接污染。

在乳品加工处理区，不与乳品接触的设备与用具，其构造也应该做到易于保持清洁状态。工厂内的所有物料贮存设备，如贮乳缸、配料缸等均应装有顶盖。生产原料和包装材料贮存区以外，应有指定的存放设备备件的备品架，并易于保持清洁干燥，以便各种工具使用后，能及时放回指定位置。

第三节　建立乳粉生产HACCP体系要点

一、乳粉生产的危害性分析

1. 乳粉中常见的危害类型

与乳粉安全性有关的危害包括生物性、化学性和物理性三个大类。乳粉的危害分析方法是按着乳粉加工的工艺流程，逐个分析每一生产环节，列出各环节可能存在的生物性、化学性和物理性的潜在危害。

生物性危害：原料乳中可能有沙门氏菌、金黄色葡萄球菌、芽孢杆菌、李斯特菌、大肠菌群、酵母和霉菌等污染，是显著性危害。

化学性危害：是指有毒化学物质的污染，包括常见的化学性食物中毒，添加非食品级或伪造的添加剂。乳粉中化学性危害主要指抗生素残留、蛋白变性、重金属、农药、硝酸盐、亚硝酸盐残留等，以及清洗剂残留污染。

物理性危害：包括各种外来物质对食品的污染、掺杂而造成的危害。一般情况下，控制好是可以达到要求的。乳粉中的物理危害主要是由原料乳带来的杂草、牛毛、乳块、泥土、环境污染等。

2. 危害性因素的检测

为了分析乳粉生产的危险性，需要检测生产过程、人员、车间的有关理化指标，作为确定显著危害的依据，表 13－1 是在一些生产环节确定的检测项目。

表 13－1 取样点及检测项目

序号	取样点	检测项目
1	原料乳	杂菌数，致病菌，抗生素，亚硝酸盐、硝酸盐，杂质度
2	贮存乳	杂菌数，杂质度
3	浓乳	杂菌数，大肠杆菌，致病菌
4	浓乳缸、管路	杂菌，大肠杆菌
5	散装乳	杂菌，大肠杆菌
6	粉车、出粉袋	杂菌，大肠杆菌
7	出粉间、包装间空气	菌落总数
8	包装台案、容器	杂菌，大肠杆菌
9	包装人员手	大肠杆菌

表 13－1 中，根据一般危害性分析，选择 9 个危害性较大的点取样分析；采用连续取样，每个取样点积累 20 个以上的数据。取样点 1、2、3、5 为直接取样；4、6、7、9 为涂抹取样；8 为空气落菌。

涂抹取样：用无菌纱布涂抹 1cm^2 面积待查物表面，放入无菌生理盐水试管中，检测方法参照 GB 4789.3—2016《食品安全国家标准　食品微生物学检验　大肠菌群计数》执行。

空气菌落总数：将装有培养基的无菌培养皿暴露于空气中 5min，盖上盖后，进行微生物培养，具体培养方法依据 GB 4789.3—2016《食品安全国家标准　食品微生物学检验　大肠菌群计数》执行。

原料乳杂质度取样和检测方法依据 GB 19301—2010《食品安全国家标准　生乳》执行。

原乳亚硝酸盐、硝盐的检验方法依据 GB/T 5009—2003《食品卫生检验方法　理化部分》执行。

原乳中抗生素检测方法，采用戴尔沃试验。

3. 按乳粉加工工艺流程分析危害

根据乳粉加工工艺及产品性能以及目标消费群体，进行原料、生产加工过程、消费等各环节的危害因素分析（HA）。

（1）乳粉加工过程中的生物性危害

①在原料验收中可能存在：金黄色葡萄球菌、沙门氏菌等细菌污染。由于挤乳及运输过程中造成的污染，该类危害为显著性危害。

②在净乳过程中不适当的清洗设备及管道会造成细菌残留。潜在的危害是非显著性的。

③原料乳冷却贮存的时间、温度不当造成细菌的增殖，产毒、产酶和排泄物的污染。存在显著危害。

④在标准化过程中，原辅料带来的细菌污染。潜在的危害是非显著性的。

⑤预热工段：不适当的预热时间、温度造成的细菌残留，存在显著危害。

⑥均质过程中：不适当的均质时间、温度造成的细菌残留，潜在的危害是非显著性的。

⑦CIP 清洗的不适当，造成设备管道中细菌残留，存在显著危害。

⑧杀菌浓缩的不适当，造成牛乳中残留的细菌存活、繁殖、产生毒素。

⑨喷雾干燥：不适当的清洗消毒造成管道中细菌残留。存在显著危害。

⑩流化床：不洁净的工具，操作工对产品的污染以及不适当清洗设备造成大肠杆菌等细菌污染。存在显著危害。

⑪粉仓贮存：不适当的清洗消毒造成粉仓内大肠杆菌等细菌残留。存在显著危害。

⑫筛粉：不适当的清洗、消毒造成设备卫生死角及接口处细菌残留。同时，接粉车可能细菌残留、外来细菌污染。存在显著危害。

⑬包装：不适当的清洗、消毒包装设备及管道，使大肠杆菌等细菌残留，外来细菌污染。存在显著危害。

⑭低温贮存：无生物危害。

（2）乳粉加工过程中的化学性危害

①原料验收：抗生素残留、蛋白变性、重金属、农药及亚硝酸盐残留抗生素残留。判断依据：乳牛由饲料、饮水带来的污染，运输中贮存不当造成蛋白质变性等。存在显著危害。

②过滤净化、冷却贮存、标准化、预热杀菌工序都存在清洗剂残留现象，判断依据是不适当的清洗造成设备管路清洗剂残留。非显著性危害。

③真空浓缩：清洗剂残留。判断依据是不适当的清洗造成设备管路清洗剂残留。存在显著性危害。

④喷雾干燥：蛋白变性。依据：不适当的进、排风温度，使乳粉在塔内停留时间过长，造成乳粉蛋白质变性。存在显著性危害。

⑤流化床、粉仓贮存、筛粉、包装、低温贮存、运输工序无化学性危害。

（3）乳粉加工过程中的物理性危害

①原料验收：原料中杂草、牛毛、泥块等，判断依据：挤乳及运输过程中的污染。存在显著危害。

②过滤净化：原料中杂草、牛毛、泥块等，判断依据：不适当的工艺造成物理性杂质残留。非显著性危害。

③冷却贮存：存在环境污染的物理危害，判断依据：贮存容器密闭不适合造成污染。非显著性危害。

④标准化：存在环境污染，判断依据：添加物带入、混入的杂物。非显著性危害。

⑤预热杀菌：无物理性危害，是非显著性危害。

⑥真空浓缩：无物理性危害，是非显著性危害。

⑦喷雾干燥：糊粉粒、灰尘、杂物、乳粉结块。依据：不适当的清洗造成喷粉塔内乳粉存留，加热时间长形成糊粒乳粉黏在塔壁上。不适当的鼓风、进风口的防护过滤网，造成大量灰尘、杂物进入。不适当的喷雾量、排风工艺使水分含量不当。鼓风加热器泄漏造成蒸汽进入塔内。存在显著性危害。

⑧流化床：存在乳粉结块，判断依据：不适当的进风温度，除湿效果。存在显著性危害。

⑨粉仓贮存：存在乳粉结块，判断依据：不适当的贮粉温度、时间造成乳粉结块。存在显著性危害。

⑩筛粉、包装：存在异物。判断依据：筛粉设备有部位损坏，直接接触乳粉可造成污染。非显著危害。

⑪低温贮存、运输：无物理性危害。

二、乳粉生产CCP的确定

根据检验结果及相关食品方面的资料和标准，确定各步骤的显著危害，并运用用判断树判断危害是否是显著，确定控制危害的相应措施，判断是否是关键控制点。

（1）原乳验收工序　严格按标准收购鲜乳、拒收不符合加工要求的乳，如酒精阳性乳、酸败乳、美兰试验不合格乳等异常乳。并定期到养牛场了解牛的饲养管理，检查牛的健康状态。搞好牛的免疫工作。

生物性危害为显著危害，但后工序通过杀菌，可杀死致病菌，并杂菌数有效控制，在此工序采取检测牛乳新鲜度、酸度，并使牛乳迅速降温至4℃以下。原料乳中的化学性危害抗生素为显著危害，且后工序无法进行有效控制，因此，此点为关键控制点CCP。

（2）牛乳冷贮　微生物增长为显著危害，可采用控制贮存时间小于24h，贮存温度≤4℃抑制微生物的繁殖速度，并通过后工序杀菌，使微生物降低到可接收水平。

（3）杀菌浓缩工序　杀菌以杀死所有的病原微生物和大部分非病原微生物为目的，来确定杀菌工艺。浓缩、干燥、浓缩锅、喷塔、流化床、料泵等设备必须达到卫生要求，杜绝设备对物料的二次污染。干燥所用的介质——空气必须经充分过渡和高温杀菌方可作为干燥介质。生物危害为显著危害，如果杀菌不彻底，可能造成微生物在浓乳中残留，因此，此点为CCP。

（4）出粉工序　出粉、筛粉、包装应控制出粉、贮粉、包装的环境温度在≤25℃，空气湿度充分杀菌，并保证整个环境无粉尘、无乳垢、无水分。粉车、出粉袋携带大肠菌可污染产品，在后工序无法有效控制，判断为CCP。

（5）包装工序　微生物污染为显著危害，且后工序无法有效控制，判断为CCP。

（6）过筛　物理危害金属网丝为显著危害，但后工序在包装传送带上，使用金属探测仪可有效控制。

三、乳粉产品的危害分析案例

乳粉产品危害分析见表13－2所示。

表13－2　乳粉产品的危害分析表

加工步骤	确定在这步骤中引入的、控制的或增加的潜在危害	是否安全，危害是否显著	对第三列做出判断	防止显著危害的措施	是否为CCP
原料乳验收	生物的：金黄色葡萄球菌、沙门氏菌等细菌污染 化学的：抗生素残留、蛋白变性、重金属、农药及亚硝酸盐残留 物理的：杂草、牛毛等杂物污染	是	挤乳、运输过程中细菌污染和杂质污染。乳牛由饲料、饮水带来的污染，运输中贮存不当造成蛋白质变性等	选择合格的供应商；原料乳检验合格；抽样检验：抗生素、酸度、比重等；过滤	是

续表

加工步骤	确定在这步骤中引入的、控制的或增加的潜在危害	是否安全，危害是否显著	对第三列做出判断	防止显著危害的措施	是否为CCP
过滤及净化	生物的：细菌残留 化学的：清洗剂残留 物理的：杂草、乳块、泥土等杂质	否	不适当的清洗造成设备管路清洗剂残留；不适当的净乳工艺造成细菌、杂草、乳块、泥土等杂质残留	通过既定CIP程序清洗、消毒；过滤器过滤和分离机定时排杂	否
冷却贮存	生物的：细菌繁殖 化学的：清洗剂残留 物理的：环境污染物	是	不适当的贮存温度、时间造成细菌繁殖；不适当的清洗造成设备、管路中清洗剂残留；贮存容器密封不适带来环境污染物	控制降温过程的时间，在4℃条件下贮存不超过24h；通过既定CIP程序清洗、消毒；封闭容器、双联过滤网过滤	是
标准化	生物的：细菌残留 化学的：清洗剂残留 物理的：杂物污染	是	不适当的清洗造成设备管路中细菌和清洗剂残留；操作不当造成杂物污染	建立标准的操作程序并严格执行；通过既定CIP程序清洗、消毒；过滤、分离	否
加糖及杀菌	生物的：细菌残留 化学的：清洗剂残留 物理的：杂质污染	是	不适当的灭菌造成牛乳中残留的致病菌残留；不合格蔗糖带入杂质；不适当的清洗造成设备、管道中细菌和清洗剂的残留	控制蔗糖浓度65%；控制灭菌温度120～140℃、时间2～4s；建立卫生标准操作程序；通过既定CIP程序清洗、消毒	是
真空浓缩	生物的：细菌残留 化学的：清洗剂残留 物理的：无	是	不适当的清洗造成设备、管路细菌和清洗剂残留	建立卫生标准操作程序并严格执行；通过既定CIP程序清洗、消毒	是

续表

加工步骤	确定在这步骤中引入的、控制的或增加的潜在危害	是否安全，危害是否显著	对第三列做出判断	防止显著危害的措施	是否为CCP
喷雾干燥	生物的：细菌残留 化学的：清洗剂、蛋白变性 物理的：灰尘、杂物、乳粉结块、糊粉颗粒	是	管路、设备细菌残留；喷雾干燥时间不当造成乳粉蛋白质变性；加热时间长形成糊粉颗粒黏在塔壁；进风口过滤不当，灰尘、杂物进入；不适当的喷雾量	建立卫生标准操作程序并严格执行；控制高压泵使用压力 $1.3\times10^4\sim2.0\times10^4$kPa；控制进风温度140～170℃，排风温度80℃上下，排风相对湿度10%～13%，干燥室负压98～196Pa；鼓风进口过滤建立卫生标准操作程序	是
流化床处理	生物的：大肠杆菌等细菌残留 化学的：无 物理的：乳粉结块	是	管路、设备细菌残留；操作工人对产品的污染；进风温度、除湿效果造成结块	建立卫生标准操作程序并严格执行；采用流化床式送粉、冷却装置控制进风温度15～30℃左右，使乳粉冷却到18℃	是
筛粉	生物的：大肠杆菌等细菌残留 化学的：无 物理的：异物污染	是	粉车细菌残留、外来细菌污染；粉筛某部位损坏污染	建立卫生标准操作程序并严格执行；粉车的防护，工人着装，环境消毒，消毒的时间、浓度、间隔的控制	否
粉仓贮存	生物的：大肠杆菌等细菌残留 化学的：无 物理的：乳粉结块	是	不适当的清洗细菌残留在粉仓内；贮粉温度和时间不适当	建立卫生标准操作程序并严格执行；控制贮粉温度	是

续表

加工步骤	确定在这步骤中引入的、控制的或增加的潜在危害	是否安全，危害是否显著	对第三列做出判断	防止显著危害的措施	是否为CCP
乳粉包装	生物的：大肠杆菌等细菌残留 化学的：无 物理的：异物污染	是	不适当的清洗造成包装机细菌残留，外来细菌污染	建立卫生标准操作程序；粉车的防护，工人着装，环境消毒，消毒的时间、浓度、间隔的控制	是
低温贮存	生物的：无 化学的：无 物理的：无	否	贮存温度不当引起产品变质	在温度25℃以下，相对湿度小于75%，阴凉、干燥、清洁的环境中贮存	否
运输销售	生物的：微生物繁殖 化学的：无 物理的：无	是	运输销售中温度不当引起产品变质	在规定的保质期内，常温运输销售，运输时应避免雨淋、日晒，搬运时应小心轻放	否

四、CCP的监控方案

根据乳粉关键控制点的位置、需控制的显著危害、CCP关键限值、监控程序、纠偏措施、监控记录、验证措施来制定监控方案。

1. 建立关键限值（CL）

乳粉生产过程中，为了控制危害必须确定加工关键控制点的最大值和最小值，应在安全性易出现问题的那一点设置关键限制。当操作限值被超出时，可以调整加工工艺，采取纠偏措施。以下是各个关键控制点的限值。

（1）原料验收　抗生素反应阴性；重金属、农药等符合国家相应标准。

（2）冷却贮存　贮存温度：4℃；贮存时间：24h。

（3）预热杀菌　杀菌温度120～140℃；杀菌时间2～4s。

（4）真空浓缩　第一效压力31～40kPa，蒸发温度70～72℃。第二效压力16.5～15kPa，蒸发温度45～50℃。将乳浓缩到14～16°Bé。

清洗：NaOH：0.8%～1.5%、温度75～80℃、洗涤时间10～20min；HNO_3：0.8%～1.0%、

温度65～70℃、洗涤时间15～20min；清水洗涤1～1.5h；pH 7。

（5）喷雾干燥　高压泵使用压力1.3×10^4～2.0×10^4kPa；进风温度140～170℃，排风温度80℃上下，排风相对湿度10%～13%，干燥室负压98～196Pa。

（6）流化床处理　消毒温度>85℃，消毒时间30min；风温：60～80℃，40～50℃，15～30℃。

（7）粉仓贮存　贮粉温度<30℃；贮粉时间<12h。

（8）乳粉包装　包装间熏蒸消毒时间>30s，紫外灯消毒时间>1h；手消毒间隔<1h。

2. 建立监控程序

为了完整地描述乳粉生产的监控程序，必须回答四个问题：①监控内容；②监控方案；③监控频率；④监控者。以下是乳粉生产的监控程序内容。

（1）监控内容　原料乳残留抗生素、重金属、农药、亚硝酸盐、硝酸盐等；牛乳贮存温度、时间；牛乳杀菌温度和产品流量；CIP清洗的酸、碱液浓度、温度、清洗时间、pH。

高压泵压力，进、排风温度，干燥室负压情况。设备的消毒温度、时间；流化床处理风温热风消毒温度以及时间；贮粉温度、时间；包装设备消毒时间。

（2）监控方法　对原料乳采用化学试验；对其他工序设备配有时间记录、温度记录装置；杀菌工序要观察温度读数，通过杀菌机流速、管路长度计算杀菌时间；真空浓缩工序监控时间记录、pH测量仪，电导率记录、温度表，对物料抽样化学检验；喷雾干燥监控压力表，负压表等；包装设备要监控时间记录装置。

（3）监控频率　对原料、贮存、浓缩、干燥、包装等工序每批监控；要连续监控杀菌工序；对于流化床每小时监控。

（4）监控者　品控人员；设备操作人员；化验人员。

（5）纠偏措施　在乳粉生产中，当监控表明未满足关键限制时，确定不安全产品不能到达下一个工序，纠正引起关键极限值偏差问题。

根据偏离情况做报废或另做他用处理。及时调整各工序工艺参数；调整冷却风温；调整贮粉温度和时间；消毒重新清洗；回流、重新杀菌；重新熏蒸。

（6）建立记录保存系统　在乳粉加工中列出监控程序的记录，这些记录明确表明，按监控程序进行，并包括有实际值和监控期间的观察值。

原料乳检验记录和纠偏记录；杀菌操作记录；温度表的校验记录和纠偏记录。酸、碱清洗记录；清水清洗记录。操作记录和纠偏记录。清洗、消毒操作记录和纠偏记录。

（7）验证措施　建立确保HACCP计划的验证措施。

原料乳每批抽样做化学检测；冷却贮存中每日抽样做微生物检测；真空浓缩工序每日抽样做清洗液、浓缩产品微生物检验；喷雾干燥每日抽样检测产品的微生物、理化和感官指标；流化床每批检测产品水分的含量及微生物指标；检测产品组织状态检测产品微生物指标；包装工序抽样检测产品、器具、手的微生物；做空曝试验。

五、乳粉生产HACCP计划的编写案例

定义：本产品所指乳粉是指以新鲜牛乳为主要原料，添加辅料，经浓缩、干燥制成的粉末状产品（表13－3）。

表 13－3　乳粉产品描述表

加工类别：喷雾干燥 产品类型：乳粉	
产品名称	全脂加糖乳粉
主要配料	鲜牛乳、蔗糖等
产品特性	（1）感官特性 色泽：≤5 滋味和气味：≥60 组织状态：≤20 冲调性：≤10 （2）理化指标：应符合相应国家标准 GB 19301—2010《食品安全国家标准 生乳》的要求 （3）卫生指标：应符合相应国家标准 GB 19301—2010《食品安全国家标准 生乳》的要求
预期用途及消费人群	所有人群 乳糖不耐症者不宜饮用
食用方法	可参照产品使用说明正确食用
包装类型	符合食品卫生要求的多种复合塑料袋包装
贮存条件	常温贮存
保质期	由生产厂家根据包装材质确定
标签说明	产品标签应符合 GB 7718—2011《食品安全国家标准　预包装食品标签通则》和 GB 13432—2013《食品安全国家标准　预包装特殊膳食用食品标签》的相关规定。
运输要求	产品应在常温条件运输，应避免雨淋、日晒，搬运时应小心轻放
销售要求	在常温条件下销售

注：感观特性采用计分方式来评定，以 100 分计。

通过确定乳粉关键控制点的位置、需控制的显著危害、CCP 关键限值、监控程序、纠偏措施、监控记录、验证措施，找出原料验收、冷却贮存、加糖及杀菌、真空浓缩、喷雾干燥、流化床处理、粉仓贮存、乳粉包装 8 个关键控制点，编写出乳粉的 HACCP 计划表（表 13－4）。

表 13－4　乳粉生产 HACCP 计划表

CCP	显著危害	关键限值	监控				纠偏措施	档案记录	验证措施
			内容	方法	频率	监控者			
原料验收	抗生素残留、重金属、农药及亚硝酸盐残留	抗生素反应阴性；重金属、农药等符合国家相应标准	抗生素、重金属、农药、亚硝酸盐、硝酸盐残留等	化学试验	每批	原材料检验人员	根据偏离情况作报废或另作他用处理	原料乳检验记录，纠偏记录	每周抽样做化学检测
冷却贮存	细菌繁殖	贮存温度：4℃；贮存时间：24h	牛乳贮存温度、时间	时间记录、温度记录装置	每批	操作工人	根据偏离情况作报废或另作他用处理	原料乳贮存温度、时间记录，纠偏记录	每日抽样做微生物检测
加糖及杀菌	细菌残留	杀菌温度 120～140℃；杀菌时间 2～4s	杀菌温度，产品流量	观察温度读数、计算杀菌时间	连续	操作工人	回流、重新杀菌	杀菌操作记录；温度表的校验记录；纠偏记录	每日抽样做微生物检测
真空浓缩	细菌残留，清洗剂残留	一效、二效的压力与温度；清洗：NaOH：0.8%～1.5%、温度 75～80℃、时间 10～20min；HNO_3：0.8%～1.0%、温度 65～70℃、时间 15～20min；清水 1～1.5h；pH 7	酸碱液浓度、温度、清洗时间；清水清洗时间、pH	时间记录，pH 测量仪，电导率记录，温度表，抽样化学检验	每次	操作工人	重新清洗	酸碱清洗记录；清水清洗记录	每日抽样做清洗液、浓缩产品微生物检测

喷雾干燥	细菌、清洗剂残留，蛋白变性，灰尘、杂物、乳粉结块、糊粉颗粒形成	清洗操作标准；高压泵压力 $1.3\times10^{4}\sim2.0\times10^{4}$kPa；进风温度140~170℃，排风温度80℃上下，排风相对湿度10%~13%，干燥室负压98~196Pa	检测洗涤液、清水pH、温度、浓度，清洗时间；高压泵压力，进排风温度，干燥室负压	时间记录，pH测量仪，温度表，压力表，负压表等	每次	操作工人	重新清洗；及时调整喷雾干燥工艺参数	操作记录；纠偏记录	每周抽样检测洗液；每日抽样检测产品的微生物、理化和感官指标
流化床处理	大肠杆菌等细菌残留	消毒温度 >85℃，消毒时间30min；风温：60~80℃，40~50℃，15~30℃	消毒温度、时间；流化床处理风温	温度表，时间记录装置	每小时	操作工人	重新清洗；及时调整冷却风温	清洗、消毒操作记录，纠偏记录	每批检测产品水分的含量及微生物指标
粉仓贮存	大肠杆菌等细菌残留，乳粉结块	热消毒时间：20~40min热风温度：>65℃；贮粉温度：<30℃；贮粉时间：<12h	热风消毒温度、时间；贮粉温度、时间	温度表，时间记录装置	每批	操作工人	重新清洗、消毒；及时调整贮粉温度和时间	清洗、消毒操作记录；纠偏记录	检测产品组织状态检测产品微生物指标

续表

CCP	显著危害	关键限值	监控				纠偏措施	档案记录	验证措施
			内容	方法	频率	监控者			
乳粉包装	大肠杆菌等细菌残留	包装间熏蒸消毒时间>30s,紫外灯消毒时间>1h;手消毒间隔<1h	消毒时间	时间记录装置	每次	操作工人	重新熏蒸消毒	清洗、消毒操作记录;纠偏记录	抽样检测产品、器具、手的微生物;做空曝试验

思考题

1. 描述乳粉生产的工艺流程。
2. 描述乳粉生产的设备流程。
3. 试分析乳粉生产中存在的生物危害。
4. 试分析乳粉生产中存在的物理危害。
5. 试分析乳粉生产中存在的化学危害。
6. 找出乳粉生产中的关键控制点。
7. 确定主要工序的关键限值。
8. 监控程序包括的内容有哪些?
9. 参考乳粉的 HACCP 计划表试建立一个酸奶的 HACCP 计划表。
10. 参考乳粉的 HACCP 计划表试建立一个冰淇淋的 HACCP 计划表。

第十四章

CHAPTER 14

速冻食品加工的危害分析与关键控制点（HACCP）

第一节 概　　论

速冻食品是指将食品原料和配料经过加工处理，在 -30℃以下的低温状态下进行快速冻结，使食品中心温度必须在20~30min从 -1℃降至 -5℃，然后再降至 -18℃，并经包装后在 -18℃及以下的条件中贮藏和流通的方便食品。目前市面上的速冻食品主要分为速冻面米食品、速冻畜禽类、速冻水产类、速冻果蔬类、速冻烹饪调理类五大类。

速冻食品与其他食品相比具有显著的优点。

（1）优质卫生　食品经过低温速冻处理，既能最大限度地保持食品原有的营养成分、色泽、风味，又能有效抑制微生物的生长繁殖，保证食用安全。

（2）安全不残留　不需添加任何防腐剂和添加剂，没有任何残留添加剂。

（3）营养合理　如速冻调理食品配料时，可以通过原料的不同搭配来控制脂肪、热量及胆固醇含量，以适应不同消费者需要。

（4）适用食品品种繁多　速冻面米食品、速冻果蔬食品、速冻畜禽食品、速冻水产品和速冻烹饪调理食品，速冻食品现有3000多个品种，从副食到主食，从盘菜到小吃，样样俱全，这是其他类食品难以达到的。

（5）食用方便　速冻食品既能调节季节性食品的供需平衡，又能减轻家务劳动、减少城市垃圾、保护环境。由于速冻食品与其他食品相比具有无可比拟的优越性。速冻食品从原料采收到消费者食用整个过程中，须经历加工和流通等许多环节，在每一个环节上如不遵守良好的操作规范，将导致速冻食品的品质败坏，丧失食用价值；因而，对速冻食品的生产和流通来讲尤为重要。总的来说，速冻食品加工包括：优质的食品原料和科学合理的食品配方（对速冻配制食品而言），安全卫生的生产加工和流通环境，有效的速冻技术，完善的冷冻体系，科学的产品质量管理。

在速冻食品的迅猛发展过程中，由于冷藏链发展的滞后，使得产品在生产环节、流通环节会出现质量问题。对冷冻食品而言，很难从其外观判断产品质量的好坏，而且冷冻不是杀菌的手段，因此，生产过程中的冷冻工艺、细菌的污染和繁殖的预防和控制就成为食品安全的关键控制点。在冷饮食品、冻肉、冷冻蔬菜的生产过程中采用HACCP体系进行安全与质量控制可以避免引起大规模食物中毒事件。适用范围：速冻面米食品、速冻果蔬食品、速冻畜禽食品、速冻水产品和速冻烹饪调理食品。

第二节　速冻食品生产中危害分析与CCP确定

危害分析是制定有效的HACCP计划的关键，如果危害分析不正确，HACCP计划中要控制的危害难以识别，计划就无法有效实施。速冻食品使用的肉、禽、蔬菜等原料种类多，来源地区不同，原料中农、兽残药使产品可能存在潜在的化学危害。

一、识别潜在危害应考虑的因素

1. 原材料污染

是否存在一些微生物（如沙门氏菌、金黄色葡萄球菌）危害、化学危害（如黄曲霉毒素、抗生素或农药、兽药残留）或物理危害（如石头、玻璃和金属）的敏感成分，饮用水、冰和蒸汽是否进入食品或用于处理食品；各成分的来源（如地理区域、供应商等）。

2. 固有特性

食品加工过程前后的物理特性和组成（如pH、酸化剂种类、可发酵碳水化合物、水分活度、防腐剂等）。

3. 加工过程

是否有可控制的杀灭致病微生物的工序，如有，为何种致病微生物？要同时考虑到营养细胞和芽孢，产品在杀菌（如加热、巴氏杀菌）至包装之间是否会产生再次污染，造成生物的、化学的或物理的危害。

4. 食品中的微生物数量

食品中含有的正常微生物数量，微生物数量在食用前的正常贮存期间发生的变化，微生物数量的变化对食品安全性的改变。

5. 生产车间设计

考虑车间布局是否对原料与即食产品进行了充分隔离，如果没有，考虑哪些危害有可能污染即食产品。产品包装区空气是否正压，对食品的安全性是否必须。员工和可移动设备的流动模式是否会导致污染。

6. 设备的设计和作用

考虑是否有食品安全性所必需的温度/时间控制设备，设备加工能力是否与食品加工量相适应，设备是否能有效地控制，以便操作偏差处于食品安全所要求的允许范围内，设备是否可靠或是否经常发生故障，设备的设计是否便于清洗、消毒，是否有可能产生危害物质的污染，使用了什么装置以提高消费者的安全（如金属探测器、磁性物、筛机、过滤器、筛网、温度计和去骨头的装置），正常设备磨损影响物理危害产生的程度，使用设备加工不同产品时是否需要考虑相互的干扰和影响。

7. 包装

考虑包装方法是否会使致病菌发生增殖和毒素的产生，若食品安全需要，包装是否清楚地注明“保持冷藏”，包装是否注明最终消费者安全操作和使用食品的说明，包装材料是否抗损坏，以避免微生物进入食品造成污染，每个包装和纸箱是否有明显准确的产品代码，每个包装是否包括合适的标签，成分中潜在的过敏物质是否在标签成分表中列明。

8. 卫生条件

考虑卫生条件是否会对加工中的食品的安全性产生影响，车间、设施设备是否便于清洗、消毒，是否可持久、充分提供确保食品安全的卫生条件。

9. 员工的健康、卫生和教育

考虑员工的健康和个人卫生习惯是否会对食品加工产生影响，员工是否了解确保食品安全所必须控制的加工环节和因素，员工是否会向管理人员汇报影响产品安全的问题。

10. 包装至消费期间的贮存条件

考虑食品被不正确地贮存在错误温度下的可能性有多大，贮存不当是否会因微生物危害而导致食品不安全。

11. 预期用途

考虑食品是否需消费者加热食用，是否可能吃剩下的食品，是否直接食用或是作为食品原料。

12. 预期消费者

考虑食品是否用于一般大众消费，食品是否预期用于对疾病敏感的特殊群体（如婴儿、老人、体弱者、免疫能力低下者），食品是被用于食堂还是家庭。

二、 确定危害的显著性

在对潜在危害进行评价时，必须对危害的严重性和发生的可能性进行评估，以确定哪些危害是显著的。危害严重性是指消费用该危害的产品后产生后果的严重程度，如后遗症、疾病和伤害的程度和持续时间。危害发生可能性的评价要建立在经验、流行病学数据和技术文献的基础上。在进行危害评价时要考虑危害在未予控制条件下发生的可能性和潜在后果的严重性。如果可能性和严重性缺少一项，则不要列为显著危害。在危害分析期间，要把食品安全的关注同对食品的品质、规格、数量、包装和其他卫生方面有关的质量问题的关注分开，应根据各种危害的可能性和严重性来确定某种危害的显著性。对于生产相同或相似产品的不同企业，类似操作中的显著危害未必相同，例如：由于采用的设备或维护保养的计划不同，金属危害在某些企业内是显著危害，但在另一些企业内可能不是显著危害；同样的食品，根据消费群体的不同以及食用方式的不同，有时可能是危害，有时不构成危害，如鱼骨对经常吃鱼的人来说不是危害，而对于不擅长吃鱼的儿童来讲则是危害。

三、 制定控制危害的措施

在完成危害分析的基础上，列出与各加工工序相关联的危害和用于控制危害的措施。控制措施又称预防措施，是用以防止或消除食品安全危害或将其降低到可接受的水平所采取的任何行动和活动。在实际生产过程中，可以采取许多措施来控制食品安全危害。有时一种显著危害需要同时用几种方法来控制，有时一种控制方法可同时控制几种不同的危害。

1. 生物危害的控制措施

（1）致病菌的控制措施　时间和温度控制（适当控制加工和贮存的时间和环境温度可以

抑制致病菌的生长，预防毒素的产生）具体措施有：①加热和蒸煮：通过加热处理产品，可使致病菌致死；②冷却和冷冻：冷却和冷冻可以抑制致病菌的生长；③发酵/pH 控制：产酸菌株产生乳酸可抑制部分不耐酸致病菌的生长；④添加盐或其他防腐剂盐：这些盐和防腐剂能抑制某些致病菌的生长；⑤干燥高温：干燥过程可以杀死致病菌，低温干燥可抑制致病菌的生长；⑥来源控制：从非污染区域和合格的供应商那里收购原料，控制原料中病原体危害。

（2）病毒的控制措施　有些病毒可以通过蒸煮的方法来控制。

（3）寄生虫的控制措施　可以通过加热、干燥和冷冻使其死亡或通过人工剔除的方法来去除。

2. 化学危害的控制措施

（1）来源控制　选择土壤和水域，获得原料来自安全区域的证明，进行原料监测。

（2）加工控制　合理使用食品添加剂。

（3）标示控制　在产品包装上表示配料和已知过敏物质。

3. 物理危害的控制措施

（1）来源控制　供应商证明和原料检测。

（2）生产控制　通过磁铁、金属探测仪、筛网、分选机、空气干燥机、X 射线设备的使用和感官检查等来控制。

四、确定关键控制点（CCP）

关键控制点 CCP 定义：食品安全危害能被控制的，能预防、消除或降低到可接受水平的一个点、步骤或过程。

对危害分析进确定的每一个显著的危害，必须有一个或多个 CCP 来控制危害，只有这些点控制了显著危害时才认为是 CCP。

1. 可预防的危害

（1）原料的采购可预防病原体或药物残留（如供应商的证明产品检测报告、产地证明）。

（2）通过配方或添加配料步骤中的控制来预防化学危害，以及病原体在成品中的生长（如 pH 调节或防腐剂的添加）。

2. 可消除的危害

（1）病原体可以通过蒸煮消除。

（2）寄生虫在冷冻的过程可以被消除。

（3）金属碎片通过金属探测器测出。

3. 可降低危害达到可接受水平

例如，通过人工挑虫和自动收集来减少寄生虫危害。

第三节　速冻食品生产中建立合适的监控程序

监控有三个目的：对操作的跟踪，使加工过程在发生关键限值偏离之前回复到控制状态；

监控用于确定 CCPs 上的偏差和采取适当的纠偏行动，为验证提供书面文件。如某工序未予准确控制并发生偏离，有可能造成食品不安全。

由于关键限值偏离会产生严重的潜在后果，监控程序必须有效。监控应尽量采取连续式的物理和化学监测方式。如果监控是不连续的，监控频率或数量必须足以保证处于受控状态。例如，低酸性罐头食品的预定热力杀菌可以用温度和时间记录仪对温度和时间做连续的记录，如温度低于预定值或杀菌时间不足，就要对此期间杀菌的产品予以扣留或弃置。监控仪器设备必须小心加以校准以确保准确性。

一、监控程序

监控程序通常包括以下方面。

1. 监控对象

通常通过观察和测量来评估一个关键控制点是否在关键限值内操作。监控对象是产品或过程的特性。如当温度是关键限值时，监控冷冻贮藏或蒸煮容器的温度；当时间是关键限值时，监控烘烤蛋糕所需的时间。

2. 怎样监控

监控可以通过观察和采用物理或化学的测量（如关键限值）来实现。

（1）观察　通过视觉、嗅觉和味觉感官来进行观察，如做蛋糕前闻一下奶油的气味，判断是否变质；品尝咖啡的味道，检查是否需要增加成分等。当用观察进行监控时，应对监控人员进行培训，保证监控人员判断的一致性。

（2）测量　用物理或化学方法测量，这比通过观察进行监控更客观真实。最好采用此种方法。采用测量监控时要定期对仪器仪表进行校准，以确保数据准确、真实。如果测量步骤较为复杂，还需对监控人员进行培训，并按有关操作标准执行。

3. 监控频率

监控可以是连续的，也可以是非连续的。可能时应采用连续监控的方法。每箱机械切片的冷冻莲藕可以由金属探测连续监控有无金属。应注意的是应对监控设备连续记录的结果进行定期检查，必要时要采取措施。检查时间间隔的长短将直接关系到发现关键限值偏离时要重新加工的产品或须销毁产品的数量。必须及时做好对记录的检查工作，以保证在装运前把不合格的产品剔出。

对一个关键控制点不可能进行连续监控时，所需的监控时间间隔可短些，以便及时发现关键限值或操作限值是否出现偏离。对于非连续监控的频率一定程度上取决于以往的生产和加工经验。我们可以根据下面的问题来确定合适的监控频率。

（1）加工过程中的波动情况　如果数据波动，监控和检查之间的时间间隔就应缩短些。

（2）正常值与关键限值距离的大小　假如正常值与关键限值比较接近，那么监控的间隔就要短些。

（3）关键限值偏离　如果关键限值出现偏离，企业要承受不合格品损失的数量。

4. 监控人员

必须指定专人来执行监控。这些人必须接受培训，在关键控制点监控技术方面接受训练，充分理解关键控制点监控的重要性，详细准确记录每一次监控结果，及时报告关键限值的偏差。监控人员必须公正、无偏见、实事求是。一般来说监控人员可以是生产线上的员工、设备操作人员、主管人员、维修人员、质量管理人员等。此外，在建立监控程序的同时，要制订每个 CCP 的纠偏行动、自我验证程序和文件、记录保持程序等。

当关键限值发生偏离时，必须采取纠偏行动。纠偏行动由两部分组成。

（1）查出原因并予消除，使生产过程恢复控制。

（2）对加工出现偏差的产品，要确定对这些产品的处理方法。

二、验证程序

验证是除监控外，用以确定是否符合 HACCP 计划所采用的方法、程序、测试和其他评估做法。

验证的一个方面是评估工厂的体系是否按照 HACCP 计划正常运行，另一个重要方面是对 HACCP 计划使用前的首次确认，即确定计划是科学的，技术是良好的，所有危害已被识别以及如果 HACCP 计划正确实施，危害将会被有效控制。

上述监控、纠偏及验证程序必须有效、准确地记录并保存起来。

第四节　HACCP 在速冻饺子中的应用

速冻饺子是将包好的饺子经过速冻以达到冷藏，可以随时食用的一种食物。饺子是受中国汉族人民喜爱的传统特色食品，是每年春节必吃的年节食品。速冻水饺营养丰富，品种多样，价格适中，食用方便，是一种深受消费者青睐的速冻方便食品。

家用大容量电冰箱在我国大中城市日趋普及，各式各样的冷藏柜在许多超级市场、商店、便民连锁店、快餐店、酒店迅速普及，初步形成了冷冻食品的冷藏链和销售网络。我国速冻食品业呈现出蓬勃发展的态势，竞争日趋激烈。在激烈的市场竞争中，只有高质量的速冻食品才能赢得广大消费者的青睐，才能树立良好的企业形象，在竞争中立稳脚跟，并获得较好的经济效益和社会效益。食品在小于 -30℃ 的条件下迅速通过最大冰晶生成区，时间越短越好，一般小于 30min，使食品中心温度维持在 -18℃ 以下，这能较大程度地保持饺子原有的营养成分和色、香、味等品质，便于长期贮藏和运输。可见，速冻保存饺子中原有成分和营养价值的能力是其他加工方法所不及的。目前我国速冻产品多采用鼓风冻结、接触式冻结、液氮喷淋式冻结等方式。

速冻饺子的特点如下。

（1）调节市场供应　速冻饺子不仅能够调节淡旺季的市场供应，而且能够调节不同地区、不同国家的市场供应，实现国际大流通。

（2）品质高　新鲜饺子在流通、贮藏中鲜度下降，营养成分受到破坏。速冻饺子在 -18℃ 环境下贮藏、流通，有效地抑制了呼吸，能够长期保持其原有的新鲜风味和营养价值。大多数速冻饺子在 -18℃ 以下保质期超过一年之久。

（3）产品卫生　速冻饺子经过一系列加工处理后冻结到 -18℃ 冻藏，微生物减少到最小限度，避免了微生物滋生引起的食品腐败或食物中毒。

（4）方便多样　速冻饺子品种繁多，我国生产速冻饺子主要都是成品或半成品，一年四季供应不断，打开包装即可烹调或直接食用。

近几年来，随着人们消费观念和经营意识的转变，以及人们生活水平和我国速冻加工技术的提高，速冻饺子在全国各地得到了大面积的推广和发展。

速冻饺子从生产加工到贮藏运输流通各个环节，都始终处在“冷藏链”体系中，如果“冷藏链”体系管理不善，温度大幅度波动，会导致一些致病菌的生长，引起食物中毒。近年来，在世界范围内发生了食品在“冷藏链”体系中因大肠杆菌（O157：H7）污染食品而产生肠出血疾病的事件。速冻饺子也具有诸多不安全因素，具体如下。

（1）原料直接来源于田间，农残、致病菌及杂质（石头、玻璃、金属和其他等）等危害均可能存在。

（2）加工工艺流程较为简单，大多存在二次整理、二次包装的可能，因而有可能被二次污染。

（3）均在 -18℃以下保存。微生物的繁殖受到抑制，但其具有的酶及其产生的毒素，在冻结状态下并不失活，病毒也长期存在。

（4）速冻饺子一般都是大量生产，大量消费，只需加热，即可食用，可供应给学校、医院、饭店等集团单位。从卫生角度来看，要求产品必须有高度的安全性。

在速冻饺子的生产加工过程中，建立一套有效的食品卫生管理和质量监控体制，对避免因食用不合格的产品而引起大规模食物中毒事件是十分必要的。

国家质检总局在 2002 年 4 月 19 日发布的《出口食品生产企业卫生注册登记管理规定》中将速冻食品视为风险性较高的食品，纳入卫生注册需评审 HACCP 体系的产品目录内。

速冻饺子质量控制体系是运用 HACCP 原理，对速冻饺子从原料验收到成品的微生物、农残、重金属等有害物质分析入手，对加工过程的每一工序进行危害分析，确定速冻饺子原料验收、漂烫、重金属探测三个工序为关键控制点，制定速冻饺子 HACCP 计划模式，从厂区环境、车间设施、组织机构、工器具卫生、加工用水卫生、洗手消毒及卫生间、更衣室卫生等方面进行严格监控和检测，建立速冻饺子加工厂良好操作规范（GMP）模式和卫生标准操作规程（SSOP 模式），建立速冻饺子质量控制体系，使速冻饺子体系达到安全、卫生、高效。

目前，许多国家对进口速冻饺子的品种、规格、质量、冻结、包装和卫生要求比较高。我国推荐性执行标准 GB/T 23786—2009《速冻饺子》。因此，对速冻饺子生产企业而言，在生产加工过程中实施 HACCP 管理系统，就可确保速冻饺子的质量要求。一般来说，质量合格的速冻饺子必须具备下述要求。

（1）速冻水饺系列所用蔬菜来自无公害蔬菜基地，原料肉来自国家市场监督管理局卫生注册的生产厂家，所用面粉是由通过 ISO9002 国际质量体系认证的面粉厂提供。

（2）外观、形状要好、无变形、无病虫害及损伤，废弃部分要全部去掉，同时，要调整成用户所希望的形状。

（3）无异物、夹杂物。

（4）风味（香味）要保持饺子原来的风味（香味）、食感。

（5）细菌总数要在 100000 个/g 以下，大肠杆菌及病原菌阴性。

（6）禁止使用对人体有害的任何添加剂，无残留农药，不使用进口国家禁止使用的添加剂。

（7）重量、数量、长度、直径、厚度等必须按照各产品规格要求执行。

（8）容器包装要维持产品的质量，包装材料要有适当的强度和符合卫生要求，包装要求密封、无破袋。

（9）冷藏时要求适当温度保持质量，产品须在-18℃以下贮藏，不能有显著的温度波动，如在工厂、港口等长时间冷藏时，温度要求在-23℃以下，否则遇停电等温度波动时，就不能保证-18℃以下。

为了保障速冻水饺的食用安全，探讨HACCP系统的可行性和有效性，以某公司的速冻水饺生产过程为研究对象，通过对生物性、物理性及化学性危害进行分析，确定关键控制点和相应的控制标准，并建立监控程序和纠偏措施。

一、速冻饺子的加工工艺

基本的工艺流程有：

原料、辅料、水的准备→面团、饺馅配制→包制→整形→速冻→装袋、称重、包装→低温冷藏

1. 原料辅料准备

（1）面粉　必须选用优质、洁白、面筋度较高的特制精白粉，有条件的可用特制水饺专用粉。对于潮解、结块、霉烂、变质、包装破损的面粉不能使用。对于新面粉，由于其中存在蛋白酶的强力活化剂硫氢化合物，往往影响面团的拌和质量，从而影响水饺制品的质量，对此可在新面粉中加一些陈面粉或将新面粉放置一段时间，使其中的硫氢基团被氧化而失去活性。有的也可添加一些品质改良剂，不过会加大制造成本又不易掌握和控制，通常不便使用。面粉的质量直接影响水饺制品的质量，应特别重视。

（2）原料肉　必须选用经兽医卫生检验合格的新鲜肉或冷冻肉。严禁冷冻肉经反复冻融后使用，因它不仅降低了肉的营养价值，而且也影响肉的持水性和风味，使水饺的品质受影响。冷冻肉的解冻程度要控制适度，一般在20℃左右室温下解冻10h，中心温度控制在2~4℃。原料肉在清洗前必须剔骨去皮，修净淋巴结及严重充血、瘀血处，剔除色泽气味不正常部分，对肥膘还应修净毛根等。将修好的瘦肉肥膘用流动水洗净沥水，绞成颗粒状备用。

（3）蔬菜　必须要鲜嫩，除尽枯叶、腐烂部分及根部，用流动水洗净后在沸水中浸烫。要求蔬菜受热均匀，浸烫适度，不能过熟。然后迅速用冷水使蔬菜品温在短时间内降至室温，沥水绞成颗粒状并挤干菜水备用。烫菜数量应视生产量而定，要做到随烫随用，不可多烫，放置时间过长使烫过的菜“回生”或用不完冻后再解冻使用都会影响水饺制品的品质。

（4）辅料　如糖、盐、味精等辅料应使用高质量的产品，对葱、蒜、生姜等辅料应除尽不可食部分，用流水洗净，斩碎备用。

2. 面团调制

面粉在拌和时一定要做到计量准确，加水定量，适度拌和。要根据季节和面粉质量控制加水量和拌和时间，气温低时可多加一些水，将面团调制得稍软一些；气温高时可少加一些水甚至加一些4℃左右的冷水，将面团调制得稍硬一些，这样有利于水饺成形。如果面团调制“劲”过大，可多加一些水将面和软一点，或掺些淀粉，或掺些热水，以改善这种状况。调制好的面团可用洁净湿布盖好防止面团表面风干结皮，静置5min左右，使面团中未吸足水分的粉粒充分吸水，更好地生成面盘网络，提高面团的弹性和滋润性，使制成品更爽口。面团的调

制技术是成品质量优劣和生产操作能否顺利进行的关键。

3. 饺馅配制

饺馅配料要考究，计量要准确，搅拌要均匀。要根据原料的质量、肥瘦比、环境温度控制好饺馅的加水量。通常肉的肥瘦比控制在2:8或3:7较为适宜。加水量：新鲜肉>冷冻肉>反复冻融的肉；四号肉>二号肉>五花肉>肥膘；温度高时加水量小于温度低时。在高温夏季还必须加入一些2℃左右的冷水拌馅，以降低饺馅温度，防止其腐败变质和提高其持水性。向饺馅中加水必须在加入调味品之后（即先加盐、味精、生姜等，后加水），否则，调料不易渗透入味，而且在搅拌时搅不黏，水分吸收不进去，制成的饺馅不鲜嫩也不入味。加水后搅拌时间必须充分才能使饺馅均匀、黏稠，制成水饺制品才饱满充实。如果搅拌不充分，馅汁易分离，水饺成形时易出现包合不严、烂角、裂口、汁液流出现象，使水饺煮熟后出现走油、露馅、穿底等不良现象。如果是菜肉馅水饺，在肉馅基础上再加入经开水烫过、经绞碎挤干水分的蔬菜一起拌和均匀即可。

4. 水饺包制

工厂化大生产多采用水饺成形机包制水饺。水饺包制是水饺生产中极其重要的一道技术环节，它直接关系到水饺形状、大小、重量、皮的厚薄、皮馅的比例等质量问题。

（1）包饺机要清理调试好。工作前必须检查机器运转是否正常，要保持机器清洁、无油污，不带肉馅、面块、面粉及其他异物；要将饺馅调至均匀无间断地稳定流动；要将饺皮厚薄、重量、大小调至符合产品质量要求的程度。一般来讲，皮重小于55%、馅重大于45%的水饺形状较饱满，大小、厚薄较适中。在包制过程中要及时添加面（切成长条状）和馅，以确保饺子形状完整，大小均匀。包制结束后，机器要按规定要求清洗有关部件，全部清洗完毕后，再依次装配好备用。

（2）水饺在包制时要求严密，形状整齐，不得有露馅、缺角、瘪肚、烂头、变形、带皱褶、带小辫子、带花边饺子，连在一起不成单个、饺子两端大小不一等异常现象。

（3）水饺包制过程中，在确保水饺不黏模的前提下，要通过调节干粉调节板漏孔的大小，减少干粉下落量和机台上干粉存量及振筛的振动，尽可能减少附着在饺子上的干面粉，使速冻水饺成品色泽和外观清爽、光泽美观。

5. 整形

机器包制后的饺子要轻拿轻放，手工整形以保持饺子良好的形状。在整形时要剔除一些如瘪肚、缺角、开裂、异形等不合格饺子。如果在整形时，用力过猛或手拿方式不合理、排列过紧相互挤压等都会使成形良好的饺子发扁，变形不饱满，甚至出现汁液流出、粘连、饺皮裂口等现象。整形好的饺子要及时送速冻间进行冻结。

6. 速冻

食品速冻就是使食品在短时间（通常为30min）内迅速通过最大冰晶体生成带-5～-1℃。经速冻的食品中所形成的冰晶体较小而且几乎全部散布在细胞内，细胞破裂率低，从而才能获得高品质的速冻食品。同样，水饺制品只有经过速冻而不是缓冻才能获得高质量速冻水饺制品。当水饺在速冻间中心温度达-18℃，速冻即完成。目前我国速冻产品多采用鼓风冻结、接触式冻结、液氮喷淋式冻结等方式。

7. 装袋称重包装

（1）装袋　速冻水饺冻结好即可装袋。在装袋时要剔除烂头、破损、裂口的饺子以及联结在一起的两连饺、三连饺及多连饺等，还应剔除异形、落地、已解冻及受污染的饺子。不得装入面团、面块和多量的面粉。严禁包装未速冻良好的饺子。

（2）称重　要求计量准确，严禁净含量低于国家计量标准和法规要求，在工作中要经常校正计量器具。

（3）包装　称好后即可排气封口包装。包装袋封口要严实、牢固、平整、美观，生产日期、保质期打印要准确、明晰。装箱动作要轻，打包要整齐，胶带要封严粘牢，内容物要与外包装箱标志、品名、生产日期、数量等相符。包装完毕要及时送入低温库。

二、危害分析与关键控制点的确定

HACCP 体系主要由危害分析（HA）和关键控制点（CCP）两部分构成。应考查速冻水饺生产过程，即原辅料验收、饼皮压延、制馅、成形、速冻、包装等各个工序，对实际和潜在存在的各种生物性、化学性和物理性危害进行调查分析，对危害的严重性进行评估，并对其危害性进行预测，从而确定采取预防或控制措施能够有效消除或降低危害的环节或操作，即关键控制点。

危害分析是制定有效的 HACCP 计划的关键，如果危害分析不正确，HACCP 计划中要控制的危害难以识别，计划就无法有效实施。

识别潜在危害应考虑的因素如下。

（1）原材料无异物污染（关键控制点）　原料是否存在一些微生物（如沙门氏菌、金黄色葡萄球菌）危害、化学危害（如黄曲霉毒素、抗生素或农药、兽药残留）或物理危害（如石头、玻璃和金属）的敏感成分，饮用水、冰和蒸汽是否进入食品或用于处理食品；各成分的来源（如地理区域、供应商等）。

（2）固有特性　饺子加工过程前后的物理特性和组成，如 pH、可发酵碳水化合物、水分活度、防腐剂等。

（3）加工过程中金属检测工序（关键控制点）　生产的水饺都必须经过金属检测器，对通不过金属检测器的产品应抽出，找出带金属物饺子并做相应处理。严格控制的杀菌过程，确保达到生产要求。

（4）饺子中的微生物数量　饺子中含有的正常微生物数量，微生物数量在食用前的正常贮存期间发生的变化，微生物数量的变化对饺子安全性的改变。

（5）生产车间设计　考虑车间布局是否对原料与饺子进行了充分隔离，如果没有，考虑哪些危害有可能污染饺子。产品包装区空气是否正压，对饺子的安全性是否必须。员工和可移动设备的流动模式是否会导致污染。

（6）设备的设计和作用　考虑是否有饺子安全性所必需的温度、时间控制设备，设备加工能力是否与饺子加工量相适应，设备是否能有效地控制，以便操作偏差处于食品安全所要求的允许范围内，设备是否可靠或是否经常发生故障，设备的设计是否便于清洗、消毒，是否有可能产生危害物质的污染，使用了什么装置以提高消费者的安全（如金属探测器、磁性物、筛机、过滤器、筛网、温度计和去骨头的装置），正常设备磨损影响物理危害产生的程度，使用设备加工不同产品时是否需要考虑相互的干扰和影响。

三、制定速冻饺子 HACCP 计划表

速冻水饺 HACCP 计划表如表 14－1 所示。

表 14－1　速冻水饺 HACCP 计划表

企业名称：××食品股份有限公司产品名称：速冻水饺企业

地址：××××××××××××××××××　贮藏和销售方法：冷库冷藏零售

关键控制点	显著危害	关键限值	监控				纠偏行动	记录	验证程序
			对象	方法	频率	人员			
原料验收	致病菌、寄生虫危害	符合 GB/T 5009.38—2003《蔬菜、水果卫生标准的分析方法》	原料肉	送检、厂家保证	逐批	原料质检员	通过检查，不合格拒收	合格证明（每批）检测报告（每年）原料检验记录	审核检测报告每周一次
	兽药、农残	符合 NY 467—2001《畜禽屠宰卫生检疫规范》					通过调查确定安全区域，定点采购		
	金属碎片、骨头	符合 GB 2707—2016《食品安全国家标准　鲜（冻）畜、禽产品》					通过感官检验，不合格拒收		
菜处理	致病菌寄生虫等	符合 GB/T 5009.38—2003《蔬菜、水果卫生标准的分析方法》、GB/T 5009.188—2003《蔬菜、水果中甲基托布津、多菌灵的测定》	清洗次数	感官检验	逐批	菜处理质检员	检查发现不合格重新增加清洗次数	填写《菜处理 CCP 监控记录表》	1. 菜处理班长、车间主任检查每日记录；2. 质检中心每周抽检一次
	农药残留、重金属	符合 NY 467—2001《畜禽屠宰卫生检疫规范》					农药残留、重金属不得超标，否则拒收		
	金属物、泥沙、塑料片	符合 GB 2707—2016《食品安全国家标准　鲜（冻）畜、禽产品》					发现不合格重新增加挑拣次数		

续表

关键控制点	显著危害	关键限值	监控				纠偏行动	记录	验证程序
			对象	方法	频率	人员			
原料菜收购	致病菌寄生虫等	GB/T 5009.38—2003《蔬菜、水果卫生标准的分析方法》、GB/T 5009.188—2003《蔬菜、水果中甲基托布津、多菌灵的测定》	原料菜	感官检验	逐批	原料质检员	通过进货和菜处理控制	填写《原料保证卡记录表》；抽检记录；《外购物物料记录表》	质检中心每周抽检一次
	农药残留、重金属	符合NY 467—2001《畜禽屠宰卫生检疫规范》					通过调查确定安全区域，定点采购		
	金属物、泥沙、塑料片	符合GB 2707—2016《食品安全国家标准 鲜（冻）畜、禽产品》					通过感官检验，不合格拒收		
金属检测	金属碎片、铁丝	直径小于1.5mm金属不得存在	金属物	金属探测器	30min/次	包装班质检	发现机器失灵，及时找维修人员维修并对已检产品重新逐袋检测	填写《金属检测CCP监控记录表》	包装班班长及车间主任每日检查记录

计划用途和消费者： 用于广大普通消费者日期：20××年×月×日

四、监控、纠偏、记录与验证

建立合适的监控程序跟踪加工过程中的各项操作，及时发现可能偏离关键限值的趋势，并迅速采取措施进行调整；查明何时失控（查看监控记录，找出最后符合关键限值的时间）；提供加工控制系统的书面文件，当监测结果表明某一CCP发生偏离关键限值的现象时，必须立即采取纠正措施；防患于未然，建立适当的纠正措施以备。建立验证程序，利用验证程序不但能确定HACCP体系是否按预定计划运作，而且还可确定HACCP计划是否需要修改和再确认。建立记录管理程序，记录在监控、偏差、纠正措施等过程中发生的历史性信息为HACCP的完善提供文件依据。

详细准确的计划执行记录为CCP的有效监控提供了可靠的依据。做好速冻水饺生产过程中原辅料验收、饼皮压延、馅料绞碎、速冻操作、成品包装、冷库温度、设备器具清洗消毒、生产人员卫生状况、车间环境卫生等各个关键控制点的监控记录。当关键控制点超过关键限值时，记录为采取的纠偏措施提供依据。在HACCP体系建立之后，制订相应的审核验证制度以核查HACCP体系的执行情况，确保HACCP计划有效实施并达到预期目的。

思考题

1. 速冻食品生产过程中潜在的危害因素有哪些？怎样确定危害的显著性？
2. 在速冻食品加工过程中，一般哪些工序必须实施监控？怎样监控？
3. 速冻饺子关键控制点的监控要素有哪些？

第十五章

ISO22000 体系简介

ISO22000 食品安全标准于 2005 年 9 月 1 日正式发布，该标准被称为 HACCP 体系（危害分析与关键控制点）的升级版，定义了食品安全管理体系的要求。ISO22000 的使用范围覆盖了食品链全过程，与食品生产密切相关的行业也可以采用这个标准建立食品安全管理体系。ISO22000 加快并简化了程序，相对 HACCP、ISO9000 更为容易被整个供应链上的各个环节所接受。这一标准可以单独用于认证、内审或合同评审，也可与其他管理体系，如 ISO9001：2000 组合实施。

2018 年，ISO22000 食品安全标准进行了自 2005 年以来的第一次修订。ISO22000：2018 现已更新为 ISO 高阶结构（HLS）并进行了修订，以满足当今食品安全的挑战。获得认证的组织必须在 2021 年 6 月 19 日之前过渡到 2018 版标准。在此日期之后，2005 版标准将被撤销。

第一节　ISO22000 标准的诞生背景

无论是发达国家还是发展中国家，食品安全都是人们最关注的问题，不会因为国民经济的发展与技术水平的提高，以及人民生活水平的提高而得到解决，相反，随着食物和食品生产的机械化和集中化，以及化学品和新技术的广泛使用，新的食品安全问题不断涌现。世界各国间的贸易往来日益增加，食品安全没有国界，世界某一地区的食品问题很可能会波及全球，因此，制定统一的国际食品安全管理体系标准势在必行。

HACCP 体系自 20 世纪 50 年代由美国 Pillsbury 公司为 NASA 生产食品而创建以来，经过不断的完善和发展，在国际上得到广泛的应用。为满足组织开展 HACCP 体系认证的需要，2001 年，在丹麦标准协会的倡导下，国际标准化组织农产食品技术委员会（ISO/TC34）成立了 WG8 工作组，参照质量/环境管理体系国际标准（ISO9001/ISO14001）的框架起草了食品安全管理体系国际标准（ISO22000）。2004 年 6 月，ISO 发布了 ISO22000 国际标准草案（DIS 稿），进入各成员国为期 5 个月的表决阶段，并于 2004 年第四季度发布最终国际标准草案（FDIS），2005 年 9 月 1 日正式发布 ISO22000《食品安全管理体系——对整个食品链中组织的要求》。这是国际标准化组织发布的继 ISO9000 和 ISO14000 后用于合格评定的第三个管理体系国际标准。

ISO22000 是以国际食品法典委员会（CAC）在《食品卫生通则》附件中《危害分析与关键控制点（HACCP）体系及实施指南》为原理的食品安全管理标准。主要内容是针对食品链中的任何组织的要求，适用于从饲料生产者、初级食物生产者、食品制造商、贮运经营者、转包商到零售商和食品服务端的任何组织，以及相关的组织如设备、包装材料、清洁设备、添加剂等的生产者。

我国从食品安全关键问题入手，采取自主创新和积极引进并重的原则，重点解决检测、控制和监控评价体系，研究并提出了“食品企业和餐饮业 HACCP 体系的建立和实施”中的关键过程控制要求，同时结合我国的六大类主要食品（罐头类食品、水产品、肉及肉制品、速冻果蔬、果蔬汁、含肉或水产品的速冻方便食品）研究制定了各专项评价准则。2006 年 3 月 1 日，ISO22000：2005 等同转换版国家标准 GB/T 22000：2006 正式发布，2006 年 7 月 1 日正式实施。

2018 年 8 月 15 日，中国合格评定国家认可委员会（CNAS）官网发布关于发布《关于 ISO22000：2018 认证标准换版的认可转换说明》等文件的通知。根据通知，为贯彻国际认可论坛（IAF）有关决议要求，指导和规范食品安全管理体系（FSMS）认证机构有序完成认证依据标准 ISO22000：2018 换版的认可转换工作，CNAS 组织制定了认可说明文件 CNAS－EC－054：2018《关于 ISO22000：2018 认证标准换版的认可转换说明》，并配套修订了认可说明文件 CNAS－EC－035：2014《食品安全管理体系认证机构认可说明》（第三次修订版）。经批准，两项认可说明文件于 2018 年 8 月 1 日发布并实施，上述两项认可说明文件可在 CNAS 网站“认可规范”栏目下载。

第二节　ISO22000 概述

一、ISO22000 简介

ISO22000 是协调统一的国际性自愿标准，它为 HACCP 概念提供了国际交流平台，提供审核依据（可以用于企业内部审核，自我声明和第三方认证）。标准结构与 ISO9001：2000《质量管理体系要求》和 ISO14001：1996《环境管理体系规范及使用指南》相协调。

ISO22000 标准规定了食品安全管理体系的要求，以便食品链中的组织证实其有能力控制食品安全危害，确保其提供给人类消费的食品是安全的。标准不是对企业提出的食品安全的最低要求，也不是食品生产法律的通常要求。该标准是一个组织自愿遵循的管理要求，它为食品链中的任何企业提供一个重点更突出、连贯一致和综合完整的食品安全管理体系。

ISO22000 标准的所有要求在食品链中都是通用的，组织可以利用内部和（或）外部资源来实现本标准的要求。它适用于包括直接或间接介入食品链中的一个或多个环节的组织，从饲料生产者、初级生产者经由食品制造者、运输经营者、仓贮经营者，直到零售分包商、餐饮经营者，以及与其关联的组织，如设备、包装材料、清洁剂、添加剂和辅助生产者。考虑到食品链各组织间的差异，甚至允许小型和（或）欠发达的组织，如小农场、小包装分销商、小型食品零售或服务点，实施由外部制定和设计的前提方案及 HACCP 计划的组合。

由于食品链的任何阶段都可能引入食品安全危害，为了确保食品链每个环节所有与食品危害相关的因素得到识别和有效控制，沿食品链进行分析是必要的。标准纳入了包括相互沟通、体系管理、过程控制、HACCP 原理、前提方案五个公认的关键原则。明确了组织在食品链的上游和下游组织间所处的位置。

标准整合了 HACCP 体系和国际食品法典委员会（CAC）制定的实施步骤，并将其与必要的前提方案动态地结合，其中前提方案旨在终产品交付到食品链下阶段时，将其中确定的危害降低到可以接受的水平。由于危害分析有效组合了所需要的食品安全管理知识，所以它是食品安全管理控制体系的关键。它要求对食品链内合理预期发生的所有危害，包括与各种过程和所有设施有关的危害进行识别和评价，明确哪些危害需要在组织内控制，哪些危害需要由其他组织控制（或已经控制）和（或）由最终消费者控制。

该标准阐明了前提方案的概念。前提方案（PRPs）分为两种类型：基础设施与维护方案、操作性前提方案。这种划分考虑了拟采用控制措施的性质差异，及其监视、验证或确认的可行性。整合两种前提方案和详细的 HACCP 计划是生产安全产品的重要保证。基础设施与维护方案用于阐述食品卫生的基本要求和可接受的、更具永久特性的良好（操作、农业、卫生、兽医、生产、分销、贸易等）规范；而操作性前提方案则用于控制或降低产品或加工环境中确定的食品安全危害的影响。HACCP 计划用于管理确定的关键控制点（CCPs），以消除、防止或降低源于产品且通过危害分析确定的具体食品安全危害。本标准通过组合前提方案和 HACCP 计划，确定采用的策略以确保危害控制，并且要求组织识别、监视、控制和定期更新前提方案和 HACCP 计划。

该标准虽然仅对食品安全方面进行阐述，可以独立于其他管理体系标准之外单独使用，但它并不妨碍组织整合其他管理体系要素的内容，因为最有效的食品安全体系要在已构建的管理体系框架内设计、运行和更新，并将其纳入到组织的整体管理活动中，这将为组织和相关方带来最大的利益。本准则考虑了 GB/T 19001—2016《质量管理体系　要求》的条款，以加强与之的兼容性。同时也考虑到了环境保护的 GB/T 24001—2016《环境管理体系　要求及使用指南》。另外，组织也可以利用现有的管理体系建立一个符合本标准的食品安全管理体系。当与其他管理体系标准一起使用时，本标准的使用必须有组织最高管理者的承诺。本标准提供的方法同样可用于食品的其他特定方面，如风俗习惯、消费者意识等。

二、ISO22000 与 HACCP 体系的关系

ISO22000 标准提供了食品安全管理体系的框架，包含了国际食品法典委员会（CAC）HACCP 体系的全部要求，ISO22000 与 HACCP 体系内容的对比见表 15－1。

表 15－1　　ISO22000 与 HACCP 体系内容对比

HACCP 原理	HACCP 实施步骤		ISO22000	
原理 1 进行危害分析	组成 HACCP 小组	步骤 1	7.3.2	食品安全小组
	产品描述	步骤 2	7.3.3	产品特性
			7.3.5.2	过程步骤和控制措施的描述
	识别预期用途	步骤 3	7.3.4	预期用途
	制定流程图	步骤 4	7.3.5.1	流程图
	现场确认流程图	步骤 5		
	列出与各步骤有关的所有潜在危害，进行危害分析，并考虑对识别出的危害的控制措施	步骤 6	7.4	危害分析
			7.4.2	危害识别和可接受水平的确定
			7.4.3	危害评估
			7.4.4	控制措施的选择和评估

续表

HACCP 原理	HACCP 实施步骤		ISO22000	
原理 2 确定关键控制点（CCP）	确定关键控制点	步骤 7	7.6.2	关键控制点（CCPs）的确定
原理 3 建立关键限值	建立每个关键控制点的关键限值	步骤 8	7.6.3	关键控制点的关键限值的确定
原理 4 建立关键控制点（CCP）的监视系统	建立每个关键控制点的检测系统	步骤 9	7.6.4	关键控制点的监视系统
原理 5 建立纠正措施，以便当监控表明某个特定关键控制点（CCP）失控时采用	建立纠偏行动	步骤 10	7.6.5	监视结果超出关键限值时采取的措施
原理 6 建立验证程序，以确认 HACCP 体系运行的有效性	建立验证程序	步骤 11	7.8	验证策划
原理 7 建立有关上述原理及其在应用中的所有程序和记录的文件系统	建立文件和记录保持系统	步骤 12	4.2	文件要求
			7.7	预备信息的更新、规定前提方案和 HACCP 计划文件的更新

ISO22000 标准和 HACCP 体系都是一种风险管理工具，能使实施者合理地识别将要发生的危害，并制订一套全面有效的计划，来防止和控制危害的发生。但 HACCP 体系源于企业内部对某一产品安全性控制体系，以生产全过程监控为主，适用范围较窄。而 ISO22000 标准是适用于整个食品链工业的食品安全管理体系，不仅包含了 HACCP 体系的全部内容，并将其融入企业的整个管理活动中，体系完整、逻辑性强，属于食品企业安全保证体系。

三、 HACCP 与 ISO9000

ISO9000 是适应于各种行业的质量管理保证体系，HACCP 应用于食品工业，侧重食品加工过程中安全控制，两者的差别见表 15－2。

表 15－2　ISO9000 与 HACCP 不同点

ISO9000	HACCP
体系完整，属质量管理范畴	科学性、逻辑性强、属于质量控制范畴
强调产品质量能满足顾客需求	强调食品安全，避免消费者受害
未规定应用的必备条件	以 GMP 为基础
范围广，覆盖设计、开发、生产、安装、售后服务	范围集中，以生产过程监控为主
应用于各种企业	专业性强，适用食品工业
无特殊监控事项	具有监控事项，如致病菌等

资料来源：裴山．食品安全管理体系建立与实施指南．北京：中国标准出版社，2006。

第三节　ISO22000 标准的特点

ISO22000 体系强调的是对“从农田到餐桌”这一整个过程进行安全性管理，它被用来保证食品的所有阶段的安全。对 ISO9000、HACCP 体系的内容具有很强的包容性和兼容性。该体系的准则主要体现了下面几个方面的特点。

一、 食品安全管理范围延伸至整个食品链

ISO22000 标准的一个很重要的突破是：标准的要求可适用于食品链内的各类组织，如饲料生产者、食品制造者、运输和仓贮经营者、分包者、零售分包商、餐饮经营者，以及相关组织，如设备生产、包装材料、清洁剂、添加剂和辅料的生产组织。因而包装、贮存、运输类企业同样可获得证书支持。ISO22000 作为提升世界食品综合水平的新标准，将降低食品行业在公众面前因严重的污染丑闻而造成的行业形象受损的风险。

对于生产、制造、处理或供应食品的所有组织，食品安全是首要的要求。这些组织都应该能够充分证实其识别影响食品安全的诸多因素和控制食品安全危害的能力。由于在食品链的任何阶段都可能引入食品安全危害，因此通过整个食品链进行充分控制是必需的。所以食品安全是基于通过食品链的所有参与者共同努力而保证的连带责任，认识到组织在食品链所处的角色和地位，可确保在食品链内有效地沟通，以供给终端消费者安全的食品。图 15－1 列举了食品链中典型相关方之间沟通渠道的可能范围。

二、 先进管理理念与 HACCP 原理的有效融合

过程控制、体系管理及持续改进是现代管理领域先进理念的核心内容。组织为了能有效地运作，必须识别并管理许多相互关联的过程。一个过程的输出会直接成为下一个过程的输入。

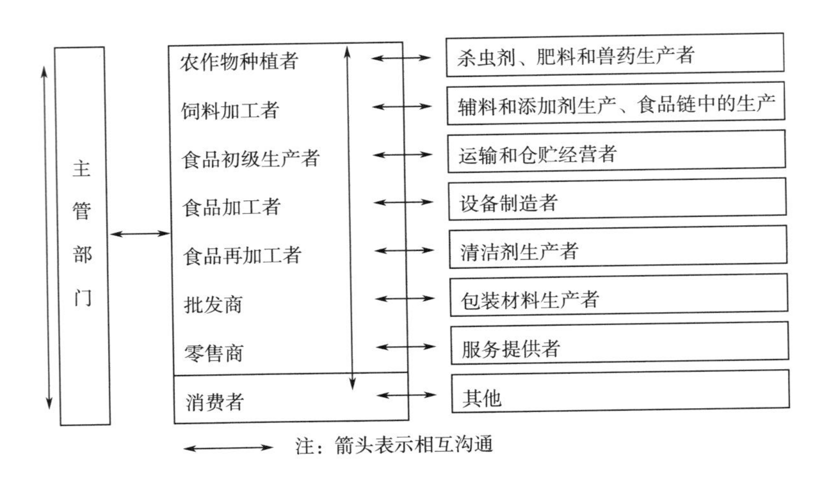

图 15－1　食品链上的沟通实例

组织系统的识别、管理过程以及过程之间的相互作用，称为过程控制。而体系管理，即针对设定的目标，识别、理解并管理一个由相互关联的过程所组成的体系，有助于提高组织的有效性和效率。持续改进的最终目标是通过实施不断地 PDCA（计划、实施、检查、改进）循环提高管理水平和效率，这是 ISO19001 体系的重要内容。以上核心内容在 ISO22000（DIS）标准中主要体现在以下五个方面。

（1）食品安全目标导向建立一个系统，以最有效的方法实现组织的食品安全方针和目标。由组织的最高管理者制订食品安全方针，并进行相关的沟通。最高管理者应确保组织的食品安全方针与其组织在食品链中的位置相对应，确保符合与客户商定的食品安全要求和法律法规要求，确保在组织的各个层次上得到沟通、实施和保持，并对其持续适宜性进行评审，同时确保沟通在食品安全方针中充分体现。食品安全方针应由可测量的目标支持。

（2）过程的识别和危害分析。在实施前提方案（包括基础设施与维护方案、操作性前提方案）的基础上，对食品安全危害造成不良后果的严重程度及其发生的可能性进行危害分析并确定显著危害，作为 HACCP 计划和操作性前提方案组合控制的对象。

（3）要求组织整合不同类型的前提性操作方案和详细的 HACCP 计划以确保体系有效运行并确保食品安全。基础设施和维护方案用于阐述食品卫生的基本要求和可接受、更具永久特性的良好（操作、农业、卫生、分销、贸易等）规范，而操作性前提方案则用于控制或降低产品在加工环境中确定的食品安全危害的影响。HACCP 计划用于管理危害分析中确定的关键控制，以消除、防止或降低产品中特定的食品安全危害。组织采用的适当的策略通过组合前提方案和 HACCP 计划确保进行危害分析。

（4）体系的监视和测量。监视测量除了 HACCP 原理所包含的关键控制点的监控之外，还包含危害分析输入的持续更新，操作性前提方案和 HACCP 计划中要素的实施和有效性，体系运行后危害水平降低的程度、内部审核等。对以上内容的验证结果再进行评价和分析，对操作性前提方案和 HACCP 计划的组合控制的有效性进行确认，将验证和确认的结果输入持续改进。监视和测量建立在基于事实的决策方法的基础上，或按照准确的数据和信息进行逻辑推理分析（可以借助如统计技术等辅助手段），或依据信息做出直觉判断。

（5）持续改进体系。持续改进是组织的一个永恒的目标。组织应通过满足有关安全食品的策划和实现的要求，持续改进食品安全管理体系。持续改进的输入包括内部外部的沟通、管理评审、内部审核、验证结果的评价、验证活动结果的分析、控制措施组合的确认和食品安全管理体系的更新。

三、 强调交互式沟通的重要性

ISO22000（DIS）标准在“引言”中指出，相互沟通是食品安全管理体系的关键要素。包括在食品链中与其上游和下游组织的沟通是必需的，以确保在食品链各环节中的所有相关食品危害都得到识别和充分控制。

（1）标准的 4.1 条款“总要求”中提出在食品链范围内沟通与其安全有关的适宜信息；在组织内就有关食品安全管理体系建立、实施和更新的信息进行必要沟通，以确保在必要程度上满足本标准的要求的食品安全。

（2）标准的 5.6 条款明确了内部和外部沟通的要求，为确保整个食品链获得充足的食品安全的信息，外部沟通相关方包括：供方与承包方、顾客或消费者，特别是在产品信息（如保质期的说明等）、问询、合同或订单处理及其修改，以及顾客反馈信息（包括抱怨）、立法和执法部门、对食品安全管理体系的有效性或更新具有影响的其他组织等。内部沟通应确保食品安全小组及时获得变更的信息，包括新产品的开发和投放、原料和辅料、生产系统和设备、法律法规、清洁和消毒程序、人员资格水平和（或）职责及权限分配、顾客等的变更信息，以及影响食品安全的其他因素等。组织应确保将内外部信息沟通作为食品安全管理体系更新和管理评审的输入。

（3）在人力资源方面，组织应确保影响食品安全的人员意识到有效进行内外部沟通的必要性。组织应确定各种产品和（或）过程种类的使用者和消费者，并应考虑消费群体中的易感人群，应识别非预期但可能出现的产品不正确的使用和操作方法。危害识别和可接受水平的确定包括外部信息，如产品的流行病学和其他历史数据；来自食品链，可能与最终产品、中间产品和食品链终端（消费阶段）相关的食品安全危害信息。

四、 满足法律法规要求

在 GB/T 22000—2006/ISO22000：2005 标准的“引言”中指出：“本标准旨在为满足食品链内经营与贸易活动的需要，协调全球范围内关于食品安全管理的要求，尤其是适用于寻求一套重点突出、连贯且完整的食品安全管理体系，而不仅是满足通常意义上的法规要求。本标准要求组织通过食品安全管理体系以满足与食品安全相关的法律法规要求。”

五、 前提方案 PRPs 的设计

ISO22000 标准明确提出前提方案 PRPs（Prerequisite Program）应该满足的四个条件，即要与组织在食品安全方面的需求及与运行的产品性质相适宜，能够在整个生产系统实施并得到食品安全小组的批准。并且以“前提方案”的概念替代了良好操作规范（GMP）和卫生标准操作程序（SSOP）概念。前提方案是一个可替代词，组织在选择或制订前提方案 PRPs 时应该考虑和利用适当的信息（如法律法规要求、公认的指南、国际食品法典委员会的法典原则，国家、国际或行业标准）。例如，根据食品经营组织在食品链中所处的位置和食品安全管理的需要，可包括以下一个或几个环节：良好操作规范（GMP）、良好农业规范（GAP）、良好卫生规范（GHP）、良好销售规范（GDP）、良好兽医规范（GVP）、良好生产规范（GPP）、良好贸易规范（GTP）、基础设施和维护方案，以及操作性必备方案（SSOP 和其他 SOP）。

第四节　ISO22000：2005 体系的主要内容

按照目前已经发布的标准条款，ISO22000：2005（GB/T22000—2006《食品安全管理体系　食品链中各类组织的要求》包括以下八个方面的内容：

（1）范围；

（2）规范性引用文件；

（3）术语和定义；

（4）食品安全管理体系；

（5）管理职责；

（6）资源管理；

（7）安全产品的策划和实现；

（8）食品安全管理体系的确认、验证和改进。

相关重点内容介绍如下。

一、适用范围

该标准规定了食品链中食品安全管理体系的要求，当组织需要：

（1）证实其有能力控制食品安全危害，以稳定地提供安全的终产品，同时满足商定的顾客要求与适用的食品安全法律法规要求。

（2）旨在通过有效控制食品安全危害，包括更新体系的过程，增强顾客满意。在明确其要求后使组织实现下列目标：①策划、设计、实施、运行、保持和更新旨在提供终产品的食品安全管理体系，确保这些产品按预期用途食用时，对消费者是安全的；②评价和评估顾客要求，并证实其符合双方协定且与食品安全有关的顾客要求；③证实与顾客及食品链中的其他相关方有效沟通；④证实其符合适用的食品安全法律法规要求；⑤确保符合其声明的食品安全方针；⑥证实符合其他相关方的要求；⑦寻求由外部组织对其食品安全管理体系的认证。

本准则所有要求都是通用的，旨在适用于所有在食品链中期望设计和实施有效的食品安全管理体系的组织，无论该组织的类型、规模和所提供的产品如何。这包括直接介入食品链中的一个或多个环节的组织（如饲料加工者，农作物种植者，辅料生产者，食品生产者，零售商，食品服务商，配餐服务组织，提供清洁、运输、贮存和分销服务的组织）以及间接介入食品链的组织（如设备、清洁剂、包装材料以及其他与食品接触材料的供应商）。

二、食品安全管理体系（FSMS）

总要求规定了组织应该按照本准则的要求建立有效的食品安全管理体系，形成文件，加以实施和保持，并进行更新。同时要求组织应确定食品安全管理体系的范围，该范围应规定食品安全管理体系中所涉及的产品或产品类别、加工和生产场地。组织将在考虑产品特性、产品预期用途、流程图、加工步骤和控制措施的基础上进行危害识别及评价。对某一特定的拥有数条生产线的组织来说，本准则仅覆盖其中的若干生产线，而不覆盖其他的生产线。对小型经营者可从源于外部的某些过程受益，如当基础设施无法满足需要时，可通过采用源于外部提供的过程或产品，在使用前应予以确认。提供必要的方式实施基础设施要求的活动（如验证活动）。

本标准要求食品安全管理体系文件包括的内容，具体为：形成文件的食品安全方针和目标；标准要求形成文件的程序和记录；为确保食品安全管理体系有效建立、实施和更新所需的文件，包括记录。

在本准则中，要求形成文件的程序如下：文件控制，记录控制，操作性前提方案，处置不合格影响的产品，纠正措施，纠正，潜在不安全产品的处置，召回，内部审核。除上述要求形成文件的程序外，还有要求形成文件的，如食品安全方针和目标，操作性前提方案，HACCP计划，原辅料及产品接触材料的信息，终产品特性，关键限值选定的合理性证据等。

对于应该编制形成的文件，必须对如下方面做出规定：文件的批准（发布前需批准，更新后再批准），文件的使用和管理（如识别文件的更改和现行修订状态），文件的更改（记录更改的原因和证据），外来文件的识别和发放控制，作废文件的识别和处理等。

记录是提供符合要求和食品安全管理体系有效运行的证据。记录要求保持清晰、易于识别和检索。记录的保存期要考虑法律法规要求、顾客要求和产品的保存期。

三、 管理职责

（1）管理承诺　最高管理者的领导作用、承诺和积极参与，对建立并实施有效的食品安全管理体系是必不可少的，因此，最高管理者应对其建立和实施食品安全管理体系的承诺提供证据，同时要求组织的经营目标应支持食品安全的要求。

（2）食品安全方针　食品安全方针是由组织的最高管理者正式发布的该组织总的食品安全宗旨和方向，它应是其总方针的组成部分，并与其保持一致。食品安全方针应由可测量的目标来支持，制定的食品安全方针应形成文件，并且满足下面要求：①与组织在食品链中的作用相适应，如组织的产品、性质、规模等；②符合相关的食品安全法律法规要求及其与顾客商定的食品安全要求，如组织可以根据政府的食品安全目标制订自己的食品安全方针；③方针宜使用容易理解的语言表达，在组织的各层次进行沟通，确保员工均能了解方针与其活动的关联性，以便有效实施并保持方针，同时应对方针的持续适宜性进行评审，根据组织的实际情况以及持续改进的要求进行修订；④沟通的安排，要求融入相互沟通的原则。在整个食品链中以及在组织内部的沟通对食品安全，特别是对识别、确定、控制食品安全危害起着至关重要的作用。为确保沟通的有效进行，应在方针中阐述。制定的食品安全目标要求定量或定性，同时必须以支持食品安全方针为宗旨。

（3）食品安全管理体系策划　为了实现食品安全方针与目标，最高管理者应对组织的食品安全管理体系进行策划。策划的结果要满足条款 4.1 的总要求，策划活动应规定必要的运行过程和相关资源（包括法规要求的基础设施），并能实现目标要求，组织应该有一套策划的机制，当食品安全管理体系（如产品、工艺、生产设备、人员等）发生变更时进行策划，确保该变更不会给食品安全带来负面影响，并且确保体系的完整性和持续性。

（4）职责和权限　明确职责和权限，是食品安全管理体系运行的保障。为确保食品安全管理体系有效运行和保持，最高管理者应该确定组织机构，规定各部门和岗位人员的职责和权限，同时职责的内容和权限应该相互沟通，所有员工有责任汇报与食品安全管理体系有关的问题，但应该明确规定发生问题时向谁报告。职责、权限和沟通方式确定得合适与否，应以能否促进组织食品安全活动的协调性和有效性为依据。

（5）食品安全小组组长　由最高管理者任命食品安全小组组长，可以负责下面工作：组织食品安全小组的工作；对建立、实施、保持和更新食品安全管理体系进行管理；向最高管理者报告体系运行情况，并将此作为体系改进的基础；为食品安全小组成员安排相关的培训和教育，使其了解组织的产品、过程、设备和食品安全危害，以及与体系相关的管理要求；必要时负责外部联络和沟通。

（6）沟通　包括外部沟通和内部沟通两个方面。外部沟通的主要相关方包括：①与供方与承包方；②与顾客进行包括产品信息（如预期用途、贮存条件、保质期等）、问询、合同或订单处理，以及顾客反馈等方面互动沟通；③立法和执法部门；④对食品安全管理体系的有效性或更新产生影响或将受其影响的其他组织。在食品链中，沟通应对组织产品的食品安全方面提供充分的信息，特别是适用于那些需由食品链中其他组织控制的已知的食品安全危害，沟通的记录应保留。同时记录来自顾客和主管部门的所有与食品安全有关的要求，对于外部沟通人员只有被指定人员才能进行。

内部沟通旨在确保以适当的方法及时沟通，保证信息传递的正确性，有利于提高组织效率，也有利于对食品安全危害的识别和控制，并作为管理评审和体系更新的输入。沟通可以采用如会议、传真、内部刊物、备忘录、电子邮件、纪要、口头或非口头形式，沟通的内容包括新产品的开发和投放、原料和辅料、生产系统和设备、法律法规、清洁和消毒程序、人员资格水平和（或）职责及权限分配、顾客等的变更信息，应特别关注新法律法规或突发新的食品安全危害及处理方法的新知识等。食品安全小组扮演着关键的角色。

（7）应急准备和响应　最高管理者应该考虑影响组织有关食品安全的潜在紧急情况和事故，并证实如何管理，其结果应该作为管理评审的输入。潜在的紧急情况和事故的实例包括火灾、洪水、生物恐怖主义、阴谋破坏、能源故障、直接环境的突然污染、出现新的危害等，组织也可以处理“商业”风险或消费者关注的问题，或基于食品危害不科学的媒体宣传。因此，最高管理者应该确保组织建立和保持相应程序，以识别潜在事故、紧急情况和事件并做出响应。必要时，尤其在实际发生事故或紧急情况之后，应确保评审或修订应急准备和响应程序。在条件可行时应对应急程序进行演练，以判断该程序的有效性。

（8）管理评审　管理评审是最高管理者的重要职责，是其对食品安全管理体系的适宜性、充分性、有效性按策划的时间间隔进行的系统的、正式的评价，通常由最高管理者、部门负责人及相关人员参加。评审的频次可考虑组织策划的结果，体系变化的需求等来确定；特别是，当组织连续出现重大食品安全事故或被顾客投诉或质疑体系的有效性时，也应该考虑及时进行管理评审。通常管理评审一年一次，管理评审记录应妥善保存。

管理评审包括评审的输入和评审输出两个部分。评审的输入包括但不限于以下信息：验证活动结果分析；可能影响食品安全的环境变化；紧急状况、事故和召回；评审结果和体系更新活动；包括顾客反馈的沟通活动；以往管理评审的跟踪措施等。评审的输出包括：食品安全管理体系的改进；食品安全保证；资源需求；食品安全方针和目标的修订。同时管理评审输出应该包括以下方面的决定和措施：

①食品安全管理体系有效性的改进：对体系进行更新，包括危害分析、操作性前提方案和HACCP计划等内容，确保体系体现必须控制的食品安全危害的最新信息；

②食品安全保证：满足本准则总要求；

③资源需求：考虑资源的适宜性和充分性；

④组织食品安全方针和目标的修订，以适应食品安全管理体系现状和变化的要求。

管理评审是对组织运行是否满足食品安全目标的整体评价，管理评审应当考虑当前管理情况与预期目标的差距，从而寻找改进机会；同时让最高管理者得到管理评审的输入的信息后考核目标实现的可能性。

四、资源管理

（1）资源提供　资源是组织建立食品安全管理体系，实现食品安全方针和目标的必要条件。最高管理者应提供充足资源，以建立、实施、保持和更新食品安全管理体系。资源可以包括：人员、信息、基础设施、工作环境，甚至文化环境等。例如，组织为信奉伊斯兰教国家的顾客提供分割牛肉产品时，需要建造符合穆斯林宗教的厂房，并聘请阿訇负责下刀，同时，还要满足人员中信奉伊斯兰教的数量达到一定的比例，并为其提供做礼拜的场所。

（2）人力资源　食品安全小组和其他从事影响食品安全活动的人员应是能够胜任的，并具有适当的教育、培训、技能和经验。此类人员要求具备包括专业技能、从业经验、学历、身体健康方面等要求。同时对食品安全小组成员组成可以考虑互补性外，还要对某些缺乏的知识进行必要的培训。例如，发酵工序的菌种制作工，要求具有高中以上文化程度或相应职业学校毕业，从事此类工作两年以上，能够熟练掌握无菌操作和高压锅灭菌的操作。当需要外部专家帮助建立、实施或运行食品安全管理体系时，这些专家的职责和权限应以协议的方式予以记录。同时组织应该确定从事食品安全管理人员的必需的能力、意识（如必需的技能、过程失控时应对措施等），并提供必要的教育和培训。保持所有影响食品安全的人员的教育、培训、技能和经验的适当记录。

（3）基础设施　组织应该根据所生产产品的性质和相关方的要求，参考国际（法典）、国内相关食品卫生规范和（或）食品链其他环节的要求，提供以便建立和保持符合食品安全管理体系要求所需的基础设施。基础设施可以包括但不限于建筑物和设施的布局、设计和建设；空气、水、能源和其他基础条件的提供；设备，包括预防性维护、卫生设计和每个单元维护和清洁的可实现性；包括废弃物和排水处理的支持性服务。基础设施因组织的产品特性而异。如保健食品加工组织，则要求策划的基础设施符合GB 17405—1998《保健食品良好生产规范》的要求。

（4）工作环境　工作环境是指工作时所处的一组条件，这样的条件可以是物理的、人文方面的（如宗教信仰的要求）、社会的（如员工福利和动物福利的要求）、卫生环境等。组织应提供资源以建立、管理和保持符合食品安全管理体系要求所需要的工作环境。

五、安全产品的策划和实现

（1）总则　组织应策划和开发安全产品实现所需的过程。可以通过有效开发、实施和监视策划的活动，保持和验证食品加工和加工环境的控制措施，并当出现不符合时采取适宜的措施来实现。策划包括验证程序的建立和控制措施组合的确认。控制措施通过操作性前提方案

PRPs 和（或）HACCP 计划执行。策划阶段如图 15－2 所示。

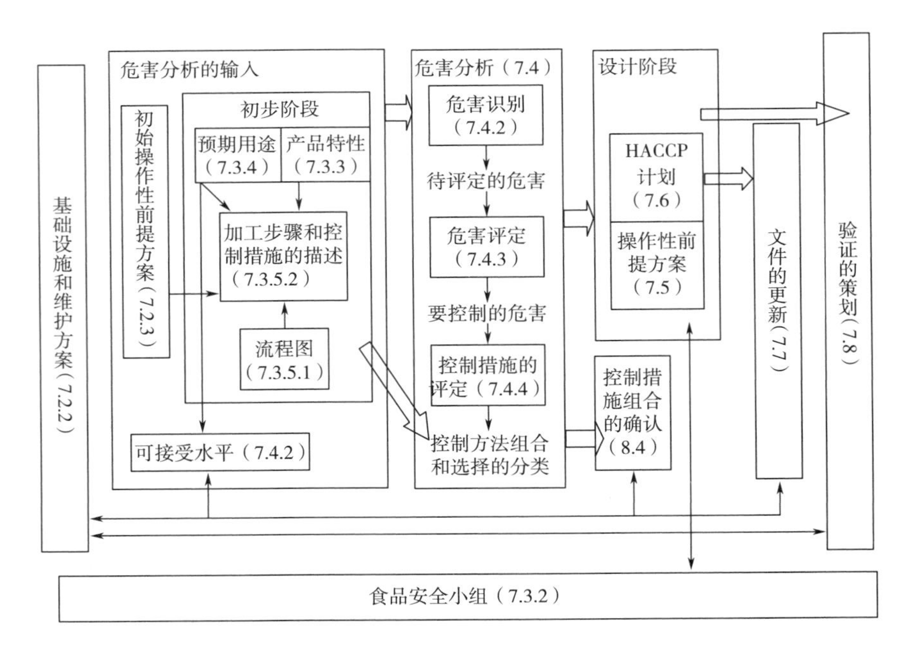

图 15－2　安全食品的策划

（2）前提方案 PRPs

①总要求：前提方案是针对运行的性质和规模而规定的程序或指导书；用以改善和保持运行条件，从而有效地控制食品安全危害和（或）为控制食品安全危害引入产品和产品加工环境，控制危害在产品和产品加工环境中污染或扩散的可能性。因此，组织首先应确定设计其前提方案的适用法规、指南、相关准则和相关方的要求等，根据这些要求结合组织的产品性质、食品安全方面的需求制订相应的前提方案；同时，组织需识别前提方案需求的变化，保持其持续有效性和适宜性，这包括相关方需求变化，如内销产品，输出美国；或厂房改造，或组织提供资源能力发生变化，都可能使前提方案发生变化。前提方案分两类：一是基础设施和维护方案；另一类是操作性前提方案。前提方案包括或构成了控制措施，因此建立前提方案旨在确保预防、消除食品安全危害或将其降低到适宜水平。具体措施可以包括：控制食品安全危害通过工作环境进入产品的可能性；控制产品的生物、化学和物理污染，包括产品之间的交叉污染；控制产品和产品加工环境的食品安全危害水平。协助前提方案分类判断树见图 15－3 所示。

②基础设施和维护方案：基础设施与维护方案用于阐述食品卫生的基本要求和可接受的、固定的良好（操作、农业、卫生等）规范；组织应该根据产品性质和对食品安全的要求，根据相应的食品法典和指南，建立并保持符合食品安全的设施。

③操作性前提方案：操作性前提方案是为控制食品安全危害引入的可能性和（或）食品安全危害在产品或生产环境中污染或扩散的可能性，通过危害分析确定的必需的前提方案 PRPs。本标准要求组织应建立、保持和更新操作性前提方案，并形成文件。当确定的食品安全危害不通过 HACCP 计划控制时，构成或包含于这些方案中的控制措施的严格程度应能够使这些食品安全危害受控。操作性前提方案应该与组织经营规模和类型，以及制造和（或）处理

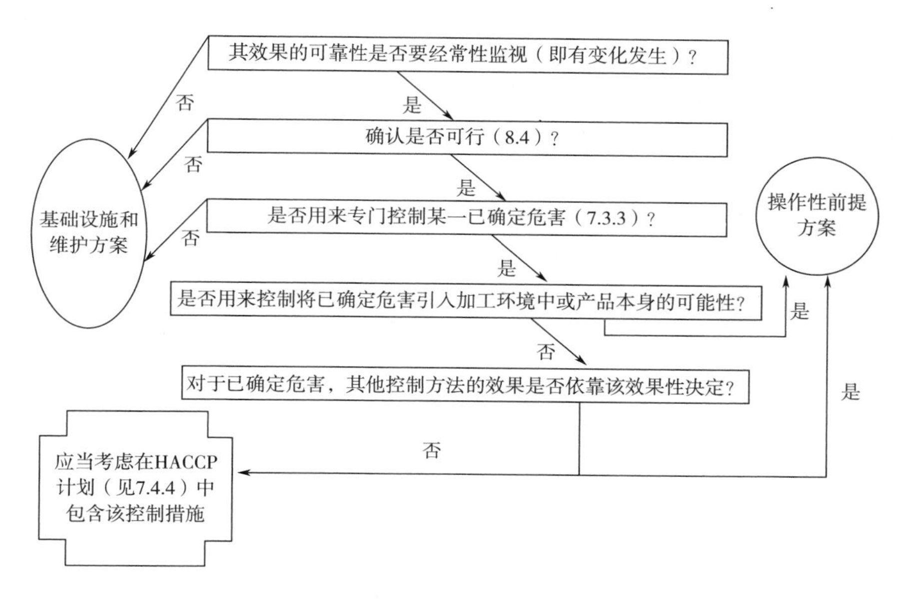

图15-3 协助前提方案分类的判断树方法

的产品性质相适应；无论是整体应用，还是用于特定产品或生产线，操作性前提方案应在整个生产体系中实施。当建立方案时，应该考虑但不限于以下因素：人员卫生；清洁和消毒；虫害控制；交叉污染的预防措施；包装程序；对采购材料（如原料、辅料、化学药品）、供给（水、空气、蒸汽、冰等）、清理（如废弃物和排水系统）和产品处理（如贮存和运输）的管理。

操作性前提方案同卫生标准操作程序计划（SSOP计划）存在相关性和差异性。操作性前提方案同SSOP计划一样，都包括对卫生控制措施（SCP）的管理，如操作性前提方案管理的人员卫生、虫害控制、清洁和消毒，交叉污染的预防和采购的化学用品及供给（水、蒸汽、空气、冰等）的控制；等同于SSOP计划中所管理的与食品和食品接触材料接触的水（包括蒸汽、冰）的安全，虫害控制，有毒有害化合物的正确存贮、标识和使用，食品接触面的清洁度，交叉污染的预防，员工健康，外来掺杂污染物的控制，手的清洗和消毒；而卫生间设施则属于基础设施和维护方案中。另外通过对食品安全危害的控制措施的评价，有些对预期产品的食品安全危害进行控制的措施，通过控制措施的评价而属于操作性前提方案管理，这部分控制措施则不属于SSOP的范畴，如对产品处理（如贮存和运输）的管理等。

（3）实施危害分析的预备步骤

①总则：应以受控文件形式收集、保持和更新所有危害分析所需要的相关信息，形成文件，并且保持记录。其目的是为实施危害分析提供必要的准备，以确保危害分析的充分性。

②食品安全小组：食品安全小组应具备多学科的知识和建立与实施食品安全管理体系的经验。这些知识和经验包括但不限于组织的食品安全管理体系范围内的产品、过程、设备和食品安全危害。对条件不具备的或欠发达的组织，其人员能力达不到满足要求时，可以以聘请专家的形式达到本准则的要求。但能够证明人员能力的证据均要记录、保存，如学历证明、从业经验证明、技术职称等。

③产品特性：产品特性包括原料、辅料和与产品接触的材料，终产品特性两个方面。其

一，应该在文件中对所有原料、辅料和与产品接触的材料予以明确说明，其详细程度为识别和评估食品安全危害所必须，适宜时描述内容包括以下方面：化学、生物和物理特性；配制辅料的组成，包括添加剂和加工助剂；产地；生产方法；交付方式、包装和贮存条件；使用或生产前的预处理；与原料和辅料预期用途相适宜的有关食品安全的接受准则或规范。如蔬菜原料要检查农药残留，添加剂的使用限量等。这些内容不仅要求组织识别其符合国家及相关方面的食品安全法律法规的要求，而且要保持更新。

其二，终产品特性也应在文件中明确说明，其详略程度为危害分析所必需，包括以下信息：产品名称或类似标识，成分，与食品安全有关的化学、物理和生物特性，预期的保质期和贮存条件，预期用途，包装，与食品安全有关的标志和（或）处理、制备及使用说明书，分销方式，组织应识别与以上有关的食品安全法定的要求同时还要保持更新。例如，在捕捞的虾产品中，为防止出现黑鳃和保持色泽，用亚硫酸盐和FDC黄色5号溶液浸泡，而亚硫酸盐则使特定人群产生过敏反应。又如，在产品标签上注明保质期，贮存条件，使用时的处理方式和注意事项（如本品含苯丙氨酸成分）。

④预期用途：组织应确定各种产品和（或）各种类别的使用者和消费者，并考虑消费者群体中已知的食品安全危害的易感人群，将终产品的预期用途和合理的预期处理包括在终产品特性中。如产品含糖，糖尿病人禁用。上述描述应保持更新。

⑤流程图、过程步骤和控制措施的描述：流程图应提示食品安全危害可能的出现、增加或引入的信息。过程流程图是危害分析的框架，它包括运行中所有操作步骤的顺序及相互关系、源于外部的过程和分包工作、返工和循环点等，还可以通过绘制其他图表或车间示意图或描述如气流、人员流、设备流、物流、水流等，为危害识别、危害评价、控制措施评价提供帮助。食品安全小组应通过对现场核对来验证流程图的准确性及其是否符合现状。经过验证的流程图应作为记录予以保持。食品安全小组成员应对过程流程图中的步骤进行描述，描述应当包括相应的过程参数（如温度、添加物的点或形式、流程等）、应用强度（或严格程度）（如时间、水平、浓度等）和加工差异性（相关时）。另外，还要描述可能影响控制措施的选择及其严格程度的外部要求（如执法部门或顾客）。这些描述也要随着变化进行必要的更新。

（4）危害分析

①总则：食品安全小组应针对每类产品和（或）过程合理预期发生的食品安全危害进行危害分析，可以通过沟通获得的信息，也可以是预备步骤获得的信息，以确定为确保食品安全所需要控制的危害，并确定所要求的控制措施组合。同时还要考虑验证结果的评价结果，确认结果和体系更新的结果，以确保危害分析的充分性和可靠性。

②危害识别和可接受水平的确定：应识别并记录与产品类别、过程类别和实际生产设施相关的所有合理预期发生的食品危害。危害的识别和可接受水平的确定包括预备步骤得到的信息、本组织历史性经验和外部信息、针对识别的潜在食品安全危害，在描述时应该明确到具体的种类如物理危害玻璃碎片等。可接受的水平指的是为确保食品安全，在组织的终产品进入食品链下一环节时，某特定危害所达到的水平。它仅指下一环节是实际消费时，食品用于直接消费的可接受水平，而终产品的可接受水平应通过下一个或多个信息来源获得的信息确定，如由销售国政府权威部门制定的目标、指标或终产品准则；与食品链下一个环节的组织（经常是顾客）沟通规范，特别是针对用于进一步加工或非直接消费的终产品。可接受的最高水平可以参照相关法律规定标准或通过科学文献和专业经验获得。

③危害评估：危害评估是考虑危害的来源、危害发生的概率、危害的性质、危害可能导致的对健康产生不利影响的严重程度（如严重、显著、轻微、不显著）或通过科学文献、数据库、公众权威和专业咨询获得的额外信息确定的。通过危害评价，以确定消除危害或将危害降低到可接受水平是否为食品安全所必需的，以及是否需要控制危害以达到规定的可接受的水平。根据食品安全危害造成不良健康后果的严重性及发生的可能性，对每种食品安全进行评价和分类。应指明在原料、加工和分销中哪个环节每种食品安全危害可能被引入、产生或增加程度。危害评估主要是根据食品安全危害造成的不良健康后果的严重性及发生的可能性，利用危害发生的可能性与严重性的函数关系采用适当的方法进行评价并记录评估的结果。

④控制措施的选择和评估：对于食品安全危害，可通过适宜地选择和实施控制措施组合来控制，该组合将预防、消除或减少食品安全危害的产生以满足规定的可接受水平。控制措施的范围很广，包括贯穿食品链的各种应用措施，如食品处理用的良好卫生规范（GHP）、良好农业规范（GAP）等；食品的内在因子（如水分活度）；产品抽样测试；用于指导顾客消费的标识等。

控制某一特定的食品安全危害经常需要一种以上的控制措施，而同一种控制措施可以控制多种食品安全危害。对控制措施选择和分类的逻辑方法和参数应以文件的形式规定，属于HACCP计划管理的控制措施按照HACCP计划进行，而其他的控制措施则按照操作性前提方案实施。对控制措施评价结果的记录应予保持。

（5）操作性前提方案（PRPs）的建立　操作性前提方案应该形成文件，每个方案包括由每个方案控制的食品安全危害、控制措施、监视程序、纠正和纠正措施、职责和权限、监视记录等。操作性前提方案的制订可以仿照HACCP计划的设计，采用结合限值与监测相结合的办法，这可以导致降低控制程度的监视频率，如有关参数的每周检查；可以与HACCP计划互动控制；可接受水平的变化可能导致OPRP的变化，有可能需要实施新的控制措施。

（6）HACCP计划的建立　这里包括了HACCP计划、关键控制点（CCPs）的识别、关键控制点中关键限值的确定、关键控制点的监视系统、监视结果超过关键限值时采取的措施内容。这与危害分析与关键控制点（HACCP）体系完全相同，在此不再重复。

（7）预备信息的更新、规定前提方案和HACCP计划的更新　为了确保食品安全管理体系有效运行，组织应在每次设计或重新设计后，在危害分析前，对规定的信息进行更新（即产品特性、预期用途、流程图、加工步骤和控制措施）；必要时对HACCP计划以及组成操作性前提方案的程序和指导书进行修改，操作性前提方案包括如何运行、符合性如何监视以及一旦出现不符合应采取哪些措施的指导书，任何更改应予记录。由上述修改引起的基础设施和维护方案的任何修改应予确定和实施。此外相关信息可能源于与规范有关的实践，该规范用于危害分析输入。

（8）验证策划　验证策划应规定验证活动的目的、方法、频次、职责。验证是对组织实施食品安全管理体系的能力提供信任的一种工具。本标准要求验证食品安全管理体系的单独要素和整体绩效。在组织控制之外开展的控制措施验证可以包括符合验收准则和（或）原料采购规范的检查以及通过实施意味着确认假定的分销条件已被实际应用。

验证是否满足已确定危害水平的方法可包括分析性测试，其中还需要制订特定的抽样计划（抽样单元的数量及规模、频次、分析方法，并考虑可接受的结果）。相对于食品安全危害确定的可接受水平，以及监视程序查明失控的能力，验证频次取决于被应用的控制措施效果的不确定性。因此，所要求的频率将更加取决于与确认结果和控制措施运行有关的不确定性（如过程的变化性）；例如，当确认表明控制措施使危害控制显著高于满足可接受水平的最低要求时，对该控制措施效果的验证即可以减少或根本不做要求。

对验证结果应该保持记录并且传达到食品安全小组，同时要提供验证结果以进行验证活动结果的分析。当体系验证是基于终产品的测试且测试样品不满足食品安全危害的可接受水平时，受影响的产品应作为潜在不安全产品，按照潜在不安全产品的处置规定进行处理。

（9）可追溯性系统　组织应建立且实施可追溯系统，以确保能够识别产品批次及其与原料批次、生产和交付的记录的关系并且能够识别直接供方的进料和终产品初次分销的途径。

组织通过标识在容器和产品上的编码以辨别产品、组成成分和服务的批次或来源，记录提供产品的交付地和采购方。可采取定期演练的方式或对实际发生的问题产品进行追溯，确保潜在不安全产品的召回，以证实可追溯系统的有效性。可追溯记录的保存期应权衡产品的保质期、顾客和法规的要求来制定；可追溯系统还应考虑抽取样品和返工产品的追溯。

（10）不符合控制

①纠正和纠正措施：监视结果，包括关键控制点超出和操作性前提方案不符合的结果，以及顾客投诉、验证结果中不符合等都需采取纠正和（或）纠正措施。应由组织授权且有能力的人员评价监视的结果，以便启动纠正措施。同时还要评价纠正措施是否达到预期效果，以确保其有效性。如生产车间内发现苍蝇，应查找苍蝇进入的渠道，包括车间人流和物流进出口、滋生地，如垃圾和废水排放口；评价虫害控制图，对苍蝇的分布趋势进行分析，确定可能的引入渠道，并采取相应的防蝇措施；同时，对苍蝇的滋生地进行管理，最后评审车间是否有苍蝇。而对于不符合关键控制点时所产生的终产品，组织授权的人根据终产品的预期用途和可接受的水平，通过可追溯性系统识别受影响的产品，并通过对终产品的抽样检测以确定受影响的产品是否符合；当某一危害在同一生产批量中的分布不均匀时，用产品抽样决定该产品是否安全可能无效。在评价受不符合关键控制点或不符合操作性前提方案影响的产品时，应确保评价潜在不合格产品和处理不合格产品的场所对产品无再次污染。

组织应建立和保持形成文件的程序，规定适宜的措施以识别和消除已发现的不符合的原因，防止其再次发生，并在不符合发生后，使相应的过程或体系恢复受控状态。

②潜在不安全产品的处置：对于不符合关键控制点或不符合操作性前提方案影响的产品均为不合格产品。当对影响的产品进行评价时，满足：a. 相关食品安全危害降低到规定的可接受水平；b. 相关的食品安全危害在产品进入食品链前将降至确定的可接受的水平；c. 尽管不符合，但产品仍能满足相关食品安全危害规定的可接受水平；产品可以放行。

对于潜在的不安全产品，符合下列条件的可以放行：a. 除监视系统外的其他证据证实措施有效，如对监视结果的分析；b. 证据显示，针对特定产品的控制措施的整体作用达到预期效果；如罐装产品，当作为关键控制点的初温发生偏离时，而杀菌过程充分满足要求；c. 充分抽样、分析和（或）充分的验证结果证实受影响的批次产品符合被怀疑失控的食品安全危害确定的可接受水平。否则，潜在不安全产品应通过组织进一步加工、或重新加工、或通知顾客采取措施处理，直到满足可接受水平才能放行；或销毁和（或）按废弃物处理。一旦不安全产品发生交付，应采取召回的方式，防止危害的扩散。

③召回：为控制交付后的不安全产品的食品安全危害影响，组织应建立召回程序。召回的原因可能是顾客的投诉或主管部门检查发现，或媒体报道，或其他原因。在获得不安全产品召

回的信息后，组织应对该批次产品或相邻批次产品留样进行复查。以验证是否不安全或其不安全原因；同时通知相关方，包括主管部门、相关产品的顾客和媒体，通过电视、媒体广告、互联网等途径召回。产品召回对象包括已发现的不安全产品和库存产品。撤回产品在被销毁、改变预期用途、确定按原有（或其他）预期用途使用是安全的或为确保安全重新加工之前，应被封存或在监督下予以保留。撤回的原因、范围、结果应予以记录，并向最高管理者报告，作为管理评审的输入。组织在策划时可以成立产品召回小组，组织对召回程序的有效性验证，可以通过验证试验、模拟召回、实际召回的方式，评审召回程序的适宜性。

六、 食品安全管理体系的确认、验证和改进

（1）总则　食品安全小组应策划和实施对控制措施和（或）控制措施组合进行确认所需的过程，并验证和改进食品安全管理体系。这些活动的结果应证明符合本准则及组织关于食品安全目标的要求并且确保在需要时对食品安全管理体系进行更新。确认、验证和更新食品安全管理体系是食品安全小组的责任。这项职责是通过有计划的活动来实现的。食品安全小组应该策划并完成确认和验证及更新食品安全体系的活动并切实加以执行，如制订方案、活动计划、程序等。采用何种确认、验证方法也应在活动中研究确定，比如统计技术的使用、变更方法计算等。

验证的目标是确保整个食品安全管理体系的符合性、适宜性、有效性。在验证、确认活动中，如果新发现食品危害，或有不符合或其他需改进情况，应反馈到食品安全小组，由食品安全小组对此信息与验证、确认过程中获得的其他信息进行评价，需要时应确保及时更新管理体系。

对于包含在操作性前提方案中和 HACCP 计划中的控制措施实施之前以及变更后，组织应该确认所选择的控制措施能够对食品安全危害实现预期控制，而控制措施及其组合能够有效控制使食品安全危害达到可接受的水平。否则要进行修改和重新评估。修改内容包括控制措施变更、原料、生产技术、终产品特性、预期用途的变更等。

（2）控制措施组合的确认　食品安全危害是通过控制组合来控制的。控制措施是通过操作性前提方案和 HACCP 计划来管理。组织应该确认控制措施的组合能够达到已确定食品安全危害控制所要求的预期水平。确认的目的包括：确定各控制措施或控制措施的有限组合对危害的影响（如增高或降低危害水平的数量级，或者预防危害发生的程度）；确定控制措施的整体组合使最终产品满足已确定的可接受水平的能力（注：对于所关注的确认，基本的一个或多个控制措施的有限结合可以用来确认整个组合）。确认的方法包括但不限于：参考他人已完成的确认或历史知识；用试验模拟过程条件；收集正常操作条件下生物、化学和物理危害的数据；统计学设计的调查；数学模型。

确认可以是初始确认、有计划的周期性确认或由特殊事件引发的确认，如：附加控制措施、新技术或设备的实施；增加所选控制措施的强度（如时间、温度、浓度）；需组织控制的其他危害的识别；危害的发生或其水平的变化（如在配料或食品链其他部分中）；危害对于控制措施发生的变化（如微生物适用性）；食品安全管理体系不明原因的失效，包括如大批量不合格品的产生。

确认证实控制措施组合的设计不适当，且考虑重新设计表明修改控制措施是不可行时，应当考虑通过适当的信息或标签将信息充分地提供给顾客或消费者。

（3）监视和测量　组织应提供证据表明采用的监视、测量方法和设备是适宜的，以确保监视和测量程序的效果。组织应该决定用什么方法和步骤进行检测，以便保证监控和确认活动的有效性。但如需要使用，则应证实所用监视和测量设备及方法满足食品安全管理体系的需要（如准确度、灵敏度、校验情况、方法的公认性等）。应保存校准和验证的记录。运行中如发现测量设备不符合要求，应修复设备，并评价不符合时受影响的产品，评价结果及所采取的后继措施应加以记录并保存。在有使用软件的场合，首先应予以识别并在使用时确认，必要时再确认。

（4）食品安全管理体系的验证

①内部审核：组织应该建立内审程序并且按照策划规定的时间间隔进行内部审核，对制订内审计划、组织实施报告结果和保持记录等工作职责和要求加以规定（包括准则、范围、频率、办法等），以确定食品安全管理体系是否符合策划的安排、组织所建立的食品安全管理体系的要求与本标准的要求或者得到有效实施和更新。标准明确提出审核员不能审核自己所做的工作，这点与质量管理体系内审要求相同，同时还必须将审核结果以适当的方式反映给最高管理者。并作为管理评审和更新食品安全管理体系的输入。

②单项验证结果的评价：食品安全小组应系统地评价所策划验证的每个结果，当验证证实不符合策划的安排时，组织应采取措施达到规定的要求。验证活动发现的不符合项可能是硬件设备方面的，也可能是管理系统方面的，主要但不限于以下方面：对当前的更新程序和沟通渠道进行评审；对危害分析结论、操作性前提方案、HACCP 计划进行评审；基础设施和维护方案的评价；人力资源管理和培训活动有效性评价。标准要求对验证活动本身进行策划，而且其评价结果应该系统化。

③验证活动结果的分析：验证结果分析是食品安全小组的职责。此项活动是对食品安全管理体系的全面分析，验证活动的结果包括内部审核和外部审核的结果，为更新体系提供输入，而且对不安全产品的风险发生趋势要进行分析。在使终产品满足已确定可接受危害水平的整体绩效方面，该分析为食品安全管理体系提供了评价的方法，其结论一般将成为与公共卫生主管部门和顾客沟通的重要信息。整体食品安全管理体系的确认可以是初始确认、有计划的周期性确认或由特殊事件引发的确认。可对食品安全管理体系（FSMS）进行初始确认，运用科学研究和（或）专家建议及厂内观察测量包括体系的历史业绩，以确保所有潜在危害得到确定；HACCP 计划从技术和科学角度都是可靠的；前提方案从技术和科学的角度考虑都是可靠的。

为确保食品安全管理体系（FSMS）的充分性，可按所制定的周期进行重新确认，周期性确认包括：对危害分析的技术性评价；对 HACCP 的计划性评价；对前提方案的技术性评价；对流程图的现场评审；对记录的现场评审。

分析结果和由此产生的活动要予以记录，并以相关的形式向最高管理者报告，作为管理评审的输入和食品安全管理体系更新输入。

（5）改进

①持续改进：在保证实现食品安全的前提下，组织应不断改进食品安全管理。本标准提出了改进办法。最高管理者通过采用沟通、管理评审、内部审核、单项验证结果的评价、验证活动结果分析、控制措施的组合确认和食品安全管理体系的更新，以持续改进食品安全管理体系的有效性。

②食品安全管理体系的更新：食品安全管理小组应定期评价和评估顾客反馈，包括有关食

品安全的抱怨、审核报告和验证活动分析结果；继而应考虑对危害分析、操作性前提方案PRPs 和 HACCP 计划的设计进行评审的必要性，从而确保食品安全管理体系及时得到更新，以确保食品安全。组织应记录体系更新活动，并以适当的形势报告，作为管理评审的输入。值得注意的是食品安全的实现应在满足法律法规的前提下，对体系不断进行持续改进。最高管理者对于及时更新体系负有领导责任，评价和更新活动基于内外部沟通信息的输入；与食品安全管理体系适宜性、有效性、充分性有关其他信息的输入；验证活动结果分析的输出；管理评审的输出。更新的具体执行由食品安全小组落实。

第五节　ISO22000：2018 体系简介

ISO22000 的目标是协调全球食品安全管理的要求。该标准有助于确保从农场到餐桌整个食品供应链的食品安全。ISO22000：2018 采用了所有 ISO 标准所通用的 ISO 高阶结构（HLS）。由于它遵循与其他广泛应用的 ISO 标准（如 ISO9001 和 ISO14001）相同的结构，因此与其他管理体系的整合更加容易。由于 HLS，导致了 ISO22000：2018 中的一些变化，但另外还有一些针对食品安全管理和当前商业环境的变化（表 15 –3）。

表 15 –3　ISO22000：2005 和 ISO22000：2018 标准条款对照

ISO/DIS22000：2018 条款	ISO22000：2005 条款
1 范围	**1 范围**
2 规范性引用文件	**2 规范性引用文件**
3 术语和定义	**3 术语和定义**
4 组织的环境	**4 食品安全管理体系**
4.1 理解组织及其环境	/
4.2 理解相关方的需求和期望	/
4.3 确定食品安全管理体系的范围	4.1 总要求
4.4 食品安全管理体系	4.1 总要求
5 领导作用	**5 管理职责**
5.1 领导作用和承诺	5.1 管理承诺
5.2 食品安全方针	5.2 食品安全方针
5.3 组织的岗位、职责和权限	5.4 职责和权限 5.5 食品安全小组组长 7.3.2 食品安全小组
6 策划	/
6.1 应对风险和机遇的措施	/
6.2 食品安全目标及其实现的策划	5.2 食品安全方针

续表

ISO/DIS22000：2018 条款	ISO22000：2005 条款
6.3 变更的策划	5.3 食品安全管理体系策划
7 支持	**6 资源管理**
7.1 资源	6.1 资源提供
7.1.1 总则	6.1 资源提供
7.1.2 人员	6.2 人力资源 6.2.1 总则
7.1.3 基础设施	6.3 基础设施
7.1.4 工作环境	6.4 工作环境
7.1.5 外部开发食品安全管理体系要素的控制	/
7.1.6 外部提供过程、产品和服务的控制	4.1 总要求
7.2 能力	6.2.2 能力、意识和培训
7.3 意识	6.2.2 能力、意识和培训
7.4 沟通	5.6 沟通
7.4.1 总则	5.6 沟通
7.4.2 外部沟通	5.6.1 外部沟通
7.4.3 内部沟通	5.6.2 内部沟通
7.5 成文信息	4.2 文件要求
8 运行	**7 安全产品的策划和实现**
8.1 运行策划和控制	7.1 总则
8.2 前提方案	7.2 前提方案
8.3 可追溯性	7.9 可追溯性系统
8.4 应急准备和响应	5.7 应急准备和响应
8.4.1 总则 8.4.2 紧急情况和事故的处理	5.7 应急准备和响应
8.5 危害控制	7.3 实施危害分析的预备步骤 7.4 危害分析 7.5 建立操作性前提方案 7.6 建立 HACCP 计划 8.2 控制措施组合的确认
8.5.1 危害分析预备步骤	7.3 实施危害分析的预备步骤
8.5.2 危害分析	7.4 危害分析 7.4.1 总则 7.4.2 危害识别和可接受水平的确定 7.4.3 危害评估 7.4.4 控制措施的选择和评估

续表

ISO/DIS22000：2018条款	ISO22000：2005条款
8.5.3 控制措施和控制措施组合的确认	8.1 总则 8.2 控制措施组合的确认
8.5.4 危害控制计划（HACCP计划/OPRP计划）	7.5 操作性前提方案的建立OPRP 7.6 HACCP计划的建立
8.6 前提方案PRPs和危害控制计划信息更新	7.7 预备信息的更新、规定前提方案和HACCP计划文件的更新
8.7 监视和测量的控制	8.3 监视和测量的控制
8.8 前提方案PRPs和危害控制计划的验证	7.8 验证的策划 8.4.2 单项验证活动的评价
8.8.1 验证	7.8 验证的策划
8.8.2 验证活动结果的分析	8.4.3 验证活动结果的分析
8.9 不符合产品和过程的控制	7.10 不符合控制
8.9.1 总则	7.10 不符合控制
8.9.2 纠正措施	7.10.2 纠正措施
8.9.3 纠正	7.10.1 纠正
8.9.4 潜在不安全产品的处理	7.10.3 潜在不安全产品的处置
8.9.5 撤回/召回	7.10.4 撤回
9 食品安全管理体系绩效评价	/
9.1 监视、测量、分析和评价	/
9.1.1 总则	/
9.1.2 分析和评价	8.4.2 单项验证结果的评价 8.4.2 验证活动结果的分析
9.2 内部审核	8.4.1 内部审核
9.3 管理评审	5.8 管理评审
10 改进	**8.5 改进**
10.1 不符合和纠正措施	/
10.2 食品安全管理体系更新	8.5.2 食品安全管理体系的更新
10.3 持续改进	8.5.1 持续改进

第六节 ISO22000标准在我国的现状和推广前景

一、ISO22000标准在我国的现状及基础

我国从20世纪80年代开始就对HACCP体系进行学习和研究，并在出口食品厂家中进行HACCP体系的试运行工作。90年代初实施美国水产品法规阶段，2002年5月国家质检总局公布20号令《出口食品生产企业卫生注册登记管理规定》颁布实施。并对生产水产品、肉及肉制品、速冻蔬菜、果蔬汁、含肉及水产品的速冻食品、罐头产品的企业强制性要求建立

HACCP 体系，标志着我国应用 HACCP 体系进入一个新的阶段。

从 1984 年至今，原国家商检局陆续制定和颁发了一系列文件。针对出口食品生产和贮存企业实施强制性的卫生管理。1994 年 11 月，原国家商检局发布了《出口食品厂、库卫生要求》，并据此进一步提出了《出口水产品加工企业注册卫生规范》等 9 个卫生注册规范。这些强制实施的卫生要求和规范构成了中国出口食品的 GMP，这些法规性的要求和规范是与 CAC/WHO 的主要卫生规范或美国 21CFR—110（食品企业良好操作规范）规定基本一致的。在法律地位上也与其等效。此外，我国制定的 GB 14881—2013《食品安全国家标准　食品企业通用卫生规范》作为我国食品企业必须执行的国家标准颁布。国家认证认可监督管理委员会批准发布了《食品生产企业危害分析与关键控制点（HACCP）管理体系认证管理规定》，自 2005 年 5 月 1 日执行。这是我国第一次正式提出 HACCP 管理认证体系，并明确了官方检测和第三方认证的区别。

近年来，HACCP 体系作为最有效的食源性疾患控制体系已为许多国家政府、标准化组织、行业采用，或在相关法规中要求强制执行或推荐使用或作为分供方的强制要求。尽管我国推行的 HACCP 体系与 ISO22000 存在较大的差异，但其核心内容都是以国际食品法典委员会（CAC）的 HACCP 为基础，HACCP 在我国食品行业特别是从事进出口的食品加工企业已得到普遍认识，并积极推广应用，为在我国实施 ISO22000 奠定了良好的基础。

二、ISO22000 在我国推行实施存在的问题

ISO22000 标准是一个适用于整个食品链相关企业的食品安全管理体系框架，它将 HACCP 体系从侧重对 HACCP 七项原理、GMP、SSOP 等技术方面的要求，扩展到整个食品链并作为一个体系对食品安全进行管理，增加了运用 ISO22000 标准的复杂性、灵活性和难度，对企业提出了更高的要求。尽管 ISO22000 标准提出了前提方案的概念，但没有给出前提方案的具体细节，需要企业根据实际情况自行设计和再设计，无形中加大了企业实施 ISO22000 标准的要求。我国推广和实施主要存在以下几方面的问题。

（1）我国食品企业大多数是“小型和（或）不发达企业”，推广和实施基础差　我国食品企业大多是从传统的作坊式企业发展起来的，总体规模较小，档次水平低，基本上是“小型和（或）不发达企业”。这些企业在实施以 HACCP 为基础的食品安全管理体系 ISO22000 时，由于企业的基本生产条件和能力的限制，将可能存在以下问题：企业规模小；消费市场有限；经济基础薄弱；人力资源匮乏；缺乏专家或技术支持；生产主体多元化；基础设施和设备落后；缺乏信息交流；缺乏培训；卫生质量问题多；食品生产原料及成品污染的问题突出；假冒伪劣产品多等。其中缺乏专业人员是企业实际运行中面临的最大问题。FAO/WHO 国际食品法典委员会（CAC）就此专门研究和编写了《小型和/或不发达企业 HACCP 实施政策》研究报告。

（2）对 ISO22000 标准实施目的认识还不够　这主要是源于我国的生产力发展水平和国民素质局限，生产经营供应的管理者们缺乏对食品安全管理体系重要性的认识，在实施过程中都是强调“急功近利”或“短期行为”；再有就是相关职能管理部门的意识还比较薄弱，建立、培育和引导企业进行食品安全管理体系的工作做得不够细致。

（3）专业人员素质需要有很大的提高　对于食品生产企业，无论推广 HACCP 体系还是建立并实施 ISO22000 标准，需要有大量的企业管理人员、专业技术人员、国家权威认证机构专业人员、职能部门监管人员等。由于 ISO22000 标准是 HACCP 体系升级版的食品安全管理体

系，从事管理活动的人员需要具有食品加工、检验、相关法律法规均比较全面的人员才能胜任，并且对于ISO22000标准中的操作性前提方案涉及内容很广，因此从事与体系相关的与食品安全相关人员的业务水平需要有比较高的层次。

（4）我国推行的HACCP体系与ISO22000存在较大的差异　目前我国实施的HACCP体系是以国际食品法典委员会（CAC）为基础的，它是一个帮助企业建立HACCP体系的方法指南，各企业根据实际情况建立企业的HACCP体系，以达到食品安全控制的目的。可以说我国目前建立的HACCP体系更加侧重于生产加工过程中食品安全的控制。ISO22000标准不仅包含了HACCP体系建立的全部内容，而且将其扩展到整个食品链中的企业建立食品安全管理体系的要求，因此涉及面相当广，它包括环境和食源性疾病危害的检测、危害分析和评估，食品安全检测技术相关设备的研究开发、产品流通领域的控制技术等。这对我国整个食品安全检测网络系统的建设提出了一个新的课题。

所以说，ISO22000标准既是描述食品安全管理体系要求的使用指导标准，又是可供认证和注册的依据准则，增加了推广和实施的复杂性和难度，它对企业和认证机构及审核员提出了新的要求。因此，加强ISO22000标准在我国企业的推广和实施工作任重而道远。

三、 我国实施应用ISO22000标准的建议

ISO22000标准在我国推广应用是具有一定基础的。ISO22000标准适用于食品链中的各类组织，并且它是以HACCP原理为基础，集法律法规、管理体系、产品的安全性为一身的、全面的食品安全管理体系，它的应用必将促进我国整个食品链的食品安全管理水平的提高，确保食品安全。为ISO22000标准在我国推广应用，促进我国食品行业整体水平的提高，确保安全，提出以下建议。

（1）正确理解ISO22000（GB/T 22000—2006）标准是贯彻实施的基础。国家主管部门在ISO22000标准转化为国家标准后，应该将相关的培训教材、评审指南、法规解释等资料进行发布，同时加强我国在不同行业、不同产品、不同基础条件、不同管理模式等方面的应用研究，为我国企业迅速推广实施GB/T 22000—2006标准打下良好的基础。

（2）鉴于我国农产品加工生产企业生产规模、产品质量参差不齐、食品链部分脱节现象严重，加强对企业食品安全管理体系的培训服务和力度，以提高企业员工自身食品危害防范意识，确保食品安全。

（3）通过规范、有效的第三方认证，推进ISO22000标准的应用。加大对食品安全管理体系的规范管理监管力度，以促进以HACCP为核心的食品安全管理体系在我国的健康发展。在国家认证认可管理部门的领导下，国家对认证机构的认可组织可以起到引导作用。

（4）提高消费者食品安全意识。建议采用多种形式，组织开展食品安全知识和法律法规宣传活动，使人们养成健康、成熟的消费心理，掌握必要的食品风险意识和防护技能，主动抵制假冒伪劣产品，为应用ISO22000标准创造一个良好的外部环境。

（5）政府出台相关政策扶持和配套资金支持，建议鼓励并支持食品企业实施应用食品安全管理体系ISO22000标准并寻求获得认证。

（6）发挥媒体的宣传优势，鼓励宣传通过ISO22000标准的企业产品，诱导消费者正确的健康消费理念，为企业的健康发展提供一个平台。尽管ISO22000标准只是一个自愿或推荐采用的国际（或国家）标准，但是由于该标准对全球（国内）食品安全管理体系是一个统一的

标准，实施这一标准可以使加工企业避免因为不同国家的不同标准产生的许多障碍（或国内企业相互之间的合作），出台以来已经为越来越多的国家的食品加工企业所熟悉和掌握，标准认证机构也应对企业加强宣传指导，政府部门也应该鼓励和倡导食品企业进行 ISO22000 标准的认证，这对食品企业特别是出口企业在产品出口中避免遭受贸易壁垒打下良好的基础，同时实施这一标准对我国农业产业化和提供加工产品在国际市场的竞争力起到不可替代的作用。

思考题

1. ISO22000 标准体系的适用范围是什么?
2. 什么是前提性操作方案? 它主要包括哪些内容?
3. 前提性操作方案与 SSOP 有何异同?
4. 为什么说 ISO22000 是升级版的 HACCP 体系?
5. ISO22000 体系与 ISO19001：2000 体系的内容上有哪些异同?
6. 结合 ISO22000 体系文件的内容，怎样实现食品安全管理体系的更新?
7. ISO22000：2005 和 ISO22000：2018 标准条款主要有哪些异同?
8. 我国执行 ISO22000 标准的难度有哪些方面?

第十六章

CHAPTER 16

ISO14000 环境管理体系

第一节　ISO14000 标准体系简介

ISO14000 环境管理系列标准是由国际标准化组织（ISO）继 ISO9000 标准之后推出的又一个管理标准。其目的是通过实施这一套环境管理标准，规范企业和社会团体等组织的环境行为，使之与社会发展相适应，改进生态环境质量，减少人类各项活动所造成的环境污染，节约资源，促进经济的可持续发展。

一、　环境管理体系的产生和发展

随着社会及经济的发展，工业化、城市化进程的加快，人类赖以生存的环境正发生着急剧的变化，承受着越来越大的压力，出现了一些全球性的问题。如臭氧层空洞、温室效应与气候变化、生物多样性减少与生态危机、水污染、土地荒漠化等，这些都威胁着人类的生存，制约着社会的进一步发展。环境与发展已成为全人类共同关注的话题。国际社会在总结过去环境保护发展的经验教训后，明确提出了可持续发展的战略，将环境保护与人类社会的经济发展并列起来。

可持续发展使人类在环境问题遍布全球，并在越演越烈的现实中反思人类的发展历程后，得出的对未来生活方式的设计和选择。在世界各国环保呼声日益高涨的形势下，1972 年 6 月 5 日，联合国在瑞典首都斯德哥尔摩召开了有 110 多个国家参加的人类首次环境大会，通过了《人类环境宣言》和《人类环境行动计划》，成立了联合国环境规划署，并将每年的 6 月 5 日定为“世界环境日”。

这次会议提出了“人类只有一个地球”的口号，号召世界各国政府和人民为维护与改善环境、造福全人类、造福子孙后代而共同努力，它标志着全世界对环境问题的认识已达成共识，人类已开始了在世界范围内探讨环境保护和改变发展战略的进程。

可持续发展要求在满足当代人需要的同时，又不会对后代人满足其需要的能力构成危害。它包含两方面的含义：一是发展必须满足世界上所有人的基本需求，并不断提高生活质量；二是对环境满足当前和将来的需求能力加以限制，维护对自然资源的持续利用，避免持续地损害环境。

（一）环境保护与环境管理的发展过程

环境保护是指人类为解决现实或潜在的环境问题，协调人类活动与环境的关系，保护社会经济的可持续发展为目的而采取的各种行动的总称。

环境管理是指在环境容量容许的条件下，以环境科学技术为基础，运用法律的、经济的、行政的、技术的和教育等手段对人类影响环境的活动进行调节和控制，规范人类的环境行为。其目的是为了协调社会经济发展与环境的关系，保护和改善生活环境和生态环境，防治污染和其他公害，保护人体健康，促进社会经济的可持续发展。

环境管理已逐步发展成为一个专门的管理学科，作为解决环境问题的管理方式。环境管理的发展经历了三个发展阶段。

1. 无为阶段

人们还没有意识到环境对人类社会发展的重要性，对环境没有采取任何措施，而是任其自然发展。

2. 治理阶段

企业管理者事先并未采取任何措施，当其环境因素所造成的环境影响已严重威胁到周围生态环境时，才不得不对被破坏的环境进行治理。此时企业并未认真分析产生环境影响的真正原因，而是等问题发生后被动地进行治理。

3. 预防阶段

当社会发展到一定阶段，企业管理者已意识到环境问题将会给企业的发展带来不利的影响时，环境问题才引起企业管理者足够的重视。在预防阶段，企业在生产前就会对重大的环境问题进行预防，并制订相应的对策。

（二）ISO14000 的产生和发展

实现可持续发展正引发着社会各个阶层、各个领域的重大变革和广泛行动。要想实现可持续发展的目标，就必须转变以往的污染控制战略，摒弃先污染后治理的传统做法，而从加强环境管理入手，建立污染预防的新观念，使企业通过自我决策、自我控制和自我管理的途径，将环境管理真正融入企业的全面管理中去。正是基于这种考虑，各国政府、工商业界以及众多的民间团体本着可持续发展的精神展开了积极的环保行动。1991 年，国际商会（ICC）发布了《可持续发展商务宪章》，提出了环境管理的 16 项原则，号召全世界的工商企业按照这些原则进行统一的环境管理，降低污染物排放、减少资源和能源消耗、改善企业的环境行为。各种环保宣传活动也是一浪高过一浪，倡导绿色产品、推行清洁生产、鼓励绿色消费，人们的环保意识普遍提高，环境管理理念深入人心，环境管理行动此起彼伏。

德国于 1997 年率先制定“蓝色天使”计划，由德国质量保证及标签协会授予那些与同类产品相比更符合环境保护要求的产品以环境标志，这既是对企业环境行为的一种确认方式，同时也是引导绿色消费的一种手段。20 世纪 80 年代，加拿大、美国、日本、澳大利亚、芬兰、法国、挪威、瑞士和马来西亚等国也相继仿效，陆续实行了本国的环境标志制度。

英国早在 1989 年就开始考虑按照本国的质量管理标准 BS5750 的思路和成功经验制定一套有关环境管理的标准，这一想法得到了政府的大力支持。1992 年，英国标准化协会（BSI）正式颁布了 BS 7750—1992《环境管理体系规定》标准，组织 200 多个企业进行了标准试点，并根据试点经验于 1994 年对标准进行了修订。BS7750 以英国的《环境保护条例》内容为基础，一方面用以保证和证实组织对其所声明的环境方针和目标的遵守，同时也对环境管理体系的实施提供了指导。其核心的指导思想表现为："使任何组织能够通过建立有效的环境管理体系，取得良好的环境绩效。环境管理体系的建立和有效运行是组织接受环境审核和取得环境认证的基础，环境管理体系规范遵循与质量管理体系标准相同的管理体系原则"。

为了增强企业的环境意识，调动企业自觉进行环境管理的积极性，提高企业的竞争能力，在英国 BS7750 标准的影响和带动下，1993 年 7 月 10 日，欧共体理事会（EC）以 EEC－1836/93 指令正式公布了《工业企业自愿参加环境管理和环境审核联合体系的规则》，简称《环境管理审核规则》（EMAS），并规定于 1995 年 4 月开始实施。德国于 1995 年依据 EMAS 制定了《环境审核法》及 3 个条例，截至 1996 年 1 月底，已先后按照 EMAS 要求对 70 家企业进行了审核。

BS7750 和 EMAS 标准在欧洲得到了广泛的推广和实施，很多企业试用这两个标准后，在公众中树立了良好的形象，取得了巨大的环境效益和经济效益。除欧洲外，加拿大等国也根据本国实际情况陆续制定了有关环境管理、审核、标志和风险评定的标准，将标准化手段纳入到企业的环境管理工作当中。

在环境管理的发展过程中，由于各国制定的法律、法规的标准不统一，各自实施一套标准，在国际贸易中产生技术壁垒作用，不利于国际贸易的发展。为了发挥标准化工作在统一各国环境管理上的作用，配合世界环境发展组织的工作，规范企业和社团等组织的活动、产品和服务的环境行为，支持全球的环境保护工作，并减少因环境问题带来的贸易壁垒，国际标准化组织于 1992 年设立了"环境与战略咨询组（SAGE）"，并于 1993 年 10 月成立了 ISO/TC207 环境管理技术委员会，正式开展环境管理体系和措施方面的标准化工作。ISO/TC207 是 ISO 中继 TC176 质量管理和质量保证技术委员会后又一个综合性的管理委员会，在 ISO 中有非常重要的地位。

国际标准化组织（ISO）推出的 ISO14000 环境管理系列标准已在国际上引起了很大的反响，世界各国自愿实施环境管理体系的组织越来越多，这一体系为规范组织的环境行为，改善组织的环境效果提供了有效的管理模式和管理工具。

二、 ISO14000 的主要内容

目前已颁布的 ISO14000 环境管理系列标准主要由环境管理体系标准和产品环境标志标准两个部分组成。

环境管理体系标准是针对企业环境管理需求制定的。包括环境管理体系标准和环境审核标准。环境管理体系标准是通过环境管理中相关的管理要素来规范企业的环境行为，对企业环境管理活动提出基本要求；环境审核标准是评价企业环境管理体系的方法标准，是评价工具；而环境行为评价则是评价企业的实施环境管理体系的最终结果，评价其适用性和有效性。

产品环境标志标准是针对企业产品生产需求制定的。包括生命周期分析标准，这是确定产品的环境标准的理论基础和依据；而产品标准中的环境指标则是评价产品环境标志的标准。

（一） ISO14000 系列标准的构成

ISO14000 系列标准有 100 个预留标准号，已正式颁布的标准有以下几项。

1. 核心标准

（1）ISO14001《环境管理体系规范及使用指南》 ISO/TC207 首批推出了 5 项关于环境管理体系和环境审核方面的国际标准，它们分别是 ISO14001、ISO14004、ISO14010、ISO14011 和

ISO14012。其中 ISO14001《环境管理体系规范及使用指南》和 ISO14004《环境管理体系原则、体系和支持技术通用指南》构成了 ISO14000 环境管理系列的核心标准，属于环境管理体系（EMS）子系列。

ISO14001 标准是 ISO14000 系列标准中最重要也是最关键的一个标准，被称为“龙头标准”或“主干标准”。它是 ISO14000 系列标准中唯一的一项规范性标准，是组织建立和评审环境管理体系（EMS）的主要依据。该标准由“规范”和“指南”两部分组成。“规范”部分是标准的主体部分，规定了组织建立、实施并保持环境管理体系的基本模式和基本要求，明确了组成环境管理体系的 17 个要素。而“指南”则作为参考文件以附录的形式出现，它是对“规范”的进一步揭示，原则上不是必须做到的要求。

具体而言，ISO14001 标准所提供的环境管理体系框架由五个基本要素组成，分别是：环境方针、规划（策划）、实施与运行、检查和纠正以及管理评审。一个建立环境管理体系的组织可据此建立一整套完整的、系统化和文件化的程序来确定环境方针、环境目标、指标和环境管理方案，通过有效的实施与运行这些程序并进行不断的自我检查和纠正来保证遵循所制定的环境方针，向外界证实其环境管理体系的符合性，并最终通过评审或审核来评定体系的有效性，以达到支持环境保护和预防污染的目的。

（2）ISO14004《环境管理体系原则、体系和支持技术通用指南》 ISO14004 是与 ISO14001 配套使用的指南性标准。制定此项标准的目的是为组织实施和改进环境管理体系提供帮助。该标准由“正文”和“附录”两部分组成。正文部分提出了与 ISO14001 标准中 5 项一级要素相对应的五条基本原则，对环境管理体系的 17 个二级要素进行了详细的阐述，并以实用指导、典型示例和检查表等方式向组织提供了如何有效地改进和保持环境管理体系的建议，使组织通过资源配置、职责分配以及对操作惯例、程序和过程的不断评审和审核，来有序而一致地处理环境事务，从而确保组织实现其环境方针和环境目标，实现持续改进。标准的“附录”部分全文给出了两个重要的国际环境指导原则示例，即《里约热内卢环境与发展宣言》和《国际商会可持续发展商务宪章》。这些指导性的原则可作为组织制定环境方针、对外进行环境承诺的重要参考依据。

必须注意的是，ISO14004 标准只是组织用于内部管理的一项工具，而不能用于认证、注册或自我声明的目的。

（3）ISO14001 与 ISO14004 之间的联系和区别

①ISO14001 与 ISO14004 标准的联系表现在两个方面：

——环境管理体系的基本框架是一致的，都遵循相同的 PDCA 管理模式；

——适用范围是一致的，都适用于各种地理、社会和文化条件。

②ISO14001 与 ISO14004 标准的主要区别表现在：

——标准性质不同：ISO14001 是 ISO14000 系列中唯一的规范性标准，而 ISO14004 则是一个指南类标准。标准英文原文中所使用的助动词前者相当于“必须”，而后者相当于“应当”。

——标准内容不同：ISO14001 标准规定了环境管理体系必须符合的要求，对必须的体系要素结构进行了阐述，用来指导组织建立并实施一个合理有效的环境管理体系，以实现其环境方针和目标，并不断改进其环境表现，标准中并未规定满足这些要求的途径和实施要素的具体方法。而 ISO14004 标准则告诉组织如何做才能满足 ISO14001 标准所提出的要求，其内容除了涵盖 ISO14001 标准的各项基本要素外，为了使用方便，还特别提供了一些实用而周到细致的方法，就体系建立过程中应注意的问题和可采取的途径提出了参考意见，从而指导和帮助组织从事环境管理活动，组织可根据自身情况和意愿选择采用其中的内容，而不要求完全满足其中推荐的所有做法。

——标准目的不同：ISO14001标准是组织进行环境管理体系内部和外部审核的依据，可以用于认证和注册的目的。而ISO14004标准的内容不能作为审核依据，对它的采用程度和范围都由组织自行决定，因此，它仅限于组织内部的管理之用，而不拟用于认证、注册目的或向外方展示的目的。

2. 支持性标准

（1）ISO14010环境审核（EA）子系列标准

①ISO14010《环境审核指南　通用原则》：环境审核是验证和帮助组织改进其环境绩效的一项重要手段。本标准的宗旨是向组织、审核员和委托方提供如何进行环境审核的一般性原则。

②ISO14011《环境审核指南　审核程序环境管理体系审核》：本标准提供了进行环境管理体系审核的程序，包括审核目的、作用与职责，从启动审核直至审核结束全过程的一般步骤，以指导组织的各种环境管理体系审核，判定环境管理体系是否符合环境管理体系审核准则的要求。本标准适用于实施环境管理体系的任何类型和规模的组织。

③ISO14012《环境审核指南　环境审核员资格要求》：本标准提供了关于环境审核员和审核组长的资格要求，它对内部审核员和外部审核员同样适用，但不涉及对审核员的选择要求以及审核组的构成等问题。需要特别说明的是，尽管内部审核员和外部审核员都须具备同样的能力，但由于组织的规模、性质、复杂性和环境因素不尽相同，组织内部有关技能与经验的发展水平也不同等原因，因而，对于内部审核员来讲，不要求必须达到本标准所规定的所有具体要求。

2002年初，ISO正式出台了ISO14015《现场与组织的环境评价》标准，目前我国对该项标准的等同转化工作正在进行之中，至此，ISO/TC207已基本完成其近期工作目标中所有标准的起草任务。

（2）ISO14020环境标志（EL）子系列标准

①环境标志的概念：ISO在1998年8月发布的ISO14020《环境标志和声明通用原则》中对环境标志的定义作了如下阐述："环境标志是用来表述产品或服务环境因素的声明，其形式可以是张贴在产品或包装物上的标签，或是置于产品文字资料、技术公告、广告或出版物内，与其他信息相伴随的告白、符号或图形"。这充分体现了环境标志作为一种特殊的产品标志，不仅能够为购买方提供有关产品或服务总体环境特性和特定环境因素的信息，使消费者据此选择他们基于环境考虑所期望的产品或服务；同时，也有利于供方企业对自身的环境行为加以约束和确认，从而最终实现对产品生产过程中的环境行为进行控制管理，达到防止污染于源头的作用。

②国内、外环境标志计划的实施状况：实际上，早在20世纪70～80年代，国外就开始实施环境标志计划。1978年，西德率先实行了环境标志制度，到1990年夏，在60个产品种类中对3200个产品发放了标志。之后，世界上有30多个国家先后推出了类似的环境标志计划。各国的环境标志均以本国的环境准则为基础，具有各自不同的称谓，如加拿大的"环境选择方案"（ECP）的"蓝色天使制度"、美国的"绿色签章制度"、日本的"生态标志制度"、北欧

四国的“白天鹅制度”、奥地利的“生态标志”以及法国的“NF 环境制度”等。现在，许多国家和地区均把环境标志列在环境管理工作的重要地位，环境标志早已广入市场、深入人心。

1993 年 8 月，我国正式确定了环境标志图形，它是由青山、绿水、太阳和十个环组成。中心结构代表着人类赖以生存的环境；外围的十个圆环紧密结合、环环相扣，表示公众参与共同保护环境，其寓意为“全民联合起来，共同保护人类赖以生存的环境”。1994 年 5 月，由国家技术监督局授权，国家环保局批准正式成立了由政府机构、科研单位、高等院校和社会团体等多方面专家组成的中国环境标志产品认证委员会，代表国家对环境标志产品实施唯一的认证。

获得环境标志认证并不意味着可以直接进入国际市场，因此和国际认证机构的互认工作显得尤为重要。自从环境标志实施以来，由于其国别性强，各国对产品类别的选择、申请程序、检测标准、申请费用的规定都有所不同，因而常常被有些国家用来作为贸易壁垒的条件，对其他国家的产品加以限制，以保护本国市场。同时，由于各国国情及对环境问题认识的不同，国际上很难实现全球统一的环境标志。ISO14000 系列环境国际标准的诞生为各国实行统一的环境标志产品标准，为消除非关税性“绿色贸易壁垒”、改善国际贸易环境提供了必要的技术支持。

③ISO14020 子系列和三种环境标志类型：ISO 为环境标志预设了十个标准序号，即从 14020 至 14029。目前，已正式发布的三项国际标准和一项技术报告分别是：

——ISO14020：1998《环境标志和声明　通用原则》；

——ISO14021：1999《环境标志和声明　自我环境声明（Ⅱ型环境标志）》；

——ISO14024：1999《环境标志和声明　Ⅰ型环境标志　原则与准则》；

——ISO/TR 14025：2000《环境标志和声明　Ⅲ型环境标志　原则与程序》；

④实施环境标志计划的意义：

——为消费者建立和提供可靠的尺度来选择有利于环境的产品，提高全社会的环境意识；

——鼓励生产绿色产品，为生产者提供公平竞争的统一尺度，有利于市场经济条件下的环境保护；

——有利于标志产品的销售，改善企业形象；

——有利于促进国际贸易和全球环境合作。

（3）ISO14030 环境表现评价（EPE）子系列标准　环境表现评价是评价一个组织是否达到其环境目标和指标的重要手段。该子系列目前有一项国际标准和一项技术报告于 1999 年 11 月正式颁布，分别是：ISO14031《环境表现评价指南》和 ISO/TR14032《环境表现评价 ISO14031 应用案例研究》。

（4）ISO14040 生命周期评价（LCA）子系列标准　生命周期评价是一项用以评估产品的环境因素与潜在环境影响的技术。所谓生命周期评价实际上就是将从资源开采到废弃物处置和再生的产品或服务的整个生命周期全过程（也就是“从摇篮到坟墓”）中的环境因素及所产生的环境影响列出清单，加以评估，形成报告并最终用于管理者决策。基本的生命周期评价步骤包括：编制与研究的产品系统有关的投入产出清单、评价与这些投入产出相关的潜在的环境影响，以及对于研究目的和范围有关的清单分析阶段和评价阶段的结果进行解释和说明等。

（5）ISO14050 环境管理（EM）子系列标准　该子系列的主要目的是对环境管理领域的术语进行汇总并给出明确的定义，为环境管理的原则、方法、程序以及特殊因素的处理提供指南。

（6）ISO/G64 和 ISO/TR14061

①ISO/G64《产品标准中的环境因素》：ISO 导则 64 阐述了如何在产品规范中规定环境要求，它为产品标准的制定者提供了指南。导则 64 要求组织在制定产品规范时应充分考虑以下因素：

——使用、提取或加工的原材料的类型以及所选用的包装材料种类；

——所需要的能源和资源的投入，包括运输过程中需要消耗的燃料；

——产品生命周期各阶段所产生的废物的种类、数量和处置方案；

——产品使用过程中能源的再利用、再生、循环利用和恢复利用的可能性。

ISO 导则 64 还要求组织在进行产品和服务设计时采用三种基本方法，这也是该项导则的主导思想所在：一是注意节约资源和能源，尽可能使用可再生资源和能源，少用或是不用不可再生资源和能源；二是强调污染预防，在制订产品规范时应事先充分考虑到通过废物的再生利用、再循环和材料替代等方法将可能的污染控制在源头；三是重视环保设计，将材料替代、产品的可循环利用性和易分解性等融入设计思维，从环保角度选择并制订产品最佳工艺。

②ISO/TR14061《ISO14001/14004 在林业组织的应用指南与信息》：上述标准，主要是环境管理体系标准和环境审核标准。这两类标准的目的就是要规范企业的管理行为，使企业建立并保持具有自我约束、自我调节、自我完善的运行机制，为企业实施其他标准提供基本保证。通过第三方的环境管理体系的认证，向相关方及全社会展示企业在环境保护、节约资源、协调环境与发展的关系、坚持走可持续发展的意图和宗旨。

（二）ISO14000 系列标准的主要特点

同以往的环境排放标准和产品技术标准不同，ISO14000 系列标准以极其广泛的内涵和普遍的适用性，在国际上引起了极大反响，其特点主要如下。

1. 以市场驱动为前提

随着公众环保意识的普遍加强，促使企业在选择产品开发方向时越来越多地考虑人们消费观念中所包含的环境原则。由于环境污染中相当大的一部分原因是管理不善所致，无形中就使组织不得不采取一些有效的环保措施和手段，对环境因素及其环境影响加以自律，并将环境问题纳入商业战略决策之中，加大环保投入、加强宣传力度、加深对相关方施加影响的程度，全面改进其环境管理工作以扩大市场占有率。ISO14000 系列标准一方面迎合了各类组织提高环境管理水平的需要，以借助市场的力量来推动环境目标的实现，另一方面也为公众提供了一种衡量组织经营活动中所含有环境信息的工具。

2. 广泛适用于各类组织并强调自愿性原则

ISO14000 系列标准适用于任何类型、规模以及各种地理、文化和社会条件下的组织，各类组织都可以按照标准所要求的内容建立并实施环境管理体系，也可向认证机构申请认证。标准的广泛适用性还体现在其应用领域不仅涵盖了企业的所有管理层次，而且还将各种环境管理工具有机地融为一体。组织在建立环境管理体系、提高管理水平、加强环保意识的同时，可借助环境标志来推行绿色营销、倡导绿色消费、扩大社会影响、改善企业形象；也可采用环境表现评价方法，获得连续的、动态的监测数据，选择有利于环境并且市场风险小的方案来适应发展的趋势，指导管理层做出正确的预测和决策；组织还可以通过运用生命周期评价的方法，将环保考虑融入产品的设计开发，从而达到节能降耗的目标。

另一方面，企业对 ISO14000 系列标准的应用又是基于自愿的原则，由于各国有各国的环保法律法规，对于国际标准的采用只是等同转化，因而不可能以任何行政干预或其他方式迫使组织强制实施，组织是否建立环境管理体系或申请认证都完全取决于自身的意愿，在实施这套标准的同时不会增加或改变它在环境保护方面所应承担的法律责任，组织可根据自身产品、活动和服务的特点以及经济技术条件加以选择采用。

3. 注意体系的科学性、完整性和灵活性

ISO14000 系列标准是一套科学的管理软件，它将世界各国最先进的环境管理经验加以提炼浓缩，转化为标准化的、可操作性强的管理工具；同时，标准还为组织提供了一整套程序化、规范化的要求和必要的文件支持手段，使组织运行的全过程都严格受控。

标准只要求组织建立体系，完善不断改进的机制，以满足方针、目标的框架要求，而对具体的环境行为指标并未提出绝对量化的技术要求。这就为各种类型组织提供了发挥潜能和创造性的自由空间，在充分调动组织积极性的同时也允许组织从自身实际出发量力而行、灵活掌握。实施环境管理体系的组织，无论其原有基础如何，都不苛求环境绩效的最优结果，只要自己和自己比是在一天天提高即可。

4. 强调污染预防、法律法规的符合性以及持续改进

以往的环境保护工作主要集中在“末端治理”的水平，ISO14000 系列标准一改过去的被动思路，引入了“预防为主”的新思想，从污染源头入手采取措施进行全过程的污染防治。它首先要求组织识别活动、产品和服务中具有或可能具有潜在环境影响的环境因素，据此制订适用于组织自身的环境方针、环境目标、指标和环境管理方案，然后针对企业的重要环境岗位，建立严格的、系统化和文件化的操作控制程序对环境因素加以管理。

组织在实施环境管理的同时，还要注重对其他环境管理工具的应用，生命周期分析和环境表现评价方法将环境方面的考虑纳入产品的最初设计阶段和企业活动的整体策划过程，这样就为一系列的决策提供了有力的支持，为污染预防提供了可能。

标准始终要求组织应满足适用的环保法律法规和其他要求，并建立相应的管理程序以保证获取渠道畅通，满足环保法律法规是组织申请环境管理体系认证的前提条件。此外，ISO14000 系列标准还强调管理的动态性，即通过 PDCA 循环来实现管理的持续改进，不但包括整个管理体系的持续改进，而且也包括组织环境绩效的持续改进。在组织的环境方针中，应体现持续改进的承诺，并将这一思想贯穿体系运行的始终。

5. 与其他管理体系的兼容性

环境管理体系是组织全部管理体系的组成部分，因此，环境管理体系标准与组织的质量管理体系、职业健康与安全管理体系等标准都遵循共同的管理体系原则，只不过管理体系各要素的应用会因不同的目的和不同的相关方面而异。例如：质量管理体系针对的是顾客和相关方的需要和期望，以顾客为关注的焦点；而环境管理体系则服务于众多相关方的需要和社会对环境保护和不断发展的需要。又比如：环境管理体系中并不专门涉及职业健康与安全管理方面的内容，尽管这部分内容与环境保护的关系较为密切，有时难以界定，但 ISO14000 系列标准也不限制组织将这方面的要求纳入到环境管理体系当中。

随着 ISO19011《质量与环境管理体系一体化审核》标准的即将出台，目前管理体系类标准的制定和应用，都正呈现一种逐步融合的趋势。有鉴于此，组织可以根据自身的特点，将不同的管理体系进行一体化整合，这样既可以减少不必要的资源浪费和文件重复，又可以使管理

体系不同层面的职能得以充分发挥。

三、 实施 ISO14000 系列标准的作用和意义

（一） 实施 ISO14000 系列标准的作用

ISO14000 系列标准是国际社会环境管理经验的荟萃与总结，是顺应市场经济发展形势的必然产物。推行 ISO14000 系列标准将会对企业乃至全社会开辟环境管理新思维起到积极的作用。

（1）从保护人类生存与发展的角度讲，国际标准化组织之所以制定这样一套全球统一的系列标准，其根本目的就是要在全球范围内通过标准的实施，寻求环境管理和经济发展的结合点和平衡点，规范所有组织的环境行为，最大限度地合理配置和节约资源，减少人类活动对环境造成的不利影响，维持和改善人类生存和发展的环境。

（2）ISO14000 系列标准为促进世界贸易的发展，满足了各方面的需要，并将对消除国际贸易壁垒起到积极作用。无论是环境好的地区，还是环境不好的地区，实施统一的国际环境管理标准，都将有利于实现各国间环境认证的双边和多边互认，使国际市场的准入更具公开性、非歧视性和透明度，从而有利于真正消除技术性贸易障碍。

（3）实施 ISO14000 系列标准也是实现经济可持续发展的需要。持续改进是贯穿于 ISO14000 系列标准的灵魂思想，在发展经济的同时，重视环境保护，使经济效益、环境效益和社会效益协调统一是世界各国所追求的共同目标，也是 ISO14000 系列标准的最终目的所在。

（4）实施 ISO14000 系列标准还是实现环境管理现代化的有力武器。环境管理是一项涉及面广而内容繁杂的系统性的综合管理，管理水平的高低将直接影响组织的整体经营管理状况。ISO14000 系列标准集世界各国环境管理先进思想和经验之大成，具有广泛适用性和实际可操作性，这无疑将大大促进组织环境管理水平的提高，并为组织创建现代化的管理模式注入新鲜活力。

（二） 推行 ISO14000 系列标准的现实意义

随着经济全球化趋势日益明显，组织的环境表现已成为政府、企业及其他组织采购产品选择服务时优先考虑的因素之一。实施 ISO14001 认证将为企业带来明显的效益，主要体现在以下几个方面。

1. 获取国际贸易的“绿色通行证”

随着环保意识的普遍提高，西方发达国家对进口商品开始附加更多的环保要求。据统计，由于没有通过 ISO14001 认证，我国每年有 74 亿美元的商品出口受到阻碍，甚至不少传统的外贸产品因不符合环境要求而不得不退出国际市场。因此，实施 ISO14000 系列标准，通过体系认证实际上就相当于获取了一张国际贸易的绿色通行证，尤其是我国已加入 WTO，要想参与到世界总的贸易循环中去，就必须遵从国际贸易的“游戏规则”，加大在环境保护方面的投入，以满足市场、用户和广大相关方的要求。

2. 树立优秀组织的形象，赢得客户信赖，满足相关方的需求和期望

实施 ISO14000 系列标准为组织提供了一个向外界相关方和全社会展示其遵纪守法和持续改善环境绩效的机会。拥有 ISO14001 认证证书，从一定程度上讲，可以使人们相信这个关爱地球、爱护环境、对环境负责的组织，这样的组织不仅考虑经济效益，而且还追求社会效益的同步发展，那么，在受到顾客认同和欢迎的同时，组织的信誉和知名度会有所提升，并会取得

社会各界的广泛信赖。

3. 提高组织内部的管理水平，向管理要效益

从管理角度讲，ISO14000 系列标准为组织的环境管理提供了一个崭新的模式，ISO14000 系列标准融合了世界上许多发达国家在环境管理方面的经验，是一套完整的、系统的和可操作性强的体系标准。组织过去或许也制定了许多环保规章制度，但是缺乏系统性和规范性，同时也缺乏自我完善和自我约束的机制，检查时紧，不检查时就松。而 ISO14000 系列标准基于科学的 PDCA 循环理论，这样就为组织环境管理乃至全面管理提供了有效的手段和方法，使组织在原有的管理机制基础上建立一个更加系统化的管理机制。组织借助于这个新的机制和框架，就能够促进整体管理水平的提高，而管理的加强必然有利于生产效率的提高和经济效益增长，从而使组织的市场竞争能力大大增强，市场份额不断扩大。

4. 改进产品性能，改革工艺设备，生产“绿色产品”，实现污染预防和节能降耗

ISO14000 系列标准要求组织对生产全过程进行有效控制，体现清洁生产和污染预防的思想，从最初的设计到最终的产品和服务都要减少污染物的产生、排放和对环境的影响；同时，还要注意原材料、能源和资源的节约以及废弃物的回收利用问题。组织按照这样一个整体思路建立了环境管理体系，就会考虑通过改进工艺流程、设备和加强管理等手段来减少污染物的排放，开发环境友善的产品，采用替代材料、控制污染严重的工艺过程并对废弃物进行综合处理和利用，从而最终降低成本，实现节能降耗。

5. 提高全体员工的环保意识，增强遵纪守法的主动性和自觉性

领导的承诺和全体员工的积极参与是组织实施有效环境管理的基本保证。因此，组织在建立、实施并保持环境管理体系的全过程中，应始终将培训作为一项重点活动来抓，应该说，体系的运行始于教育，也终于教育。通过环境培训和教育，使组织的员工认识到当代我们所面临环境问题的严重性和紧迫性，认识到组织本身与相关方的各项活动中所存在的潜在的环境因素、环境影响和相应的控制方法，也认识到本职工作对于改善环境所起到的重要作用。这样就能对环境保护和环境的内在价值有进一步的理解，就能充分调动员工参与环境事务的积极性和创造性，主动为组织改善环境献计献策，无形之中也就增强了组织员工在生产活动和服务中对节约资源和保护环境的责任感和使命感，提高了爱护环境和保护环境的意识。

遵守环保法律法规是组织环境方针三个有效承诺之一，为此，建立了环境管理体系的组织应不断地用环境法律法规和标准来规范并约束自身的环境行为，消除不符合法律法规的运行活动和潜在隐患。组织应针对实际情况建立获取现行法律法规的渠道，不断收集、熟悉并更新适用于本组织生产服务特点的环保法律法规的内容及要求，从过去被动的守法转变为自觉主动地学法、知法和用法，从而达到依法管理环境的目的。

6. 减少环境风险，避免因环境问题所造成的经济损失，实现组织永续经营

组织若是违反了法律法规或是发生了重大环境事故，将造成人员伤亡、财产损失，甚至受到巨额罚款或责令其关闭停产，这对于组织的自身发展将带来不利影响。那么与其被动守法，还不如积极主动地实施 ISO14000 系列标准，建立并保持应急准备与响应程序，以便确定潜在的事故和紧急情况，及时做出响应，从而预防或减少重大事故的发生以及可能伴随的环境影响，避免承担环境刑事责任，减少环境风险，避免经济受损。

7. 用标准化手段规范组织的环境管理工作

ISO14000 系列标准是环境管理领域的一项创举，它将标准化的方法和手段引入到组织环

境管理范畴，并且适用于任何规模、类型和性质的组织，使大家在环境管理方面能够具有共同的语言、统一的认识和共同遵守的规范，这也是国际标准化组织对全球环境管理事业的一个伟大贡献。

四、ISO14000 系列标准与其他管理体系标准之间的关系

（一）ISO14001 与 ISO9001 的关系

自 1996 年国际标准化组织发布 ISO14000 系列标准以来，其与 ISO9000 族标准的关系就引起了许多人士的兴趣和关注。ISO14001 在起草过程中，成功借鉴了 ISO9000 族标准的框架结构、运行模式和语言逻辑习惯，而 2000 年 ISO/TC 176 正式推出的新版 ISO9000 族标准，在其修订和起草过程中也充分考虑了与其他现行管理体系之间的相互兼容关系，在许多方面向 ISO14000 系列标准靠拢，可以说两套标准齐头并进，相互之间存在着密切的联系。

细心研读这两套标准我们不难发现，实际上 ISO14001 标准和 ISO9001 标准存在许多相同或是相近之处。主要表现如下。

（1）标准性质相同　都是组织自愿采用的管理性质的国际标准。

（2）遵循相同的管理系统原则　都是通过推行一套完整的系列标准，在组织内部建立一个系统化、规范化和文件化的管理体系，通过体系的实施和运行，实现方针的承诺和所设定的目标。

（3）运行模式相近　两个体系的体系框架基本一致，同样遵循 PDCA 循环模式，通过管理体系的策划、实施、检查和完善，达到最终的持续改进。

（4）部分体系要素内容相近　两个体系中关于管理职责、文件控制、培训、信息交流、纠正和预防措施以及内审和管理评审等要素的内容和要求基本一致。

当然，两套标准也存在一些明显的不同，主要表现如下。

（1）适用对象和目的不同　ISO9001 针对组织的产品质量，通过建立质量管理体系，改进质量活动和过程控制，达到提高产品质量目的；而 ISO14001 标准则是针对环境管理，通过组织对运行活动中环境因素的控制，减少环境影响，改善环境绩效。

（2）承诺的范围不同　ISO9001 标准承诺的主要对象是顾客和相关方，目的是满足顾客和其他相关方当前和未来的期望和要求，最终达到顾客满意；而 ISO14001 标准则不但要面向众多的相关方，甚至要对整个社会做出承诺，最终达到保护人类生存环境，实现人类自身发展的目标。

尽管两套标准存在某些差异，但是它们的诸多共同或相近之处仍为两体系的融合创造了可能。事实上，无论是质量管理体系，还是环境管理体系，它们都是组织全面管理体系的一个有机组成部分，并没有哪一个体系可以凌驾于其他管理体系之上。因此，如果能将两个体系的进行有机地整合，必然有利于减少体系建设的工作量，避免各自做出互不协调甚至相互矛盾的规定。实现管理体系的统一顺畅和组织效益的增值，这既符合组织的根本利益和愿望，又符合认证市场的需要，同时也是国际标准化组织制定这两套标准的初衷。

（二）ISO14000 与 BS7750 和 EMAS 的关系

BS7750《环境管理体系规范》是英国标准局 1992 年出版的英国标准草案，用以保证和证实组织对其所声明的环境方针和目标的遵守，并对环境管理体系的实施提供指导。其指导思想可概括为：使任何组织都能通过建立有效的环境管理体系，取得良好的环境行为；环境管理体

系的建立和有效运行是组织接受环境审核和取得环境认证的基础。该规范的一个主要特点是要求进行环境影响登记，即要求企业对其活动、产品和服务所造成的直接的或间接的重大环境影响进行列表登记。它不为企业定义或制定明确的环境绩效指标，唯一规定的行为准则是必须达到标准的要求。BS7750 所涉及的具体内容包括：环境方针、组织机构、环境效果及其交流和评价、环境目标、指标和环境管理活动方案、体系文件、作业控制、运行与纠正、环境管理记录、环境审核和管理评审等。

《生态管理和审核规则》（EMAS）由欧共体部长委员会于 1993 年 6 月通过并作为法规于 1995 年 4 月正式生效，根据该法规的规定，企业参加环境管理和环境审核完全是自愿的，企业一经宣布参加这一体系，就必须要遵守 EMAS 的有关规定。EMAS 的主要内容包括环境管理和环境审核两部分，具体涉及环境方针、环境初审、环境计划、体系文件、环境审核、环境声明、环境注册和持续改进等细节。与 BS7750 最大的一个区别在于 EMAS 要求参加该体系的每一个场所都要准备一个环境声明，并向公众如实报告环境行为的有关数据。

BS7750 和 EMAS 在欧洲的有效推广和运用，极大促进了 ISO14000 系列标准的形成。事实上，三个标准存在许多共同点，主要表现在：

（1）标准所采取的手段和最终要达到目的相同，都是通过建立文件化的环境管理体系，来督促组织改善其环境绩效，体系的内容和基本框架本质上并无差别；

（2）标准都明确规定了第三方认证机构审核的要求。

三个标准的不同之处主要有：

（1）适用范围不同，BS7750、EMAS 和 ISO14000 系列标准分别适用于英国、欧共体和全世界范围；BS7750 和 EMAS 只适用于企业，而 ISO14000 系列标准则广泛适用于所有类型、规模和性质的组织；

（2）BS7750 和 EMAS 的要求比 ISO14000 系列标准更为严格，ISO14000 系列标准只强调了一些原则性的规定，只要求环境方针应具有公开性，而 EMAS 则要求企业必须进行环境声明，而且声明中还必须阐述有关现场的环境方针、环境规划、环境状况论述以及相关活动评价等众多项目。

（三）ISO14000 系列标准与清洁生产的关系

所谓清洁生产是指以节能、降耗和减污为目标，以管理和技术为手段，将整体预防的环境保护战略持续应用于全生产过程、产品和服务之中，使污染的产生量和排放量最小化，从而增加生态效率和减少对人类与环境风险的一种综合性措施。对于生产过程，清洁生产意味着充分利用原材料、资源和能源，消除有毒物料，尽量减少各种废弃物排出前的毒性和数量；对于产品而言，它意味着减少从原材料选取到产品使用后最终处置整个生命周期过程对环境造成的影响；而对于服务来讲，清洁生产则要求将环境方面的考虑融入设计和所提供的服务中去。由此不难看出，清洁生产与 ISO14000 系列标准之间存在着非常密切的联系。

首先，ISO14000 系列标准与清洁生产都是以加强环保、预防污染、节能降耗和实现可持续发展为根本出发点的，清洁生产审计和 ISO14001 体系认证的要求具有很多相似之处。其次，ISO14000 系列标准始终贯穿着清洁生产的思想，因为在清洁生产的概念中，一个最基本的要素就是污染预防，清洁生产强调避免污染的产生，主张尽可能在生产发展全过程中减少废物要比污染产生后运用多种治理技术更为可取，而这恰恰是 ISO14000 系列标准的主导思想。所以，从某种程度上讲，清洁生产的实质和 ISO14000 系列标准的管理思想是统一的，不同的是，

ISO14000 系列标准提供的是一套管理模式，而清洁生产则具体涉及了清洁生产技术和方法。企业实施了 ISO14000 系列标准，就拥有了一套新的环境管理运作方式，如同一根红线，将企业清洁生产、达标排放、总量控制等环境事务串成一个有机的整体。清洁生产是环境管理体系持续改进的目的，而环境管理体系则为推行清洁生产技术提供了基本保证。

（四）ISO14000 系列标准与 WTO 的关系

世界贸易组织（WTO）有三个自由贸易原则，即贸易自由化原则、自由贸易区原则和市场准入原则。加入 WTO 最直接的变化就是成员国之间的关税要降低、进口配额将取消。这对我国的出口企业来说无疑是件好事，但还应该看到在打破关税壁垒的同时，还有更多的技术壁垒将制约我国产品的出口，尤其是向发达国家出口产品。这对我们具有出口优势的产业或企业的发展有很大的影响。

在各种技术壁垒当中，要求出口企业取得 ISO14001 环境管理体系认证是继推行 ISO9001 质量体系认证之后的又一道门槛，通常被称为“绿色壁垒”。ISO14000 系列环境管理国际标准要求在生产过程中或预期消费中合理利用自然资源，把污染危害减至最小，要求能源清洁、生产过程清洁、产品清洁。倘若发展中国家的产品由于生产力水平或历史条件所限，达不到 ISO14000 系列标准所规定的相关要求，则会被进口国以此理由拒之门外。

据专家介绍，WTO 对 ISO14000 系列标准高度重视，并在《贸易技术壁垒协定》《卫生与植物检疫协定》中要求各国制定法规时要参照国际标准。向生产某种进口产品的外国企业提出 ISO14001 认证要求，无须 WTO 同意，只要进口国立此法规即可，所以越来越多的国家将此作为实施贸易保护，提高非关税壁垒的重要手段。

从法律法规的角度分析，加入世贸组织后，我国应加快地方绿色产业的发展。地方政府要将绿色产业列为重点产业加以发展，从政策、税收等方面予以扶植，借鉴国外的环保补贴、税率优惠、奖励等有效做法，充分发挥社会主义制度的优越性，集中资金和技术力量支持本国的绿色企业，开发绿色产品并打出品牌，参与国际竞争。一方面通过推行环境标志制度鼓励企业提高产品中的绿色含量，以市场需求为导向开发新的绿色产品，通过取得环境标志产品获取国际贸易的“绿色通行证”；另一方面制定科学的环境标准，促进产品的技术含量和工艺水平的提高。

环境保护法规、标准信息资料是组织经营活动的重要依据。目前，我国的环境保护法规、标准信息的收集分布在科技情报部门、环境保护局、环境保护科研单位和某些院校。环保法规、标准信息的零散分布，造成组织不能及时掌握环境保护相关的完整信息。在涉外经营活动中，组织往往是在外商的提示下才仓促查找，十分被动。因此，建立地方专业性服务机构，对环境保护法规、标准的资料信息，包括国外环境保护方面的有关资料信息做系统整理和收集，是地方政府及其环境管理部门的当务之急。

五、ISO14000 系列标准的精神实质和运行模式

（一）ISO14000 系列标准的精神实质

ISO14000 系列标准的精神实质可概括为以下几点。

（1）强调最高管理者的承诺、意识和作用；

（2）强调全体员工的意识和积极参与；

（3）首先必须符合适用的环境法律法规和其他要求；

（4）坚持污染预防和持续改进原则；

（5）提倡运用生命周期评价思想；

（6）系统化、程序化和必要的文件支持。

（二）环境管理体系的运行模式

ISO14000 系列国际标准的核心是 ISO14001《环境管理体系规范及使用指南》，标准要求组织在其内部建立并保持一个符合标准的环境管理体系，该体系由环境方针、规划、实施与运行、检查和纠正、管理评审 5 个一级要素和 17 个二级要素构成，各要素之间有机结合、紧密联系，形成 PDCA 的循环模式，通过有计划地评审和持续改进的循环，保持组织内部环境管理体系的不断完善和提高。

六、ISO14000 基本术语及体系要素

（一）基本术语

1. 环境（Environment）

环境是指组织运行活动的外部存在，包括空气、水、土地自然资源、植物、动物、人以及它们之间的相互关系。环境是指围绕某一中心事物的外部客观条件的总和以及自然物质之间的“相互作用”。对食品生产企业来说，环境应包括所有与食品生产、运输及销售有关的外部客观条件。

2. 环境因素（Environment Aspect）

环境因素是指一个组织的活动、产品或服务中能与环境发生相互作用的要素。如食品企业排出的废水、废气、废渣等都是环境因素。

3. 环境影响（Environment Impact）

环境影响是指全部或部分的由组织的活动、产品或服务给环境造成的任何有害或有益的变化。环境因素和环境影响是一对因果关系，比如：食品企业排放污水到水体，导致河里的鱼死亡。

4. 环境方针（Environment Policy）

环境方针是指组织对其全部环境表现的意图与原则的陈述，它为组织的行为及环境目标和指标的建立提供了框架。环境方针是组织在环境保护、改善生活环境和生态环境方面的宗旨和方向，是实施与改进组织环境管理的推动力。制定组织的环境方针时应考虑使该环境方针适合于组织的活动、产品或服务对环境的影响；应在环境方针中对持续改善和防止污染做出承诺，并对遵守有关法律、法规和遵守组织确认的其他要求做出承诺。

环境方针是组织总体经营方针的一个重要组成部分，它应与组织的总方针和并行的其他方针相协调。比如对于同时拥有质量、环境、职业健康安全三个体系的组织来说，其环境方针既要符合组织的经营战略，又要与质量方针和安全方针保持协调，不能相互矛盾。当然也可以考虑进行三合一的整合，这样能减少不必要的重复工作，减轻组织实施体系的工作量。

为使已制定的环境方针得以落实，组织在环境方针制定后应提供建立和评审环境目标和指标的框架；将该环境方针文件化，让全体员工了解并付诸实施，予以保持；将该环境方针公之于众。这些工作是通过随后要素的实施而得以落实。

5. 环境目标（Environment Object）

环境目标是组织依据其环境方针规定自己所要实现的总体环境目的，如可行应予以量化。

环境目标示例如下：

——减少或消除向环境排放污染物质；

——在产品设计和开发阶段充分考虑最大限度地减少生产、使用和处置过程中所产生的环境影响；

——降低原材料、资源和能源的消耗，合理利用并开发新能源；

——尽量减少新建项目所造成的有害的环境影响；

——提高全体员工的环保意识，树立园区的环保形象。

6. 环境指标（Environment Target）

环境指标是直接来自环境目标，或为实现环境目标所需规定并满足的具体的环境表现要求，它们可适用于组织或其局部，如可行应予以量化。

经常使用的环境表现参数示例如下：

——原材料的年使用量；

——单位产量成品所产生的废物；

——材料和能源的使用效率；

——废物循环使用率；

——特定污染物质的排放量；

——烟尘或污水中 BOD、COD、pH、SS 悬浮物浓度；

——潜在事故和紧急情况的数量；

——环境投诉案件的数量；

——员工的培训率等。

7. 环境管理体系（Environment Management System）

环境管理体系是组织整个管理体系的一个组成部分，包括为制定、实施、实现、评审和保持环境方针所需的组织机构、策划活动、职责、惯例、程序、过程和资源。环境管理体系是通过相关的管理要素组成具有自我约束、自我调节、自我完善的运行机制，以实现企业的环境方针、目标和指标的需求。

8. 环境管理体系审核（Environmental Management System Audit）

环境管理体系审核是客观地获取审核证据并予以评价，以判断组织的环境管理体系是否符合所规定的环境管理体系审核准则的一个以文件支持的系统化验证过程，包括将这一过程的结果呈报给管理者。

9. 污染预防（Prevention of Pollution）

污染预防旨在避免、减少或控制污染而对各种过程、惯例、材料或产品的采用，也可包括再循环、处理、过程更改、控制机制、资源的有效利用和材料替代等。

污染预防是 EMS 处理和解决问题的基本原则。它要求组织从产品设计、生产、运输、使用和废弃物处置等各个环节加以控制，最大限度地减少污染。预防污染实际体现了生命周期的思想，即 LCA 全过程控制。

污染预防概念的建立是对传统的侧重污染末端控制思想的根本变革。工作重点应该是先抓源头。应该说，它对于改变传统粗放经营的工业生产发展模式，调整注重末端治理的环保工作方式和实现可持续发展战略具有重要推动作用和指导意义。

污染预防并不排除末端治理作为降低环境污染的最后有效手段的必要性，但它更强调的是减少或避免污染的产生比末端治理更经济、更有效。

10. 持续改进（Continual Improvement）

持续改进是强化环境管理体系的过程，目的是根据组织的环境方针，实现对整体环境表现（行为）的改进。

改进的对象包括两方面：

——改进体系：不光只为了认证证书，建立了体系、通过认证之后还要保证不能滑坡，并继续维护体系，提高体系的运作水平。

——改进绩效：例如污水排放，今年指标达到了，明年要继续努力，争取更好。

所以，体系和绩效都要改进，但是需要注意：体系改进是手段，而环境表现改进才是最终目的。也就是说，要想改进环境绩效，就要通过建立 EMS，实现 PDCA（规划、实施、运行、检查、纠正，包括管理评审）这一系列周而复始、螺旋上升的动态循环过程，使组织的环境管理体系得到强化。

11. 环境表现（行为、绩效）（Environmental Performance）

组织基于其环境方针、目标和指标，对它的环境因素进行控制所取得的可测量的环境体系结果。

（二）ISO14001 环境管理体系要素

ISO14001 是 ISO14000 系列标准中的龙头标准。在这一环境管理体系中规定了环境方针、策划、实施与运行、检查和纠正措施、管理评审 5 个大的要素，每一大的要素中又有不同数目的子要素，ISO14001 共有 17 个子要素。

1. 环境方针

组织明确了环境方针，也就意味着指明了环境保护和生态改善方面的宗旨和方向，它是实施与改进组织环境管理体系的推动力，是组织环境管理体系的逻辑起点，具有保持和潜在改进环境表现的作用。组织的最高管理者应确定环境方针，这有利于将环境管理纳入组织的全面管理事务中，实现组织生产经营目标与环境目标的统一。

环境方针的核心内容是“三个承诺”和“一个框架”。

环境方针是组织的最高管理者对环境的承诺和声明，它是组织建立环境管理体系的基础，也是统一全组织环境意识和行为的指针。其核心内容应体现污染预防、持续改进和遵守环保法律法规的承诺；同时，环境方针又不仅仅是华丽辞藻的堆砌，它应为制定和评价环境目标和指标提供框架，并应通过组织的计划和行动付诸实施。

“三个承诺”是环境方针中必须予以申明的最基本的要求。

（1）组织在环境管理体系中必须树立污染预防的思路，并通过制定目标、指标和整个环境管理体系的运行来落实这一思想。

（2）组织应持续改进环境管理体系。因为持续改进是组织实施 ISO14001 标准的目的和根本原则，组织只有在其活动、产品和服务中，对整个体系的运行和环境行为进行不断改进和调整，才能使经济利益、社会利益和环境利益得到充分的协调，才能为改善人类的生存环境和生态环境做出积极贡献，从而真正走上可持续发展的道路。

（3）环境问题的特殊性、严重性和复杂性导致了人类不得不运用法律手段来规范自身的环境行为，加强污染治理和环境管理。因而标准要求组织在制定环境方针时，要充分考虑环境法律法规的指导和约束作用，对遵守环保法律法规做出承诺，这既是各类组织的社会责任和义务，同时也是 ISO14001 标准对组织的最基本要求。

所谓“一个框架”，是指环境方针是组织建立环境目标和指标的基础和框架，因此方针不能抽象或是不切实际，而应该具体明确，可以实施、可以评价。在环境方针和作为其细化结果的环境目标和指标之间，应当有一种非常密切的联系。换言之，环境方针和环境目标是一种“纲”和“目”的关系，环境方针是“纲”，环境目标是“目”，应做到“纲举而目张”。倘若环境方针中承诺组织要污染预防、节能降耗，那么其环境目标的内容就要围绕着如何实现方针的承诺，使方针的内容落到实处。应充分体现组织在节能降耗和污染预防方面所要达到的具体指标，以及为完成该指标所制定的切实可行的实施方案和措施（例如：包括节水、节电、节气、节煤和节约原材料等的具体措施，以及如何控制水、气、声、渣污染物排放的具体措施等）。

环境方针的制定应具有针对性和个性：不同的行业因其具有不同的活动、产品和服务，而具有不同的环境影响，故环境方针也应有所不同。

2. 策划

策划是环境管理体系的初始阶段，主要任务是通过初始环境评审来确定组织在活动、产品或服务中，产生或可能产生环境影响的环境因素，并评价出重要的环境因素；制定适合组织的环境方针；依据组织环境方针所确定的环境目标，指标的框架，制定环境目标和指标文件；依据组织的环境目标和指标的要求，制定环境管理方案，从人力、物力及财力来落实环境管理方案的实施计划。

策划阶段共包括环境因素、法律及其他要求、目标、指标及环境管理方案 4 个要素。

（1）环境因素　在标准条款中规定，组织应建立并保持一个或多个程序，用来确定其活动、产品或服务中它能够控制，或可望对其施加影响的环境因素，从中判定哪些对环境具有重大影响或可能具有重大影响。组织应确保在建立环境目标时，对于这些重大影响有关的因素加以考虑。

环境因素是 ISO14001 标准中最重要的条款，是将组织的环境与管理连接起来的桥梁。全面识别环境因素并准确判定重要环境因素是组织建立环境管理体系的基础。组织建立环境管理体系的目的就在于识别与控制环境因素，减少环境影响。环境因素识别应注意“三种时态、三种状态、七种情况和一个过程”。

所谓“三种时态”是指过去、现在和将来。组织在对现有的环境污染和环境问题进行充分考虑的同时，要看到以往遗留的环境问题，因为这些遗留问题有可能现在仍在产生环境影响漏洞，组织还须对目前计划中的活动在将来可能产生的环境因素，以及产品出厂、活动完成或服务提供后可能带来的环境影响加以关注。

“三种状态”是指正常、异常和紧急状态。异常状态的环境因素主要指设备的开机、停机、检修或停电时所造成的环境问题或变化；而紧急状态则是指那些可以合理预见的紧急情况，比如意外的泄漏、潜在的火灾和爆炸，以及环保设备失灵等，对于雷击、地震或洪水等不可预见的情况的发生，也可视为紧急状态。正常和异常状态下的环境因素是显而易见的，识别起来相对简单，但紧急状态却往往容易被忽视，而组织的许多重大环境因素又常常是与紧急状态有关，所以这方面组织应格外注意，一方面不能遗漏，另一方面还要针对这些紧急状态制定相应的措施和方案，以备应急之用，使其所造成的环境影响最小化。

“七种情况”主要是指组织在识别环境因素时，可以从大气排放、水体排放、土壤污染、废弃物管理、自然资源使用、社区和周边环境影响以及地方性环境问题等七个方面入手，对环境影响加以分类。

“一个过程”主要是指产品、活动或服务整个生命周期的全过程。组织在识别环境因素时应对生命周期的各个环节和各个方面进行全方位的考量和排查。

（2）法律与其他要求　组织应建立保持程序，用来确定适用于其活动、产品或服务中环境的法律，以及其他应遵守的要求，并建立获得这些法律和要求的渠道。

（3）目标、指标　组织应针对其内部有关职能部门和不同层次，建立并保持环境目标和指标，环境目标和指标应形成文件。组织在建立与评审环境目标时，应考虑其他要求，它自身的重要环境因素、可选技术方案、财务、运行和经营要求以及各相关方的观点。目标和指标应符合环境方针，并包括对预防污染的承诺。

（4）环境管理方案　环境管理方案是策划的结果，是环境目标和指标的具体实施方案，标准中要求企业应制订并保持一个或多个意在实现目标和指标的环境管理方案，其中应包括：规定企业的每个有关职能和层次实现环境目标和指标的职责；实现目标和指标的方法和时间表。如果一个项目涉及新的开发或新的产品和服务时，应修订环境管理方案，以保证相互的适应性。

3. 实施与运行

实施与运行是实现环境方针、目标和指标，改善组织的环境行为，减少或消除组织在活动、产品或服务过程中环境影响的关键阶段。本阶段共有 7 个要素。

（1）机构和职责　环境管理体系成功的实施需要组织内全体员工的积极参与。因此组织应建立相应的组织机构，并明确其职责。组织的机构与职责应形成文件，以职能分配图或职能分配表的方式，明确职责权限、相关关系，并传达到全体员工。内容包括：最高管理者的承诺；环境管理者代表职责。

（2）培训、意识与能力　环境管理体系的有效实施，全体员工的参与是最大的保证，这就需要对全体员工进行环境意识、环境知识以及环境技能的培训。

培训的内容包括环境意识的培训、环境管理体系的培训、环境知识和环境技能的培训、重要环境因素及特殊岗位的培训等。培训前应制订培训计划，培训后应对培训的结果进行评判，并保存培训纪录。

（3）信息交流　主要是建立组织对外、对内的信息渠道，以便通报组织在活动、产品或服务过程中所有与环境相关的信息。

（4）环境管理体系文件　环境管理体系文件实际上是按照 ISO14001 环境管理体系标准条款的要求，针对组织的活动、产品或服务的特点、规模、惯例以及人员素质等情况而编写的以文件支持的管理制度和管理办法，是组织加强环境管理工作的依据。环境管理体系文件可与企业所实施的其他体系文件构成一个整体，并彼此共享。环境管理体系文件分为环境管理体系手册、环境管理体系程序文件和作业指导书等不同层次。各层次的管理文件要相互协调。

（5）文件管理　为保证文件的适用性、系统性、协调性和完整性，组织应对环境管理体系相关文件进行控制，加强管理。这里所指的环境管理体系文件主要包括：环境管理体系手册，环境管理体系程序文件，作业指导书或操作规程，与组织活动、产品或服务过程相适应的环境法律、法规及其他要求，技术标准、检验规范等以及与加强环境管理有关的其他文件。

文件管理应做到以下几点：文件应有固定的保存场所，以便于检索；对文件进行定期评审；凡对体系的有效性起关键作用的岗位，都应能得到文件的有效版本；对失效的文件能迅速撤回，或采取其他措施以防止误用；对需要保留的失效文件要进行标识。

所有文件应字迹清楚，注明日期（包括修订日期），标识明确，妥善保管，并按规定的时间要求予以保管。

（6）运行控制　运行控制是指对组织活动、产品或服务过程中，凡是影响组织环境行为的所有活动都应处于受控状态。对食品企业而言，对产品生产和销售过程中的重要环境因素都要实施有效的控制。

（7）应急措施　组织在其活动、产品或服务过程中，由于某种主观或客观原因都有可能发生紧急情况或意外事故，如有毒、有害化学品泄漏，发生火灾及爆炸事件等。组织应建立一套应急准备的措施，以尽可能减少或消除由于紧急情况或意外事故所造成的损失和对环境的破坏。组织应确定在活动、产品或服务过程中潜在的及可能发生紧急情况和环境事故的活动、场所及分析造成环境影响的后果。根据紧急情况和环境事故可能发生的环境和特点，分析原因，采取措施，以预防或减少可能伴随的环境影响。

应急措施应包括：应急工作的组织及相应职责；关键人员名单；应急服务部门（如消防、清污以及医疗卫生部门等）；内、外部信息交流；有害物料的信息等。

4. 检查和纠正措施

环境管理体系是一个系统工程，具有自我约束、自我调节、自我完善的功能，以达到持续改善的目的。环境管理体系运行后，应对管理体系运行情况进行经常性的监督、检测和评价，如发现偏离环境方针、目标和指标的情况应及时加以纠正，以防止不符合的情况再次发生。本条款包括监督与监测、不符合事项的纠正与预防措施、记录、环境管理体系审核等要素。

（1）监督与监测　本标准要求组织建立并保持一套以文件支持的程序，对可能具有重大环境影响的运行与活动的关键特性进行例行监测和测量。应对环境效果、运行控制、环境目标和指标符合情况的监测结果进行记录。对监测设备应及时校准并妥善维护，并根据组织的程序保存好校准与维护记录。组织应建立并保持一套以文件支持的程序，以定期评价有关的环境法律法规的遵循情况。

（2）不符合事项的纠正与预防措施　在环境管理体系的运行过程中可能会出现不符合规定要求的情况。因此本条款中要求组织应建立并保持一套程序，用来规定有关的职责和权限，对不符合的情况进行处理和调查，采取措施减少由此产生的影响，采取纠正与预防措施；在考虑消除已存在和潜在的不符合情况的纠正和预防措施时，应与考虑问题的严重性和带来的环境影响相适应；对于纠正与预防措施引起对程序文件的更改，组织应遵照实施并予以记录。

（3）记录　组织应对环境体系的运行情况进行记录。应建立一套程序用来标识。保存与处置有关环境管理的记录。

（4）环境管理体系审核　本条款要求组织定期开展环境管理体系审核，审核的目的是判定环境管理体系是否符合对环境管理工作的预定安排和本标准的要求；是否得到了正确的实施和保持。

5. 管理评审

为了保持环境管理体系的适用性、充分性和有效性，组织的最高管理者应定期对环境管理体系进行评审和评价。管理评审是由企业的最高管理者主持，有各职能部门和运行实施部门的主管及其他相关人员参加的评价活动。至少每年举行一次，管理评审一般在企业内部评审结束后进行。

管理评审的内容包括两方面，即评审环境管理体系的有效性和评价环境管理体系的适用性。根据管理评审的结果，采取措施改善企业环境管理体系的有效性和适用性。

第二节　食品企业环境管理体系的建立与实施

ISO14001 环境管理体系标准是通过相关的管理要素组成一个有机的整体，形成环境管理体系，它有效的实施将会给组织提供一套能自我约束、自我调节、自我完善的运行机制，对规范组织的环境行为，改善企业的环境表现具有促进作用。

当食品生产企业要求建立和实施环境管理体系时应注意，环境管理体系应充分结合企业的特点；应与企业现行的管理体系相结合；环境管理体系是一个动态发展不断改进和不断完善的过程。

一、食品企业环境管理体系建立与实施的步骤

环境管理体系建立与实施主要需经过前期的准备、初始环境评审、环境体系策划、环境管理体系文件编制、环境管理体系试运行、环境管理体系内部审核、环境管理体系申请认证等几个阶段。

（一）前期的准备工作

前期的准备工作包括最高管理者的承诺、任命管理者代表、提供资源保证和培训等内容。

1. 最高管理者的承诺

环境管理体系是组织环境管理发展到预防阶段的必然产物，是企业自愿的环境行为，实施的关键是组织最高管理者的承诺。组织管理者应对持续改进、污染预防做出承诺；对遵守环境法律、法规及其他要求承诺；并确定组织实现环境方针的目标和指标。

2. 任命管理者代表

管理者代表的职责是依据企业的特点建立和保持环境管理体系；定期进行环境管理体系的内部审核；向最高管理者汇报环境管理体系的运行情况，为管理评审、改进企业的环境管理体系提供依据。

3. 提供资源保证

企业为了建立和实施环境管理体系，需要投入一定的人力、物力、财力及相应的技术保障。应抽调一批既掌握技术又懂管理的员工组成工作班子。

4. 培训

为了有效地实施 ISO14000 环境管理体系，企业应针对不同情况对员工进行培训。培训的主要内容是 ISO14000 的标准，包括文件建立和控制技能的培训、环境因素识别和评估技能的培训、检查技能和检查员资格的培训等。

（二）初始环境评审

初始环境评审的目的是为了了解企业的环境现状和环境管理现状，评审的结果是企业建立和实施环境管理体系的基础。

初始环境评审的主要内容有：调查并确定企业在活动、产品或服务过程中已造成或可能造成环境影响的环境因素；结合企业的类型、产品特点以及针对企业识别出的环境因素，搜集整理国家、地方及行业所颁布的法律、法规及污染物排放标准；评价企业现行的环境管理机构设置，职责和权限以及管理制度的有效性；评价企业的环境行为与国家、地方及行业标准的符合程度；评价企业环境行为对市场竞争的风险与机遇；了解相关方对企业环境管理工作的看法和要求等。

1. 初始环境评审的方法

初始环境评审应根据企业自身的特点选择适当的方法，常用的方法主要有以下几种。

（1）查阅文件及记录　包括企业的环境管理文件；与企业相关的法律、法规、环境标准及其他要求的文件；企业在生产过程中废物的产生、排放、处理及运输记录；企业运行记录及事故报告；相关方的要求及投诉。

（2）利用检查清单或调查表　检查表或调查表常用于企业的内部，将预先设计好的调查表分发给各职能部门及生产现场，按规定的内容填写，对调查的结果进行整理分析，得出结论。

（3）现场检测　企业内部或请环境检测部门对企业生产过程中的一些产生环境影响较大的控制点直接测量，搜集相关信息，以掌握企业的环境现状。

（4）现场调查　通过面谈、专家座谈会、问卷调查等形式来了解企业的环境现状。

2. 识别环境因素

确定企业在生产过程中产生环境影响的环境因素，是初始环境评审工作的重要内容，是建立环境管理体系，制定环境方针，确定目标、指标的依据；是加强组织环境管理，污染预防的需要。

识别环境因素时应分析和选择组织所有的活动或过程。环境因素是企业生产过程中与环境发生相互作用的要素，为了确定这些要素，就要对企业初始环境评审所界定的评审范围内的全部活动或过程进行分析，确定环境因素，编制环境因素清单。对于食品生产企业来说，可从以下几方面进行分析来确定其环境因素：原材料、半成品的采购；产品的生产工艺；产品包装；设备的维修与保养、更新；检验设施；产品的使用；售后服务；产品的回收、利用及处置。

企业在确定环境因素时，应考虑企业的整个发展过程中对环境造成重大影响的环境因素。同时不仅要考虑正常情况下对环境的影响，更要考虑异常和紧急状态下对环境的影响。除考虑生产过程中直接产生的环境因素外，还应考虑环境管理工作的不足而产生的间接影响环境的环境因素。

将识别出的环境因素按部门或生产流程进行登记，这样可以覆盖所有部门列出所有的环境因素，但这种方法比较分散，很难确定环境因素的顺序。按环境问题进行分类，可以比较清楚地显示出企业的环境问题，有助于确定企业的环境方针、目标和指标。

3. 环境因素评价

通过对识别出的环境因素进行分析比较和评价，找出对环境有重大影响的环境因素，从而确定解决问题的先后顺序，并以此为目标对企业的环境管理体系进行策划。环境因素主要从环境、技术、经济等方面进行评价。

（1）环境方面　包括对环境影响的程度及范围；影响的时间和频率；与现行法律及环境标准的符合程度。

（2）技术方面　包括环境因素的可控制性；改变环境影响的代价；改变环境影响的技术上的可行性。

（3）经济方面　包括社会的关注程度及对企业形象的影响；对企业市场竞争力的影响程度；给企业可能带来的经济利益。

4. 初始环境评审报告

初始环境评审是一个收集数据、信息的过程，经过对数据的分析整理，可为企业进行环境策划提供依据。初始环境评审报告的主要内容包括：初始环境评审的目的；评审的范围；企业的环境状况；企业环境管理现状；初始环境评价中发现的重大问题，可能造成的环境影响，环境管理中存在的主要问题；根据初始评审结果，提出企业制定环境方针的建议和目标、指标框架的建议；确定改善企业环境问题的先后顺序等。

（三）环境管理体系策划

1. 环境方针的制定

环境方针是企业在环境管理工作中的宗旨，应体现企业最高管理者对环境问题的指导思想。制定环境方针要依据初始环境评审的结果；企业的经营战略及战略方针；有关的法律、法规；企业的产品类型、生产规模及生产水平；企业的其他方针，如企业总的经营方针、质量方针等；其他相关方的意见等。

制定环境方针时应遵循一定的原则，即环境方针应与企业所处环境区域相适应，应反映企业的特点，体现企业在一定时期内的奋斗目标；要有针对性；环境方针是动态的，随着客观条件的改变，要不断更新企业的环境方针；制定环境方针时，要使企业员工及相关方易于理解。

2. 制定环境目标和指标

企业为了具体落实环境方针中的承诺，需要确定企业的具体的环境目标和指标。环境管理体系目标和指标应有以下内容：列出需要解决的重要环境因素的环境目标和指标的要求；实现目标和指标的措施和实施方案；主要的责任人及经费预算；实施进度表等。

3. 环境管理实施方案

环境管理实施方案是实现环境目标和指标的实施方案，是对初始评审中的重要环境因素提出具体的解决办法。环境管理实施方案应具有技术上的可行性、经济合理性及可操作性等。

环境管理实施方案一般包括项目计划书、所需的资源清单、管理方案的实施进度表等。

4. 组织结构和职责

企业为了实现其制定的环境方针，应在组织上予以保证，在组织结构上要做到合理分工、相互协作、明确各自的职责和权限，做到事事有人负责。对原有的组织结构进行必要的调整使之适应环境管理体系的需要；结合企业的实际情况，设置环境管理体系运行的管理部门，具体负责管理体系的建立和实施；落实和完善各职能部门的职责和相互关系。

（四）环境管理体系文件的编制

环境管理体系文件是企业实施环境管理工作的文件，必须遵照执行。编制管理文件时要遵循以下原则：该说到一定要说到，说到的一定要做到，运行的结果要留有记录。

环境管理体系文件一般分为3个层次：环境管理手册；环境管理体系程序文件；环境管理体系其他文件（作业指导书、操作规程等）。

1. 环境管理手册

环境管理手册是对环境管理体系进行总体性描述，是企业在保护和改善环境方面的宗旨，是企业向社会在遵守法律、法规、污染预防等方面的承诺。管理手册是一个纲领性文件，是企业申请环境管理体系认证的重要依据。

环境管理手册的主要内容包括：企业的环境方针；环境目标；环境管理实施方案；组织机构及环境管理的职责和权限；根据标准的要求，对环境要素实施要点的描述；手册的审核及修订情况的说明等。

2. 程序文件

程序文件是进行某些活动所规定的途径，即为实施环境管理体系要素所规定的方法。程序文件是环境管理手册的支撑性文件，具体明确了企业实施环境管理工作的程序、方法和要求。

编写程序文件时，第一，要整理和分析企业原有的规章制度，对一些行之有效的内容按程序文件的要求进行改写，对无关的条款做删除处理；第二，编制程序文件明细表，明确程序文件的主管部门及相关部门的职责，确定哪些文件需重写，哪些需改写或进一步完善，并制订完成的计划；第三，组织管理要素的管理部门进行程序文件的编写，编写时要依据标准的要求，并结合企业现有的有关规定；第四，组织相关人员对程序文件初稿进行讨论和修订，进一步完善程序文件，使之适应标准的要求，通过讨论也使相关人员进一步了解和掌握管理体系标准的要求。

（五） 管理体系审核

环境管理体系审核是企业建立和实施环境管理体系的重要组成部分，是评价企业环境管理体系实施效果的手段。通过审核可以发现问题，纠正和改进环境管理体系。环境管理体系审核按其目的不同可分为内部审核和外部审核，外部审核又分为合同审核和第三方认证。

内部审核是企业在建立和实施环境管理体系后，为了评价其有效性，由企业管理者提出，并由企业内部人员或聘请外部人员组成审核组，依据审核规则对企业的环境管理体系进行审核。内部审核的主要目的有：保证企业建立的环境管理体系能够有效地运行并不断地改进企业的环境管理；为企业申请外部审核做准备。

合同审核是指需方对供方环境管理体系的审核。以判断供方环境管理体系是否符合要求。

第三方认证是由国家认证认可监督管理委员会认可的审核机构对企业进行的审核。审核的依据是标准中规定的审核准则，按照审核程序实施审核，根据审核的结果对受审核方的环境管理体系是否符合审核规则的要求给予书面保证，即合格证书。

申请环境管理体系认证时应具备的条件：环境管理体系已按 GB/T 24001—2016 ISO14001 标准的要求建立，环境管理体系文件已编制，并已由企业最高管理者颁布实施。环境管理体系已进行了 3 ~6 个月的试运行，并对运行中发现的问题进行了改进；完成了环境管理体系的内部审核，对体系试运行阶段所发现的不符合项实施了纠正措施，对体系的符合性和有效性进行了评价；进行了管理评审，全面评价了环境管理体系的适宜性、充分性和有效性。

二、 食品企业环境管理体系内审工作程序（案例）

（一） 目的

对公司环境管理体系是否符合 GB/T 24001—2016/ISO14001：2015 标准和体系文件的要求，以及环境管理体系是否持续有效运行进行验证，以确保环境管理体系得到持续改进，并为管理评审提供依据。

（二）适用范围

本程序适用于本公司环境管理体系的内部审核。

（三）职责

环境管理者代表负责制订《年度环境管理体系工作计划》和《内部环境管理体系审核计划》的确认和批准，任命内审员。审阅批准内审报告，监督审核组对不符合纠正措施进行跟踪验证并向总经理汇报公司内审情况。

办公室负责制订《年度环境管理体系工作计划》和《内部环境管理体系审核计划》，并负责内审材料和记录的管理。审核组长按《内部环境管理体系审核计划》组织进行内审，并负责不符合纠正跟踪结果的确认。

审核员完成指定的审核工作，并负责对不符合纠正措施实施效果的跟踪验证。

受审核部门将审核目地、范围通知本部门有关人员，指派联络人员陪同审核组工作；提供保证审核过程有效进行所需的资源，配合审核员工作；并根据不符合报告制订并实施纠正措施。

（四）实施程序

1. 审核计划

办公室每年年初编制《年度环境管理体系工作计划》，由环境管理者代表确认批准。内审每年不少于一次。

2. 审核准备

（1）由管理者代表任命审核组长，确定内审员名单。

（2）办公室编制《内部环境管理体系审核计划》，环境管理者代表确认并批准。

（3）审核组长和审核员根据内部环境管理体系审核计划做好审核准备工作，主要内容包括：

①明确审核目的和范围；

②明确审核依据；

③划分审核小组，与受审核方确定联络人员；

④安排审核日程；

⑤审核任务分工；

⑥准备审核文件，按分工不同分别编制《内部环境管理体系审核检查记录表》，填写审核项目内容；

⑦熟悉审核区域和相关文件；

⑧其他与审核有关的准备工作。

⑨办公室在审核前五天下发《环境管理体系内部审核实施计划》，受审核部门在接计划后，做好准备工作，如有异议可在三天前通知审核组，另行协商安排。

3. 审核实施

（1）由审核组长负责召开有审核组成员、受审核部门负责人及有关人员参加的审核组首次会议，确认审核计划和时间安排等。

（2）审核员根据内部环境管理体系审核检查记录表，通过询问、查阅记录和检查现场等方式，收集证据，并做好记录。

（3）审核组长及时协调解决审核中遇到的问题，掌握审核进度。

（4）针对发现的不符合事实，审核组开具不符合报告，并由审核组长负责召开有审核组成员、受审核部门负责人及相关人员参加的审核小组末次会议，汇报审核情况、不符合项和审核结论。

4. 审核报告

（1）审核结束后，审核组长应组织审核员在 3 个工作日内完成《内部环境管理体系审核报告》的编写工作，主要内容包括：

①受审核部门、审核时间；

②审核的目的、范围、依据；

③审核组成员及参加内审人员；

④审核综述及结论；

⑤内审综述：内审基本情况、不符合基本情况及总体改进意见。

（2）审核报告经环境管理者代表确认、批准后，由办公室发放，发放范围如下：

①总经理、副总经理、环境管理者代表；

②受审核部门；

③办公室。

5. 不符合项整改

责任部门接到不符合报告后，按照纠正不符合事实程序分析原因、制订纠正措施并进行整改，由审核组跟踪验证，经审核组长确认后，在不符合报告上填写验证记录，并将最终结果报管理者代表。

（五）相关文件和记录

1. 相关文件

《文件控制工作程序》VC/EMS/B06—6/EM

《不符合、纠正和预防措施控制工作程序》VC/EMS/B13/EMS/

《环境记录控制工作程序》VC/EMS/B14/EMS/

2. 附表和记录管理

《年度环境管理体系工作计划》

《内部环境管理体系审核计划》

《首、末次会议签到表》

《内部环境管理体系审核检查记录表》

《内部环境管理体系审核报告》

以上记录由办公室依据《环境记录控制工作程序》进行保管，保存期三年。

三、乳制品企业水污染控制程序（案例）

（一）目的

为保护人类生存环境，减少和杜绝水体污染，特制订本程序，以加强对生产、生活污水的控制与管理，使污水排放符合国家有关的环保法律法规。

（二）使用范围

本程序适用于本企业生产、生活过程中的污水排放控制。

（三）职责

综合车间负责制订本程序，对污水类型摸底调查，填写《废水类型调查表》，并负责企业污水的控制与管理。

（四）实施程序

1. 污水的种类

生活污水（办公、食堂、厕所）、生产污水（热交换用水、冲洗用水）、锅炉除尘废水。

2. 污水的控制

本企业生产、生活、锅炉污水经地下管网统一集中到污水集水池，经污水处理程序处理合格后，再经水循环装置重复利用，同时做好排放监测、污水监测，见《监测和测量控制工作程序》VC/EMS/B12—C/EM。

污水沉淀物集中清理，污水沉淀池定期清理，清理要填写《污水沉淀池清理记录》。

（五）相关文件和记录

1. 相关文件

《文件控制工作程序》VC/EMS/B06—C/E1

《废弃物管理工作程序》VC/EMS/B08—C/E1

《环境记录工作程序》VC/EMS/B14—2001

《监测和测量控制工作程序》VC/EMS/B12—2001

2. 附录、附表和记录管理

《废水类型调查表》

《污水沉淀池清理记录》

《污水处理厂废水处理流程》

以上记录由综合车间依据《环境记录控制工作程序》保管，保存期三年。

四、与食品企业相关的部分环境保护法律、法规

（一）环境保护法律

《中华人民共和国环境保护法》

《中华人民共和国水污染防治法》

《中华人民共和国大气污染防治法》

《中华人民共和国环境噪声污染防治法》

《中华人民共和国固体废物污染环境防治法》

《中华人民共和国海洋环境保护法》

《中华人民共和国水土保持法》

《中华人民共和国环境影响评价法》

（二）资源法律、法规

《中华人民共和国渔业法》

《中华人民共和国渔业法实施细则》

《中华人民共和国水法》

《中华人民共和国野生动物保护法》

《中华人民共和国森林法》

（三） 环境保护法规、法规性文件

《国务院关于环境保护若干问题的决定》
《中华人民共和国水污染防治法实施细则》
《中华人民共和国大气污染防治法实施细则》
《中华人民共和国防治陆源污染物污染损害海洋环境管理条例》
《征收排污费暂行办法》
《对外经济开发地区环境管理暂行规定》
《放射性同位素与射线装置放射防护条例》
《环境保护行政处罚办法》
《排放污染物申报登记管理规定》
《建设项目环境保护管理办法》
《环境标志产品认证管理办法（试行）》
《报告环境污染与破坏事故的暂行办法》
《水污染物排放许可证管理暂行办法》
《饮用水水源保护区污染防治管理规定》

（四） 相关法律、法规

《中华人民共和国城市规划法》
《中华人民共和国乡镇企业法》
《中华人民共和国农业法》
《中华人民共和国标准化法实施条例》
《中华人民共和国节约能源法》
《中华人民共和国全民所有制工业企业法》
《中华人民共和国中外合资经营企业法实施条例》
《中华人民共和国公司登记管理条例》
《中华人民共和国消防法》
《节约能源管理暂行条例》
《城市市容和环境管理条例》

五、 与食品企业相关的部分环境保护标准目录

（1）GB 5085.1—2007《危险废物鉴别标准　腐蚀性鉴别》
（2）GB 18871—2002《电离辐射防护与辐射源安全基本标准》
（3）GB 8978—1996《污水综合排放标准》
（4）GB 12348——2008《工业企业厂界噪声排放标准》
（5）GB 13457——1992《肉类加工工业水污染物排放标准》
（6）GB 14554—1993《恶臭污染物排放标准》
（7）HJ/T 55—2000《大气污染物无组织排放监测技术导则》
（8）GB 13271—2014《锅炉大气污染物排放标准》
（9）GB 18483—2001《饮食业油烟排放标准（试行）》

思考题

1. ISO14000 核心标准和支持标准主要有哪些？
2. 实施环境标志的意义是什么？
3. 阐述 ISO14000 系列标准的主要特点及精神实质。
4. 阐述实施 ISO14000 的主要作用和意义。
5. ISO14001 与 ISO9001 的关系如何？如何实施企业的一体化管理体系？
6. 如何理解“预防污染”和“持续改进”？
7. 如何理解环境方针的核心内容？
8. 在环境因素识别时应注意哪些问题？
9. 阐述环境管理体系实施与运行的步骤。
10. 试建立某食品企业环境管理体系及实施方案。

英文缩写词表

英文缩写	英文原文	中文
GMP	Good Manufacturing Practice	良好操作规范
CGMP	Current Good Manufacturing Practice	通用良好操作规范
SSOP	Sanitation Standard Operation Procedure	卫生标准操作程序
HACCP	Hazard Analysis Critical Control Point	危害分析与关键控制点
CCP	Critical Control Point	关键控制点
CL	Critical Limit	关键限值
FAO	Food and Agriculture Organization	联合国粮食与农业组织
WHO	World Health Organization	世界卫生组织
CAC	Codex Alimentation Commission	食品法典委员会
FDA	Food and Drug Administration	（美）食品药品监督管理局
NACMCF	The National Advisory Committee on Microbiology Criteria for Foods	（美）食品微生物标准咨询委员会
FSIS	Food Safety and Inspection Service	（美）食品安全检验署
CIP	Cleaning – In – Place	就地清洗系统
CAC	Codex Alimentations Commission	食品法典委员会
UHT	Ultra Heat Treated	超高温灭菌
COD	Chemical Oxygen Demand	化学耗氧量
BOD	Biochemical Oxygen Demand	生物耗氧量
ISO	International Orgnization for Standardization	国际标准化组织
ISA	International Federation of the National Standardizing Associations	国际标准化协会国际联合会
IEC	International Electrotechnical Commission	国际电工委员会
CSA	Chinese Standardizing Associations	中国标准化协会
ISO/TC	International Organization for Standardization/Technic-al Commission	国际标准化组织技术委员会
ISO/CASCO	International Orgnization for Standardization/Committee on Comformity Assessment	ISO下属的一个机构——合格评定委员会
WTO	World Trade Organization	世界贸易组织
TBT	Technical Barrie to Trade	技术壁垒协定
QMS	Quality Management System	质量管理体系
PDCA	Plan – Do – Check – Action	计划－实施－检查－处置

续表

英文缩写	英文原文	中文
BS	British Standard	英国质量管理标准
EA	Environment Auditing	环境审核
EC	European Community	欧共体理事会
ECP	Environment Choice Project	环境选择方案
EL	Environment Lable	环境标志
EM	Environment Management	环境管理
EMAS	Environment Management and Audit Scheme	环境管理审核规则
EMS	Environment Management System	环境管理体系
EAE	Environment Appearance Evaluation	环境表现评价
ICC	International Chamber of Commerce	国际商会
LCA	Life Cycle Appraise	生命周期评价
SAGE	The Strategic Advisory Group on the Environment	环境与战略咨询组

参考文献

[1]刘金福．食品质量与安全管理[M]．北京:中国轻工业出版社,2016.

[2](美)Norman G. Marriott. 食品卫生原理(第四版)[M]．钱和,华小娟,译．北京:中国轻工业出版社,2001.

[3]李怀林．食品安全控制体系(HACCP)通用教程[M]．北京:中国标准出版社,2002.

[4]唐晓芬．HACCP 食品安全管理体系的建立与实施[M]．北京:中国计量出版社,2003.

[5]中国国家认证认可监督管理委员会．食品安全控制与卫生注册评审[M]．北京:知识产权出版社,2002.

[6]中国国家认证认可监督管理委员会．果蔬汁 HACCP 体系的建立与实施[M]．北京:知识产权出版社,2002.

[7]国家认证认可监督管理委员会．乳制品生产企业建立和实施 GMP、HACCP 体系技术指南[M]．中国标准出版社,2011.

[8]夏延斌,钱和．食品加工中的安全控制[M]．北京:中国轻工业出版社,2005.

[9]苏东海．乳制品加工技术[M]．北京:中国轻工业出版社,2010.

[10]闫卫疆．乳制品工厂的卫生设计[J]．乳品加工,2005,44 - 48.

[11]Ralph Early. 乳制品生产技术[M]．北京:中国轻工业出版社,2002.

[12]蒲彪,胡小松．饮料工艺学[M]．北京:中国农业大学出版社,2009.

[13]曾洁,朱新荣,张明成．饮料生产工艺与配方[M]．北京:化学工业出版社,2014.

[14]夏延斌,钱和．食品加工中的安全控制(第二版)[M]．北京:中国轻工业出版社,2008.

[15]郑学节,卜照欣．SBR 法处理水产品的冷藏加工废水[J]．山东环境,2002(3):38 - 39.

[16]庄荣玉,曹国忠,董明敏,等．A/O 结合循环式活性污泥法处理海产品加工废水[J]．工业水处理,2003,23(3):53 - 55.

[17]成文,曾丽璇,罗国维．混凝 - 接触氧化工艺处理海产品加工废水[J]．大连铁道学院学报,1998,19(2):41 - 44.

[18]苗群,刘志强,贾军敦．水产品加工废水处理工程[J]．青岛建筑工程学院学报,2002,23(3):38 - 40.

[19]陆轶峰,刘志强,张建．水解(酸化)—生物接触氧化处理水产品加工废水的研究[J]．云南环境科学,2003,22:124 - 126.

[20]奚旦立,陈季华,刘振鸿．兼氧技术—有机废水处理的新方法[D]．东华大学学报,1997,23(4):52 - 58.

[21]钱和．HACCP 原理与实施[M]．北京:中国轻工出版社,2003.

[22]刘长虹,钱和．HACCP 体系内部审核的策划与实施[M]．北京:化学工业版社,2006.

[23]钱和,姚卫蓉,张添,食品卫生学:原理与实践(第二版)[M]．北京:中国轻工业出版社,2015.

[24]John Wiley & Sons Inc，Joan K. Loken，HACCP Food Safety Manual[M]. 1995.

[25]Mohamed Fekry. The Haccp System[M]. LAP Lambert Academic Publishing，2012.

[26]夏延斌，钱和. 食品加工中的安全控制（第二版）[M]. 北京：中国轻工业出版社，2008.

[27]U. S. Department of Health and Human Services，Food and Drug Administration，Center for Food Safety and Applied Nutrition. Fish and Fishery Products Hazards and Controls Guidance（Fourth Edition），2011.

[28]曾庆孝，许喜林. 食品生产的危害分析与关键控制点（HACCP）原理与应用（第二版）[M]. 广州：华南理工大学出版社，2001.

[29]唐晓芬. HACCP 食品安全管理体系的建立与实施[M]. 北京：中国计量出版社，2003.

[30]钱名全. 水产品综合加工利用[J]. 内陆水产，1998（12）：27－28.

[31]姜南，张欣，贺国铭等. 危害分析和关键控制点（HACCP）及在食品生产中的应用[M]. 北京：化学工业出版社，2003.

[32]钱和. HACCP 原理与实施[M]. 北京：中国轻工业出版社，2003.

[33]许晓曦. 乳品安全与质量控制[M]. 北京：科学出版社，2012.

[34]张少兰等. HACCP 在乳品工业上的应用[J]. 中国乳品工业，1998，26（3）：20－23.

[35]谭钰. HACCP 在乳粉加工中的应用[J]. 现在预防医学，2001，28（3）.

[36]王瑞英等. HACCP 在乳粉生产中的应用[J]. 中国乳品工业，2003，31（2）.

[37]郭本恒. 乳品微生物学[M]. 北京：中国轻工业出版社，2001.

[38]郭本恒. 乳粉[M]. 北京：化学工业出版社，2003.

[39]李春梅，迟玉杰. UHT 乳质量异常问题的分析及控制[J]. 中国乳品工业，33（5）：53－56.

[40]李春波. 环境管理体系实施问答[M]. 北京：中国计量出版社，2003.

[41]张智勇. ISO14001 环境管理体系认证实战指南[M]. 广州：广东科技出版社，2004.

[42]彭力，李发新. 环境管理体系标准实施指南[M]. 北京：石油工业出版社，2001.

[43]刘立生等. ISO 14000 环境管理体系培训教程[M]. 北京：中国计量出版社，2003.

[44]中国进出口质量认证中心. ISO 14001 环境管理体系的建立与审核[M]. 北京：中国检察出版社，2000.

[45]喻宗仁，马玉美，赵培才. ISO 14000 环境管理体系认证培训教程[M]. 北京：中国农业大学出版社，2004.

[46]李怀林. ISO14001：2004 环境管理体系国家注册审核员培训教程[M]. 北京：中国计量出版社，2006.

[47]谷树棠，周玉兰. 食饮品生产企业实战质量环境与职业健康安全管理体系标准[M]. 北京：中国计量出版社，2005.

[48]王兴国，陈健. 质量/环境一体化管理体系策划、案例和疑难解析 ISO 9001：2000 与 ISO 14001：2004 ISO/TS 16949：2002 与 ISO 14001：2004[M]. 北京：中国计量出版社，2005.

[49]朱亚珠. 鱿鱼丝加工车间现场微生物学分析和控制[J]. 河北渔业，2017（10）：34－38.

[50]时晓宾. 基于 GMP 的食品质量与安全监控体系研究[D]. 河北科技大学学报，2013.

[51]陈起，郭致君. 外环境改造与实现 GMP 标准化生产[J]. 浙江畜牧兽医，2002（03）：8－9.

[52]张慜，程新峰. 对我国速冻食品行业加工深度及安全性的思考[J]. 江南大学学报（人文社会科学版），2014，13（1）：114－117.

[53]吴楠．速冻食品的安全与质量控制[J]．科技创新与应用,2014(07):38－39.

[54]滕仕峰．气浮＋生物接触氧化法处理速冻食品加工废水研究[D]．青岛:中国海洋大学,2009.

[55]王晓莉,吴林海．中国食品工业“三废”与二氧化碳排放的相关性研究:基于1996—008年间考察[J]．食品工业科技,2012(8):23－27.

[56]高云,张振祥．HACCP在速冻食品加工中的应用[J]．食品研究与开发,2004,25(3):42－45.

[57]岳希举,余铭,崔静,等．速冻食品及速冻设备的发展概况及趋势[J]．农产品加工(学刊),2012(12):94－96.

[58]李亮亮,郭顺堂．我国速冻食品产业发展及存在的问题[J]．食品工业科技,2010(7):422－424.

[59]王珊．速冻食品生产企业质量管理体系应用研究[D]．山东大学学报,2012.

[60]汪文忠．速冻食品冷链物流发展的思考[J]．山东食品发酵,2015(04):53－56.

[61]冯定智．速冻食品企业实施HACCP体系认证的意愿影响因素分析[D]．福州:福建农林大学,2009.

[62]周幸．江苏出口速冻方便面食生产企业HACCP体系应用问题分析及体系建立[D]．南京农业大学学报,2010.

[63]韩耀明,郑志勇,张斌．HACCP在速冻即食食品加工中的应用[J]．现代食品科技,2007(05):70－72.

[64]高云,张振祥．HACCP在速冻食品加工中的应用[J]．食品研究与开发,2004(03):42－45.

[65]张竹青,张黎斌,彭银仙．速冻饺子产品执行标准综述[J]．食品研究与开发,2014,35(02):122－124.